演算子的に見た
微分・積分の代数（I）

表示変形論，導入編

大森英樹
著

現代数学社

ギリシャ時代の数学のパラドックスに「アレニウスは永久に亀に追いつけない」というものがある. 奇妙に思うかもしれないが, これは純論理的に運動を考えようとすると必ず突当たるパラドックスを述べているのである. ギリシャ時代には個数としての自然数, 「比」としての数の概念はあったが, 無限小数による数の記述法はなかったので非可算無限を含む論理は考えられなかったのである.

連続体 (continuum) という言葉は今日では死語に近いが, これこそギリシャ時代のパラドックスを破る切札として登場した概念なのである. これは数学世界が非可算無限 (連続無限) を論理的に取込んだことをさす.

連続体の感覚を最も数学的に表現しているのが実数直線 $\mathbb{R}$(実数連続体) である. 人間理性は連続無限を論理的に取込んで微積分学として結晶させた. 微積分学は運動なるものを論理的に考えるために必須のものであった.

昔から「数学は紙と鉛筆さえあればできる」とよく言われていた. 金のかかる実験道具などはいらないという意味なのだが, 「ともかく手を動かしておれば数学は分かる」という意味でもある. 数学の記号は対象を記述するためというよりは, 多くの場合それの「動かし方」を与える記号でできている. 一般に対象そのものは極めて奥深く捉えにくいものであるが, その動かし方がゲーム感覚で体でわかってくると自然に対象に対する理解が深まってくるものである. 私はこのような理解の方が「本物」の理解だと思っている.

対象そのものよりもそこに働きかける演算子の方に注目するのだけど, 言葉の微妙な違いを伝える為に, 数学の中で普通に使われる「関数」という言葉対する思いかたの違いを述べてみよう.

昔はこれは「函数」と書かれていたのだが, これは英語の function の音訳(中国語) による当字なのだそうである. function のもともとの意味は「機能」である. life function は「生命機能」である. 数学記号で書くときには function は $f(x)$ と書かれることが多い. 例えば

$$f(x)=x^2-3x+5, \quad f(x)=e^x,$$

などと書かれる. 左側の $f(x)=$ を「対象 x に対する機能は」と発音してから右辺に書かれている x に対して行う「操作」を読んでみれば「機能」とは対象に対する働きかけであることがわかるだろう. 高校数学に現れる「関数」はほとんどこのような意味合いのものである. 機能が明確に表示されている場

合には何に対する働きかけかは自ずと分かるから, その関数が何に対して定義されているか「定義域」を明確に表示しなくても, それは自ずと分かることが多い. このように伝統的な関数記号は多くの場合「演算記号」「操作記号」「演算子」なのである. しかし今日 (ブルバキ以後の数学) では

$$f(x)=\begin{cases} 0, & x\text{ が無理数のとき} \\ & \text{(}x\text{ が無理数かどうかどうやってわかる?)} \\ 1, & x\text{ が有理数のとき} \end{cases}$$

のようなものも「関数」と呼ばれている. この時の f は入力された x に対し単に「好き」とか「嫌い」とかと言っているだけで,「機能」と呼べるようなことは何もしていない. これは関数を「機能」ではなく「写像」と考えないと出てこないものである. 高校生にはこれはかなり「うさん臭い」関数であろう. 写像としての関数では, その「定義域」と「値域」を明示しない限り意味がない. ブルバキ以後の数学ではこれを「小うるさく」言いすぎて, 数学嫌いを量産してきたような気がする. この本で私は (成功するかどうかわからないが)「機能としての演算子」にピントをあわせるつもりである. つまり「まず, 演算子からなる代数がある」という立場で出発する. まずは高校数学でお馴染みの微積分の演算子から始めるが, 物理学はその成立ちからして多元論的なのに対して私の基本姿勢は微積分の代数の "1 元論" であり, 究極の疑問は "時間" とは何だろう?というところにあることをここで鮮明にしておこう. 従ってこの本では様々な物理用語が定義を伴って出てくるが, これはあくまで現実の時空物理学に対する (数学的センスで理解可能な) Toy Model でしかないわけで, これで物理学の全統一理論が書けるなどと思っているわけではないことも最初に断っておく必要があると思われる. しかし,「数学は科学の女王様」などとただ祀られる対象のように思われているのだが, この女王様は一種の拒否権を持っていることも強調しておきたい.

小うるさい事を言過ぎたが, まずは珍しい計算公式を楽しんでもらいたい.

その後, 微積分学は運動学とは独立した計算法として発達し,「空間曲線」「空間曲面」上での図形などに応用されるようになったがガウスは曲面論の他に時間に関係あるものとして「束縛運動」も考えている. 曲面 S に束縛された束縛運動とは「S に垂直な方向のみから力を受けて S に束縛される運動」のことである. S に垂直な方向からの力というのは, S の表面にすみついてそこが宇宙と思っている 2 次元的生物にとっては「力が働いていない」のと同

じことだから, これはその生物にとっては「力の働いていない物体の運動」である. ガウスはこの運動が S 内での曲線の長さを計る為の「第 1 基本量」さえ知っていれば書けることを証明して自画自賛したという話がある.

つまり, ニュートンのように空間をユークリッド空間 $\mathbb{R}^3$ としなくても曲線の長さを測るための計量テンソルさえ知っておれば, 時間はニュートンの絶対時間としたままだが, 自由にいろいろなリーマン多様体 (外側を考えないですむように工夫された曲面の概念) 上でガリレオの慣性法則が書けることになったのである. すると当然加速度ベクトルや, 力のベクトルの扱いが問題となる. この計算は後にクリストッフェル等によってスマートな共変微分という計算法に昇格し, これが「絶対微分学」と呼ばれていた時代もあった.

時間はあくまで独立であったが, 非ユークリッド幾何などの発見にともなって, 定曲率空間が最も自然な空間 (空間形) とされ, これの分類などが問題となった.

時間を意識せず, 「形」が興味の対象になってくると主にその「対称性」によって分類されるから, 群論的色彩が強くなる. クラインは「群による不変または共変な概念の総体が幾何学である」とみなし「群があればそれに伴う幾何がある」と唱えた. 従ってこれには時間は入りようがない. この頃に熱力学の中で「エントロピー増大の法則」というのも出てくるが, 時間がまともに問題になるのはこれより少し前に出てきた電磁気学の「電磁誘導」である. 電場や磁場の時間変化が問題になるがここでは電磁場は, 2 次微分形式の形で書かれることだけを注意しておく :

$$\Omega=E_x dx \wedge dt+E_x dy \wedge dt+E_x dz \wedge dt+H_x dy \wedge dz+H_y dz \wedge dx+H_z dx \wedge dy$$

$\boldsymbol{E}$ は電場, $\boldsymbol{H}$ は磁場を表すが, 電磁場がみたす式は時間と空間を一緒にしたローレンツ群 $O(1,3)$ で不変な形をしているのである. するとクライン流に「群 $O(1,3)$ に伴う幾何学は何か」が問題となったが, 上の式の中の t は相対論的に言う「個有時間」ではなくいわば「宇宙時間」であるため感覚的には奇妙に見える幾何学となり数学の中では普及はしなかったようである.

数学の中でも, Lie が扱う微分方程式とか, カルタンの「動座標の方法」などにも時間とおぼしき変数 t はたくさん登場するのだが, これらは単にパラメータとして扱われていて, 「時間」と書かれていてもそれは観測者の時計による時間「個有時間」のことである. つまり数学はこれまで電磁気学に出てくる「時空座標系を構成する 1 つの座標関数」としての時間を扱ったことはなかったのである. しかし群 $O(1,3)$ に伴う幾何学（ローレンツ幾何学）は「地球の、対エーテル速度」が観測されないという困難をのりこえる為には必須の幾何学であったわけで, アインシュタインはこれをもとに「特殊相対論」を作り, さらにテンソル解析を駆使して万有引力と同列の一般相対論という重力理論を作り上げたのである. これが, いまのところ時間をまともに扱う唯一の理論なのである.

本書では本文の中, 数学記号の中に次のような記号が使われているので, その意味 (読み方) を表にして掲げておく：

$\mathbb{Z}$	整数全体
$\mathbb{N}$, $\mathbb{N}_0$	自然数全体, 零を含む自然数全体
$\forall\cdots$ に対して	任意の $\cdots$ に対して
$\therefore\cdots$	故に $\cdots$
$\because\cdots$	なぜなら $\cdots$
i.e.	つまり, 即ち
$A\Rightarrow B$	A ならば B
$a\in A$	a は集合 A の元
$A\cap B$	集合 A と B の共通部分
$\bigcap_{\alpha\in I}A_\alpha$	A_α 全ての共通部分
$A\cup B$	集合 A と B の和集合
$\bigcup_{\alpha\in I}A_\alpha$	A_α 全ての和集合
∂_t	$\frac{\partial}{\partial t}$ 偏微分, $\frac{d}{dt}$ にも使う
$x^1,x^2,\cdots,x^n$	変数の番号を上付き文字で表すことがある
∂_{x^i}	$\frac{\partial}{\partial x^i}$ 偏微分
$V\oplus W$	直和, 集合としては直積, 線形構造まで考えたときこう書く

また, Einstein 記法と言って, 総和記号を省略する記号法も採用しているところがある. これは $\sum_{i=1}^n A_iB^i$ のように, 総和するために使う添字が上下に重複してでてきているときに, 総和記号を省略して 単に A_iB^i と書いてしまうやり方だが, 総和が沢山現れるときには便利な書き方である.

目 次

第1章　1変数関数の表示変形

対象そのものを考える以前にそこに働く作用/動かしかたのほうを扱うことで対象そのものを理解しようというのがこの本の基本姿勢である．触って動かしてみなければ対象そのものが認識できないのである．この章では動かしてみるときの基礎的な技術を述べるのだが，後の章で扱う全てのものの原型がこの章に現れている．

1.1　微積分演算子

次のような演算子 $x\cdot$, D_x, S_x を考える：

$$x\cdot : f(x) \to xf(x), \quad (x \text{ を掛ける})$$

$$D_x : f(x) \to \frac{d}{dx}f(x), \quad (\text{微分する})\partial_x \text{とも書く}$$

$$S_x : f(x) \to \int_0^x f(t)dt, \quad (\text{積分する}) \int_0^x dtf(t) \text{ とも書く}$$

定義や意味は高校で教わるだろうから ここでは計算法から入る．演算「x で割る」は考えない．微分については，任意の自然数 $n>0$ で

$$D_x x^n = nx^{n-1}, \quad D_x(\text{定数}) = 0, \tag{1.1}$$

ただし x^0 は 1 としておく．多項式 $p(x)=a_0x^m+a_1x^{m-1}+\cdots+a_{m-1}x+a_m$ に対し $D_xp(x)$ の計算を手を動かして書出してもらいたい．さらに

$$D_x x^{m+n} = (m+n)x^{m+n-1} = (D_x x^m)x^n + x^m(D_x x^n),$$

$$D_x(p(x)x^n) = (D_x p(x))x^n + p(x)D_x x^n.$$

多項式 $p(x), q(x)$ に対して

$$D_x(p(x)q(x)) = (D_x p(x))q(x) + p(x)(D_x(q(x)),$$

も分かるだろう．高階微分についてもパスカルの３角形で ${}_nC_k=\frac{n!}{k!(n-k)!}$ について ${}_nC_k+{}_nC_{k+1}={}_{n+1}C_{k+1}$ を確かめておけば，数学的帰納法で次が分かる：

$$D_x^n(p(x)q(x))=\sum_{k=0}^{n}{}_nC_kD_x^k(p(x))D_x^{n-k}q(x).$$ さぼらないで確かめること

つぎに積分演算子について考える．高校数学では

$$\int_a^b x^n dx=\frac{1}{n+1}(b^{n+1}-a^{n+1})$$

として出てくるかもしれないが，$a=0$ とし，$b=x$ としたので，積分するための変数は t として S_x を決めているので

$$S_xx^m=\frac{1}{m+1}x^{m+1}. \tag{1.2}$$

である．この演算子は繰返すと

$$S_x^k(x^m)=\frac{1}{(m+1)\cdots(m+k)}x^{m+k}.$$

特に $S_x^n(1)=\frac{1}{n!}x^n$ である．形から任意の多項式 $p(x)$ について $D_xS_xp(x)=p(x)$ だから，微分と積分は逆の関係のように見える．しかし $D_xS_x1=D_xx=1$ なのに $S_xD_x1=S_x0=0$ となるから，$S_xD_xx^n=x^n$ となるのは $n\geq 1$ の場合だけである．定数項は元に戻らないから

$$S_xD_xp(x)=p(x)-p(0) \tag{1.3}$$

である．これを**演算子の間の関係式として見る**ために改めて恒等演算子 I と δ-**演算子**，または**射影演算子**と呼ばれる演算子 ϖ_0 を

$$I(p(x))=p(x),\quad \varpi_0(p(x))=p(0) \tag{1.4}$$

と定義し，上の式を $S_xD_x=I-\varpi_0,\quad D_xS_x=I$ のように書く．恒等演算子 I は「何もしない」という演算子だが，ϖ-演算子は見慣れないものだろうから，少し手を動かして練習する．

$$\varpi_0^2p(x)=\varpi_0(\varpi_0p(x))=\varpi_0(p(0))=p(0)$$

だから，$\varpi_0=\varpi_0^2$ である．このようなものを**冪等演算子** (idempotent) と呼ぶ．$S_x^n\varpi_0(p(x))=\frac{1}{n!}p(0)$，$\varpi_0S_x(p(x))=\int_0^0 p(t)dt=0$ だから

$$S_x^n\varpi_0=\frac{x^n}{n!}\varpi_0,\quad \varpi_0S_x^n=0,\ (0\text{ は零演算子})$$

である. 微分演算子 D_x との関係は

$$D_x^n\varpi_0(p(x))=D_x^n p(0)=0$$

だから $m\geq 1$ について $D_x^m\varpi_0=0$ である. 結局 $\varpi_0 D_x\varpi_0=\varpi_0 S_x\varpi_0=0$ で, $\varpi_0 D_x^m(p(x))$ は $p(x)$ の m-次の係数を $m!$-倍して取り出すから

$$\frac{1}{m!}\varpi_0 D_x^m(p(x))=p(x) \text{ の } m\text{-次の係数}$$

となる. すると $S_x^m\varpi_0 D_x^m(p(x))=p(x)$ の m-次の項 となるから, m を動かして総和すれば多項式については

$$\sum_{m=0}^{\infty} S_x^m\varpi_0 D_x^m=I \ (\text{恒等演算子}) \quad (\text{手を動かして確かめること})$$

となる. 演算子を操るときの基本形がここにある. この計算に違和感がある人は納得するまで手を動かして確かめてもらいたい.

1.1.1 行列 (matrix)

さらに $D_xS_x=I$ であるから $D_x^kS_x^\ell$ は I, $D_x^{k-\ell}$, $S_x^{\ell-k}$ のいずれかであるが, $\varpi_0 D_x\varpi_0=\varpi_0 S_x\varpi_0=0$ だったからクロネッカーのデルタ $\delta_{k,\ell}$ を使って

$$\varpi_0 D_x^k S_x^\ell\varpi_0=\delta_{k,\ell}\varpi_0$$

がわかる. すると

$$(S_x^k\varpi_0 D_x^\ell)(S_x^m\varpi_0 D_x^n)=\delta_{\ell,m}S_x^k\varpi_0 D_x^n$$

となる. $S_x^m\varpi_0 D_x^n$ は (m,n)-**行列要素**と呼ばれているものだが, 見慣れない人も居ると思うので, 少し解説するが, 線形代数で習う行列の計算のしかたについては一応知っているものとする.

$$X=\begin{bmatrix} x_{00} & x_{01} & x_{02} & x_{03} & x_{14} & \cdots \\ x_{10} & x_{11} & x_{12} & x_{13} & x_{14} & \cdots \\ x_{20} & x_{21} & x_{22} & x_{23} & x_{24} & \cdots \\ x_{30} & x_{31} & x_{32} & x_{33} & x_{34} & \cdots \\ x_{40} & x_{41} & x_{42} & x_{43} & x_{44} & \cdots \\ \vdots & \vdots & \vdots & \vdots & \vdots & \ddots \end{bmatrix}$$

のように数が縦横に無限個並んだものを $\infty\times\infty$-行列と呼ぶ. (i,j)-行列要素とは $x_{ij}=1$ で, **これを除いて他は全部** 0 の行列のことである. $E_{i,j}$ を (i,j)-行列要素とすると

$$E_{i,j}E_{k,\ell}=\delta_{j,k}E_{i,\ell}$$

である. さらに $\sum_{k=1}^{\infty}E_{k,k}$ (対角線上に 1 それ以外は全部 0) は**単位行列**と呼ばれる. 前に述べた $\sum_{m=0}^{\infty}S_x^m\varpi_0 D_x^m=I$ (恒等演算子) と "同じ" ものだと分かるだろう.

一般には行列計算ができないと困るから, X 毎にある番号 $n(X)$ があって $|i-j|>n(X)$ となる x_{ij} の所は 0 となるものとし, この条件を満たす行列の全体を $\mathcal{M}$ と書き, $\mathcal{M}$ 行列環と呼ぶ. この条件はわかりにくいが, ある行 (or 列) に注目すると, その行 (or 列) 上では**有限個の例外を除いて**他は全部 0 となっているというものである. (これを概ね対角行列と言ってみると良い.)

演習問題. 上の条件をみたす X,Y に対し $X+Y$, 積 XY が計算でき, 結果も上の条件をみたすことを確かめよ.

演習問題. $\mathcal{M}=\{\sum_{|i-j|<\infty}x_{ij}E_{i,j}\}$ のように書いても良いことを確かめよ.

演習問題. 命題「有限個の例外を除いて全部 0 である」の否定命題は何か?

$$\mathcal{M}_m= (0\sim m \text{ 行を除いて他は全部 } 0 \text{ の } \mathcal{M} \text{ の元}),$$
$$\mathcal{M}^n= (0\sim n \text{ 列を除いて他は全部 } 0 \text{ の } \mathcal{M} \text{ の元})$$

とし, $\mathcal{M}_m^n=\mathcal{M}_m\cap\mathcal{M}^n$ とする. 図示すれば上から順に下のようになる:

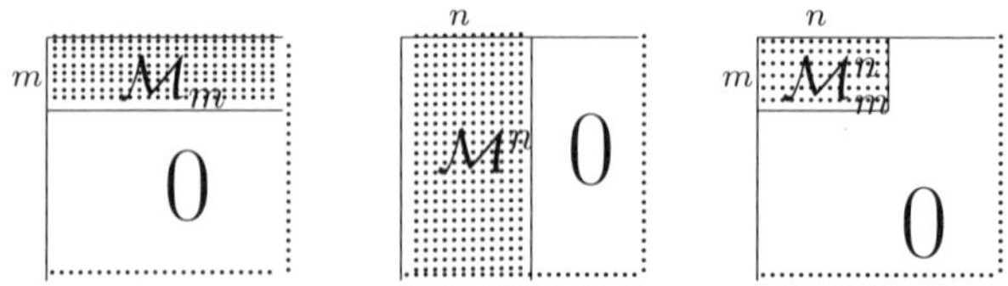

行列 A,B,C に対して $aA+bB$, AB の計算のしかた, **結合律** $(AB)C=A(BC)$ とか, **分配律** $A(B+C)=AB+AC$, $(A+B)C=AC+BC$ は分かるだろう.

$[A,B]=AB-BA$ を A,B の**交換子積**と呼ぶ. x_{ij} を $\mathbb{R}$(実数) とか $\mathbb{C}$(複素数) の要素として

$$A={\sum_{ij}}' x_{ij}E_{i,j} \quad \text{(任意有限和)} \quad (\textstyle\sum \text{ と } \sum' \text{ の違いをよく考えること})$$

を階数 (rank) 有限の行列と呼ぶ. 階数有限の行列全体を $\mathcal{M}'$ とする. イメージが湧きにくければ $\mathcal{M}'=\bigcup_n \mathcal{M}_n^n$ として考える. $X\in\mathcal{M}'$ について $X=(x_{ij})$ としたとき X の対角成分の和 $\sum_i x_{ii}$ を X のトレース (trace) と呼んで, $\mathrm{tr}X$ と書く.

演習問題. $X, Y \in \mathcal{M}'$ のとき $\mathrm{tr}XY=\mathrm{tr}YX$, i.e. $\mathrm{tr}[\mathrm{X},\mathrm{Y}]=0$ を確かめよ.

演習問題. $\mathcal{M}\mathcal{M}_m^m=\mathcal{M}_m^m=\mathcal{M}_m^m\mathcal{M}$ とはならないことを示せ.

演習問題. $\mathcal{M}'=\bigcup_{m,n\in N_0}\mathcal{M}_m^n=\bigcup_{n\in N_0}\mathcal{M}_n^n$ を確かめよ.

演習問題. $X\in\mathcal{M}$ で k 列から ℓ 列までを除いて他は全部 0 となっているような X は $\mathcal{M}'$ の元であることを示せ.

演習問題. $X\in\mathcal{M}'$, $Y\in\mathcal{M}$ ならば, XY, $YX\in\mathcal{M}'$ を示せ.

演習問題. $X, Y\in\mathcal{M}'$ のとき $\mathrm{tr}[X, Y]=0$ を示せ.

演習問題. n を奇数として n 行 n 列の歪対称行列 X (i.e.${}^tX=-X$) の行列式 $\det X$ は 0 であることを示せ. $\det X=\det {}^tX$ に注意.

ここからは細々注釈はつけないが行列計算を手本にして演算子 S_x, D_x が

$$S_x=\begin{bmatrix}0&0&0&0&\cdots\\1&0&0&0&\cdots\\0&1&0&0&\cdots\\0&0&1&0&\cdots\\\vdots&\vdots&\vdots&\ddots&\ddots\end{bmatrix}\qquad D_x=\begin{bmatrix}0&1&0&0&\cdots\\0&0&1&0&\cdots\\0&0&0&1&\cdots\\0&0&0&0&\cdots\\\vdots&\vdots&\vdots&\vdots&\ddots\end{bmatrix}$$

のように行列表示されること, さらに $D_xS_x=I$ だが $S_xD_x=I-\varpi_0$ で, ϖ_0 が成分 x_{00} のみ 1 で他は全部 0 の行列となることを確かめてもらいたい.

S_x,D_x を順不同に有限回積したものの 1 次結合の全体を $\mathcal{V}$ とする. これを S_x,D_x が**生成する代数**と呼ぶ.

演習問題. $\mathcal{V}=\{\sum_{k\geq 0}a_kS_x^k+\sum_l b_{l\geq 0}D_x^l+\sum_{k,l}c_{k,l}S_x^k\varpi_0D_x^l\}$ であることを示せ.

1.1.2 テイラー (Taylor) 展開

ついでに, $\{1, \frac{1}{1!}x, \frac{1}{2!}x^2, \frac{1}{3!}x^3, \cdots, \frac{1}{n!}x^n, \cdots\}$ を基底とするベクトル空間を考え a_i を $\mathbb{R}$ とか $\mathbb{C}$ の要素として $\sum_k' a_k\frac{1}{k!}x^k$(任意有限和) を多項式と呼び, その全体を $\mathbb{R}[x]$ とか $\mathbb{C}[x]$ と書き, $\mathbb{R}$ とか $\mathbb{C}$ を係数体とする**多項式環**と呼ぶ.

微分積分ができるものとしては多項式以外にももっと色々な関数が考えられる. つまり, 我々が手にしている「演算子」は多項式を超えてもっと様々な所に広げられるのである.

前にやった $S_x D_x = I - \varpi_0$ を恒等演算子をいれて

$$I = \varpi_0 + S_x I D_x$$

と書き, 右辺の I のところに同じ式を代入すると

$$I = \varpi_0 + S_x(\varpi_0 + S_x I D_x) D_x = \varpi_0 + S_x \varpi_0 D_x + S_x^2 I D_x^2$$

となる. もう一回やると $I = \varpi_0 + S_x \varpi_0 D_x + S_x^2 \varpi_0 D_x^2 + S_x^3 I D_x^3$. n 回繰返すと (これを逐次代入と呼ぶ)

$$I = \sum_{k=0}^{n-1} S_x^k \varpi_0 D_x^k + S_x^n D_x^n. \tag{1.5}$$

これらは多項式に作用する演算子として書いてきたが何回でも微分も積分もでき, 結果も連続関数となるような関数 (C^∞-関数) についてなら成立する. $f(x)$ を C^∞-関数とし, $D_x^k f(x)$ を $f^{(k)}(x)$ と書くことにしよう. すると $\varpi_0 D_x^k f(x) = f^{(k)}(0)$, $S_x^k 1 = \frac{1}{k!} x^k$ だったから, 上の式は

$$f(x) = \sum_{k=0}^{n-1} \frac{1}{k!} f^{(k)}(0) x^k + S_x^n (f^{(n)}(x))$$

となる. $S_x^n(f^{(n)}(x))$ は剰余項と呼ばれる. 詳しく書くと多重累次積分で

$$\int_0^x \int_0^{t_n} \cdots \int_0^{t_2} f^{(n)}(t_1) dt_1 dt_2 \cdots dt_n \tag{1.6}$$

となる.

剰余項, 累次積分と重積分

演算子とは関係ないがこの積分をもう少し詳しく見ておこう. まず, $n=2$ で考えると $\int_0^x \int_0^{t_2} f^{(2)}(t_1) dt_1 dt_2$ は $f^{(2)}(t_1)$ という2変数 (実際は1変数) の関数を領域 $D = \{0 \le t_1 \le t_2 \le x\}$ で重積分したものと思える. 積分順序を交換すると, これは次のようになる：

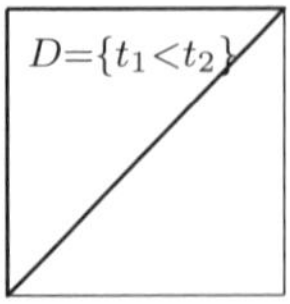

$$\int_0^x \int_{t_1}^x f^{(2)}(t_1) dt_2 dt_1 = \int_0^x (x - t_1) f^{(2)}(t_1) dt_1.$$

一般の n でも ($n=3$ の所で立体的な絵, または模型で考えよ) $f^{(n)}(t_1)$ という n 変数 (実は1変数だが) の関数を領域 $D = \{0 \le t_1 \le \cdots \le t_n \le x\}$ で積分したものと

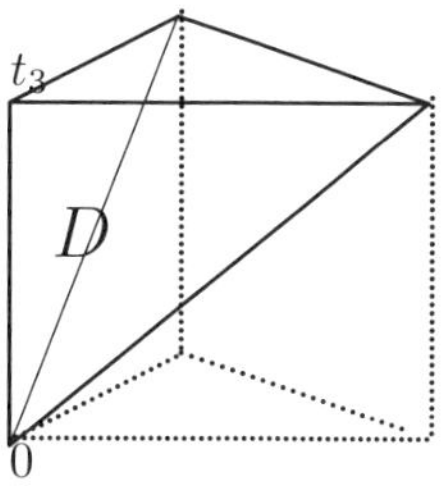

考え, 積分順序を $t_n, t_{n-1}, \cdots$ の順に変更すると

$$\int_0^x \cdots \int_{t_{n-1}}^x \int_{t_n}^x f^{(n)}(t_1)dt_{n-1}dt_{n-2}\cdots dt_1$$

となり, 剰余項 $S_x^n(f^{(n)}(x))$ は

$$\int_0^x \frac{1}{(n-1)!}(x-t_1)^{n-1}f^{(n)}(t_1)dt_1$$

となり, 変数を $t_1=\theta x$ と変換すると次となる：

$$S_x^n(f^{(n)}(x))=\frac{x^n}{(n-1)!}\int_0^1(1-\theta)^{n-1}f^{(n)}(\theta x)d\theta.$$

平均値の定理を使えば $\frac{x^n}{(n-1)!}f^{(n)}(\theta' x)$ となるように θ', $0<\theta'<1$, が選べるが, 上のままにしておくほうが多変数関数を扱うときに便利である. (演算子の立場では重積分とは積分順序を変えても同じ値になる累次積分のことである.)

指数関数, 対数関数, flat 関数

指数関数 e^x, 対数関数 $\log x$ については高校で一応の取扱いは習うのでこれらの関数が微分とか積分の演算子にどう反応するかを見ておこう. $D_x e^x=e^x$, $S_x e^x=e^x-1, \cdots$, $S_x^n e^x=e^x-(1+\cdots+\frac{1}{n})x^n$, は容易で, 多項式と違って微分しても積分してもどこかで消えてしまうということがない. 同様に

$$L_n=x^n\log x-(1+\cdots+\frac{1}{n})x^n,\ (n\geq 1)\quad L_0=\log x,\ L_{-n}=x^{-n} \tag{1.7}$$

とおけば

$$D_xL_n=nL_{n-1},(n\geq 1),\ D_xL_1=\log x,\ D_xL_{-n}=(-n)L_{-n-1}$$

となってやはり多項式と違って微分しても積分してもどこかで消えてしまうということがない系列が現れる.

他方, Taylor 展開がどこまでいっても剰余項しか現れない i.e. $f^{(k)}(0)=0$ となる関数を 0 で **flat** な関数と呼ぶ. このような関数を具体的に式で与えるのは案外難しいものだが, グラフを図示するのは簡単であろう. このような多項式からはみでた超越的な関数を扱いはじめると定義域とか値域など気になるかもしれないが, とりあえず計算の手応えを通してこれらのものが意味のある対象であることを確信してもらいたい.

線形空間族の直積位相へのコメント

この部分は後の方で使う位相に関する注意なので，読飛ばしても良いが後の方でいろんな位相を使うので混乱したらこの辺にもう一度戻って欲しい．

$$E = V_0 \oplus V_1 \oplus \cdots \oplus V_n \oplus V_{n+1} \oplus \cdots,$$

のようなベクトル空間の無限個の直積空間を考える．これは短く $\bigcup_{n=0}^{\infty} \prod_{k=0}^{n} V_k$ のように書く．これに**直積位相**と呼ばれる位相を次のような 0 の近傍系を与えることで入れて位相ベクトル空間にすることができる：n を任意，ε も任意の正数として次のような集合の族を近傍系とする：

$$U(n, \varepsilon) = V_0 \oplus V_1 \oplus \cdots \oplus V_n \text{の 0 の開近傍} \times \prod_{k=n+1}^{\infty} V_k$$

この位相の特徴は $\lim_{n\to\infty} \prod_{k=n+1}^{\infty} V_k = \{0\}$ となることで，Hilbert 空間などからくるイメージと違い，和集合 $\bigcup_{n=0}^{\infty} \prod_{k=0}^{n} V_k$ を考えているイメージとなる．これは**帰納極限位相**とも呼ばれる．

これに対し無限個の直積空間 $\prod_{k=0}^{\infty} V_k$ に Hilbert 空間のような距離空間としての位相を入れて考えることもある．こちらは**射影極限位相**である．

複素変数の場合

複素1変数の関数に対しても微分積分は定義される．演算子としての性質は全く同じなのだが，演算の対象が C^{∞}-関数ではなく，複素平面上の正則関数 (整関数と言う) の全体となる．Taylor 展開の公式も同じだが，剰余項の重積分の変数変換で (複素数には大小の順序がないので) 困るであろう．しかし正則関数の場合には flat な関数は 0 しかないので有限のところで止めないでどこまでも冪級数の形で計算するのである．つまり

$$f(z) = \sum_{n=0}^{\infty} \frac{1}{n!} f^{(n)}(0) z^n \quad (\text{無限和})$$

この冪級数の収束半径が ∞ なのはよく知られている．原点を平行移動して

$$f(z+a) = \sum_{n=0}^{\infty} \frac{1}{n!} f^{(n)}(a) z^n.$$

のようにも書かれる．また指数関数 e^z は $e^z = \sum_{n=0}^{\infty} \frac{1}{n!} z^n$ と展開され収束半径は ∞ である．上の式を指数関数の展開公式をまねて

$$f(z+t) = e^{tD_z} f(z) \tag{1.8}$$

のように書いてみると, 超越的演算子 e^{tD_z} は点の移動を表わしていることがわかる．

Cauchy の積分定理

D を複素閉領域, ∂D をその境界とし区分的に滑らかな曲線であるとする．D 上で正則な関数全体を $Hol(D)$ と書く, Cauchy の積分定理とは $\forall f(z) \in Hol(D)$ で, 閉曲線 ∂D に沿う線積分で

$$\int_{\partial D} f(z)dz = 0 \tag{1.9}$$

というもので, この後の計算の至る所に顔を出す．この定理と組になって至る所に顔を出すものに次のものがある: (留数計算の基礎)

$$\int_{|z|=r} \frac{dz}{z} = 2\pi i, \quad (r>0), \qquad \int_{|z|=r} \frac{dz}{z^n} = 0, \quad n \neq 1 \tag{1.10}$$

1.2　半逆元代数, 積・積分代数, ワイル (Weyl) 代数

ここで, 抽象的に半逆元の扱いをまとめておこう．何か演算子 S があり, これが右逆元 T を持っているとしよう．さらに 1 を恒等演算子として $ST=1$ だが, TS は 1 とはならないものとしよう．演算の規則は

$$ST=1,\ TS=1-\omega,\ \omega \neq 0$$

だが演算子は $aSST+bSTT-cTSS$ のように係数 $a, b, c \in K=\mathbb{R}$ または $\mathbb{C}$ をつけて合成できるものとし, このようにして得られる演算子の全体 i.e. T と S で生成される代数を $\mathcal{A}$ とする．計算は普通の数の場合のように

$$(aS^2T+bST^2)(cTS+S) = acS^2T^2S + aS^2TS + bcST^3S + bST^2S$$

などと分配法則で計算し, 結合律は成立しているものとする．このようなものを一般に, K を係数体に持つ結合代数 (associative algebra) と呼ぶが, ここで

はこれを**半逆元代数**, または**テープリッツ代数**と呼ぶ. つまり, 半逆元代数 $\mathcal{A}$ とは, 2 つの文字 S, T で生成される 1 を含む K を係数体とする結合代数で, $S{*}T{=}1$ だが, $T{*}S$ は 1 とはならないもののことである. 代数関係だけに注目するので, 何に作用する演算子かなどは考えない. 上で考えた D_x, S_x で作られた半逆元代数を特に**微積分代数**と呼ぶことにする.

$S{*}T{=}1$, $T{*}S{=}1{-}\omega$ と置く. 結合律を使うと

$$S{=}(S{*}T){*}S{=}S{*}(T{*}S){=}S{*}(1{-}\omega){=}S{-}S{*}\omega$$

だから, 移項して $S{*}\omega{=}0$. 同様に $T{=}T{*}(S{*}T){=}(T{*}S){*}T{=}(1{-}\omega){*}T{=}T{-}\omega{*}T$ だから $\omega{*}T{=}0$ となる. さらに

$$1{-}\varpi{=}T{*}S{=}T{*}S{*}T{*}S{=}(1{-}\varpi)^2_*{=}1{-}2\varpi{+}\varpi^2_*$$

だから, $\varpi^2_*{=}\varpi$ (冪等元) も分かる. ϖ を**半逆元真空**と呼ぶ. $T^m{*}\varpi{*}S^n$ は (m, n)-行列要素となる. $\mathcal{A}$ の元は一意的に

$$\sum_k a_k S^k + \sum_\ell b_\ell T^\ell + \sum_{m,n} c_{mn} T^m{*}\varpi{*}S^n$$

のように表されるので,

$$\varpi{*}\mathcal{A}{*}\varpi{=}K\varpi, \quad K{=}\mathbb{C} \text{ or } \mathbb{R}$$

となることも分かる.

真空表現/左イデアル表現

ここまでは $\mathcal{A}$ が何に作用する演算子かなどは考えていないのだが, 実は $\mathcal{A}$ 自身が, 作用する相手を指定している. 集合 $\mathcal{A}{*}\varpi$ を考えると, $S{*}\varpi{=}0$ だから, 半分ほどは消えて, 残りは $T^n{*}\varpi$ の形だけだから

$$\{1, T{*}\varpi, T^2{*}\varpi, \cdots T^n{*}\varpi, \cdots,\}$$

のように並べて, これをベクトル空間の基底とみなし, これの 1 次結合を

$$(1, T, T^2, \cdots T^n, \cdots)\begin{bmatrix} x_0 \\ x_1 \\ \vdots \\ x_n \\ \vdots \end{bmatrix}{*}\varpi$$

のように表し, これの全体を V とする. $\mathcal{A}$ の元をこの線形空間 V に左から作用する演算子とみなす. これを**真空表現**とか**左イデアル表現**と呼ぶ. 代数が作用できる相手 V は $\mathcal{A}*V\subset V$ でなければならないが, このような V を $\mathcal{A}$ の**左イデアル**と呼ぶ.

T, S を左から作用させてみると演算子 T の行列表示は前に与えた S_x, 演算子 S の行列表示は D_x であることが確かめられる.

このように行列で書いてみると半逆元代数は微積分演算子にかぎらず, 対象が無限次元線形空間 V の場合には無数にあることがわかる. 例えば V の基底 $\{e_0, e_1, e_2, \cdots, e_n, \cdots\}$ が与えられたものとして線形写像 $T; V\to V$ が

$$T(e_0)=e_3, \quad T(e_1)=e_4, \quad \cdots, \quad T(e_n)=e_{n+3}, \cdots$$

であたえらたとしよう. このとき,

$$S(e_0)=S(e_1)=S(e_2)=0, \cdots, S(e_n)=e_{n-3}, \cdots$$

は T の逆写像で $ST(e_i)=e_i$ だが, $TS(e_i)=0$ $(i=0,1,2)$ である.

積・積分代数

今度は S_x と $x\cdot$ という演算子が生成する代数を考えてみよう. 但し演算子記号の大きさのバランスを考えて, $x\cdot$ を P_x と書くことにする. $\int_0^x f(t)dt=F(x)$ とすると**部分積分**で $\int_0^x tf(t)dt=\int_0^x tF'(t)dt=xF(x)-\int_0^x F(t)dt$ だからこれを演算子の記号で書きなおすと次のようになる:

$$S_xP_x=P_xS_s-S_x^2, \quad i.e.\ P_xS_x-S_xP_x=S_x^2 \tag{1.11}$$

このような, 非可換だが生成元が与えられている代数の計算を行うには**交換子** (commutator) $[a,b]=a*b-b*a$ に注目し, 次のような交換子の一般公式

$$[a*b,c]=a*[b,c]+[a,c]*b, \quad [a,b*c]=[a,b]*c+b*[a,c] \tag{1.12}$$

を使うとよい. 途中に $\cdots*a*b*\cdots$ が出てきたらこれを $\cdots*(b*a+[a,b])*\cdots$ に置き換えるのである. P_x, S_x で生成される代数 $\mathcal{A}$ を**積・積分代数**と呼ぶ. 演算子の代数計算は上のルールだけで実行できる. $\mathcal{A}$ の各項の中で P_x を右に, S_x を左に送る計算をくりかえせば $\mathcal{A}$ の元は結局 $\sum_n S_x^n f_n(P_x)$ (有限和) の形で書かれることが分かる. 一般の積公式は $(S_x^m f(P_x))(S_x^n g(P_x))$ を与え

ることできまるのだが, 一気に書き上げるのは難しいから, 交換子をとると $[P_x, S_x]=S_x^2$ のように S_x の次数が増えているという積の特徴に注目する. S_x を含んだ元は交換関係を使って **1 つの** S_x を左端に寄せた元の和の形に書けるのでまず次が分かる：

補題 1.1 $\mathcal{A}=\mathbb{C}[P_x] \oplus S_x\mathcal{A}$. 但し, $\mathbb{C}[P_x]$ は x の多項式の全体である.

上の式の右辺の $\mathcal{A}$ に同じ式を代入して $\mathcal{A}=\mathbb{C}[P_x] \oplus S_x\mathbb{C}[P_x] \oplus {S_x}^2\mathcal{A}$ となるが $S_xS_xf(P_x, S_x)$ は交換子を使って 1 つの S_x を右端に置いた元の和に書かれるから,

$$\mathcal{A}=\mathbb{C}[P_x] \oplus S_x\mathbb{C}[P_x] \oplus S_x\mathcal{A}S_x$$

となる. 次に $S_xf(P_x, S_x)S_x$ のように両端に S_x がある元に注目する.

補題 1.2 $S_xf(P_x, S_x)S_x$ に右 *or* 左から P_x を積してもまた同じ形で書かれる.

上のことは明らかであろう. また $[S_x, P_x^2]=P_xS_x^2+S_x^2P_x=2S_xP_xS_x$, 一般に $[S_x, P_x^n]=nS_xP_x^{n-1}S_x$ なので, (1.11) 式と合わせてみると $[g(P_x), S_x]$ はすべて両端に S_x を含む元の和として書かれることがわかる. これより $[S_x, \mathcal{A}] \subset S_x\mathcal{A}S_x$ がわかる.

また, このことから $[\mathcal{A}, \mathcal{A}]$ の元は必ず S_x を含むことがわかる. つまり

補題 1.3 $[\mathcal{A}, \mathcal{A}] \subset S_x\mathcal{A}$

$\mathcal{A}$ は後のほうで μ **制御代数** (μ regulated algebra) と呼ばれるものの典型的例になっているので, $\mathcal{A}$ の性質をまとめるついでに μ 制御代数の公準を掲げておこう：

μ-制御代数とは以下の (A.0)~(A.4) の公準を満たすものである:

(A.0) $(\mathcal{A}, *)$ は位相結合代数である (位相のことはここでは気にしなくてよい).

(A.1) **制御子**と称する $\mathcal{A}$ の元 μ(上の例では S_x) があって $[\mu, \mathcal{A}] \subset \mu{*}\mathcal{A}{*}\mu$.

(A.2) $[\mathcal{A}, \mathcal{A}] \subset \mu{*}\mathcal{A}$.　(補題 1.3)

(A.3) $\mu{*}\mathcal{A}$ は閉部分空間であり, その補空間 B が存在して $\mathcal{A}=B \oplus \mu{*}\mathcal{A}$ となる.　(補題 1.1)

(A.4) $\mu{*}a=0$ ならば $a=0$. ($S_xf=0$ なら $D_xS_xf=f=0$)

これは漸近展開で計算するときの基本になるもので, 後のほうでは生成元が多数の μ-制御代数が量子力学の説明に役立つ. しかし大概の μ-制御代数は制御子 μ が逆元を μ^{-1} を持っているのに対しここで掲げた例は制御子 $\mu{=}S_x$ が半逆元しか持たない極めて特殊な例になっていて, 制御子が半逆元しか持たない μ-制御代数は上の例をモデルにして構成される.

ワイル (Weyl) 代数

上では D_x と S_x とか, S_x と $x\cdot$ という演算子が生成する代数を扱ったが, 今度は D_x と $x\cdot$ を扱ってみよう. $f(x)$ は C^∞-関数とすると

$$D_x(x{\cdot}f(x)){=}f(x){+}x{\cdot}D_xf(x)$$

であるが, これを $f(x)$ を消して演算子的に書こうとすると $D_xx{\cdot}{=}I{+}x{\cdot}D_x$ のようになり $D_xx\cdot$ が演算子の積なのか, x を微分しているのか区別がつかなくなる. これでは不便なので, 記号を変えて $u{=}x\cdot$, $v{=}D_x$ とし, 一旦 (微分するとか, x をかけるといった) 記号の意味は忘れて, 単に演算子の間の関係のみに注目する. 考えるのは 2 つの文字 u, v で生成された 1 を持つ結合代数で, 関係式

$$v{*}u{=}u{*}v{+}1, (\ [v,u]{=}1 \text{ とも書く})$$

を持つものである. このようにして u と v と 1 から得られる結合代数を**ワイル (Weyl) 代数**と呼ぶ. これの利点は多変数で考えられることである. 微積分代数もそうであったが, Weyl 代数でも $X{*}Y = Y{*}X$ は一般に成立しない. このようなものを非可換代数と呼ぶ. 演算子で構成される代数は非可換代数になるのが普通である. しかしワイル代数は交換子が簡単だから, これでかなり計算ができる.

演習問題. 上で $[v,u]{=}1$ の代わりに $[v,u]{=}i\hbar$ とし, $i\hbar$ は他の全てと可換なパラメータとすると, 生成される代数は $i\hbar$ 制御代数になることを確かめよ.

上の演習問題を踏まえて, Weyl 代数を μ 制御代数と見るときには (1 制御代数と言うのは変だから) 交換子を $[v,u]{=}i\hbar$ と定義しなおして $i\hbar$ 制御代数として扱う. 以下ワイル代数と言うときには**いつもこの定義の方を指す**ものとする.

対応原理と表示の問題

ワイル代数は代数演算と微分演算からできている演算子代数だが, 量子力学でまっさきに登場する代数である. その理由を説明しよう.

古典力学の基本的変数は q (位置) と p (運動量) で，古典力学に出てくる関数は $f(q,p)$ のように (q,p)-空間 (相空間) 上の普通の関数として書かれる．

ところで，初期量子論は $f(q,p)$ を「対応原理」を通して "量子化" して $f(q,i\hbar\partial_q)$ という「演算子」として考えよというのである．これは $f(q,p)$ が多項式の場合などでは $f(q,i\hbar\partial_q)$ をワイル代数の元として考えよと言うのと同じである．例えば，古典力学で単振動を表す力学変数 $f(q,p){=}\frac{1}{2}(p^2{+}q^2)$ に対しては，対応原理で $\frac{1}{2}\Big((i\hbar\frac{d}{dx})^2{+}(q\cdot)^2\Big)$ という演算子を考え，その固有値などを考えるのである．ところが古典力学には qp のような関数も登場する．これを演算子化するときには $qp{=}pq{=}\frac{1}{2}(qp{+}pq)$ なのだから $xi\hbar\frac{d}{dx}{=}\frac{1}{i\hbar}u{*}v$ とするか $i\hbar\frac{d}{dx}(x\cdot){=}i\hbar v{*}u{=}\frac{1}{i\hbar}(u{*}v{+}1)$ とするか，

$$2i\hbar\Big(x\frac{d}{dx}{+}\frac{d}{dx}(x\cdot)\Big){=}i\hbar(u{*}v{+}\frac{1}{2})$$

とするか迷うことになる．定数部分だけの違いだが，固有値などは違うからこれでは困る．対応原理とはいうものの $f(q,p)$ が多項式程度のものであっても可換なものを非可換な演算子で置き換えようとするのだから，対応が1対1でないのは当然である．どうして1対1にならないのかをよくみると，

$$v{*}u{=}u{*}v{+}i\hbar{=}\frac{1}{2}(u{*}v{+}v{*}u{+}i\hbar)$$

のようにワイル代数では1つの元が色々に表示できることが原因となっていることがわかる．だから何らかのルールを設けてワイル代数の元を一意的に表示するようにすれば，上の対応は1対1にできるわけである．要するにこれは普通の多項式の空間とワイル代数の元全体の空間との間に線形1対1対応をつける問題である．そこで考えられた表示のおもなものは

1) 正規順序表示：$\sum a_{k,l}u^k{*}v^l$ のように u が左側にくるように書く

2) 逆正規順序表示：$\sum a_{k,l}v^k{*}u^l$ のように v が左側にくるように書く

3) Weyl 順序表示: $\sum a_{k,l}v^k{\odot}u^l$ のように各項を重対称積を用いて書く

等がある．3) の重対称積の説明は面倒なのでここでは与えないが後節のモイヤル積公式で計算しきることだと理解するのが一番手間がかからない．

対応原理のところで起こるこの問題は ordering problem と呼ばれていて量子論の初期にはどの表示による対応が正しい量子化を与えるかという問題と

して考えられたこともあるが, 今ではどの表示も平等と思われていて, むしろ表示による微妙な違いが注目されている.

標準的な対応は作れないわけだが, 古典的世界がまずあって, それを量子化するのではなく,「量子論的世界がまずある」と考えようになったのである.

ワイル代数は演算子の間の関係のみに注目して考えられた代数で, 何に対する「働きかけ」かなどは**代数の方が自然に指定する**ものと考えている. ワイル代数を深く知ることは量子論を理解する上で大切なことである.

正規順序での積の公式

ここでもう一度表示の問題を考えてみよう. 上で色々な表示を与えたが, 普通の多項式の空間に 1 対 1 対応を作っているのだから, これは普通の多項式の空間にワイル代数と同型となるような積 $*$ を定義していることになる. 例えばいつも正規順序表示で書くことにするとワイル代数の元 $u^2{*}v$ と $u{*}v^2$ の積は

$$(u^2{*}v){*}(u{*}v^2){=}u^3{*}v^3{+}i\hbar\, u^2{*}v^2$$

と計算することになる. v^2 と u^2 の積は

$$\begin{aligned}v^2{*}u^2&{=}v{*}v{*}u{*}u{=}v{*}u{*}v{*}u{+}i\hbar\, v{*}u{=}(u{*}v{+}i\hbar){*}(u{*}v{+}i\hbar){+}i\hbar(u{*}v{+}i\hbar)\\&{=}u{*}v{*}u{*}v{+}3i\hbar\, u{*}v{+}2(i\hbar)^2{=}u^2{*}v^2{+}4i\hbar\, u{*}v{+}2(i\hbar)^2\end{aligned}$$

と計算することになる. これを多項式の世界に普通とは違う積が定義されたと見るのである. すこし手を動かしてみれば正規順序表示で計算する公式が

$$f(u,v){*}g(u,v){=}\sum_{k\geq 0}\frac{(i\hbar)^k}{k!}\frac{\partial^k}{\partial v^k}f(u,v)\frac{\partial^k}{\partial u^k}g(u,v)\quad \left(=fe^{i\hbar\overleftarrow{\partial_v}\overrightarrow{\partial_u}}g\right)$$

となることがわかる. 括弧内の書きかたは後々非可換変形論を考えるときに便利な記号だが, 今は気にしなくてよい. ただし右辺はもはや普通の多項式だから順序はどう入れ替えても良い. 同じことは逆正規順序表示でもワイル順序表示でも考えられるわけである. この計算で結合律

$$(f(u,v){*}g(u,v)){*}h(u,v){=}f(u,v){*}(g(u,v){*}h(u,v))$$

が成立していることをみるのは総和記号のまま計算すること良い練習になるが. こんなことで面白い発見ができるのである. 後の方の計算公式の記号と

合わせる為に今後は正規順序表示で計算していることを表わす記号として $*$ の代りに $*_{K_0}$ と書き, (後のほうでは $\Lambda{=}K_0{+}J$ という記号を使うこともある)

$$f(u,v)*_{K_0}g(u,v)=f(u,v)e^{i\hbar\overleftarrow{\partial_v}\overrightarrow{\partial_u}}g(u,v) \tag{1.13}$$

のように書くことにし, この積公式を ΨDO 積公式と呼ぶ.[1]

1.2.1　ワイル微積分代数

これまでは $u{=}x\cdot, v{=}D_x,\ v^\circ{=}S_x$ に対し u,v で作る代数, D_x, S_x で作る代数を別々に考えてきたが全部一緒にしたらどうなるだろうか？

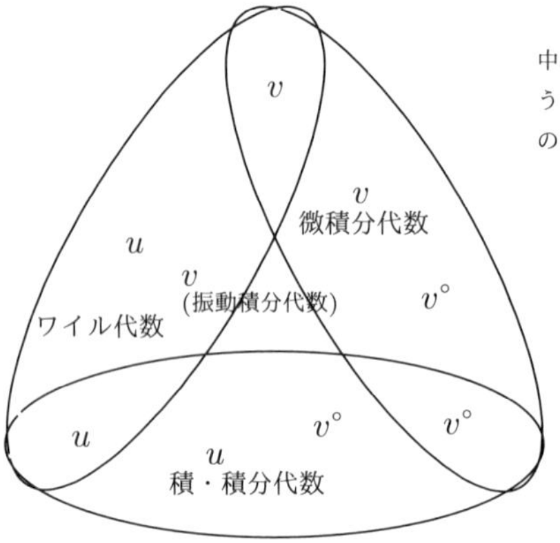

中心にある振動積分の代数というのは全部纏めて計算するときの書き方を与えるものである

ワイル微積分代数

つまり u,v,v° で作る代数はどうなるだろうか？　この代数はワイル代数と微積分代数を合わせたものだから**ワイル微積分代数**と呼ぶことにしよう. 交換子に注目すると

$$[v,u]{=}i\hbar,\quad [v,v^\circ]{=}\varpi,\quad v{*}v^\circ{=}1$$

だが $[v{*}v^\circ,u]{=}0$ だから, $[v,u]{*}v^\circ{=}v{*}[u,v^\circ]$ であり, 両辺に $v^\circ{*}$ 積して $f(x)$ に作用する演算子のもとの意味にかえると, $\varpi{*}u{=}0{=}\varpi{*}v^\circ$ だから,

$$i\hbar v^{\circ 2}{=}(1{-}\varpi){*}[u,v^\circ]{=}[u,v^\circ]$$

[1] これは psuedo differential operator の積公式である.

がわかる．これで生成元同士の交換子はすべてわかったので，あとは何に作用するかは忘れて演算子だけで計算できる．これでひとまず微積分に出てくる演算子については違和感がなくなったと思われる．

1.3 多項式の表示変形

演算子の動かしかたが一応わかったと思うので，今度は τ をパラメータとして次のような演算子を考える

$$e^{\frac{\tau}{4}\partial_x^2}=\sum_{k\geq 0}\frac{\tau^k}{4^k k!}(\partial_x^2)^k$$

∂_x は普通の微分演算子であるが，記号を節約してこのように書いている．

$\mathbb{C}[x]$ を 1 変数の多項式全体のなす線形空間とし，$e^{\frac{\tau}{4}\partial_x^2}$ をここに作用させる．多項式は何回か微分すれば消えるのだから，

$$e^{\frac{\tau}{4}\partial_x^2}:\mathbb{C}[x]\to\mathbb{C}[x]$$

は線形写像として定義され (指数関数の計算と同じ計算で) 逆対応 $e^{-\frac{\tau}{4}\partial_x^2}$ を持つことが分かる [2]．そこで $\mathbb{C}[x]$ に新しい積 $*_\tau$ を

$$f(x)*_\tau g(x)=e^{\frac{\tau}{4}\partial_x^2}\Big(\big(e^{-\frac{\tau}{4}\partial_x^2}f(x)\big)\big(e^{-\frac{\tau}{4}\partial_x^2}g(x)\big)\Big) \tag{1.14}$$

で定義する．これは $\mathbb{C}[x]$ の上の普通の積を線形同型 $e^{\frac{\tau}{4}\partial_x^2}$ を使って移し替えているだけだから，可換で結合律を満たすのは明らかで

$$f(x)*_\tau g(x)=g(x)*_\tau f(x),\quad \big(f(x)*_\tau g(x)\big)*_\tau h(x)=f(x)*_\tau\big(g(x)*_\tau h(x)\big)$$

となるが，定義のしかたから

$$e^{\frac{\tau}{4}\partial_x^2}(f(x)g(x))=e^{\frac{\tau}{4}\partial_x^2}f(x)*_\tau e^{\frac{\tau}{4}\partial_x^2}g(x)$$

なのだから，普通の多項式環と同型であることもあきらかだろう．これでは，何も面白くないようにみえるが，$*_\tau$-積で少し計算練習をしてみると

$$x*_\tau x=x^2+\frac{\tau}{2},\quad x_*^2*_\tau x=(x^2+\frac{\tau}{2})*_\tau x=x^3+\frac{3\tau}{2}x$$

[2]演算子 $e^{\frac{\tau}{4}\partial_x^2}$ は $C^\infty(\mathbb{R})$ のようなところには作用させられないが，どこまでどのように広げられるかは熱伝導方程式に関係する解析学の面白いテーマである

$x_*^2 *_\tau x_*^2 = x^4 + 3\tau x^2 + \frac{3}{8}\tau^2$, $x_*^n = \sum_{k\geq 0} \frac{\tau^k}{4^k k!}(\partial_x^2)^k x^n$ 等となる．これは，いつもおまけ付きで計算する「商売上手」の計算法みたいなものである．一般にどうなるかを見るには演算子 ∂_x^2 がバラけないでまとまって作用する部分

$$\partial_x^2(f(x)g(x)) = (\partial_x^2 f(x))g(x) + 2\partial_x f(x)\partial_x g(x) + f(x)\partial_x^2 g(x)$$

が何個あるかを数えて，$\frac{1}{k!}(\frac{\tau}{4}\partial_x^2)^k(f(x)g(x))$ が

$$\sum_{p+q+r=k} \frac{\tau^r}{r!2^r}\partial_x^r\Big(\frac{1}{p!}(\frac{\tau}{4}\partial_x^2)^p f\Big)\partial_x^r\Big(\frac{1}{q!}(\frac{\tau}{4}\partial_x^2)^q g\Big). \quad \text{(サボらないで確認すること)} \tag{1.15}$$

のように分解できることを帰納法で確認すれば

$$f *_\tau g = \sum_{k\geq 0} \frac{\tau^k}{2^k k!}\partial_x^k f \partial_x^k g \quad \big(= f e^{\frac{\tau}{2}\overleftarrow{\partial_x}\overrightarrow{\partial_x}} g\big) \tag{1.16}$$

となることがわかる．よく知っている多項式の積をわざわざ難しく書いただけなのだが，よくみるとこの積は片方が多項式ならば他方は C^∞-級関数なら何でも計算できる．すると次のような微分方程式も考えることができる：

$$\frac{d}{dt}f_t(x) = x *_\tau f_t(x), \quad f_0(x) = 1$$

これは書き直せば $\partial_t f_t(x) = x f_t(x) + \frac{\tau}{2}\partial_x f_t(x)$,　$f_0(x)=1$, で慣れていないとまごつくかもしれないが，$*_\tau$-積のままで形式的に書けば解は

$$f_t(x) = \sum_{k=0}^{\infty} \frac{t^k}{k!}(x)_\tau^k = e_\tau^{tx}$$

のように，「$*_\tau$-積で考えた指数関数」であることに注目する．解は

$$e_\tau^{tx} = e^{\frac{\tau}{4}\partial_x^2} e^{tx} = \sum_{k=0}^{\infty} \frac{\tau^k}{4^k}\partial_x^{2k} e^{tx} = \sum_{k=0}^{\infty} \frac{\tau^k t^{2k}}{4^k} e^{tx}$$

である．これは解法は気にしないで代入して確かめてもらいたい．　紛らわしいが，積公式を当てはめると (1.8) 式で容易に各 $*_\tau$-積で次が成立することが分かる：

$$e^{2ax} *_\tau e^{2bx} = e^{(a+b)x + 2ab\tau}, \quad e^{2ax} *_\tau f(x) = e^{2ax} f(x + a\tau) \tag{1.17}$$

但し，第二のものは $f(x)$ の Taylor 展開が収束しているものとする.(面白い暗算法が手に入ったと理解する.)

演算子の頭になりきって, $*_\tau$-積で考えた指数関数の面白い性質を色々述べるのがここでの目標である.

演習問題. 上で作った代数 $\mathbb{C}[x,\tau]$ は τ 制御代数であることを確かめよ. 可換だから (A.3) だけ確かめれば良い.

指数関数とその表示

考えているのは多項式の空間に普通使われている積とは違うが, 結果的には同型な積を入れただけのものである. 特に $\tau{=}0$ のときは普通使われている積と同じものであるし, しかも $(\mathbb{C}[x],*_0)$ は写像 $e^{\frac{\tau}{4}\partial_x^2}:(\mathbb{C}[x],*_0)\to(\mathbb{C}[x],*_\tau)$ で $(\mathbb{C}[x],*_\tau)$ と同型となる. つまり

$$e^{\frac{\tau}{4}\partial_x^2}(f{*_0}g){=}(e^{\frac{\tau}{4}\partial_x^2}f){*_\tau}(e^{\frac{\tau}{4}\partial_x^2}g) \tag{1.18}$$

が成立する. おおげさな言い方で恐縮だが $I_0^\tau{=}e^{\frac{\tau}{4}\partial_x^2}$ を**相互変換** (intertwiner) と呼ぶ. 後の計算の為に $I_\tau^{\tau'}=I_0^{\tau'}(I_0^\tau)^{-1}$ と定義し, これを $*_\tau$ から $*_{\tau'}$ への相互変換と呼ぶ. $\tau\in\mathbb{C}$ は表示変形のパラメータと考える. 普通の関数の表示を変えているだけだが, 結果は重大である.

x という生成元が固定されているのだから $x{*_\tau}x{=}x^2{+}\frac{\tau}{2}$, $x{*_\tau}x{*_\tau}x{=}x^3{+}\frac{3\tau}{2}x$ のように計算される. 多項式 $f(x)$ に相当する多項式 $f_\tau(x)$ は $f_\tau(x){=}e^{\frac{\tau}{4}\partial_x^2}f(x)$ である. 一般に, 一つの多項式 $f(x)$ に対して $\{f_\tau(x);\tau{\in}\mathbb{C}\}$ という多項式の集団が得られる. この集団を $f_*(x){=}\{f_\tau(x);\tau{\in}\mathbb{C}\}$ のように書き $f_*(x)$ を一つの元のように考え, 個々の $f_\tau(x)$ は $:f_*(x):_\tau{=}f_\tau(x)$ のように表す. 多項式ではないが

$$e_\tau^{2ax}{=}e^{2ax+a^2\tau} \tag{1.19}$$

である. これも $:e_*^{sx}:_\tau=e^{\frac{1}{4}s^2\tau}e^{sx}=e^{\frac{1}{4}s^2\tau+sx}$ のように表す. 記号の使いかたを敷衍して

$$:ax_*{+}b:_\tau{=}ax{+}b,\quad :2x_*^2:_\tau{=}2x^2{+}\tau,\quad :2x_*^3:_\tau{=}2x^3{+}3\tau x,$$
$$:x_*^n:_\tau{=}P_n(x,\tau){=}\sum\frac{n!}{4^kk!(2k)!}\tau^kx^{n-2k}$$

のように書いて良いであろう. 考え方としては : $:_\tau$ の中に書き込まれているものが本当の姿で $:f_*:_\tau$ を f_* の τ-**表示**と考えるのである. $:e_*^{sx}:_\tau$ は $*$-指数関数 e_*^{sx} の τ-表示である.

註 これらは全部, 些細な表示の変更に違いないのだが, ものの考えかたを大きく変えていることに注目してもらいたい. この考え方は多様体上の関数を局所座標系で表示したものの集まりとして考えるのに似ているが, 多様体の場合にはその手前に先験的に「底位相空間」(underlying topological space) という点集合 X があり関数とは X から $K{=}\mathbb{C}$ or $\mathbb{R}$ への写像なのだが, それの具体的表示が局所座標系を使って与えられると考えるのに対し, ここでの $f_*(x)$ は先験的に存在を仮定されるものではなく, あくまで具体的表示の全体のことである. 相互変換の計算から

$$I_\tau^{\tau'}(e^{sx}) = e^{\frac{1}{4}(\tau'-\tau)s^2}e^{sx}$$

がわかり, しかも

$$I_\tau^{\tau'}(e^{\frac{1}{4}s^2\tau}e^{sx}) = e^{\frac{1}{4}s^2\tau'}e^{sx}$$

だから、集団 $\{e^{\frac{1}{4}s^2\tau}e^{sx}; \tau\in\mathbb{C}\}$ を e_*^{sx} と書き e_*^{sx} を $*$-積の世界の指数関数と思うことができる. 気持ちとしては : $:_\tau$ の内側に書かれているものが本物であるが, それをストレート表示する方法が少ないので, 普通に認められている表示法を借りるのであるが, ストレートに表示した方が分かりやすい場合も多い. 積公式 (1.16) より, 指数法則

$$:e_*^{sx}:_\tau *_\tau :e_*^{tx}:_\tau = :e_*^{(s+t)x}:_\tau, \quad \forall\tau\in\mathbb{C}. \tag{1.20}$$

もわかるから表示 τ は省略して

$e_*^{sx} * e_*^{tx} = e_*^{(s+t)x}$ と書いておいて良いであろう. おまけに, $:e_*^{sx}:_\tau$ は任意の τ に対して微分方程式 $\frac{d}{dt}g(t) = x*_\tau g(t)$ の、初期条件 $g(0){=}1$ の解である. これも $\frac{d}{dt}g_*(t) = x_* * g_*(t)$, $g_*(0){=}1$, と書いて良いであろう. e_*^{sx} を互いに相互変換される1径数群の族と理解するより, 様々な表示を持つ一つの物と理解したほうが良いであろう.

一般に h が整関数 ($\mathbb{C}$ 上正則な複素関数) のとき次の公式も得られる:

$$:e_*^{2sx} * h(x):_\tau = e^{2sx+s^2\tau}h(x+s\tau). \tag{1.21}$$

$*$-積で書かれた元を一人歩きさせるために, $\sum a_n x_*^n$ のように書かれている元を $f_*(x_*)$ と書くことにする. 形式的な微分を

$$\partial_\zeta f_*(x_*) {=} \sum a_n n x_*^{n-1}$$

で定義する. 次の公式は些細な注意に見えるが, 微分までストレートに $*$-積の中で行ってよいと言っているので大きな意識変更である.

$$:\partial_\zeta f_*(x_*):_\tau = \partial_\zeta :f_*(x_*):_\tau . \tag{1.22}$$

1.4 ヤコビ (Jacobi) の楕円テータ関数

指数関数 e_*^{tx} を使って $\theta(x,*) = \sum_{n\in\mathbb{Z}} e_*^{2nix}$ を考えてみよう. これは

$$\cdots + e_*^{-4ix} + e_*^{-2ix} + 1 + e_*^{2ix} + e_*^{4ix} + \cdots$$

で, 両側に続く $*$-積等比級数の総和を考えるということである.

$$:\theta(x,*):_\tau = \sum_{n\in\mathbb{Z}} e^{2nix - n^2\tau}$$

であるから, $\tau=0$ では発散していて意味がない式だが, τ の実部が正, $\mathrm{Re}\tau>0$, ならは $e^{-n^2\tau}$ が効いて次が分かる：

命題 1.1 $\mathrm{Re}\tau>0$ ならば $:\theta(x,*):_\tau$ は広義一様絶対収束[3] する.

証明 $2nix - n^2\tau = -\tau(n+\frac{ix}{\tau})^2 - \frac{x^2}{\tau}$ と平方完成し x を有界閉集合に限れば, そこでは何か定数 C,M があって

$$|e^{2nix-n^2\tau}| \le Ce^{-Mn^2}, \quad C, M > 0$$

が成立するのでこれよりわかる. □

実は $:\theta(x,*):_\tau = \theta(x,\tau)$ は Jacobi の楕円 θ 関数 $\theta_3(x,\tau)$ である. さらに Jacobi の楕円 θ 関数 $\theta_i(x,\tau)$, $i = 1,2,3,4$, はすべて $*$ 指数関数の両側無限等比級数の τ 表示なのである：

以下では変数として x の代りに ζ を用いる. (: $:_\tau$ は省略してある.):

$$\begin{aligned}
\theta_1(\zeta,*) &= \frac{1}{i}\sum_{n=-\infty}^{\infty}(-1)^n e_*^{(2n+1)i\zeta}, & \theta_2(\zeta,*) &= \sum_{n=-\infty}^{\infty} e_*^{(2n+1)i\zeta},\\
\theta_3(\zeta,*) &= \sum_{n=-\infty}^{\infty} e_*^{2ni\zeta}, & \theta_4(\zeta,*) &= \sum_{n=-\infty}^{\infty}(-1)^n e_*^{2ni\zeta}
\end{aligned} \tag{1.23}$$

[3] 言葉の意味は証明を見ながら逆に推察してもらいたい.

Reτ>0 のとき, これらの τ-表示 $\theta_i(\zeta,\tau)$ がとりもなおさず楕円 theta 関数である．広義一様絶対収束していることも同様にして分かる.

τ を表示変形のパラメータと思わず普通の数として扱えば $\theta_i(\zeta,\tau)$ は普通の関数であるが, $*_\tau$-積の世界ではこれが等比級数の両側無限和という簡単な形に書かれているのである. 指数法則 $e_*^{a\zeta+s}=e_*^{a\zeta}e^s$ を項別に使えば $\theta(\zeta,*)$ は π-周期の周期関数であり, さらに $\theta_i(\zeta,*)$ は 2π-周期の周期関数であることがわかる. さらに、指数法則 $e_*^{a\zeta+b\zeta}=e_*^{a\zeta}e_*^{b\zeta}$ を項別に使えば無限和を取っていることから $\theta(\zeta,*)$ が等式 $e_*^{2i\zeta}*\theta_i(\zeta,*)=\theta_i(\zeta,*)$, $(i{=}2,3)$, $e_*^{2i\zeta}*\theta_i(\zeta,*)=-\theta_i(\zeta,*)$, $(i{=}1,4)$, を満たしていることは明らかであろう.

$\forall\tau$ について両辺の τ-表示を計算すると $:e_*^{2i\zeta}:_\tau=e^{-\tau}e^{2i\zeta}$ だから (1.21) より

$$\begin{aligned}&e^{2i\zeta-\tau}\theta_i(\zeta+i\tau,\tau)=\theta_i(\zeta,\tau);\ (i{=}2,3),\\&e^{2i\zeta-\tau}\theta_i(\zeta+i\tau,\tau)=-\theta_i(\zeta,\tau);\ (i{=}1,4),\end{aligned}\tag{1.24}$$

が得られる. これは $\theta(\zeta,\tau)$ の**擬周期性**と呼ばれる等式である. $e^{2i\zeta-\tau}$ は**指数因子**と呼ばれている.

命題 1.2 $e_*^{2i\zeta}*\theta_*(\zeta)=\pm\theta_*(\zeta)$, $\theta_*(\zeta+2\pi)=\theta_*(\zeta)$ であるような整関数は $\theta_i(\zeta,*)$ の1次結合である.

証明 2π-周期性より, $\theta_*(\zeta)=\sum_n a_ne_*^{in\zeta}$ と Fourier 展開され (後節 (1.60) 参照), 第1の等式から $a_{n+2}=\pm a_n$ が分かる。すると自由に動かせるのは a_0, a_1 と $e_*^{2i\zeta}*\theta_*(\zeta)=\pm\theta_*(\zeta)$ の $\pm$ だけとなる. □

$*$-積の世界では表示変形のパラメータだった τ が普通の関数の表示では擬周期という意味に変わっている.

上では Jacobi の楕円 θ-関数を $*$-指数関数で考えたが, 普通の積で扱うには不便なので $q=e^{i\tau}$, $|q|<1$, と置いて普通の書き方に戻すと次のようになる：

$$\theta_1(\zeta,\tau)=2\sum_{n=0}^{\infty}(-1)^nq^{(\frac{n+1}{2})^2}\sin(2n+1)\zeta,\quad \theta_2(\zeta,\tau)=2\sum_{n=0}^{\infty}q^{(\frac{n+1}{2})^2}\cos(2n+1)\zeta$$

$$\theta_3(\zeta,\tau)=1+2\sum_{n=1}^{\infty}q^{n^2}\cos 2n\zeta,\qquad \theta_4(\zeta,\tau)=1+2\sum_{n=1}^{\infty}(-1)^nq^{n^2}\cos 2n\zeta.$$

普通の関数の表示になっているから $\zeta{=}0$ での値が定義できるので

$$\theta_i=\theta_i(0,\tau),\quad i=2,3,4,\quad \sqrt{k}=\theta_2/\theta_3$$

と置く. この書き方で色々な等式が知られているが, $*_\tau$-積で書いても簡単になる訳ではないので, ここでは深入りしない. しかし $\theta_i(\zeta,*)*\theta_j(\zeta,*)$ は発散して定義できないが, $\theta_i(\zeta,\tau)\theta_j(\zeta,\tau)$ は整関数の積だから ζ の整関数である. また $|q|{=}1$ は至る所特異点 (自然境界) であることが知られている (Fabry-Pólya の間隙定理).

1.4.1 指数因子と 2 重周期性

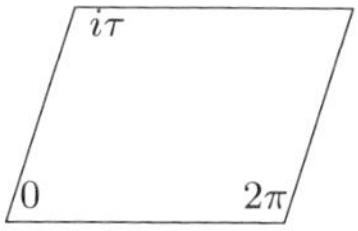

指数因子 $e^{2i\zeta-\tau}$ は θ_i, $i{=}1{\sim}4$, で共通だから, (普通の積の所で) 比を考えて $\theta_{i/j}(\zeta,\tau){=}\theta_i(\zeta,\tau)/\theta_j(\zeta,\tau)$ とすれば, これらは複素平面上で

$$\theta_{i/j}(\zeta{+}2\pi,\tau){=}\theta_{i/j}(\zeta,\tau), \quad \theta_{i/j}(\zeta{+}i\tau,\tau){=}\pm\,\theta_{i/j}(\zeta,\tau)$$

という 2 重周期性を持つ (i.e. トーラス上の関数) 有理形関数 (楕円関数) となる. 3 角関数に似せての下ような楕円関数 (Jacobi の楕円関数) が定義され,

$$\mathrm{sn}(\zeta,k){=}\frac{\theta_3}{\theta_2}\frac{\theta_1(\zeta/\theta_3^2)}{\theta_4(\zeta/\theta_3^2)}, \quad \mathrm{cn}(\zeta,k){=}\frac{\theta_2}{\theta_3}\frac{\theta_2(\zeta/\theta_3^2)}{\theta_4(\zeta/\theta_3^2)}, \quad \mathrm{dn}(\zeta,k){=}\frac{\theta_4}{\theta_3}\frac{\theta_3(\zeta/\theta_3^2)}{\theta_4(\zeta/\theta_3^2)}$$

加法公式が知られている. (§3.1 も参照.) τ はここでは楕円の離心律に関係するパラメータに変わっている. 楕円関数は相対論で水星の「近日点移動」の説明の時にも現れ, フェルマーの最終定理の証明 (Wiles) の中にも現れている不可思議な関数ではある.

1.5 二種類の逆元と結合子 (associater)

しかし, 等比級数の両側無限和を計算しているのだから, 次のような奇妙なことにも遭遇する. 等比級数の和の公式 $\sum_{k=0}^{\infty} r^k{=}\frac{1}{1-r}$ を思い出してみれば $\sum_{n=0}^{\infty} e_*^{ni\zeta}$, $-\sum_{-\infty}^{-1} e_*^{ni\zeta}$ はどちらもも $1{-}e_*^{i\zeta}$ の $*$-積での逆元で

$$(1{-}e_*^{i\zeta})*\sum_{n=0}^{\infty} e_*^{ni\zeta}{=}1, \quad (1{-}e_*^{i\zeta})*(-\sum_{-\infty}^{-1} e_*^{ni\zeta}){=}1$$

ある. 同じ元の逆元が沢山あるのだが, 結合律がある代数では A に逆元 X,Y があっても $X{=}X(AY){=}(XA)Y{=}Y$ で逆元は 1 つの筈だから, これは結合律

を乱しているわけで, θ_3 等は上の2つの逆元の差を書いていることになる.

$$\sum_{n=0}^{\infty} e_*^{ni\zeta} = \frac{1}{1-e_*^{i\zeta}} = (1-e_*^{i\zeta})^{-1}, \quad \mathrm{Re}\tau>0$$
$$-\sum_{-\infty}^{1} e_*^{ni\zeta} = \frac{e_*^{-i\zeta}}{e_*^{-i\zeta}-1} = (e_*^{i\zeta})^{-1} * (e_*^{-i\zeta}-1)^{-1}$$

を見てどのように結合律が破れているのかをみると, $B*(B^{-1}*A)=A$ が破れていることが分かる. もう少し組織的に言えば, 結合律が破れる理由は2重級数としては収束していない $\sum_{m,n} e_*^{mi\zeta}*(1-e_*^{i\zeta}\zeta)*e_*^{-ni\zeta}$ を累次総和に直して計算しているからで, この時総和の順序変更をしているからである.

註. これらのことは $*$-積を使って計算するから出てきたものではなく, もともとの θ-関数でも起こっていたことであるが, 普通の表示には $*$-積というものがないから, 取り上げられたことがなかっただけである. しかし Jacobi にははっきりこの $*$-積が意識されていたように思える.

上では τ を表示の為のパラメーターと見ているから本質は τ を消した表記の方に現れていると考えている. しかし, 発想を逆点させて $\theta_i(0,\tau)$ を τ の関数だと積極的に考えることもできるのである. $\theta_i(0,\tau)$ の世界は q-analogue の世界でもある.

結合子 (associator)

$\theta_3(\zeta,*)$, $\theta_4(\zeta,*)$ 等は結合律からのずれ, 結合子

$$\{a_+^{-1}, a, a_-^{-1}\} = a_+^{-1}*(a*a_-^{-1}) - (a_+^{-1}*a)*a_-^{-1}$$

を書いたものであるが, 結合律が破れるといっても上のようなものだから計算の向きのようなものに注意するとかなり計算できると思われる. Jacobi のテータ関数はかなり3角関数を意識して作られていると思うので, その一端を $*$-積の関数の形で紹介しておこう. まず, 無限等比級数による定義で,

$$\frac{1}{1-e_*^{-2i\zeta}} + \frac{1}{1-e_*^{2i\zeta}} = 1+\theta_3(\zeta,*), \quad \frac{1}{1+e_*^{-2i\zeta}} + \frac{1}{1+e_*^{2i\zeta}} = 1+\theta_4(\zeta,*)$$

である. これらは左辺を普通の分数式の通分計算でやってしまうと, 例えば

$$\frac{1}{1-e_*^{-2i\zeta}} + \frac{1}{1-e_*^{2i\zeta}} = \frac{2-e_*^{2i\zeta}-e_*^{-2i\zeta}}{(1-e_*^{2i\zeta})(1-e_*^{-2i\zeta})} = 1$$

である.(どこで結合律が破れているのか考えよう)

$$(1-e_*^{2i\zeta})_+^{-1}=\sum_{n=0}^{\infty}e_*^{ni\zeta},\quad (1-e_*^{-2i\zeta})_-^{-1}=\sum_{n=0}^{\infty}e_*^{-ni\zeta}$$

と書いておこう. 一方 $-2ie_*^{i\zeta}*(\sum_{n=0}^{\infty}e_*^{2ni\zeta})$, $2ie_*^{-i\zeta}*(\sum_{n=-\infty}^{0}e_*^{2ni\zeta})$ が共に $\frac{1}{2i}(e_*^{i\zeta}-e_*^{-i\zeta})$ の逆元であることに注目して,

$$(\sin_*\zeta)_{*+}^{-1}=2ie_*^{-i\zeta}*(\sum_{n=-\infty}^{0}e_*^{2ni\zeta}),\quad (\sin_*\zeta)_{*-}^{-1}=-2ie_*^{i\zeta}*(\sum_{n=0}^{\infty}e_*^{2ni\zeta}) \quad (1.25)$$

のように定義すればこれらの τ-表示は $\mathrm{Re}\tau>0$ において整関数であり

$$\theta_2(\zeta,*)=2i\big((\sin_*\zeta)_{*+}^{-1}-(\sin_*\zeta)_{*-}^{-1}\big) \quad (1.26)$$

である. これも, 分数式の (結合律を満たす) 普通の計算では 0 となる計算である. しかし $\theta_2(\zeta,*)\neq0$ であるが, $(\sin_*\zeta)*\theta_2(\zeta,*)=0$ である.

同様に $-2e_*^{i\zeta}*\big(\sum_{n=0}^{\infty}(-1)^n e_*^{2ni\zeta}\big)$, $2e_*^{-i\zeta}*\big(\sum_{n=-\infty}^{0}(-1)^n e_*^{2ni\zeta}\big)$ が両方共 $\frac{1}{2}(e_*^{i\zeta}+e_*^{-i\zeta})$ の逆元であることに注目して,

$$(\cos_*\zeta)_{*+}^{-1}=2e_*^{-i\zeta}*(\sum_{n=-\infty}^{0}e_*^{2ni\zeta}),\quad (\cos_*\zeta)_{*-}^{-1}=-2e_*^{i\zeta}*(\sum_{n=0}^{\infty}e_*^{2ni\zeta})$$

のように定義すればこれらの τ-表示は $\mathrm{Re}\tau>0$ において整関数であり,

$$\theta_1(\zeta,*)=2i\big((\cos_*\zeta)_{*+}^{-1}-(\cos_*\zeta)_{*-}^{-1}\big) \quad (1.27)$$

である. ついでに $\tan_{*+}\zeta=(\sin_*\zeta)*(\cos_*\zeta)_{*+}^{-1}$, $\tan_{*-}\zeta=(\sin_*\zeta)*(\cos_*\zeta)_{*+}^{-1}$ 等と定義すると

$$\tan_{*+}\zeta-\tan_{*-}\zeta=2i(\sin_*\zeta)*\theta_1(\zeta,*)$$

である. 同様に

$$\theta_3(\zeta,*)=e_*^{i\zeta}*((\cos_*\zeta)_{*+}^{-1}-(\cos_*\zeta)_{*-}^{-1}),\ \theta_4(\zeta,*)=e_*^{i\zeta}*((\sin_*\zeta)_{*+}^{-1}-(\sin_*\zeta)_{*-}^{-1})$$

である. $*$-三角関数の逆元も整関数であるが, これを作るときにはどちらむきの無限等比級数を使うかによって結果に差があり, その差が θ-関数となって

現れる. 同じ向きの無限等比級数の $*$-積は収束する. 正, 負の向きの無限等比級数の $*$-積は発散することが多いが, 発散が起こらないように工夫できる場合もある. 無限級数の積として考えたときには $(1-e_*^{-2i\zeta})^{-1}*(1-e_*^{2i\zeta})^{-1}$ は発散しているが,

$$(1-e_*^{2i\zeta})*(1-e_*^{-2i\zeta})=2(1-\cos_* 2\zeta)=(1-e_*^{2i\zeta})+(1-e_*^{-2i\zeta}) \tag{1.28}$$

だが, 倍角の公式 $2(\sin_*\zeta)^2=1-\cos_* 2\zeta$ で $(1-e_*^{2i\zeta})+(1-e_*^{-2i\zeta})=4(\sin_*\zeta)^2$ だから $(1-e_*^{2i\zeta})*(1-e_*^{-2i\zeta})=2(1-\cos_* 2\zeta)=4(\sin_*\zeta)^2$ である. $\therefore\ \big((\sin_*\zeta)_{*\pm}^{-1}\big)^2$ はどちらも $(\sin_*\zeta)^2$ の逆元で (1.28) より複合同順で

$$\big((1-e_*^{2i\zeta})*(1-e_*^{-2i\zeta})\big)_{*\pm}^{-1}=4^{-1}(\sin_*\zeta)_{*\pm}^{-2}$$

が成立している. $\big((\sin_*\zeta)_{*+}^{-1}\big)^2$ とか $\big((\sin_*\zeta)_{*-}^{-1}\big)^2$ は例えば

$$(\sin_*\zeta)_{*-}^{-2}=\big((\sin_*\zeta)_{*-}^{-1}\big)^2=-4e_*^{2i\zeta}*(\sum_{n=0}^{\infty}e_*^{2ni\zeta})^2=-4e_*^{2i\zeta}*\sum_{n=0}^{\infty}(n+1)e_*^{2ni\zeta}$$

のように計算できる. このような場合には計算の手順まで示さないと混乱する.

一方, オイラー (Euler) の**相補公式**と呼ばれる古典的公式に

$$\sin\pi z\int_{-\infty}^{\infty}\frac{e^{tz}}{1+e^t}dt=\pi\quad(=\Gamma(z)\Gamma(1-z))$$

というのがある. 詳しい証明は次節になるが, この公式の証明を $*$ 積で追跡すると表示パラメータが $\mathrm{Re}\tau<0$ の場合に

$$2i\sin_*\pi\zeta*\int_{-\infty}^{\infty}\frac{e_*^{t\zeta}}{1+e^t}dt=2\pi i,\quad \mathrm{Re}\tau<0 \tag{1.29}$$

という公式が得られる. つまり $*$ 積に関する $\sin_*\pi\zeta$ の逆元が

$$:(\sin_*\pi\zeta)_*^{-1}:_\tau=\frac{1}{\pi}\int_{-\infty}^{\infty}\frac{:e_*^{t\zeta}:_\tau}{1+e^t}dt,\quad \mathrm{Re}\tau<0$$

のように得られる. すると当然これとこれまでの $(\sin_*\zeta)_{*\pm}^{-1}$ (これを求めるときの表示は $\mathrm{Re}\tau>0$ であった) との関係が気になるであろう.

以下, この節では (1.29) 式を含めて, 下の関係式

$$:(\sin_*\pi\zeta)_{*+}^{-1}+(\sin_*\pi\zeta)_{*-}^{-1}:_\tau=\frac{2}{\pi}\int_{-\infty}^{\infty}\frac{:e_*^{t\zeta}:_\tau}{1+e^t}dt,\quad \mathrm{Re}\tau<0 \tag{1.30}$$

を示すことを目標に進む.

1.5.1　指数関数と逆元

上と同様のことは離散和に限らず連続和でも起こる. 次のような積分

$$-i\int_0^\infty e_*^{it\zeta}dt,\quad i\int_{-\infty}^0 e_*^{it\zeta}dt \tag{1.31}$$

を考える. $:e_*^{it\zeta}:_\tau = e^{it\zeta-\frac{1}{4}t^2\tau}$ だから $\mathrm{Re}\,\tau{>}0$ ならばどちらの積分も広義一様絶対収束する. これと $\zeta*$ の連続性を使うと (1.31) の積分はどちらも ζ の $*$-積に関する逆元であることが分かる：

$$\begin{aligned}\zeta{*}i\int_{-\infty}^0 e_*^{it\zeta}dt&=\zeta{*}\lim_{T\to\infty} i\int_{-T}^0 e_*^{it\zeta}dt=\lim_{T\to\infty}\zeta{*}i\int_{-T}^0 e_*^{it\zeta}dt\\&=\lim_{T\to\infty}\int_{-T}^0 i\zeta{*}e_*^{it\zeta}dt=\lim_{T\to\infty}\int_{-T}^0\frac{d}{dt}e_*^{it\zeta}dt=\lim_{T\to\infty}(1-e_*^{-iT\zeta})=1.\end{aligned}$$

これは前節と同様に結合律を壊してしまう現象である. $\zeta_+^{-1}{=}i\int_{-\infty}^0 e_*^{it\zeta}dt$, $\zeta_-^{-1}{=}-i\int_0^\infty e_*^{it\zeta}dt$ とすると結合子は次で与えられる:

$$\{\zeta_+^{-1},\zeta,\zeta_-^{-1}\}{=}\zeta_+^{-1}{*}(\zeta{*}\zeta_-^{-1}){-}(\zeta_+^{-1}{*}\zeta){*}\zeta_-^{-1}{=}i\int_{-\infty}^\infty e_*^{it\zeta}dt$$

結合律が壊れるのは重積分できないものを累次積分になおして積分順序を交換するからであるが, この逆元の差の i 倍は佐藤の超関数に似せて

$$\frac{1}{\sqrt{2\pi}}\int_{-\infty}^\infty e_*^{it\zeta}dt{=}\delta_*(\zeta) \tag{1.32}$$

のように書いて, $*$ **デルタ関数**と呼んでおく. $\zeta{*}\delta_*(\zeta){=}-i\int_{-\infty}^\infty \frac{d}{dt}e_*^{it\zeta}dt{=}0$ も容易に示せる. τ 表示は

$$:\delta_*(\zeta):_\tau{=}\frac{1}{\sqrt{2\pi}}\int_{-\infty}^\infty e^{-\frac{t^2}{4}\tau}e^{it\zeta}dt$$

であるが, $\tau{>}0$ だと Fourier 変換の公式 (数学辞典 (岩波) 参照) を使って $\frac{\sqrt{2}}{\sqrt{\tau}}e^{-\frac{1}{\tau}\zeta^2}$ となるのだが, 実は $\tau{>}0$ の条件は積分路の複素回転で $\mathrm{Re}\tau{>}0$ にまでゆるめられることなどが分かるので, これをこめて上の計算で使っている連続性とか結合律について少しコメントしておく. 位相空間論に出てくる細々した用語については定義や解説無しに使うので, 恐れずに外国語の書物を**辞書片手で読む**ような態度で理解してほしい.

補題 1.4 $f(\zeta)$ を多項式, $Hol(\mathbb{C})$ を整関数全体にコンパクト・開位相 (広義一様収束での収束で入れる位相) を入れた位相線型空間とすると $f(\zeta)*_\tau$, $*_\tau f(\zeta)$ はどちらも $Hol(\mathbb{C})$ から $Hol(\mathbb{C})$ への連続写像である. 結合律 $f*(g*h)=(f*g)*h$ は f,g,h のうちどれか2つが多項式または1次式の指数関数ならば成立する.

証明. 多項式との $*_\tau$ 積の公式には有限階の微分しか現れないから連続性は明らか. 指数関数との積は (1.21) より連続となる. 3っつとも多項式なら結合律は明らかだから, 多項式でない整関数に対し多項式近似定理を用いる. □

指数関数を色々な場面に拡張して考えるために次のことに注意する:

補題 1.5 指数関数の定義の時に使われるような線形発展方程式の実解析的 (定義域の各点での Taylor 展開が正の収束半径を持つ) 解は (存在すれば) 初期条件に関し一意的である.

証明は二つあったとして差を考え $t=0$ の所での高階微分がすべて消えることを見れば良い. この補題で簡単に $e_*^{t(\zeta+a)}=e_*^{t\zeta}e^{ta}$ などが証明できる.

積分路の複素回転

次に表示と連動した, 積分路の複素回転を考えるのだが, これをまず1変数の $*$ デルタ関数で少し練習しよう. 1変数であっても様々な表示があることに注目し, 表示の為のパラメータを τ として $f*_\tau g=fe^{\frac{\tau}{2}\overleftarrow{\partial_\zeta}\overrightarrow{\partial_\zeta}}g$ という積公式 (1.16) で考えていた. $*$-積で書きはするが, τ-表示で計算していた.

命題 1.3 $:e_*^{it\zeta}:_\tau=e^{-\frac{\tau}{4}t^2}e^{it\zeta}$ なので $\forall\tau\neq 0$ に対し θ を選んで $\mathrm{Re}\,e^{2i\theta}\tau>0$ となるようにすれば, 下の積分は θ には無関係な値に収束して

$$e^{i\theta}\int_{-\infty}^{\infty}:e_*^{ite^{i\theta}\zeta}:_\tau dt=\frac{2\sqrt{\pi}}{\sqrt{\tau}}e^{-\frac{1}{\tau}\zeta^2},\quad (\text{数学辞典 } \mathit{Fourier} \text{ 変換の公式}) \tag{1.33}$$

となる. さらに積分路は直線で取る必要もなく, 漸近的に一致しておれば Cauchy の積分定理で同じ値となる. これは Jacobi の $\theta(\zeta,\tau)$-関数の場合には自然境界のせいで表示パラメータの複素回転は許されなかったのと大きく異なるところである.

証明. 積分路を常に $\mathrm{Re}\,e^{2i\theta}\tau>0$ のようにとれば積分が収束することは明らか.

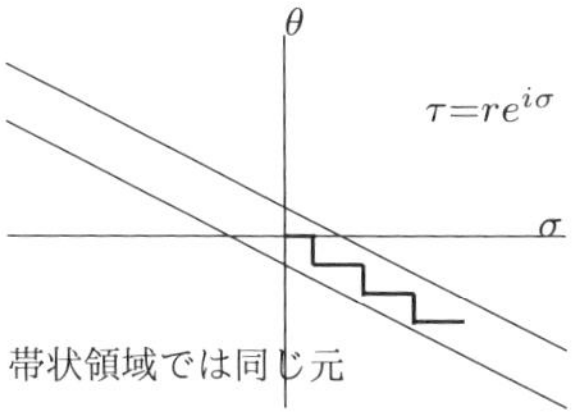

そこで左図の帯状領域で考える．この範囲で考えている限り τ を止めて θ を動かしても θ に依存しないことは部分積分で

$$\frac{d}{d\theta}{:}e^{i\theta}\int_{-\infty}^{\infty}e_*^{ite^{i\theta}\zeta}dt{:}_\tau=0$$

よりわかる．またこの範囲で θ を止めて τ を動かすのは表示だけを変えていることになる．　$\tau{=}re^{i\sigma}$ と書き, $\sigma{=}-2\theta$ と置き, θ を 0 から π まで動かすと $\mathrm{Re}\,e^{2i\theta}\tau{>}0$ は変化しないから積分は常に収束し, (1.32) より

$$-{:}\delta_*(-\zeta){:}_\tau{=}-{:}\delta_*(\zeta){:}_\tau{=}{:}\delta_*(\zeta){:}_\tau$$

となってしまう．つまり ${:}e^{i\theta}\delta_*(e^{i\theta}\zeta){:}_{|\tau|e^{i\sigma}}$ は $\mathrm{Re}\,e^{2i\theta}\tau{>}0$ なる領域で考えている限り **1 個の 2 価の元**なのである．(矛盾を孕んでいるように見えるこの概念こそがこの本を支える基本概念である.) □

これの τ-表示 ${:}\delta_*(\zeta){:}_\tau$ が積分路の複素回転と Fourier 変換の公式で (1.33) となるわけである．2 次式の指数関数になることに注意. (1.16) で与えた $*$-積の公式 $fe^{\frac{\tau}{2}\overleftarrow{\partial_\zeta}\overrightarrow{\partial_\zeta}}g$ を使って ${:}\zeta{*}\delta_*(\zeta){:}_\tau{=}0$ を確かめてもらいたい．さらに ζ を $\zeta{-}x$, $x{\in}\mathbb{R}$, に置き換えて全く同様の式を作ることができ

$${:}e^{i\theta}\delta_*(e^{i\theta}(\zeta{-}x)){:}_{|\tau|e^{i\sigma}}{=}\frac{\sqrt{2}}{\sqrt{|\tau|e^{i\sigma}}}e^{-\frac{1}{|\tau|e^{i\sigma}}(\zeta-x)^2}$$

のだからこのことを次のように述べておく:

命題 1.4 ${:}\delta_*(\zeta{-}x){:}_\tau$ は常に $\mathrm{Re}\,e^{2i\theta}\tau{>}0$ となる積分路を選んで定義するものとすれば $\forall\tau{\in}\mathbb{C}_*$ 上で定義された 2 価の元である．つまり $\mathbb{C}_*$ の 2 重被覆となる元である．しかも x に関しては e^{-cx^2} のオーダーで急減少である．

また $\delta_*(\zeta{-}a)$ には一見奇妙に見える性質がある．$\mathrm{Re}\tau{>}0$ のとき, (1.32) 式のすぐ下の式より $(\zeta{-}a){*}\delta_*(\zeta{-}a){=}0$ なのだからならば $\frac{1}{a}\zeta{*}\delta_*(\zeta{-}a){=}\delta_*(\zeta{-}a)$ となりこれを繰返して

$$\delta_*(\zeta{-}a){=}(\frac{1}{a}\zeta)_*^n{*}\delta_*(\zeta{-}a),\quad \forall n{\in}N. \tag{1.34}$$

命題 1.5 $\mathrm{Re}\tau{>}0$ のとき ${:}\delta_*(\zeta{-}a){:}_\tau$, $a{\neq}0$ は $*_\tau$ 積に関して $\forall\zeta_*^n$ で "割切れる". これが奇妙に見える理由は $f(\zeta)$ の $\zeta{=}0$ での Taylor 展開を思い浮かべてみると分かる.

また, これらの計算は ζ を $\frac{1}{i}\zeta$ に変え, その代り $\mathrm{Re}\tau{<}0$ としても変わらない. このことから (1.31) に出てきた二つの逆元の計算は次のようにも書かれる:

命題 1.6 $\mathrm{Re}\,\tau{<}0$ の時, 任意の $a{\in}\mathbb{C}$ に対し $-\int_0^\infty e_*^{t(\zeta+a)}dt,\ \int_{-\infty}^0 e_*^{t(\zeta+a)}dt$ の τ-表示は広義一様絶対収束して, $\zeta{+}a$ の (*-積に関する) 逆元となる. また, ζ とか a で微分しても収束するので, これらの逆元は ζ, a に関して整関数である.

2つの逆元の差は (1.33) 式より ζ, a に関して整関数であるが, 上は逆元がそれぞれ整関数だということである.

逆元の表示の多価性

θ-関数では自然境界があることによって表示パラメータの複素回転は許されないが, 逆元の場合には $\frac{1}{a+\zeta}{=}\frac{e^{i\theta}}{e^{i\theta}(a+\zeta)}$ という等式を考えると $\mathrm{Re}\,\tau{>}0$ でなくても逆元の τ-表示ができそうに見える. $\tau{\neq}0$ のとき θ をうまく選んで $e^{2i\theta}\tau{>}0$ とすると

$$-e^{i\theta}\int_0^\infty e_*^{ite^{i\theta}(a+\zeta)}dt,\quad e^{i\theta}\int_{-\infty}^0 e_*^{ite^{i\theta}(a+\zeta)}dt$$

は τ-表示で絶対収束し, 共に $a{+}\zeta$ の逆元である. しかも,

$$:e^{i\theta}\int_{-\infty}^0 e_*^{ite^{i\theta}(a+\zeta)}dt:_\tau = e^{i\theta}\int_{-\infty}^0 e^{ite^{-i\theta}(a+\zeta)-\frac{1}{4}t^2e^{2i\theta}\tau}dt \tag{1.35}$$

等は θ で微分して部分積分を使えばこれらが $\mathrm{Re}\,e^{2i\theta}\tau{>}0$ を保っているかぎり θ に依存しないことがわかる. $e^{i\theta}$ は積分を収束させる役目しかしていないのである. $e^{2i\theta}$ と τ を $\mathrm{Re}\,e^{2i\theta}\tau{>}0$ を保ちながら同時に動かして積分 (1.35) を考えてみると, θ は τ の半分のスピードで変化しなければならないから

定理 1.1 $\mathrm{Re}\,e^{2i\theta}\tau{>}0$ を保ちながら τ を 0 から 2π まで追跡すれば θ は 0 から π まで変わるだけである $\theta{=}\pi$ では (1.35) は

$$-\int_{-\infty}^0 e^{-it(a+\zeta)-\frac{1}{4}t^2\tau}dt = -\int_0^\infty e^{it(a+\zeta)-\frac{1}{4}t^2\tau}dt$$

である. つまり一つの逆元の表示を追跡していくと, いつのまにかもう一つの逆元になってしまうというメービウスの帯的モノドロミー現象が起こる.

この多価性は (表示を一回りさせると) 二つのものが入れ換わるという現象である. つまり, **この二つの逆元は区別不可能なのである.** 区別不可能な二つのも

のというのは「同じものが二つある」と言っているようなものだから, 集合論的にはあきらかに歓迎されない元であろうが, 素粒子の世界では区別不可能な多数のものは当たり前に出てくるのだから, このようなものにも市民権を与えておくほうがよい.

この二つの逆元の差は $e^{i\theta}\int_{-\infty}^{\infty}e_*^{-te^{i\theta}(a+\zeta)}dt$ であるが, これの τ-表示は

$$:e^{i\theta}\int_{-\infty}^{\infty}e_*^{-te^{i\theta}(a+\zeta)}dt:_\tau=\frac{1}{\sqrt{\pi\tau}}\ e^{-\frac{1}{\tau}(a+\zeta)^2} \tag{1.36}$$

となり, θ に無関係になり多価性は $\pm$ の形である. (命題1.3 参照.)

上の考察より次のことも分かる：

命題 1.7 $:((a+\zeta)_+^{-1}-(a+\zeta)_-^{-1}):_\tau$ は表示の複素回転で符号変化する 2 価の元だが $:((a+\zeta)_+^{-1}+(a+\zeta)_-^{-1}):_\tau$ は表示の複素回転で符号は変化しない 1 価の元である.

$$\delta_*(a+\zeta)=\tfrac{1}{2\pi}\int_{-\infty}^{\infty}e_*^{it(a+\zeta)}dt$$

と定義する. この定義では $\mathrm{Re}\,\tau>0$ に対して, $:\delta_*(a+\zeta):_\tau$ は整関数である. しかし $\tau=0$ は表示の特異点となる. $\delta_*(a+\zeta)$ は $\forall\tau\neq0$ で表示されるが, 表示を 1 周させると符号が逆転する 2 価関数である. さらに $:\delta_*(a+\zeta):_0=\delta(a+\zeta)$ であり, $\tau=0$ では普通の δ 関数になる.

一方, 部分積分を使えば $(\alpha+\zeta)_{*\pm}^{-2}$ の計算公式が簡単に得られる. $(\alpha+\zeta)_{*\pm}^{-1}$ は多価性があったわけだが $(\alpha+\zeta)_{*+}^{-2}$ はどうであろうか? 上と同じ理由で $(a+\zeta)_{*+}^{-2}$ は τ-表示すると

$$:e^{i\theta}\int_{-\infty}^{0}e^{i\theta}te_*^{te^{i\theta}(a+\zeta)}dt:_\tau=e^{2i\theta}\int_{-\infty}^{0}te^{te^{i\theta}(a+\zeta)+\frac{1}{4}t^2e^{2i\theta}\tau}dt \tag{1.37}$$

だから $\mathrm{Re}\,e^{2i\theta}\tau<0$ を保って $e^{2i\theta}\tau$ を連動させるのだが τ を 1 周させたとき左端の $e^{2i\theta}$ も 1 周だから, 積分ももとに戻って多価性は消える. つまり結合子 $\{(\alpha+\zeta)_{*+}^{-2},(\alpha+\zeta)^2,(\alpha+\zeta)_{*-}^{-2}\}$ は 1 価の元である.

1.5.2　$*$ 相補公式 (1.29) の証明

ζ を $\frac{1}{i}\zeta$ に変え, その代り $\mathrm{Re}\tau<0$ に変える. まず $1+e^{(2n+1)\pi i}=0$ に注意し, τ 表示で $\mathrm{Re}\,\tau<0$ のとき

$$(1-e_*^{2\pi i(z+\zeta)})*\int_{-\infty}^{\infty}\frac{e_*^{t(z+\zeta)}}{1+e^t}dt=-2\pi ie_*^{\pi i(z+\zeta)} \tag{1.38}$$

を示す.

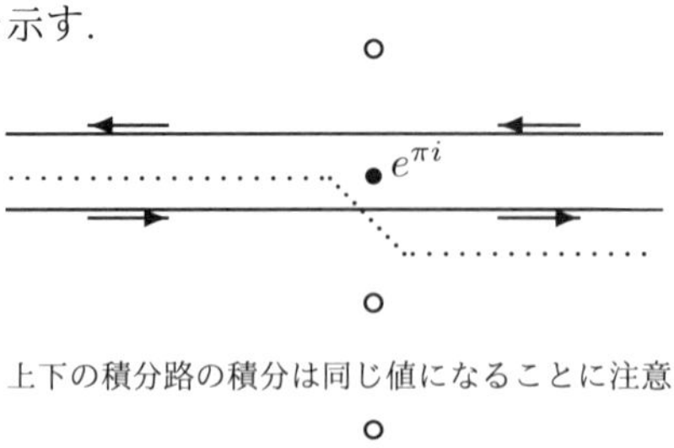

上下の積分路の積分は同じ値になることに注意

まず図の実線のような積分路での積分が特異点 ●$=e^{\pi i}$ での留数の計算のなることに注意する. $1+e^t=1+e^{\pi i+s}=1-e^s$ だから, $\frac{1}{s}(1-\frac{s}{2}+\frac{s^2}{3!}-\cdots)$ と展開し,(1.10) を項別に使えば $\lim_{s\to 0} sf(s)$ で計算でき (1.38) を得る. 両辺に $e_*^{-\pi i(z+\zeta)}$ 積すれば (1.29) が分かる. 証明には 2 本の積分路を使っているができあがった公式 (1.29) では 1 本の積分路を使っているだけである. また, この積分路は図の点線のように変更してもかまわないことも Cauchy の積分定理より分かる.

公式 (1.30) の証明

(1.29) 式の積分 $\int_{-\infty}^{\infty}\frac{e_*^{t(z+\zeta)}}{1+e^t}dt$, を下の左図のような積分路 (a) と (b) の 2 通りで考える. これらは同じ値を与えるが, 積分の値を変えないように積分路を $\mathrm{Re}(e^{2i\theta}\tau)<0$ を保ちながら表示と連動させてそれぞれ $\pi/2,-\pi/2$ 回転する. このとき, $\partial_\theta f(te^{i\theta})=t\partial_t f(te^{i\theta})$ だから, 部分積分を使えば積分路の回転で積分値が変わらないが表示パラメータは $\mathrm{Re}\tau<0$ から $\mathrm{Re}\tau>0$ へと変わることに注意する. 回転の結果は右図のようになるが, これを上半平面内の積分路 C_+ と下半平面内の積分路 C_- に分けて積分する. すると虚軸に沿って特異点が $e^{(2n+1)\pi i}$ の所に並んでいるが, これらは全て単純特異点でそこでの留数は τ 表示で $:e^{(2n+1)\pi i\zeta}:_\tau$ となり, これの全部を拾うのであるが, C_+ は反時計回り, C_- は時計回りで積分の向きが逆になっているから結果として

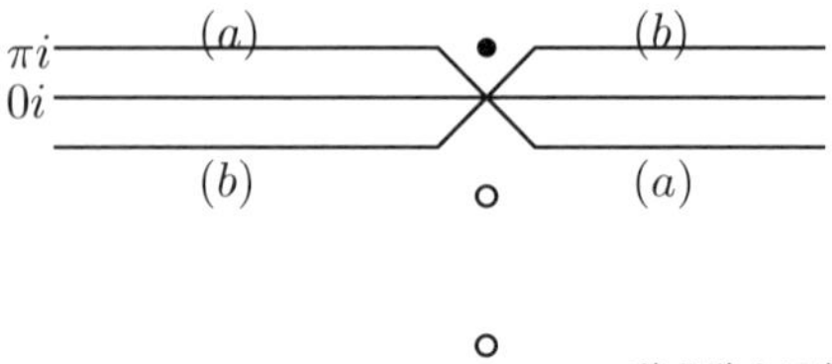

積分路を回転する

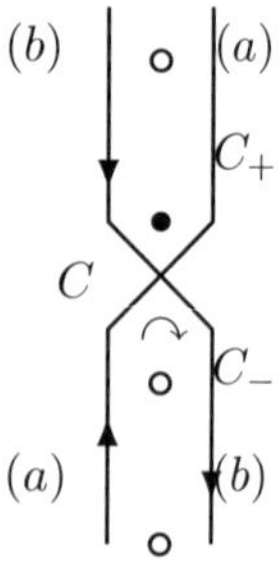

$$2\int_C \frac{e_*^{t\zeta}}{1+e^t}dt = \pi(\sin_{*+}^{-1}\pi\zeta + \sin_{*-}^{-1}\pi\zeta), \quad \mathrm{Re}\,\tau>0$$

となることが分かる. □

ここで使っている普通の**留数定理**を説明しておこう. $z=0$ で孤立した分岐しない特異点をもっている複素関数 $f(z)$ は Laurent 展開 (後節参照) と呼ばれている展開で

$$f(z)=\cdots+\frac{a_{-3}}{z^3}+\frac{a_{-2}}{z^2}+\frac{a_{-1}}{z}+a_0+a_1z+a_2z^2+a_3z^3+\cdots$$

のように両方向に展開できる. a_{-1} を $f(z)$ の 0 に於ける**留数**と呼ぶ. a_{-1} だけが特別扱いされる理由は (1.10) 式をみてもらいたい.

このとき負冪方向が有限で切れるような特異点を**極** (pole) と言い, $n\geq 2$ で $a_{-n}=0$ となるような特異点を**単純極** (simple pole) と呼ぶ. 極でない特異点を**真性特異点** (essential singular point) と呼ぶ.

定理 1.2 D を複素閉領域, ∂D をその境界とし区分的に滑らかな曲線であるとする. D 上の複素関数 $f(z)$ が D の内部にいくつかの分岐しない孤立特異点を持つとする. すると閉曲線 ∂D に沿う線積分で

$$\frac{1}{2\pi}\int_{\partial D}f(z)dz=D\text{ 内の特異点の留数の和} \tag{1.39}$$

注意. 普通 Cauchy の積分定理を述べる時の D は有界閉集合 (compact domain) とされているが非有界領域でも D を可算無限個の有界閉集合に小分けして上の定理を使う

1.6　1変数2次式の指数関数と相互変換

今度は $:\zeta_*^2:_\tau=\zeta^2+\frac{1}{2}\tau$ として, 指数関数 $e_*^{t\zeta_*^2}$ を微分方程式 $\frac{d}{dt}f_t=\zeta_*^2*f_t$, $f_0=1$, の実解析解として定義して扱ってみよう. $:f_t:=f(t,\zeta)$ と置き, 上の方程式を τ-表示すると, 初期条件 $f(0,\zeta)=1$ で

$$\frac{\partial}{\partial t}f(t,\zeta)=(\zeta^2+\frac{\tau}{2})f(t,w)+\tau\zeta\frac{\partial}{\partial\zeta}f(t,\zeta)+\frac{\tau^2}{4}\frac{\partial^2}{\partial^2\zeta}f(t,\zeta)$$

となる. 解の形を $:f_t:_\tau=g(t)e^{h(t)\zeta^2}$ と予想して, 実解析解を探すと, 上の方程式は任意に固定した τ に対して次のような常微分方程式系に変わる.

$$\begin{cases}\dfrac{d}{dt}h(t)=(1+\tau h(t))^2, & h(0)=0\\ \dfrac{d}{dt}g(t)=\dfrac{1}{2}(\tau^2h(t)+\tau)g(t), & g(0)=1.\end{cases}$$

初めの式から $h(t)=\frac{t}{1-\tau t}$ が得られるからこれを第2式に入れて次のような解が得られる:

$$:e_*^{t\zeta_*^2}:_\tau=\frac{1}{\sqrt{1-\tau t}}\,e^{\frac{t}{1-\tau t}\zeta^2},\ t\tau\neq 1. \tag{1.40}$$

指数関数を計算した筈なのに特異点が出てくることに注意する. さらに $\sqrt{\ }$ のせいで右辺は $\tau\neq0$ ではどうしても (t,τ) の2価関数であり, しかも分岐特異

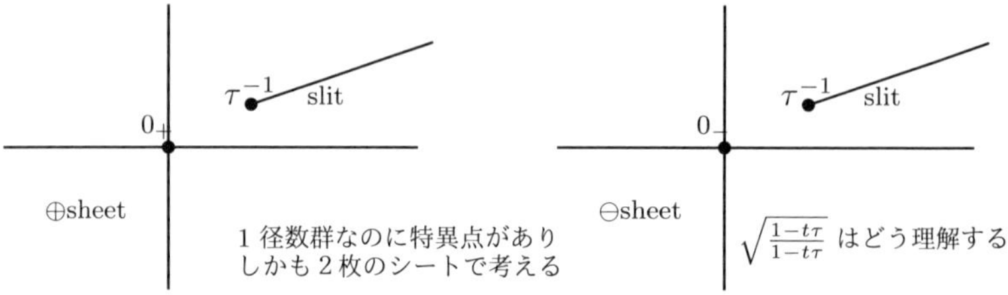

点を持つので解析的には扱いにくい対象に見える. $\tau=0$ の場合は何事も起こらず, 普通の指数関数であるが, $\tau\neq0$ の場合は2枚のシートを用意し τ^{-1} から ∞ に向かって slit(切れ目) を入れておく. $:e_*^{0_+\zeta_*^2}:_\tau=1$, $:e_*^{0_-\zeta_*^2}:_\tau=-1$ とし, (シート毎に 1_+, 1_- と表記したほうが良いかもしれない) 同じ点でもシートが違えば符号が違うとして slit を通過するときにはシートを乗換える. これで, τ 毎に作ったリーマン面上の1価関数として扱うことができる. しかし微分方程式的に扱うときにはリーマン面を作る以前に初期値が $+1$ と -1 の両方を同時に考えておく必要があり, しかも解は -1 を初期値としたものも $\sqrt{1}=\pm1$ と考えれば (1.40) のままでよいので $:e_*^{t\zeta_*^2}:_\tau$ は $\mathbb{C}\setminus\{\frac{1}{\tau}\}$ 上の2価の正則関数と考えられ, これをリーマン面上で 0_+ で1の1価関数として扱えるというのだが同時に 0_- で1の1価関数としても扱えるので, $:e_*^{t\zeta_*^2}:_\tau$ はリーマン面上の2価関数と思うこともできる.

2次の指数関数に働く相互変換

問題なのはこのリーマン面が τ に依存していることである. (1.18) の所で与えた相互変換 $I_\tau^{\tau'}=e^{\frac{1}{4}(\tau'-\tau)\partial_\zeta^2}$ は最初は多項式に対し定義したが, 1次式の指数関数まで定義は自然に拡張され $I_\tau^{\tau'}(e^{s\zeta})=e^{s\zeta+\frac{1}{4}(\tau'-\tau)s^2}$ であった. 一般の f に対しては $I_\tau^{\tau'}(f)$ は発散してしまうことが多いが, 2次の指数関数に対

しては計算でき

$$I_\tau^{\tau'}(e^{s\zeta^2}){=}\frac{1}{\sqrt{1{-}(\tau'{-}\tau)s}}e^{\frac{s}{1-s(\tau'-\tau)}\zeta^2} \tag{1.41}$$

となる. 特に $:e_*^{t\zeta_*^2}:_\tau{=}I_0^\tau e^{t\zeta^2}$ である. これを導くには発展方程式 $\partial_t f_t{=}\partial_\zeta^2 f_t$ を初期条件 $f_0{=}ce^{s\zeta^2}$ で解けば良いのだが. 一意性を考慮し $f_t{=}g(t)e^{h(t)\zeta^2}$ とおけば, 解くべきものは次の常微分方程式系:

$$\begin{cases} \dfrac{d}{dt}h(t) = 4h(t)^2, & h(0) = s, \\ \dfrac{d}{dt}g(t) = 2g(t)h(t), & g(0) = c. \end{cases} \tag{1.42}$$

となるので, これを解いて

$$g(t)e^{h(t)\zeta^2} = \frac{c}{\sqrt{1{-}4ts}}\,e^{\frac{s}{1-4ts}\zeta^2}, \tag{1.43}$$

が得られ、$t{=}\frac{1}{4}(\tau'{-}\tau)$ と置いて (1.41) 式となる. これも $\sqrt{\ }$ のせいで右辺はどうしても2価関数であり. $I_0^\tau e^{s\zeta^2}$ は τ に関し $\pm$ の不定性の付いた2価の元として扱わなければならないことになる. 補題1.5の一意性と矛盾するように思うかもしれないが, 補題1.5は一意的に追跡していけると言っているだけだから上と矛盾しないし, 逆に2価の元を扱うときの強力な手段となる.

面白いのは, (1.42) は (1.43) 以外に次のように書かれる解 (特異解) も持っているということである:

$$g(t)e^{h(t)\zeta^2} = \frac{c\sqrt{s^{-1}}}{\sqrt{s^{-1}{-}4t}}\,e^{\frac{1}{s^{-1}-4t}\zeta^2}. \tag{1.44}$$

$t{=}\frac{1}{4}(\tau'{-}\tau)$ と置けば

$$I_\tau^{\tau'}(ce^{s\zeta^2}){=}\frac{c\sqrt{s^{-1}}}{\sqrt{s^{-1}{-}(\tau'{-}\tau)}}e^{\frac{1}{s^{-1}-(\tau'-\tau)}\zeta^2} \tag{1.45}$$

である. (1.45) 式で $c\sqrt{s^{-1}}{=}1$ としておけば

$$I_\tau^{\tau'}(\tfrac{1}{\sqrt{s^{-1}{-}\tau}}e^{\frac{1}{s^{-1}-\tau}\zeta^2}){=}\tfrac{1}{\sqrt{s^{-1}{-}\tau'}}e^{\frac{1}{s^{-1}-\tau'}\zeta^2}$$

となる. ここで $s^{-1}{=}0$ とすると, $\frac{1}{\sqrt{-\tau}}e^{-\frac{1}{\tau}\zeta^2}$ とか (1.33) は $\tau{=}0$(普通の表示) では意味が無いがそれ以外の所では2価の元のまま相互変換されるものだということが分かる. 佐藤の超関数は1変数の場合はこのように表示パラメータをつけて意味付けするほうが素直である. 2次式の $*$-指数関数はワイル代数の所で考えるともっと不思議な性質を持つのだが, それは後の方で述べる.

相互変換は2対2写像

相互変換は $\frac{1}{\sqrt{1-\tau t}}e^{\frac{t}{1-\tau t}\zeta^2}$ が2価関数だということから, $I_\tau^{\tau'}$ はむしろ

$$I_\tau^{\tau'}\frac{1}{\sqrt{1-\tau t}}e^{\frac{t}{1-\tau t}\zeta^2}=\frac{1}{\sqrt{1-\tau' t}}e^{\frac{t}{1-\tau' t}\zeta^2}$$

のように2価の元を2価の元に移す相互変換と見たほうが良い. 2価関数なのにこのような等式が書けるのを不審に思う人は実際に書き出してみて, これが成立する理由が (和を使っていないので) “2価のままの等式”

$$\sqrt{\frac{x}{x}}=\sqrt{1},\quad \sqrt{a}\sqrt{b}=\sqrt{ab},\quad \frac{\sqrt{a}}{\sqrt{b}}=\sqrt{\frac{a}{b}}$$

であることを見てもらいたい. 元が $\frac{1}{\sqrt{x}}e^x$ の形なので $\sqrt{x}+\sqrt{y}$ のような和は使わずに2価のままで計算ができるのである.

注意. $\tau\neq 0$ のとき $\sqrt{\frac{1-\tau t}{1-\tau t}}$ を上のリーマン面上の $\sqrt{1}=\pm 1$ 値の**定値2価関数**と考えておくと便利である. この関数は slit の所でシートを乗換えるのでそこで値が不連続にジャンプするが slit の位置は自由に動かせるのでどこで不連続となるかは確定しないし確定させる意味もない. 線積分のことまで考えて $\sqrt{\frac{1-\tau t}{1-\tau t}}d\Big(\sqrt{\frac{1-\tau t}{1-\tau t}}\Big)$ を**定値微分形式**と考えると不連続は消える.

かような相互変換を “局所座標変換” として多様体に相当する概念も得られ, そこでは局所微分幾何学が展開できるが, この “多様体” は underlying topological space なる点集合を持たない (pointless manifold) だから, ブルバキ的数学の中では明らかに拒否される対象なのだが, 最近では遠慮がちに gerbe などいうものも出てきている.

それなら当然 $\frac{1}{\sqrt[p]{x}}e^x$ のような計算で p 価の元の “群” もあるだろうと思って探すのだが, $e_*^{t(p\text{ 次式})}$ は $p\geq 3$ では $t=0$ が特異点になり局所群にもならないので Lie 環が定義できず, **群に準ずる取扱いは不可能**だと分かる.

同値律, コサイクル条件, 齟齬

相互変換 $I_\tau^{\tau'}$ は多項式とか1次式の指数関数に働いているときには $I_\tau^{\tau'}I_{\tau'}^{\tau}=1$ と, 1 コサイクル条件 $I_\tau^{\tau'}I_{\tau'}^{\tau''}I_{\tau''}^{\tau}=1$ をみたしているので, 相互変換で移合うものを**同値** (同じもの) とみなしてよい. 同値律とは我々が “同じ” という言葉を使うときのルールを定めているもので,

(1) $a{\sim}a$　反射律

(2) $a{\sim}b \Longrightarrow b{\sim}a$,　対称律

(3) $a{\sim}b$, $b{\sim}c \Longrightarrow a{\sim}c$,　推移律

を満たすべきものと (数学では) されているのだが, 上の相互変換は 2 次の指数関数に対しては (1), (2) までは良いのだが, 推移律は $I_\tau^{\tau'} I_{\tau'}^{\tau''} I_{\tau''}^{\tau}(\frac{1}{\sqrt{1}})=\frac{1}{\sqrt{1}}$ のように 一般には ± 符号の不定性を持った "2 価のままの等式" としてしか成立しない. つまり厳密には 1 コサイクル条件は満たされていない. この状況を**貼りあわせが齟齬をきたす**と言う. しかし, **局所的には**区別できるので, いつも ± を同一視して考える必要はない.

表示パラメータが $\mathbb{C}\setminus\{0\}$ の場合

表示のパラメータ τ として $\tau=0$ が許されている場合には相互変換 $I_\tau^{\tau'}$ をいつも $I_\tau^0 I_0^{\tau'}$ のように定義しておけば $I_\tau^{\tau'} I_{\tau'}^{\tau''} I_{\tau''}^{\tau}=1$ とできる. しかし, $\tau=0$ が許されない場合にはこのようなことはできない. (1.33) の $\delta_*(\zeta)$ が 1 コサイクル条件を満たさない典型的例である.

貼りあわせが齟齬をきたすような対象は数学の対象としては歓迎されないのであるが上のような例が存在しているのだから, 齟齬に何か積極的意味が無ければなるまい. 実は, 貼合わせの全体は 1 コサイクルにはなっていなくても 2 コサイクルになっていることが分かるので表示パラメータの空間の 2nd コホモロジー類が定義されるのだが, 問題は一体これは何を意味するのかということである. つまり, 上の同値律では「同じ」と認定できないものにどのような reality が与えられるのかという問題である. これは表示の為のパラメータが何を意味するのかという問題でもあるから, 私は答えを数学の中で探すのを諦め, 物理の中から探そうとしている. 量子論の中には「観測とは?」という根深い問題があるからである.

組織的に考える為に用語だけでも整理しておこう: 任意の $\tau_0, \tau_1, \cdots \tau_\ell \in \mathbb{C}\setminus\{0\}$ に対し cyclic な積

$$
\begin{aligned}
c_\ell(\tau_0\tau_1\cdots\tau_\ell)&=I_{\tau_0}^{\tau_1} I_{\tau_1}^{\tau_2}\cdots I_{\tau_{\ell-1}}^{\tau_\ell} I_{\tau_\ell}^{\tau_0}, \quad \ell>0\\
c_\ell(\tau_0\tau_1\cdots\tau_\ell)&=(-1)^\ell c_\ell(\tau_1\cdots\tau_\ell\tau_0)
\end{aligned}
\tag{1.46}
$$

を考えこの写像を cyclic ℓ cochain と呼ぶ. $c_1(\tau_0\tau_1)=1$, $c_2(\tau_0\tau_1\tau_2)=I_{\tau_0}^{\tau_1} I_{\tau_1}^{\tau_2} I_{\tau_2}^{\tau_0} = \pm 1$ となる.

記号に対する注意 1: コホモロジー論では記号簡略化の為に積を和の形で書く習慣がある．但しこれは可換代数として扱うという意味ではなく ab, ab^{-1} を単に $a{+}b$, $a{-}b$ のように書くだけで和の順序を変えたりないから, 単なる記号法の問題であるが, a^n は na と書かれ, $1{=}a^0$ は 0 と書かれる．

上の注意で積の所を和で考えると $c_1(\tau_0\tau_1){=}0$, $c_2(\tau_0\tau_1\tau_2){\in}\mathbb{Z}_2$ のように係数環は $\mathbb{Z}_2$ となる．このようなものの全体を cyclic cochains と呼ぶ．

一般に余境界作用素を ($\check{\tau}_k$ はそこが抜けていることを表わす記号として)

$$\delta(c_1)(\tau_0\tau_1\tau_2){=}c_1(\tau_1\tau_2){-}c_1(\tau_0\tau_2){-}c_1(\tau_0\tau_1){=}0$$

$$\delta(c_2)(\tau_0\tau_1\tau_2\tau_3){=}c_2(\tau_1\tau_2\tau_3){-}c_2(\tau_0\tau_2\tau_3){+}c_2(\tau_0\tau_1\tau_3){-}c_2(\tau_0\tau_1\tau_2)$$

$$\delta(c_\ell)(\tau_0\tau_1\cdots\tau_{\ell+1}){=}\sum_k(-1)^k c_\ell(\tau_0\tau_1\cdots\check{\tau}_k\cdots\tau_{\ell+1}),$$

のように定義すると, 一般に $\delta\delta(c_\ell){=}0$ が分かる．ここから先は普通の cohomology 論の定義で $\delta(c_\ell){=}0$ となるものを cyclic ℓ cocycle と呼びその全体を Z^ℓ, $c_\ell{=}\delta(c_{\ell-1})$ となるものを cyclic ℓ coboundary と呼びその全体を B^ℓ と書く．$H^\ell{=}Z^\ell/B^\ell$ を cyclic ℓ cohomology と呼ぶ．

1.6.1　Jacobi の虚数変換

実解析解による $*$-指数関数の定義から指数法則が示せるので次も分かる：

$$:e_*^{t\zeta_*^2+2s\zeta+a}:_\tau{=}:e_*^{t\zeta_*^2}{*}e^{2s\zeta+a}:_\tau{=}\frac{e^{s^2\tau}}{\sqrt{1{-}t\tau}}e^{\frac{t}{1-t\tau}\zeta^2+2s\zeta+a} \tag{1.47}$$

Jacobi のテータ関数に関係するので、今度は $\vartheta_*(\zeta){=}\sum_{n\in\mathbb{Z}}e_*^{-\frac{1}{a}(\zeta+a\pi n)_*^2}$ を計算してみよう．まず, 積公式が平行移動で不変にできていることから

$$:e_*^{s(\zeta+a)_*^2}:_\tau{=}\frac{1}{\sqrt{1{-}s\tau}}e^{\frac{s}{1-s\tau}(\zeta+a)^2}$$

であることがわかるのでこれを項別に使って

$$:\vartheta_*(\zeta):_\tau{=}\sum_{n\in\mathbb{Z}}\sqrt{\frac{a}{a{+}\tau}}e^{-\frac{1}{a+\tau}(\zeta+a\pi n)^2}$$

を得る．右辺を $C\sum_n e^{-\frac{a^2\pi^2}{a+\tau}(n+\beta)^2}$ の形に書き直してみれば τ の動く範囲を $\mathrm{Re}\frac{a^2}{a+\tau}{>}0$ に制限しておけば広義一様絶対収束するし, 多価性も防げる．τ の範囲が制限されていて, それが逆に多価性を消す役目もしているのである．

ζ の所に $\zeta+a\pi$ を代入するという計算は $*$-積の下でも意味があり, 無限和を取っていることから $\vartheta_*(\zeta+a\pi)=\vartheta_*(\zeta)$ であることが分かる. 次に $e^{2\frac{i}{a}\zeta}=e^{2\frac{i}{a}(\zeta+a\pi n)}$ に注意し $\vartheta_*(\zeta+i)$ との $*$-積を, 指数法則 $e_*^{a\zeta}*e_*^{b\zeta_*^2}=e_*^{a\zeta+b\zeta_*^2}$ を使って項別に計算すると, $\theta(\zeta,\tau)$ の擬周期性に対応する

$$e_*^{2\frac{i}{a}\zeta-\frac{1}{a}}*\vartheta_*(\zeta+i)=\vartheta_*(\zeta) \tag{1.48}$$

が容易に得られる. $\theta(\zeta,\tau)$ の式を思い出してもらえば一見して $*$-積で書いた $\vartheta_*(\zeta)$ の式が $\theta(\zeta,\tau)$ の式と同じ形をしていることがわかる.

これをもとに $\vartheta_*(\zeta)$ の Fourier 級数展開の形をきめよう. $\vartheta_*(\zeta+a\pi)=\vartheta_*(\zeta)$ であるから一度 τ-表示し Fourier 級数展開してそれから $*$-積にもどすと

$$\vartheta_*(\zeta)=\textstyle\sum_n a_n e_*^{\frac{2i}{a}n\zeta}$$

の形に展開できることがわかり, (1.48) 式と Fourier 級数展開の一意性から係数比較で $a_{n+1}=a_n e^{-\frac{1}{a}(2n+1)}$ がわかる. 従って

$$\sum_{n\in\mathbb{Z}} e_*^{-\frac{1}{a}(\zeta+a\pi n)_*^2}=\vartheta_*(\zeta)=a_0\sum_n e_*^{\frac{2i}{a}n\zeta-\frac{1}{a}n^2}$$

となる. 定数 a_0 は表示に無関係に a のみできまるからこれを C_a と置くと

$$e_*^{-\frac{1}{a}\zeta_*^2}*\sum_n e_*^{-2\pi n\zeta-a\pi^2n^2}=\sum_n e_*^{-\frac{1}{a}(\zeta+na\pi)_*^2}=C_a\sum_n e_*^{\frac{2i}{a}n\zeta-\frac{1}{a}n^2} \tag{1.49}$$

という変換公式が得られる. $\mathrm{Re}\,a>0$ のとき両辺に $\zeta=0$ を形式的に代入してみると C_a は

$$C_a=\frac{\sum_n e^{-a\pi^2n^2}}{\sum_n e^{-\frac{1}{a}n^2}} \tag{1.50}$$

となる. しかし, 一般には $f_*(\zeta)$ の ζ の所に機械的に $\zeta=0$ を代入した $f_*(0)$ には意味がないと思われるので C_a を決めるため (1.49) 式の両辺の τ-表示を計算する.

$$\sqrt{\frac{a}{a+\tau}}\sum_n e^{-\frac{1}{a+\tau}\zeta^2}*_\tau e^{-2\pi n\zeta+\pi^2n^2\tau-a\pi^2n^2}=C_a\sum_n e^{\frac{2i}{a}n\zeta-\frac{1}{a^2}n^2\tau-\frac{1}{a}n^2}$$

となるから左辺の $*_\tau$ 積を (1.16) 式で計算して

$$\sqrt{\frac{a}{a+\tau}}\sum_n e^{-\frac{1}{a+\tau}(\zeta-\pi n\tau)^2-2\pi n\zeta+\pi^2n^2(\tau-a)}=C_a\sum_n e^{\frac{2i}{a}n\zeta-\frac{1}{a^2}n^2(\tau+a)}$$

となる. Re $a>0$ のときには右辺も収束しているから $\tau=\zeta=0$ で比較すると上で述べた (1.50) となる. $a=\pi^{-1}$ とすると, $C_a=1$ となるから, 次の公式が得られる:

$$e_*^{-\pi\zeta_*^2}*\sum_n e_*^{-2\pi n\zeta-\pi n^2}=\sum_n e_*^{-\pi(\zeta+n)^2}=\sum_n e_*^{2\pi in\zeta-\pi n^2}. \tag{1.51}$$

これは n を $-n$ に換え

$$e_*^{-\pi\zeta_*^2}*\sum_n e_*^{2\pi n\zeta-\pi n^2}=\sum_n e_*^{2\pi n(i\zeta)-\pi n^2}$$

と書いてよい.　しかし, もうすこし丁寧に式を整理すると

$$\sqrt{\frac{a}{a+\tau}}\sum_n e^{-\frac{1}{a+\tau}\zeta^2+2\pi n(\frac{\tau}{a+\tau}-1)\zeta-\frac{\pi^2n^2a^2}{a+\tau}}=C_a\sum_n e^{\frac{2i}{a}n\zeta-\frac{1}{a^2}n^2(\tau+a)} \tag{1.52}$$

となる. 両辺は Re $\frac{\tau+a}{a^2}>0$ のとき, i.e. Re$\frac{a^2}{a+\tau}>0$ のとき絶対収束する. この式で $\zeta=0$ と置けば, 今度は

$$\sqrt{\frac{a}{a+\tau}}\sum_n e^{-n^2\pi^2\frac{a^2}{a+\tau}}=C_a\sum_n e^{-n^2\frac{\tau+a}{a^2}} \tag{1.53}$$

という式も得られる. これは τ に関する恒等式でなければならないから $\frac{\tau+a}{a^2}=\pi$ と置いて

$$\sqrt{a}C_a=\sqrt{\frac{a^2}{a+\tau}}\frac{\sum_n e^{-n^2\pi^2\frac{a^2}{a+\tau}}}{\sum_n e^{-n^2\frac{\tau+a}{a^2}}}=\frac{1}{\sqrt{\pi}}$$

となり $C_a=\frac{1}{\sqrt{\pi a}}$ が得られる. (1.49) に代入して

$$e_*^{-\frac{1}{a}\zeta_*^2}*\sum_n e_*^{-2\pi n\zeta-a\pi^2n^2}=\sum_n e_*^{-\frac{1}{a}(\zeta+na\pi)_*^2}=\frac{1}{\sqrt{\pi a}}\sum_n e_*^{\frac{2i}{a}n\zeta-\frac{1}{a}n^2} \tag{1.54}$$

を得る. $\theta(\zeta,\tau)$ は普通の積で書かれているものだが, それに対応するものを $*$ 積で書いたものの間にはっきりした対称性が現れるというのである. これを様々な τ-表示で述べたのが **Jacobi の虚数変換**と呼ばれるものである.

τ-表示に戻ると $\theta(\zeta,\tau)=\sum_n e^{2ni\zeta-n^2\tau}$ だったから,

$$\sqrt{-1}\ e^{-\frac{2}{\tau}\zeta^2}\theta(\pi i\zeta,\frac{1}{2}\pi^2\tau)=\frac{1}{\sqrt{\pi a}}\theta(\frac{2}{\tau}\zeta,\frac{1}{\tau}),$$

$$\frac{1}{\sqrt{2}}e^{-\frac{1}{2\tau}\zeta^2}\theta(\frac{\pi i}{2}\zeta,\frac{1}{2}\pi^2\tau)=\frac{1}{\sqrt{\pi a}}\theta(\frac{1}{\tau}\zeta,\frac{2}{\tau})$$

という式を得る. τ と $\frac{1}{\tau}$ が入れ替わっていることに注意する. 特に $\tau\to 0$ として考えると無限小を無限大に置き換える公式のように見えるので面白い.

定数 C_a を決めるために普通の関数による表示を使ったのであるが, できあがった式は全く表示とは無関係な式である. (1.53) 式は $*$-積とは無関係で, 次のような X と $\frac{1}{X}$ の間の恒等式である (Cf.[1] p.119 Exercise 30):

$$\sum_n e^{-\pi^2n^2\frac{1}{X}}=\sqrt{\frac{X}{\pi}}\sum_n e^{-n^2X},\ \mathrm{Re}X>0. \tag{1.55}$$

1.6.2　パラメータの複素回転

$\tau=0$ での指数法則 $e^{s\zeta^2}e^{t\zeta^2}=e^{(s+t)\zeta^2}$, $e_*^{a+s\zeta}e^{t\zeta^2}=e^{a+s\zeta+t\zeta^2}$ より, 2 価関数のままで次のような指数法則

$$e_*^{s\zeta_*^2}{*}e_*^{t\zeta_*^2}=e_*^{(s+t)\zeta_*^2},\quad e_*^{a+s\zeta}{*}e_*^{t\zeta_*^2}=e_*^{a+s\zeta+t\zeta_*^2}$$

が得られる. これは相互変換はどちらのシート上の元であるかは無視して変換するという意味であるが局所的にはシートの区別ができるので問題ない. リーマン面が τ に依存しているので全体として 1 対 1 対応に見えるようなリーマン面が作れないことを実感してもらいたい. 但し指数関数と言っているので $e_*^{0+\zeta_*^2}=1$, $e_*^{0-\zeta_*^2}=-1$ と約束しておく.

Lie 環の θ-回転 $w_*^2\to e^{i\theta}w_*^2$ は明らかに複素 1 次元 Lie 環 $\mathbb{C}w_*^2$ の同形写像である. 従ってこの同形写像は実 1 次元単連結 Lie 群のほうに指数写像

$$t\to e^{i\theta}t,\quad \psi_\theta(:e_*^{tw_*^2}:_\tau)=:e_*^{e^{i\theta}tw_*^2}:_\tau,\quad t\in\mathbb{R}$$

として持ち上がる.

同形写像の特異点越え

$\mathbb{C}_\tau^+$ は局所群なので上の写像は t が十分 0 に近い所では定義されている.

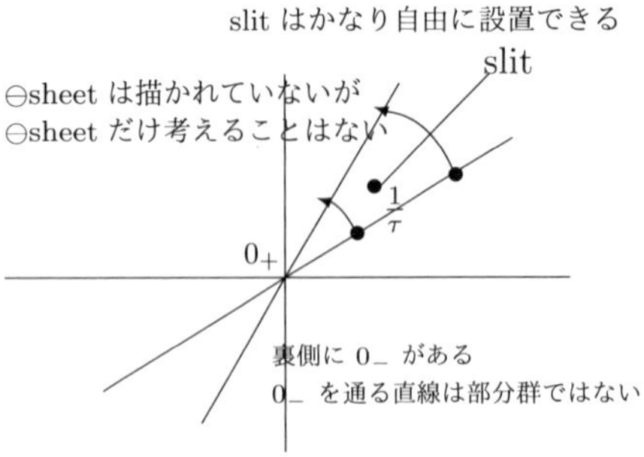

$\psi_\theta(0_+){=}0_+$, $\psi_\theta(0_-){=}0_-$ であるから ⊖ シート側の直線も $e^{i\theta}t$ で回転している．$\tau\neq 0$ なので, ψ は十分小さい t の所で局所同形を与える． 従って, 等式 $\psi_\theta(e_*^{tw_*^2}){=}e_*^{(e^{i\theta}t)w_*^2}$ は十分小さい t の所では成立している． $:e_*^{e^{\eta_0}tw_*^2}:_\tau$ が $t{=}t_0$ で分岐特異点を持ったとしてみよう．

すると $|t|{>}|\tau^{-1}|$ のような t を固定して θ 回転すると途中でどうしてもスリットを横切ってしまう．この場合, 各 θ で $e^{i\theta}w_*^2$ を考え $e_*^{t(e^{i\theta})w_*^2}$ を原点 $t{=}0$ からの解析接続で考えているのではないことに注意する．

t を $t>t_0$ に固定しておいて θ を 0 から θ まで動かすとシートの乗換えが起こって $\psi_\theta(e_*^{tw_*^2}){=}{-}e_*^{te^\theta w_*^2}$ となる．この場合右辺の $e_*^{te^\theta w_*^2}$ は $B(\theta){=}e^\theta w_*^2$ の指数関数, つまり

$$\frac{d}{dt}f_*(t) = B(\theta){*}f_*(t), \quad f_*(0){=}1 \tag{1.56}$$

の実解析解である．これを強調する場合には $e_*^{[0\to t]B(\theta)}$ のように径路まで書込んでおくことにする．$[0{\to}t]$ は 0 を始点とする線分 $[0,t]$ を表わしている．

一方 $B(\theta)$ が $B(\theta){=}\mathrm{Ad}(e_*^{\theta H})w_*^2$ のようなもので与えられていると $e_*^{tB(\theta)}$ は微分方程式

$$\frac{d}{d\eta}f_*(\eta) = [H, f_*(\eta)], \quad f_*(0){=}e_*^{tw_*^2} \tag{1.57}$$

解としても定義されるので $e_*^{tB([0\to\theta])}$ のような書き方もできる．するとシートの乗換えが起こっていると

$$e_*^{tB([0\to\theta])} = -e_*^{[0\to t]B(\theta)}, \quad t>t_0, \quad \theta>\eta_0.$$

となる．

命題 1.8 領域 $[0,t]{\times}[0,\eta]$ が特異点 (t_0,η_0) を含まないならば, 等式

$$\psi_{[0\to\eta]}e_*^{tw_*^2} = e_*^{[0\to t]B(\eta)}$$

が成立する, しかし $(0,t){\times}(0,\theta)$ 内に特異点 (t_0,η_0) があると次のようになる：

$$\psi_{[0\to\theta]}e_*^{tw_*^2}{=}{-}e_*^{[0\to t]B(\theta)}.$$

註. この命題の多変数版は壁越補題として後章で証明される.

1.6.3　分岐真性特異点と Laurent 展開

2次式の指数関数 $:e_*^{t\zeta_*^2}:_\tau=\frac{1}{\sqrt{1-\tau t}}\,e^{\frac{t}{1-\tau t}\zeta^2}$ は $z=\tau^{-1}$ に分岐特異点を持っているので, 以下では τ は固定し, D を τ^{-1} を中心とする微小円盤とし, $D\setminus\{\frac{1}{\tau}\}$ の2重被覆 $\tilde{D}_*$ 上の複素座標関数を s とし $z=s^2+\tau^{-1}$ とする. $:e_*^{(\tau^{-1}+s^2)w_*^2}:_\tau$ は s については2重被覆空間 $\tilde{D}_*\setminus\{0\}$ 上の正則関数である. $s{=}0$ における留数とは Laurent 展開の $1/s$ の係数 a_{-1} のことである.

± シート上の留数計算への注意

後で使うのは $p{=}2$ の場合だけであるが, p 分岐 ($\sqrt[p]{z}$) 特異点の所で p 枚のシートと1の p 乗根 $\omega=e^{\frac{2\pi i}{p}}$ を使って留数計算をするときの注意を述べておこう. $\frac{1}{\sqrt[p]{z}}$ を1価関数として扱うには, p 被覆写像 $z=s^p$ を用意して $\frac{1}{\sqrt[p]{z}}$ を

$$\frac{1}{\sqrt[p]{z}}=\{\frac{1}{s},\ \frac{1}{\omega s},\ \cdots,\ \frac{1}{\omega^{p-1}s}\}$$

のように p 枚のシート上で扱う. そして次のように置く：

$$\frac{1}{\sqrt[p]{z}}d\sqrt[p]{z}=\{\frac{1}{s}ds,\ \frac{1}{\omega s}d(\omega s),\ \cdots,\ \frac{1}{\omega^{p-1}s}d(\omega^{p-1}s)\}.$$

従って積分 $\int_{\tilde{C}}\frac{1}{s}ds$ は各々のシート上での $\int_C\frac{1}{\sqrt[p]{z}}d\sqrt[p]{z}$ となり

結果は形式的には $p\int_C\frac{1}{pz}dz=\int_C\frac{1}{z}dz$ と同じものとなるのである.

(1.40) 式より1次微分形式 $:e_*^{(\tau^{-1}+s^2)\zeta_*^2}:_\tau ds$ は τ を固定して

$$\begin{aligned}:e_*^{(\tau^{-1}+s^2)\zeta_*^2}:_\tau ds&=\frac{ds}{s}e^{-\frac{1}{\tau^2s^2}\zeta^2}\frac{1}{\sqrt{-\tau}}e^{-\frac{1}{\tau}\zeta^2}\\&=\frac{1}{\sqrt{-\tau}}e^{-\frac{1}{\tau}\zeta^2}\Big(\frac{1}{s}-\frac{\zeta^2}{\tau^2s^3}+\frac{\zeta^4}{2!\tau^4s^5}-\cdots\Big)ds\end{aligned}\tag{1.58}$$

となる．これを Laurent 展開と呼ぶが，今の場合は s に関して負の奇数次の項のみで展開されている．$:e_*^{(\tau^{-1}+s^2)\zeta_*^2}:_\tau ds$ はもとの変数 z で書けば適宜スリットを設定して $:e_*^{z\zeta_*^2}:_\tau \frac{dz}{2\sqrt{z-\tau^{-1}}}$ のように書いてもよい．

Cauchy の積分定理より留数は特異点周りの一周積分で与えられる:

$$\begin{aligned}&\mathrm{Res}_{s=0}(:e_*^{(\tau^{-1}+s^2)\zeta_*^2}:_\tau) = \frac{1}{2\pi i}\int_{\tilde{C}} :e_*^{(\tau^{-1}+s^2)\zeta_*^2}:_\tau ds \\ &= \frac{1}{\sqrt{-\tau}}e^{-\frac{1}{\tau}\zeta^2}\frac{1}{2\pi i}\int_{\tilde{C}}\frac{1}{s}e^{-\frac{1}{s^2\tau^2}\zeta^2}ds = \frac{1}{\sqrt{-\tau}}e^{-\frac{1}{\tau}\zeta^2}\ (\neq 0\ \text{に注意})\end{aligned} \tag{1.59}$$

$\tilde{C}$ は同じ円 $C{=}\partial D$ を2度回る C^2 に対応している円である．特異点は $s{=}0$ と $s{=}\infty$ にしか無いので，C の半径を小さく取る必要はなく，$|s|{=}1$ のように取ってもよい．(1.33) 式と見比べると $\frac{1}{\sqrt{-\tau}}e^{-\frac{1}{\tau}\zeta^2}{=}\frac{1}{\sqrt{-2}}:\delta_*(\zeta):_\tau$ である．

Fourier 級数展開

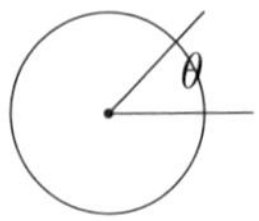

単位円周 $S^1{=}\{e^{i\theta}\}$ 上の C^∞ 関数 $f(\theta)$ に対し $\forall n{\in}\mathbb{Z}$ で $a_n{=}\frac{1}{2\pi}\int_{S^1} f(\theta)e^{-in\theta}d\theta$ と定義すると，もとの $f(\theta)$ は

$$f(\theta){=}\sum_{n=-\infty}^{\infty} a_n e^{in\theta} \tag{1.60}$$

と書かれる．これを Fourier 級数展開と呼ぶ．$f(\theta)$ が C^∞ でなくても積分が定義できさえすれば a_n は決まるが，その場合 $\sum_{n=-\infty}^{\infty} a_n e^{in\theta}$ が $f(\theta)$ の何を表わしているのかは (ここでは立入らないが) 古くから克明に調べられている．

$f(\theta)$ が $S^1{\subset}\mathbb{C}$ の複素近傍で定義された正則関数の S^1 への制限で与えられた場合には上の級数は $f(z){=}\sum_{n=-\infty}^{\infty} a_n z^n$ という展開だと思える．これを **Laurent** 展開と呼ぶ．

Laurent 係数の不連続性

(1.58) 式より $\frac{1}{s}e^{-\frac{1}{\tau^2 s^2}\zeta^2}$ の Laurent 展開には負の奇数次の項のみ現れる: i.e.

$$\cdots + \frac{c_{-(2k+1)}(\tau,\zeta)}{s^{2k+1}} + \cdots + \frac{c_{-1}(\tau)}{s}.$$

これより $:e_*^{(\tau^{-1}+s^2)\zeta_*^2}:_\tau$ の Laurent 展開は次で与えられる：

$$\sum_{k\geq 0} a_{-(2k+1)}(\tau,\zeta)s^{-2k-1} = \frac{1}{\sqrt{-\tau}}e^{-\frac{1}{\tau}\zeta^2}\sum_k c_{-(2k+1)}(\tau,\zeta)s^{-2k-1},$$
$$a_{-(2k+1)}(\tau,\zeta) = \mathrm{Res}_{s=0}(:s^{2k}e_*^{(\tau^{-1}+s^2)\zeta_*^2}:_\tau),\ a_{-1}(\tau,\zeta) = \frac{1}{\sqrt{-\tau}}e^{-\frac{1}{\tau}\zeta^2}. \tag{1.61}$$

(1.40) 式より次のことに注意しておこう:

命題 1.9 $a_{-(2k+1)}(\tau,0)=0$, $(k\neq 0)$, しかし $a_{-1}(\tau,0)=\frac{1}{\sqrt{-\tau}}\neq 0$.

係数を積分で書いていくと留数の持つ不思議な性質が現れてくる:

$$a_{-(2k+1)} = \frac{1}{2\pi i}\int_{\tilde{C}} :s^{2k}e_*^{(\tau^{-1}+s^2)\zeta_*^2}:_\tau ds = \frac{1}{\sqrt{-\tau}}e^{-\frac{1}{\tau}\zeta^2}\frac{1}{2\pi i}\int_{\tilde{C}} s^{2k+1}e^{-\frac{1}{\tau^2 s^2}\zeta^2}ds$$

但し $\tilde{C}$ は $\mathbb{C}\setminus\{\tau^{-1}\}$ の 2 重被覆の中の τ^{-1} の周りを回る単純閉曲線. Cauchy の積分定理により $\tilde{C}$ の取方には依存しないから, 無限小に取っておく. すると, 部分積分により $\forall k\geq 0$ で

$$\begin{aligned}
&:\zeta_*^2:_\tau *_\tau a_{-(2k+1)}(\tau,\zeta) = :\frac{1}{2\pi i}\int_{\tilde{C}}\frac{1}{2}s^{2k-1}\frac{d}{ds}e_*^{(\tau^{-1}+s^2)\zeta_*^2}ds:_\tau \\
&= -(k-\frac{1}{2})\frac{1}{2\pi i}\int_{\tilde{C}} s^{2k-2}:e_*^{(\tau^{-1}+s^2)\zeta_*^2}:_\tau ds = -(k-\frac{1}{2})a_{-(2k-1)}(\tau,\zeta) \\
&\cdots\cdots \quad :\zeta_*^2:_\tau *_\tau a_{-3}(\tau,\zeta)\neq 0, \quad :\zeta_*^2:_\tau *_\tau a_{-1}(\tau,\zeta)=0.
\end{aligned}$$

つまり ζ_*^2* 積すると Laurent 係数の番号が上へシフトしていくので ζ_*^2 を $\mathcal{N}=\{a_{-(2k-1)};k\geq 0\}$ に作用する演算子のように思うと $\zeta_*^2:\mathcal{N}\to\mathcal{N}$ は全射ではあるが単射でなく, 一つ手前に移す写像を逆演算に似せて $\zeta_*^{\circ 2}$ と書くとこれは半逆元で：

$$\zeta_*^2\zeta_*^{\circ 2}=1,\quad \zeta_*^{\circ 2}\zeta_*^2=1-\delta(a_{-1})$$

のようになる (前節, 半逆元の項参照). しかし $:e_*^{t\zeta_*^2}:_\tau$ の代りに原点の位置を少しずらした $:e_*^{t(a+\zeta_*^2)}:_\tau$ では

$$:e_*^{t(a+\zeta_*^2)}:_\tau = e^{ta}:e_*^{t\zeta_*^2}:_\tau$$

だから Laurent 展開の係数には正負全ての奇数次の項が a の関数として現れて ζ_*^2* が全単射となることに注意しておこう.

留数の不連続性と非可換性

留数は不思議な不連続性も持っている：

命題 1.10 $:e_*^{t\zeta_*^2}:_\tau *_\tau a_{-(2k+1)}(\tau,\zeta)=0,\ \forall t\neq 0$, つまり $t=0$ で連続でない.

証明 (1.59), (1.61) 式と指数法則より

$$:e_*^{t\zeta_*^2} * \frac{1}{2\pi i}\int_{\tilde{C}} s^{2k} e_*^{(\tau^{-1}+s^2)\zeta_*^2} ds:_\tau = \frac{1}{2\pi i}\int_{\tilde{C}} s^{2k}:e_*^{(t+\tau^{-1}+s^2)\zeta_*^2}:_\tau ds.$$

これは両辺が同じ微分方程式 $\frac{d}{dt}f_t=\zeta_*^2 * f_t$ を同じ初期条件

$$f_0=\frac{1}{2\pi i}\int_{\tilde{C}} s^{2k}:e_*^{(\tau^{-1}+s^2)\zeta_*^2} ds$$

で満たすからである. Cauchy の積分定理より $\tilde{C}$ の半径は無限小とできる. 従って $t\neq 0$ ならば $t+\tau^{-1}$ は積分路の外側に出てしまい積分は 0 となる. □

明らかにこの現象は $\tilde{C}$ を無限小の円にとるからで, $\tilde{C}$ を十分大きな円としてよければ積分 $\frac{1}{2\pi i}\int_{\tilde{C}} s^{-2k}:e_*^{(t+\tau^{-1}+s^2)\zeta_*^2}:_\tau ds$ は $a_{-(2k+1)}$ を与える. これは留数というものをどのように定義しているかに依存していて上では

$$\mathrm{Res}_{s=0}f(s)=\lim_{r\to 0}\int_{C(r)} f(s)ds \tag{1.62}$$

のように定義しているのだが, 後の§3で孤立分岐真性特異点での Laurent 展開係数の計算では逆に r は**いくら大きくとってもかまわない**ことが示される. これは一見矛盾のように見えるが, Laurent 多項式 $\mathbb{C}[s,s^{-1}]$ を "test functions" とした言わば**1点のみに台をもつ形式的超関数**として行われていて, 孤立真性特異点は自分の無限小近傍にしか関与しないように見える.

留数計算の本質は部分積分で

$$\begin{aligned} &\mathrm{Res}_{s=0}(\partial_s h(s))=0,\ \forall h\in\mathbb{C}[[s,s^{-1}]]\\ &\mathrm{Res}_{s=0}(f'(s)g(s))=-\mathrm{Res}_{s=0}(g'(s)f(s)) \end{aligned} \tag{1.63}$$

に現れる (f,g に関する) 歪対称性である. $[f(s),g(s)]=\mathrm{Res}_{s=0}f(s)g'(s)$ と定義すれば $[s^m,s^n]=m\delta_{m+n,0}$ である. 簡単そうに見えるが Lie 環としての生成元は ∞ 個で, この交換関係で生成される代数は物理では**自由ボゾン代数** (free Boson) と呼ばれている. 無限個の Weyl 代数のテンソル積と理解できるが, 複素変数を実部 w(エネルギー) と虚部 t(時間) に分けて第2章で述べる正準2次形式 $dw\wedge dt$ の入った多様体の無限個のテンソル積とも理解される. 1個の分岐真性特異点の所でこの代数が現れるのである.

1.6.4 その他のコメント

また, $z+\zeta$ の $*$-逆元の一つを $(z+\zeta)_{*+}^{-1}$ と書くと, 複素関数論でのコーシーの積分公式と同じく $e_*^{s\zeta}=\frac{1}{2\pi i}\int_{-\infty}^{\infty}e^{-izs}(z+\zeta)_{*+}^{-1}d(iz)$ が成立している. これを示すには τ-表示して $e^{t\zeta+t^2\frac{\tau}{4}}$ の $e^{t^2\frac{\tau}{4}}$ の部分を test function とする超関数の計算で積分順序を交換して次のようにする:

$$\int_{-\infty}^{\infty}\frac{1}{2\pi}e^{-izs}\int_{-\infty}^{0}e_*^{t(\zeta+iz)}dtdz=\int_{-\infty}^{\infty}\frac{1}{2\pi}\int_{-\infty}^{0}e^{iz(t-s)}e_*^{t\zeta}dtdz=\int_{-\infty}^{0}\delta(t-s)e_*^{t\zeta}dt=e_*^{s\zeta}.$$

これの計算には $\forall f\in Hol(\mathbb{C})$ に対して成立する結合律

$$e_*^{r\zeta}(e_*^{s\zeta}*f)=e_*^{(r+s)\zeta}*f,\quad (\alpha+\zeta)*((\alpha+\zeta)_{*\pm}^{-1}*f)=f$$

を使っている.

総和と積分の違い

積分 $\int_{-\infty}^{0}e_*^{t\zeta}dt$ と総和 $\sum_{n=0}^{\infty}e_*^{n\zeta}$ の大きな違いは $\zeta*\int_{-\infty}^{0}e_*^{t\zeta}dt=0$ なのに $e_*^{\zeta}*\sum_{n=0}^{\infty}e_*^{n\zeta}\neq 0$ ということだが, 次の対数微分 $(\frac{\partial}{\partial\beta}\log)f(\beta)=f'(\beta)*f(\beta)^{-1}$ でも顕著に現れる. 対数微分というのは $\frac{d}{dx}e^{f(x)}=f'(x)e^{f(x)}$ のような計算を念頭に置いた微分である.

$$\sum_{k=1}^{\infty}(\frac{\partial}{\partial\beta}\log)\int_{-\infty}^{0}e_*^{t\beta k\zeta}dt,\ \ \sum_{k=1}^{\infty}(\frac{\partial}{\partial\beta}\log)\sum_{n=1}^{\infty}e_*^{n\beta k\zeta}.$$

左のものは部分積分で

$$\frac{\partial}{\partial\beta}\int_{-\infty}^{0}e_*^{t\beta k\zeta}dt=\beta^{-1}\int_{-\infty}^{0}t(k\beta\zeta)*e_*^{tk\beta\zeta}dt=-\beta^{-1}\int_{-\infty}^{0}e_*^{t\beta k\zeta}dt,$$

だから, これを使うと左側のものは $\sum_{k=1}^{\infty}\beta^{-1}$ となるから発散は避けようがない. これに対して第2の対数微分は

$$(\sum_{n\geq 0}e_*^{nA})^2=\sum_{k,l\geq 0}e_*^{(k+l)A}=\sum_{n\geq 0}(n+1)e_*^{nA}$$

に注意して得られる等式

$$\frac{\partial}{\partial\beta}\sum_{n=0}^{\infty}e_*^{n\beta k\zeta}=k\zeta*\sum_{n=0}^{\infty}ne_*^{n\beta k\zeta}=k\zeta*(\sum_{n=0}^{\infty}e_*^{n\beta k\zeta})*(\sum_{n=1}^{\infty}e_*^{n\beta k\zeta}),$$

を使うと $\sum_{k=1}^{\infty}\left(\sum_{n=1}^{\infty}e_*^{n\beta ka}\right)*k\zeta$ となる. これは次の補題で分かるように, $\mathrm{Re}\,\tau<0$ の範囲の τ-表示では絶対収束する.

補題 1.6 $\mathrm{Re}\,\tau<0$ の時 $\sum_{k=1}^{\infty}\sum_{n=1}^{\infty}ke_*^{n\beta k\zeta}$ の τ-表示は広義一様絶対収束する.

証明 τ-表示すると $:e_*^{n\beta k\zeta}:_\tau=e^{nk\beta\zeta+\frac{1}{4}(nk\beta)^2\tau}$ だから, 平方完成して

$$nk\beta\zeta+\frac{1}{4}(nk\beta)^2\tau=\frac{\tau}{4}(\beta nk+\frac{2}{\tau}\zeta)^2-\frac{1}{\tau}\zeta^2$$

だから $\sum_{k,n=1}^{\infty}ke^{\frac{\tau}{4}(\beta nk+\frac{2}{\tau}\zeta)^2}$ の収束性を $\mathrm{Re}(\tau\beta^2)<0$ を仮定し示せば良い. これらは ζ の動く範囲を任意の有界閉集合として考えれば, 任意の $K>0$ に対し $\sum_{k,n=1}^{\infty}ke^{\frac{\tau}{4}\beta^2(nk+K)^2}$ の絶対収束性が分かれば良い. $n,k\geq 1$ では $(nk+K)^2\geq(n+1)^2+(k+1)^2+K$ だから

$$\sum_{k,n=1}^{\infty}ke^{\frac{1}{4}\beta^2\tau((n+1)^2+(k+1)^2+K)}=e^{\frac{1}{4}\beta^2K}\sum_{n=1}^{\infty}e^{\frac{1}{4}\beta^2\tau(n+1)^2}\sum_{k=1}^{\infty}ke^{\frac{1}{4}\beta^2\tau(k+1)^2}$$

であるが, これの収束性は明らかであろう. □

この場合第2の総和は自然数で取る必要もなく, 隙間が下に有界な離散集合で取るだけで良いと思われる. 離散集合のすきまの部分から有限量が出てくるのに対し, 連続和 (積分) ではすきまが埋まっているので発散するようにも思える. 対数微分は定義から分かるようにその無限小部分が全体の中に占める割合を出すときに使われるものだから, 比率で物を考えているときや, 扱うもの全体が e の肩に乗っているようなものを考えているときには常に顔を出す. 上の離散和は量子論において黒体発光の発散の問題を解決するのに使われたもので「エネルギー量子」という考えの源である.

母関数

$*$-指数関数の τ-表示は昔からいろんな所に現れているので最後に少し述べておこう. Hermite 多項式 $H_n(x)$, Laguerre 多項式 $L_n^{(\alpha)}$ には次のような母関数表示が知られている：

$$e^{\sqrt{2}\,tx-\frac{1}{2}t^2}=\sum_{n\geq 0}H_n(x)\frac{t^n}{n!},\quad \frac{d^n}{dx^n}e^{-x^2}=(-\sqrt{2})^nH_n(x)e^{-x^2}.$$

$$\frac{1}{(1-t)^{\alpha+1}}e^{-\frac{t}{1-t}x}=\sum_{n\geq 0}L_n^{(\alpha)}(x)t^n,\ (|t|<1),$$

$$\frac{d^n}{dx^n}(e^{-x}x^{n+\alpha})=L_n^{(\alpha)}(x)n!e^{-x}x^{\alpha}.$$

一見してこれらが $*$-指数関数に関係することが読み取れるであろう.

τ-表示とは関係ないが, Euler 数 E_n, (E_0=1, E_2=5, E_{2n-1}=0) の母関数は $(\cos z)^{-1}=\sum(-1)^n E_n \frac{1}{n!}z^n$ であるが, 未定係数法で考えれば次が成り立つ:

$$(\cos\zeta)_{*+}^{-1}=\sum(-1)^n E_n \frac{1}{n!}(i\zeta)_*^n.$$

1.7 μ 制御代数 (一般的性質)

§1.2 の積・積分代数の節で掲げた μ 制御代数 (μ regulated algebra) は微分幾何の立場から量子論を考えるのに最も適した代数系なのでこの節でそのあらましを解説する. 公準 (A.0)~(A.4) は §1.2 を見てもらいたいのだが, $\mathcal{A}$ は位相代数 i.e. 演算は連続写像と仮定されていることをまず注意する. μ 制御代数はかなり広く様々なものを含んでいて, たとえば 1 章のテータ関数の例のように $\mathcal{A}$ が可換代数の場合も含まれる. この場合は (A.3), (A.4) のみ意味がある. また, $[\mu, \mathcal{A}]=\{0\}$ となる場合もある. この場合は (A.1) は不要となる.

制御子として何が選ばれるかによって性質が変わるので制御子の具体的構成法の方が重要なのだが, この章ではそれには触れず, 制御子が変わると代数がどのように変化するのかを見ていく. これは物理学の発達史を数学的な切込みで見ているようなスリルが味わえるところである.

どのような制御子で μ 制御代数を構成するのかが問題で, 制御子は多くの場合, **元の次数**を制御する役目を負う演算子なので, 一つの制御子でなるべく広い範囲を制御しようとすると超越的な演算子になってしまうことが多い.

一般的性質

(A.1) より, $\mu{*}\mathcal{A} \subset \mathcal{A}{*}\mu+\mu{*}\mathcal{A}{*}\mu \subset \mathcal{A}{*}\mu$, 同様に $\supset$ も得られるから $\mu{*}\mathcal{A}=\mathcal{A}{*}\mu$ であり $\mu{*}\mathcal{A}$ は $\mathcal{A}$ の両側イデアルとなり, これが (A.2) より交換子 $a{*}b-b{*}a$ を含むので, $\mu{*}\mathcal{A}$ の元をすべてゼロ扱いにする商空間 $\mathcal{A}/\mu{*}\mathcal{A}$ では演算は可換となる. つまり $\mathcal{A}/\mu{*}\mathcal{A}$ は可換代数となる. ところが (A.3) より $B \cong \mathcal{A}/\mu{*}\mathcal{A}$ だからこの可換積をそっくり B に移植して考えることができる. この積を $a{\cdot}b$ のように書くことにするが, 後のほうでは ab のよう $\cdot$ を忘れてに書くことも多い. 多くの例では $(B,\cdot)$ はある多様体 M 上の関数環 $C^\infty(M)$ である.

(A.3) を (演算子 I_xD_x の所でやったように)"入れ子" 式に何度も使うと $\mathcal{A}$ は任意の n で

$$\mathcal{A}=B\oplus\mu{*}B\oplus\cdots\oplus\mu^{n-1}{*}B\oplus\mu^{n}{*}\mathcal{A}. \tag{1.64}$$

のように分解される. $\mu{*}\mathcal{A}{=}\mathcal{A}{*}\mu$ だったから (A.3) は $\mathcal{A}{=}B\oplus\mathcal{A}{*}\mu$ とも書かれ, これより

$$\mathcal{A}=B\oplus B{*}\mu\oplus\cdots\oplus B{*}\mu^{n-1}\oplus\mathcal{A}{*}\mu^{n}$$

のようにも分解される. (A.4) より $a{*}\mu{=}\mu{*}\theta(a)$ となる $\theta(a)$ は一意的にきまる連続写像で, 次が成り立つ;

$$\theta(a{\pm}b){=}\theta(a){\pm}\theta(b),\ \theta(a{*}b){=}\theta(a){*}\theta(b),\ a{*}\mu^{n}{=}\mu^{n}{*}\theta^{n}(a). \tag{1.65}$$

しかし $\mu{*}\mathcal{A}{=}\mathcal{A}{*}\mu$ だから $\theta:\mathcal{A}{\to}\mathcal{A}$ は**全射であるが単射とは限らない**. 当然 $\Omega{=}\mathrm{Ker}\,\theta$ が $\neq\{0\}$ のような素直でない場合に興味がある:

$$\Omega{=}\{a{\in}\mathcal{A};a{*}\mu{=}0\}{=}\mathrm{Ker}\ \theta \tag{1.66}$$

また $\mu^{n}{*}\mathcal{A}{=}\mathcal{A}{*}\mu^{n}$ だから $\mu^{n}{*}\mathcal{A}$ が両側イデアル, $\mathcal{A}{*}(\mu^{n}{*}\mathcal{A}){*}\mathcal{A}{\subset}\mu^{n}{*}\mathcal{A}$ であることが分かる. これは $\mu^{n}{*}\mathcal{A}$ の元をすべてゼロ扱いしても代数全体がつぶれて無くなったりしないことを意味する. ついでに

$$\mathcal{A}^{-\infty}{=}\bigcap_{n}\mu^{n}{*}\mathcal{A} \tag{1.67}$$

と定義しておく. これを**平滑部分** (smoothing part) とか**平坦部分** (flat part) と呼ぶ. これも両側イデアルで閉集合である. $\mathcal{A}^{-\infty}{=}\{0\}$ だと $\mathcal{A}$ は直積空間

$$\mathcal{A}{=}\prod_{k=0}^{\infty}\mu^{k}{*}B$$

となるが, これをいわゆる直積位相 ($\mu^{k}\mathcal{A}$ が 0 の近傍に入る位相) で考える場合と, 級数の収束発散を論ずる位相で考える場合とがある. 前者を**形式的** μ-**制御代数**, 後者を**解析的** μ-**制御代数**と呼ぶ.

任意の $a,b\in B$ について $a{*}b$ を μ で展開すると

$$a*b{=}\pi_0(a,b){+}\mu{*}\pi_1(a,b){+}\mu^2{*}\pi_2(a,b){+}\cdots,$$

$\pi_k(a,b)\in B$ となり, (A.2) より $\pi_0(a,b){=}\pi_0(b,a)\ {=}a{\cdot}b$ となる. $(B;\cdot)$ は可換で生成元は一般に多数である. 　$\pi_k^{+}(a,b)$, $\pi_k^{-}(a,b)$ を $\pi_k(a,b)$ の対称部分, 歪対称部分とする. 補空間 B の選び方は一意的でなく, これが後々色々な問題 (表示の問題) を引起こす.

補空間の変更, 表示パラメータの意味

(1.65) により μ の位置を入替えて同じ $a, b{\in}B$ について

$$a*b{=}\tilde{\pi}_0(a,b){+}\tilde{\pi}_1(a,b){*}\mu{+}\tilde{\pi}_2(a,b){*}\mu^2{+}\cdots,$$

とも展開されるが, これを用いても $\tilde{\pi}_0(a,b){=}\ \tilde{\pi}_0(b,a){=}a{\circ}b$ となり $(B;\circ)$ も可換代数となる. ところが $a{=}\hat{a}{+}a'{*}\mu{=}\hat{a}{+}\mu{*}\theta(a')$ なので, $\tilde{\pi}_0(a,b){=}\pi_0(a,b)$ であり $(B;\cdot)$ と $(B;\circ)$ は同じ代数であることが分かる.

一般に $\phi: B{\to}\mu{*}\mathcal{A}$ を任意の線形連続写像とし, そのグラフ $\{(b, \mu\phi(b); b{\in}B)\}$ を $\tilde{B}$ とすると, これは $\mu{*}\mathcal{A}$ の補空間となる. この写像が具体的に微分作用素で与えられる場合もあるが一般には線形連続作用素であれば何でも良く, $1{+}\phi: B{\to}\tilde{B}$ は線形同形となる. $(B,\cdot)$ を B に入る可換積, $(\tilde{B},\circ)$ を $\tilde{B}$ に入る可換積とすると両者の関係は

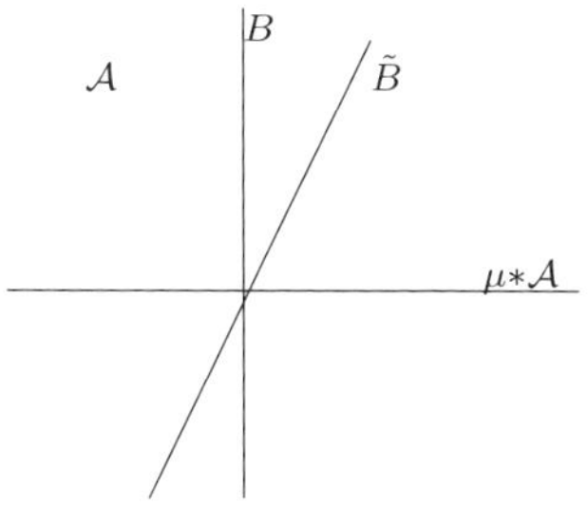

$$\tilde{b}{\circ}\tilde{b}'{=}(1{+}\phi)\big((1{+}\phi)^{-1}(\tilde{b})\cdot(1{+}\phi)^{-1}\tilde{b}'\big)$$

て与えられる. しかし具体的に $(1{+}\phi)^{-1}$ を書くのは難しい. こういうことの最も簡単な例が § 1.3 の相互変換 $e^{\frac{\tau}{4}\partial_x^2}$ である. 後の方で出てくる例は極地元 ε_{00} を使って $b{\to}b{+}[\varepsilon_{00}, b]$ とか, $B{=}C^\infty(\mathbb{R}^n)$ とし, $x_1, \cdots, x_n$ を座標関数としたとき

$$(1{+}\phi)(f){=}e^{\frac{\mu}{4}\sum K^{ij}\partial_{x_i}\partial_{x_j}}f,\ \ (1{+}\phi)^{-1}(f){=}e^{-\frac{\mu}{4}\sum K^{ij}\partial_{x_i}\partial_{x_j}}f$$

のように逆対応がすぐに分かる相互変換の場合である. このようなものはすべて μ 制御代数の補空間の変更とみなせることが分かる.

さらにこの操作はこれまで考えてきた表示パラメータの変更を含み, それよりはるかに広い非線形の生成元の変更も含むのである.

制御子の変更

μ の形式的冪級数全体を $\mathbb{C}[[\mu]]$ とする. 形式的 μ 制御代数の場合には μ を $\tilde{\mu}{=}\mu{+}\sum_{k\ge1}a_k\mu^k \in \mathbb{C}[[\mu]]$ で置換えて $\tilde{\mu}$ の冪に整頓して $\tilde{\mu}$ 制御代数に変えることができる. 上の式は $\mu{=}\tilde{\mu}{+}\sum_{k\ge1}b_k\tilde{\mu}^k$ と逆に解けるからこのような変更は形式的 μ 制御代数の場合には同形なものを与える. $\mathcal{A}^{-\infty}{\ne}\{0\}$ の場合でも $\tilde{\mu}{=}\mu{*}\frac{1}{1-a\mu}$ のような置換えでは $\mu{=}\tilde{\mu}\frac{1}{1+a\tilde{\mu}}$ のように逆に解けて $\mathcal{A}^{-\infty}$ の部

分が変化しないことを確かめて使えるのだが, $\mathcal{A}^{-\infty}$ の内部がこの置換えでどのように変化するのかは一般に極めて見えにくい. また $\tilde{\mu}=\mu*e_*^{a\mu}$ のような置換えは形式的 μ 制御代の部分でしかほとんど考えられない.

可換代数と点集合

K を $\mathbb{C}$ または $\mathbb{R}$ とし, $(\tilde{B},\cdot)$ を K を係数体とする可換代数とする. このとき $(\tilde{B},\cdot)$ から K への全射準同型 p を "点" と呼び, 全体を M と書く. $\forall p\in M$ に対し $B_p=\{b\in B; p(b)=0\}$ と置く. 線形写像 $X:B\to B$ が $X(a\cdot b)=X(a)\cdot b+a\cdot X(b)$ を満たすとき $(B,\cdot)$ 上の**微分**と呼ぶ. 微分の全体は線形空間をなす. $(B,\cdot)$ 上の任意の微分 X に対して線形写像 $X_p:B_p\to K$ を $X_p(b)=p(X(b))$ で定義し, X_p を $p\in M$ における M の**接ベクトル**と呼び, その全体を $p\in M$ における M の**接空間**と呼び T_pM と書く.

演習問題. 接空間は線形空間であることを確かめよ.

演習問題. $b\in B$ に対し $\{p(b); p\in M\}$ は M 上の関数とみなせるが, これが全部連続関数と思えるように M に位相 (開集合の族) を定義せよ. また $B_0=\{b\in B; \forall p(b)=0\}$ は B の根基 (radical) と呼ばれるイデアルで, $(B,\cdot)$ 上の任意の微分 X に対して $XB_0\subset B_0$ となることを示せ.

演習問題. $a\in B$ で $a^k=0$(何乗かすれば 0) となるような元は B_0 の元であることを示せ.

自由度

ここで化学等でよく使われている観測の独立性という概念に密着している「自由度」という概念を持ち出す.

B の元 $f_1,\cdots,f_d$ が点 $p\in M$ の所で**(互いに) 独立**であるとは, どの f_i $(1\leq i\leq d)$ についても f_i 以外の観測値を全部一定に保ち, f_i のだけの値が変化するように p が変化できる (変化させられる) 場合を言う.p **における** M **の自由度**とは p の所で独立な B の元の最大個数のことである. であるから p の所での M の自由度が d であるとは：

(i) B の元 $f_1,\cdots,f_d$ があり, これらは $p\in M$ の所で独立,

(ii) $\forall f\in B$ に対し, $f,f_1,\cdots,f_d$ は $p\in M$ の所で独立でない,

ということになる. 述べ方からして線形代数で習う線形空間の「次元」の概念と同質のものだということがわかるであろう.

(ii) の部分をよく見ると $f_1,\cdots,f_d$ の値を保ったまま f の値を変化させることは不可能であると述べている. これは何か p の近傍があってそこの p' に

ついては $f_1(p'),\cdots,f_d(p')$ の値がきまってしまうと $f(p')$ もきまってしまうということを意味する. これを数学的に表現すると f に対して何か d 変数の連続関数 $\Phi_f(x_1,\cdots,x_d)$ があって, p の近傍では

$$f(p') = \Phi_f(f_1(p'),\cdots,f_d(p')) \tag{1.68}$$

と書けることになる. 以下では**自由度は M のどこでも一定である**としよう.

自由度が一定で d(有限) なる M を d-次元多様体と呼ぶ.

Φ_f がどのような d 変数の関数であるかは もっと様々なことを言わないときまらないが, 多くの場合 (観測というものに滑らかさを期待して)C^∞ 関数と仮定し, さらに d は接空間の次元でもあり p の近傍上で $T_{p'}M$ の基底として, $X_{i,p'}(f_j-f_j(p')=\delta_{ij}$ となるものが取れると仮定する.

点 p の近傍にある状態 p',p'' に対して

$$(f_1(p'),\cdots,f_d(p')) = (f_1(p''),\cdots,f_d(p''))$$

だったとしてみよう。これは $\forall f\in B$ に対して $f(p') = f(p'')$ を意味してしまうから, $p' = p''$ としなければならない, つまり, 点 p' は d-個の数の組 $(f_1(p'),\cdots,f_d(p'))$ できまってしまうわけである. $(f_1,\cdots,f_d)$ が p の近傍をすべて表わすことから, これを (p の近傍の) **局所座標系**と呼ぶ. また, この局所座標系が定義される近傍を**座標近傍**と呼び, V_p と書く.

この辺の定義は普通の C^∞-多様体の定義と全く同じに見えるかもしれないが少し違っていて, f_i が B の元であることも要求されている [4].

1.7.1 ポアソン (Poisson) 括弧積, ポアソン多様体

π_1 については $[a,b]{=}\mu{*}(\pi_1(a,b){-}\pi_1(b,a)){+}\cdots$ だから, π_1 の歪対称部分 $\pi_1^-(a,b){=}\frac{1}{2}(\pi_1(a,b){-}\pi_1(b,a))$ に注目して, 等式 $[a{*}b,c]{=}a{*}[b,c]{+}[a,c]{*}b$ を μ 冪に展開する：

$$[a{\cdot}b{+}\mu{*}\pi_1(a,b){+}\cdots,c]{=}2\mu{*}\pi_1^-(a{\cdot}b,c){+}\cdots$$

$$a{*}[b,c]{+}[a,c]{*}b{=}2\mu{*}\Big(a{\cdot}\pi_1^-(b,c){+}\pi_1^-(a,c){\cdot}b\Big){+}\cdots$$

となるから, 二つを見比べて (A.4) を使うと $\pi_1^-(a{\cdot}b,c){=}a{\cdot}\pi_1^-(b,c){+}\pi_1^-(a,c){\cdot}b$. 同様に $[a,b{*}c]{=}[a,b]{*}c{+}b{*}[a,c]$ から $\pi_1^-(a,b{\cdot}c){=}\pi_1^-(a,b){\cdot}c{+}b{\cdot}\pi_1^-(a,c)$ も得ら

[4] 微妙な違いだが複素多様体の定義をするときには大きな違いになる.

れる. 習慣に従って $\pi_1^- : B \times B \to B$ を

$$\{a,b\}{=}\pi_1^-(a,b) \tag{1.69}$$

と書き, **Poisson の括弧積**と呼ぶ. $\{\ ,\ \}$ の演算子としての性質をまとめると:

$$\{a,b\}{=}-\{b,a\}\ (\text{歪対称}),\quad \{a{\cdot}b,c\}{=}\{a,c\}{\cdot}b{+}a{\cdot}\{b,c\}$$

これは微分演算子が持っている性質 $X(ab){=}aX(b){+}X(a)b$ が前後二つの変数について成立していることを述べていて, いわば「微分」が二つ (双) あるものだから Poisson の括弧積とは「歪対称双微分」のことである.

一般に交換子積は Jacobi 恒等式

$$\mathfrak{S}_{a,b,c}[a,[b,c]]{=}0 \quad (\text{巡回和}), \tag{1.70}$$

を満たす (巡回和とは abc, bca, cab のように文字を巡送りにして和をとることである).

この式を μ 冪で展開したいのだが途中で $[\mu,[a,b]]$ のような項が出てしまうので, ここでは次のことを注意するに留める:

命題 1.11 μ と可換な元全体 $S{=}\{a{\in}\mathcal{A}; [\mu,a]{=}0\}$ は μ を含む部分代数で $\mu{*}S \subset S$, $[S,S] \subset \mu{*}S$ である. これも μ-制御代数であるとすれば, ここでは $\pi_1^-{=}\{\ ,\ \}$ が $a,b,c \in S$ に対し Jacobi 恒等式 $\mathfrak{S}_{a,b,c}\{a,\{b,c\}\}{=}0$ を満たす.

位相代数同型写像 $\phi_t : (\mathcal{A},*) \to (\mathcal{A},*)$ が $\phi_{s+t}{=}\phi_s\phi_t$, $\phi_0{=}I$ (恒等写像) を満たすとき 1 径数同型写像群と呼ぶ. $X(a){=}\frac{d}{dt}\phi_t(a)\big|_{t=0}$ と定義すると $X : (\mathcal{A},*) \to (\mathcal{A},*)$ は微分の性質 (Leibniz rule)$X(a{*}b){=}X(a){*}b{+}a{*}X(b)$ を満たすので, このような微分を**無限小同型**と呼ぶことがある. $\forall a{\in}\mathcal{A}$ に対し $\mathrm{ad}(a)(x){=}[a,x]$ とすると, $\mathrm{ad}(a)$ は $(\mathcal{A},*)$ 上の微分となる.

シンプレクティック多様体, 外積代数, 微分形式

ポアソン括弧積 $\{\ ,\ \}$ は歪対称双微分だから, $B{=}(C^\infty(M),\cdot)$ のとき局所座標系 $(x^1,\cdots,x^n)$ を使えばポアソン括弧積は,

$$\{f,g\}{=}\sum_{1\le i,j\le n} X_{ij}(\boldsymbol{x})\frac{\partial f}{\partial x^i}\frac{\partial g}{\partial x^j},\quad X_{ij}{=}-X_{ji} \tag{1.71}$$

のように書かれる．これがヤコビ恒等式 $\sum_{f,g,h}\{f,\{g,h\}\}=0$ をみたし，歪対称行列 $X=(X_{ij})$ が各点で正則行列 (従って n は偶数) のとき $(M,\{\ ,\ \})$ をシンプレクティック (symplectic) 多様体と呼ぶ．

これとは別に行列式の性質を抽象して $T_{\boldsymbol{x}}M$ の線形基底を $e_1, e_2, \cdots, e_n$ としたとき，e_i と e_j の**外積**なるものを形式的に (${T_{\boldsymbol{x}}M}$ から飛出ている)$e_i{\wedge}e_j$ と定義し，関係式 $e_i{\wedge}e_j+e_j{\wedge}e_i=0$ を要求する (ある行と他の行を入替えると符号が変わるという行列式の性質の抽象化)．そしてこの関係式のみで生成される代数を**外積代数**またはグラスマン (Grassmann) 代数と呼び，$\Lambda(T_{\boldsymbol{x}})$ と書く．ここの元は $e_{i_1}{\wedge}e_{i_2}{\wedge}\cdots{\wedge}e_{i_k}$, $k{\leq}n$, の一次結合で書かれ $\wedge$ 積はただ並べるだけであるが，上の関係式を使って簡単な姿に直して考える．$\forall a{\in}\Lambda(T_{\boldsymbol{x}})$ は何乗かすれば 0 となる．

微分形式

また，$\Lambda(T_{\boldsymbol{x}})$ の双対を外微分形式と呼ぶ．$\partial_{x^1}, \partial_{x^2}, \cdots, \partial_{x^n}$ を $\Lambda(T_{\boldsymbol{x}})$ の基底としたとき，その双対基底を

$$dx^1(\boldsymbol{x}),\ dx^2(\boldsymbol{x}), \cdots,\ dx^n(\boldsymbol{x}), \quad dx^i(\boldsymbol{x})(\partial_{x^j})=\delta^i_j$$

とする ($\boldsymbol{x}$ は省略することが多い)．ここにも外積 $dx^{i_1}{\wedge}dx^{i_2}{\wedge}\cdots{\wedge}dx^{i_k}$ が自然に定義される．M 上の C^∞ 関数を使って

$$\omega=\sum f_{i_1 i_2 \cdots i_p}(\boldsymbol{x})dx^{i_1}{\wedge}dx^{i_2}{\wedge}\cdots{\wedge}dx^{i_p}$$

の形に書かれるものを p **次微分形式** (p-form) と呼ぶ．普通の関数 $f(\boldsymbol{x})$ を 0 次の微分形式と呼ぶ，全微分 $df=\sum_i \partial_{x^i} f(\boldsymbol{x})dx^i$ は 1 次微分形式である．ω の**外微分** $d\omega$ は

$$d\omega=\sum df_{i_1 i_2 \cdots i_p}(\boldsymbol{x}){\wedge}dx^{i_1}{\wedge}dx^{i_2}{\wedge}\cdots{\wedge}dx^{i_p}$$

と定義される．一般に $dd\omega=0$ である．

M 上の 2 次微分形式を (1.71) の X_{ij} を使って $\omega=\sum_{i,j} X_{ij}dx^i{\wedge}dx^j$ と定義しておけば，ヤコビ恒等式は ω が閉微分形式 i.e. $d\omega=\sum_{i,j} dX_{ij}{\wedge}dx^i{\wedge}dx^j=0$ に対応する．

古典力学の多くはシンプレクティック多様体上にハミルトニアン (Hamiltonian) と称する関数 H を与えて始まる．$H{\in}C^\infty(M)$ が与えられると，状態関

数の時間変化は

$$\frac{d}{dt}f_t=\{f_t, H\}, \quad f_0=f$$

という式で与えられる．色々注釈は必要だがこれが「運動」なるものの定義であり，ギリシャ時代のパラドックス「アレニウスは永久に亀に追いつけない」への回答だったのである．

1.7.2　特性ベクトル場，Liouville 括弧積，接触多様体

μ-制御代数はここで μ に逆元が考えられる場合と，半逆元しか持たない場合の2つの方向に別れる．

まず，**仮想的に** $\mu{*}\mu^{\bullet}=1$ ($\mu^{\bullet}{*}\mu=1$ でないこと に注意) なる元 $\mu^{\bullet}$ があるものとすると，$[\mu, a]=\mu{*}\xi(a){*}\mu$ と置くと $\mu{*}[\mu^{\bullet}, a]+\mu{*}\xi(a){*}\mu{*}\mu^{\bullet}=0$ なので ($\mathbf{A}$.4) より $[\mu^{\bullet}, a]=-\xi(a)\in\mathcal{A}$ と定義できる．ところが $\mu{*}\mu^{\bullet}=1$ だと $a{*}\mu=0$ から $a=0$ がでてしまうので結局 $\mu{*}:\mathcal{A}\to\mu{*}\mathcal{A}$ 及び ${*}\mu:\mathcal{A}\to\mathcal{A}{*}\mu$ のどちらも線形同形と仮定しているのと同じで，これは形式的に $\mathcal{A}[\mu^{-1}]$ の中で考えるのと同じことである．微分幾何に現れる μ-制御代数はほとんどこのタイプであるが，前章で述べた1変数の微積分では ($v^{\circ}{*}v=1-\varpi_0$ だったから) これが**成立していない**のは明らかであろう． (このような例は §1.8.1 参照.)

上の仮定の下では $\forall a\in B$ に対して $\xi(a)$ を μ 冪で展開して

$$\xi(a)=\xi_0(a)+\mu{*}\xi_1(a)+\cdots$$

とすれば，ξ_0 は $(B;\cdot)$ 上の微分となる．普通はこれを**特性ベクトル場**と呼ぶがこの場合は**特性微分**と呼んでおく．

さらに $\forall b\in B$ に対し $[b{*}\mu^{\bullet}, a]=-b{*}\xi(a)+[b, a]{*}\mu^{\bullet}=-b{*}\xi(a)+\theta([b, a])$ だから

$$\chi_b(a)=-b\xi_0(a)+\theta\{b, a\} \tag{1.72}$$

も $(B;\cdot)$ 上の微分となる．これも特性微分と呼んでおく．

接触多様体 (contact manifold)

時間で変化する Hamiltonian を扱うときには1次元増やして奇数次元の多様体 M を考え特性ベクトル場の積分曲線のパラメータも時間変数として M の中に組込んでしまう．このようにしたものを**接触多様体** (contact manifold) と呼ぶ．ここでは Poisson 括弧積の代わりに以下で述べるリュウビル (Liouville) 括弧積が使われる．

これも $a, b{\in}B$ のときに μ 冪展開して 1 次の所を見ると **Liouville 括弧積**と呼ばれる

$$\{f,g\}_c{=}f\xi_0(g){-}g\xi_0(f){+}\{f,g\} \tag{1.73}$$

をもった Lie 環 (接触 Lie 環) となる．さらに $[\mu^\bullet,[a,b]]$ を μ 冪展開して 1 次の所を見ると次も分かる：

$$\xi_0\{f,g\}{=}\{\xi_0(f),g\}-\{f,\xi_0(g)\}. \tag{1.74}$$

註. このように定義していくと $\mathcal{A}^{-\infty}$ の所からは古典微分幾何的構造は何も現れないことになる.

Liouville 括弧積で作る Lie 環を **Jacobi Lie 環**と呼ぶ

C^∞ 多様体 M がベクトル場 ξ_0 とポアソン括弧積 $\{\ ,\ \}$ を持っていて, (1.73) での $\{\ ,\ \}_c$ に関して Lie 環になっていて, (1.74) も満たす場合に $(M,\xi_0,\{\ ,\ \})$ を**接触多様体**と呼ぶ．このとき $\dim M{=}2m{+}1$ で, (1.73) 式の $\{,\}$ を双微分として (1.71) のように書いた時 $(X_{ij}(\boldsymbol{x}))$ の各点での階数が $2m$ ということまで要求したものを接触多様体とよぶこともある．この場合には M 上に C^∞ の接触形式と呼ばれる 1 次微分形式 Ω で $\Omega{\wedge}(d\Omega)^m{\neq}0$ となるもの (0 になる所がない) があることと同値となる．Ω は正準 1 次形式 (canonical 1-form) と呼ばれ後章で重要になるのでここで少し詳しく述べる.

上と同様の計算で, $\forall a,b\in\mathcal{A}$ に対して $[a{*}\mu^\bullet,\mathcal{A}]\subset\mathcal{A}$,

$$[a{*}\mu^\bullet{,}b{*}\mu^\bullet]{=}a{*}\xi(b){*}\mu^\bullet{-}b{*}\xi(a){*}\mu^\bullet{+}[a,b]{*}\mu^{\bullet 2}{\in}\mathcal{A}{*}\mu^\bullet \tag{1.75}$$

となり, $\mathcal{A}{*}\mu^\bullet$ が $(\mathcal{A};*)$ に微分として作用する Lie 環であることが分かる．これを**量子化された Jacobi Lie 環**と呼ぶことにする．特に $\mathrm{ad}(\mu^\bullet):\mathcal{A}{\to}\mathcal{A}$ も $(\mathcal{A},*)$ の微分で, これが**量子化された特性微分**である.「量子化された」と述べているが 1 次元接触多様体 (上の記号で $m{=}0$ の場合) では $\mathcal{A}{=}C^\infty(\mathbb{R})$ (普通の可換積の代数) となって $[a,b]{*}\mu^{\bullet 2}{=}0$, $\mathrm{ad}(\mu^\bullet){=}\xi_0$ となるので量子効果は何も現れない．(すでに量子化されていると言ってしまっては身も蓋もない.)

註釈. $\mathcal{A}{*}\mu^\bullet$ を Lie 環に持つ (無限次元)Lie 群は一般に**存在しない**．$\mathrm{ad}(\mu^\bullet)$ でさえもこれを無限小同形 $\frac{d}{dt}\big|_{t=0}\phi_t$ とする 1 径数自己同形群 $\phi_t:\mathcal{A}{\to}\mathcal{A}$ があるとは限らない． (Stone の定理を参照してみればかなり強い条件が要ることが分かる.)

ζ^2 を含むような μ 制御代数 $\mathcal{A}{*}\mu^\bullet$ は存在するが前のほうで見たように $\{{:}e_*^{t\zeta^2}{:}_\tau\}$ は局所 Lie 群の集まりではあるが貼合わせに齟齬があり，多様体

になっていないから厳密な意味での Lie 群にはなっていない．しかし次章でみるように $\mathcal{A}{*}\mu^{\bullet}$ の中の有限次元部分 Lie 環 ($*$ 2 次式の Lie 環) に対しては Lie 群に準ずる取扱いができることを示す．

T_N^* を C^∞ m 次元 Riemann 多様体 N の余接束としたとき $\mathbb{R}{\times}T_N^*$ 上で定義される 1 次微分形式 ($N{=}\emptyset$ としてみると "時間" が特別扱いされていることが分かる.)

$$\Omega{=}H_t(\boldsymbol{q},\boldsymbol{p})dt{+}\sum_k p_k dq^k \tag{1.76}$$

を接触形式という.(習慣で $\boldsymbol{x}$ を $\boldsymbol{q}$ と書くが) 計量にあたるものは $H_t(\boldsymbol{q},\boldsymbol{p})$ の中に入っている．$H_t(\boldsymbol{q},\boldsymbol{p})$ は物理ではエネルギーと解釈されている．その理由は上式の手前にエネルギー w も独立変数とする正準 1 次微分形式 $\omega{=}wdt{+}\sum_{1\leq k\leq m}p_k dq^k$ があって, 上式はそれを等エネルギー面 $w{=}H_t(\boldsymbol{q},\boldsymbol{p})$ に制限した姿だと見るからである．従って t とエネルギー変数は物理では正準共役とされている．

Ω の外微分は

$$d\Omega{=}dH_t(\boldsymbol{q},\boldsymbol{p}){\wedge}dt{+}\textstyle\sum_k dp_k{\wedge}dq^k$$

であるが, これを用いて Hamilton 方程式は次のようにして作られる:

$d\Omega$ の行列としての階数は (偶数だから)$2m$ であるが, これを $2m{+}1$ 次元の $\mathbb{R}{\times}T_N^*$ 上で考えているのだから, $\forall Y{=}\dot{t}\partial_t{+}\dot{q}^i\partial_{q^i}{+}\dot{p}_j\partial_{p_j}$ に対し $d\omega(X_H,Y){=}0$ となる $X_H(\neq 0)$ はスカラー倍の不定性を含んで唯一つ存在する．これを**特性ベクトル場**と呼ぶ．

$$dH{\wedge}dt(\dot{t}\partial_t,Z){=}\dot{t}\partial_t H dt(Z){-}dH(Z)\dot{t}$$

のような計算ルールに注意して計算すると

$$\begin{aligned} d\Omega(X_H,Y){=}&(dH{-}\partial_t H)(X_H)\dot{t}{+}(dp_i{+}\partial_{q^i}H dt)(X_H)\dot{q}^i \\ &{-}(dq^j{-}\partial_{p_j}H dt)(X_H)\dot{p}_j{=}0 \end{aligned}$$

となり $\dot{t},\dot{q}^i,\dot{p}_j$ が任意だから, $T{=}\frac{dt}{d\tau}$ を任意のスカラーとして次が得られる：

$$\begin{aligned} &\frac{dq^i}{d\tau}-(\partial_{p_i}H)T=0, &&\frac{dp_i}{d\tau}+(\partial_{q^i}H)T=0 \\ &(\partial_{q^i}H)\frac{dq^i}{d\tau}+(\partial_{p_i}H)\frac{dp_i}{d\tau}=0, &&\frac{dt}{d\tau}=T\ \ \text{(普通は 1 と置く.)} \end{aligned} \tag{1.77}$$

τ は曲線を書くためのパラメータだから何をとってもよいのだが, 普通は $\tau{=}t$ とする．H を T_N^* 上の計量とすると上の式が測地線の式を与える．

しかしこのように見ている時でも $d\Omega$ を一般の symplectic 形式 $\sum_{ij} X_{ij}dx^i{\wedge}dx^j$ として扱うのではなく dt は特別視される.

$\xi_0{=}X_H$ の積分曲線は時間パラメータの曲線とされているから, 相対論を取り入れて変形量子化を考えるときには $\xi_0{\neq}0$ の μ-制御代数を構成しなければならない.

(1.77) 式は変分法を使わないで得られているが, この式は微分形式 $\Omega{=}H(t,q,p)dt{-}\sum p_idq^i$ の曲線 $c(\tau){=}(t(\tau),q(\tau),p(\tau)), 0{\leq}\tau{\leq}1,$ に沿っての積分

$$L(c){=}\int_0^1(H(t(\tau),q(\tau),p(\tau))\frac{dt}{d\tau}{-}p_i(\tau)\frac{dq^i}{d\tau})d\tau$$

を考えるとこれの停留条件からも得られる.

演習問題. $\mathbb{R}$ 上のベクトル場 $x^2\partial_x$ は完備ベクトル場でなく, 時間有限で ∞ に飛んでいく軌道があることを確かめよ. $\mathbb{R}^2$ 上で完備なベクトル場の全体は線形空間にもならないことを確かめよ.

接触多様体 ⇒ ポアソン多様体

任意の Lie 環を $(\mathfrak{g},[\ ,\ ])$ とし, これの包絡環 (universal enveloping algebra 普遍展開環とも言う) を $(U(\mathfrak{g});*)$ とする. ここで $i\hbar$ を全ての元と可換なパラメータとして, $[a,b]'{=}\frac{1}{i\hbar}[i\hbar a, i\hbar b]$ と定義してこの Lie 環を $(\mathfrak{g}',[\ ,\ ]')$ とし, その包絡環を $(U(\mathfrak{g}');\hat{*})$ とする. $\mathfrak{g}{\cong}\mathfrak{g}'$ で $U(\mathfrak{g})\cong U(\mathfrak{g}')$ であるが, $U(\mathfrak{g}')$ では $a\hat{*}b{=}b\hat{*}a{+}(i\hbar)^{-1}[i\hbar a,i\hbar b]_*{=}b\hat{*}a{+}i\hbar[a,b]_*$ のように交換子積を取ると必ず $i\hbar$ が付く.

$(\mathcal{A},B,*,\mu)$ が μ 制御代数のときは, この節での仮定のもとでは $\mathcal{A}{*}\mu^\bullet$ が Lie 環になっているから, $\nu^\bullet{=}i\hbar\mu^\bullet$ と置き, 展開環内で交換子積を取ると必ず $i\hbar$ が付く Lie 環 $(\mathcal{A}{*}\nu^\bullet;[\ ,\ ]')$ に変え, その包絡環を $\mathcal{A}[\nu^\bullet]$ とする. $[i\hbar,\mathcal{A}[\nu^\bullet]]{=}\{0\}$ なので (A.1),(A.2) は明らかで $i\hbar{\neq}0$ なので (A.4) も明らかである.

$\mu{*}\mathcal{A}$ の補空間 B を使って線形空間

$$B\{\nu^\bullet\}{=}\{b_0{+}b_1{*}\nu^\bullet{+}\cdots{+}b_n{*}\nu^{\bullet n}; b_k{\in}B, n{\in}\mathbb{N}_0\}$$

を作れば

$$\mathcal{A}[\nu^\bullet]{=}B\{\nu^\bullet\}\oplus i\hbar{*}\mathcal{A}[\nu^\bullet]$$

がわかり, $\mathcal{A}[\nu^\bullet]$ が $i\hbar$ 制御代数に変わるのである. 古典的には力学的変数の個数に無関係にエネルギーにあたる変数を 1 つ増やして接触代数をポアソン代数に組入れるやり方で一般力学系では昔から知られていた変更で, これが

出来るものだから微分幾何のレベルでは接触構造とポアソン構造は (時間とは何であるかは棚上げして) ほとんど同じものと捉えられていた時代がある.

しかし感覚的にはエネルギー概念は万物に共通という考えから wdt は何か力学的変数 (p_i, q_i) に無関係の独立した正準形式と見る見方が強く働いていて, (w, t) を計量が $\frac{1}{4}((dt+dw)^2-(dt-dw)^2)$ の 1+1 Lorentz 多様体のように見てしまう見方がある. このように見ているときには (w, t) はいつも別扱いの変数になるから $1+n$ の多変数 Lorentz 多様体では t と w とを対極として含む光円錐との関係が重要となってくる. (第2部, 対応原理, Virasoro 代数, 古典熱力学の項及び放物線座標系の項参照.)

1.7.3　古典的構造の量子化問題 (解説)

前節で大急ぎで見てきたように, μ-制御代数を μ の冪で展開して μ-冪の初めの方を見ると古典力学系ないし一般力学系で馴染みのあるものがいろいろ出てくるのだが, 実はこれは話が逆である. もともと「一般力学系」と呼ばれていた分野は μ-制御代数とは何の関係もない「相空間」(点と運動量の組の空間) 上の微分幾何学 (シンプレクティック幾何学) であった. これは運動学の "最終理論" のような顔をして 19 世紀初めに登場してきたものであるが, 量子論の出現によって「相空間」という考え方に色々修正が迫られるようになったのである.

そこで色々考え出されたのものの1つが上のような μ 制御代数の初めの方の項に古典力学を組込んでしまおうというアイデアだったのである. この考え方だと「ある古典力学を量子化する」とは, それを初めの方の項に含む μ-制御代数を構成することとなる. 例えば生成元付きで Poisson 括弧積が与えられている場合ならばそれをそのまま交換子積として代数を作るといったようなことで, このような意味で量子化することを「変形量子化」(deformation quantization) と呼ぶ.

これはフランスの Bayen, Flato, Fronsdal, Lichnerowicz, Sternheimer [2] 達が 1978 頃に言いだしたものである. これは当時あった色々な考え方を後知恵的に集約しただけのものでしかないが, ヒルベルト空間に作用する演算子として量子論を作れという von Neumann の立場を一旦忘れて (口の悪い言い方では C_* 環に楯突いて) とにかく代数を先に作れという考え方である. (そして私の旗印はこれを一歩進めて, その代数は微積分の代数の中に全部書いてあるというものである.)

変形量子論ではHamilton関数Hによって引起こされる状態関数ϕの変化は古典力学のPoisson方程式と同じ考え方で, τを時間変数として次の**Heisenbergの運動方程式**で記述されるとし, これを**量子化**と考えるのである:

$$\frac{d}{d\tau}\phi_\tau = \frac{1}{i\hbar}[H, \phi_\tau], \quad \phi_0 = \phi. \tag{1.78}$$

この考え方の良い所は前節で見たように単なる物理に於ける量子化の問題にとどまらず, 遥かに広く**代数の表示の変形**という数学の問題を含んでいるので, 広く数学と物理を考えなおすのに適していると思われる所にある.

次章では2次式の$*$指数関数の性質が表示のパラメータに大きく依存していることが分かると同時に物理で広く使われているparity(偶奇性)という概念を自然に与える**極地元**ε_{00}という特殊で奇妙な元の存在がわかる.

上の仮想的状況で考える時には$*\mu$も全単射として良いので$\mu^\bullet = \mu^{-1}$ $\therefore$ $[\mu^\bullet, \mu] = 0$となる. この場合には後の命題1.13で述べるΩの引き起こす厄介な問題がないので古くから扱われていて, 振動積分代数とか, 擬微分作用素代数の形で関数解析的にはかなり整理されてきている.

μ展開の初項に現れる代数$(B, \cdot)$は可換代数であるが, 古典的にはこの部分は何かC^∞-級多様体M(相空間)上の実数値C^∞-関数環$C^\infty(M)$と思われているものである.

時間で変化するハミルトニアンを扱うときには1次元増やして奇数次元のMを考え特性ベクトル場の積分曲線を表すパラメータとして時間変数もMの中に組み込んでしまう. このようにしたものを**接触多様体**と呼ぶ. ここではポアソン括弧積の代わりにリュウビル(Liouville)括弧積が使われる. これでわかるように時間変数を空間変数と同格で考える相対論を取り入れて変形量子化を考えるときには$\xi_0 \neq 0$のμ制御代数を構成しなければならない.

そのほか, シンプレクティック構造と複素多様体の構造が一緒に現れるとケーラー構造と呼ばれるものになる. このようなものの変形量子化も考えることができるが, どこにどのような制御子を構成するのかが問題となる.

しかし, 古典構造の変形量子化だけで話がすむのならば, 構成すべきものは$\mathcal{A}^{-\infty}$の部分を無視した形式的μ-制御代数だけで良いし, $[\mu, \mathcal{A}] = \{0\}$で$\mu = i\hbar$のようなものでもよいことになる. もともと物理学者は「世界は本当は量子論でてきているのだが, 古典力学はその第1次近似をみているにすぎない」と言ってきたのだから, 古典力学構造はすべて形式的には変形量子化できなければならないだろうし, 事実, 我々は[6]で全てのシンプレクティック構造が,さらにKontsevich[5]は全てのポアソン構造が形式的μ-制御代数($\mu=i\hbar$)の枠内では量子化できることを示している．しかし，量子論は最終的には演算子で表現されその固有値などが重要な意味を持つとされているのだからこのようなことが分かっただけで量子物理が分かったと思うのは早計であろう．

実際，素粒子の相互作用とか「生成・消滅」は古典力学には現れない現象なので変形量子化して形式的μ制御代数をみているだけでは扱えない部分なので，変形量子化は少なくとも$\mathcal{A}^{-\infty}$の部分まで扱えるようにしなければならない．次節でそれが出てくる例を与える．

思考演習問題．グラスマン代数という古典構造の量子化はクリフォード(Clifford)代数だと思われているのだがなぜだろう．古典微分幾何の基本量である計量構造の量子化は何だろう．また，「変数を部分多様体に制限する」といった概念は量子論ではどうなるだろうか．

実は量子化にはもう一つの考え方がある．古典力学の法則の多くは「変分原理」で書かれる．これは「自然界の法則は無駄が最小になるようにできている」と説明されることが多いが，ある種の積分が最小になるように自然界の法則はできているというのである．この場合被積分関数はラグランジェ(Lagrange)関数と呼ばれるが，ここを一定の手続き(対応原理)で演算子に置き換えて変分法を使ってある種のパラメータで展開された停留関数解を作ることを「量子化」と考えるものである．

積分を考える為にはその土台となるものを天降りに与えないといけないのだが，Lagrange関数の部分が土台までこめて比較的自由に“手で”入れられるので，時間変数まで被積分関数の中に入れられる．しかも，相互作用とか「生成・消滅」のようなものまで扱える．このため物理理論はある時期から多様体上でLagrange関数を扱う“場の理論”に変わってしまうのだが，最近では個々の多様体ではなくある種の多様体の族の持つ位相幾何学的不変量と，それらを結びつけるfunctorによって物理現象を理解しようとする傾向が見られる．この刺激によって数学の位相幾何学の部分がかなり進歩したことは確かだが，このようにすると我々が感覚的に理解している時空多様体は多様体族のカテゴリーの中にかすんでしまい，素朴な意味での時空，特に「時間」に対する理解が進んでいるようには感じられない．

この書はこの部分に微積分の代数1元論の立場から一石を投じてみようという思い上がった態度で書かれているので，読者も常に批判的精神を持って読んでもらいたい．

1.8 漸近展開, 拡大代数

始めに解析的に最も簡単な例として $\mathcal{S}(\mathbb{R})$ を $\mathbb{R}$ 上の急減少関数全体とし, u を $\mathbb{R}$ 上の変数として Fourier 変換を使って考えると制御子が $\mathcal{S}(\mathbb{R})$ 上の可逆作用素として表現され, $\mathcal{A}^{-\infty}$ の元がすべて平滑作用素 (smoothing operator 完全連続作用素) となるような作用素表現が得られる例を示す.

$\bar{d}y{=}\frac{1}{\sqrt{2\pi}}dy$ とし, $\forall f{\in}\mathcal{S}(\mathbb{R})$ に対し

$$\hat{f}(\xi){=}\int_{\mathbb{R}} e^{-i\xi y}f(y)\bar{d}y, \quad \check{f}(y){=}\int_{\mathbb{R}} e^{i\xi y}f(\xi)\bar{d}\xi$$

をそれぞれ $f(y), f(\xi)$ の Fourier 変換, Fourier 逆変換と呼ぶ. 急減少関数の Fourier(逆) 像は急減少関数で

$$\textstyle\iint e^{i(\xi(y-y')}f(y')\bar{d}y'\bar{d}\xi{=}\int \delta(y{-}y')\bar{d}y'{=}f(y)$$

である. $a(u,\xi)$ を u については $\forall m$ で $\partial_u^m a(u,\xi)$ が有界, ξ に関しては多項式程度の増大度の $\mathbb{R}^2$ 上の C^∞ 関数とすると $a(u,\xi)\hat{f}(\xi)$ も ξ に関して急減少となるからこれの Fourier 逆変換が定義でき

$$(P(a(u,\xi))f(u){=}\int_{\mathbb{R}} a(u,\xi)\hat{f}(\xi)e^{i\xi u}\bar{d}\xi{=}\iint_{\mathbb{R}^2} a(u,\xi)e^{i\xi(u-y)}f(y)\bar{d}y\bar{d}\xi$$

となる. $P(a(u,\xi))$ は $\mathcal{S}(\mathbb{R})$ に作用する演算子で $P(a(u,\xi)) : \mathcal{S}(\mathbb{R}) \to \mathcal{S}(\mathbb{R})$ となる. これを $a(u,\xi)$ を表象とする**擬微分作用素**と呼ぶ. $a(u,\xi)$ が ξ に関して m 次の多項式 $\sum a_\alpha(u)\xi^\alpha$ ならば擬微分作用素は普通の微分作用素となる :

$$(P(\sum_{\alpha\le m} a_\alpha(u)\xi^\alpha)f(u){=}\sum_{\alpha\le m} a_\alpha(u)(i\partial_u)^\alpha f(u).$$

特に $P(\xi)f(u){=}i\partial_u f(u)$ ではあるが $\int f(u)du$ にあたるものはない.

古典的表象族

上の擬微分作用素は様々な所に拡張できるのだが後でコンパクト多様体 M 上で使うことを意識して $\mathbb{R}$ をコンパクト化して $D{=}\overline{\mathbb{R}}$ と置く. D は閉区間 $[-1,1]$ である. 上では表象 $a(u,\xi)$ は u に関して $\forall m$ で $\partial_u^m a(u,\xi)$ が有界としているがこの部分を $D{\times}\mathbb{R}$ 上で C^∞ で ξ について多項式程度の増大度のものと言い換えておく.

次に擬微分作用素の表象として使える古典的表象族を μ 制御代数として与える. これは**制御子** μ と称する, 微分すればするほど積分しやすくなる

$\mu=\frac{1}{\sqrt{c^2+r^2}}$ のような正値の関数を一つ用意し, この関数を基準に負の次数の方向に展開できるものを考えるのである. $T^*_D=D\times\mathbb{R}$ を D の余接束 T^*_D と見る. $\Sigma^0(T^*_D)$ を T^*_D の閉包 $\overline{T^*}_D=D\times D$ 上の C^∞ 関数全体とする. $r\to\infty$ で $\pm\frac{r}{\sqrt{c^2+r^2}}=\partial D$ なのでこれは $r=\infty$ の所で $\frac{1}{r}$, $-\frac{1}{r}$ について C^∞ ということである. $\forall f\in\Sigma^0(T^*_D)$ は r^{-1} で次のように Taylor 展開される:

$$f(u;\pm r)=\sum_{k=0}^{\ell}\frac{1}{k!}f_k(u;\pm 1)r^{-k}+\tilde{f}_\ell(x;\pm r) \tag{1.79}$$

但し $f_k(u;\pm1)\in C^\infty(D\times\{\pm1\})$ である. これは $r^{-1}=\frac{\mu}{\sqrt{1-c^2\mu^2}}$ だから μ で冪展開して考えれば

$$f(u;\pm r)=\sum_{k=0}^{\ell}\tilde{f}_k(u;\pm1)\mu^k+\tilde{f}_\ell(u;\pm r)$$

のように展開できると言っても同じである. さらに $\Sigma^{-k}(T^*_D)$ を上の Taylor 展開が k 次から始まるものの全体とする. $\Sigma^{-\infty}(T^*_D)=\bigcap_k\Sigma^{-k}(T^*_D)$ と置く. また $\Sigma^m(T^*_D)=r^m\Sigma^0(T^*_D)$ とする. f をこの形に書くことを f の**漸近展開**と言う. $m\leq 0$ ならば, **これは $r=\infty$ の所での $\frac{1}{r}$ での Taylor 展開である**.

$\Sigma^\infty(T^*_D)=\bigcup\Sigma^m(T^*_D)$ を**古典的表象族**と呼ぶ. μ は r について微分すればするほど質が良くなる関数 (遠方で速く減少するようになる関数) だから $\Sigma^m(T^*_D)$ に属する関数は皆その性質を持つ. 丁寧に計算してみれば次のことが分かる:

定理 1.3 $\Sigma^0(T^*_D)$ は正規順序表示による計算公式 (1.13) 式 (または (2.2) 式) で定義された $*$-積で結合代数となる. 特に

$$\Sigma^k(T^*_D)*_{K_0}\Sigma^\ell(T^*_D)\subset\Sigma^{k+\ell}(T^*_D),\quad [\Sigma^k(T^*_D),\Sigma^\ell(T^*_D)]\subset\Sigma^{k+\ell-1}(T^*_D)$$

が成立する. $\Sigma^1(T^*_D)$ は交換子積に関して Lie 環をなしている.

$\Sigma^0(T^*_D)$ が μ-制御代数となることは上の計算公式よりすぐ確かめられる. (A.3) に出てくる B は $(B,\cdot)=C^\infty(D)$ である.

擬微分作用素の性質

古典的表象に対して擬微分作用素が定義されるのだが, ここで擬微分作用素の性質を (証明抜きで) 列挙しておく:

1): $a(u,\xi)\in\Sigma^0(T_D^*)$ ならば $P(a(u,\xi))$ は $L_2(D)$ から $L_2(D)$ への有界作用素に拡張される. また $a(u,\xi)\in\Sigma^{-\infty}(T_D^*)$ ならば $P(f(u,\xi))$ は $L_2(D)$ から $\mathcal{S}(D)$ への写像となる. このような作用素を**平滑作用素**と呼ぶ.

2): 積公式 $a(u,\xi)\in\Sigma^k(T_D^*)$, $b(u,\xi)\in\Sigma^\ell(T_D^*)$ のとき擬微分作用素の積は擬微分作用素であり $P(a(u,\xi))P(b(u,\xi))=P(c(u,\xi))$ とすると $c(u,\xi)\in\Sigma^{k+\ell}(T_D^*)$ となり

$$c(u,\xi)=os\text{-}\iint a(u,\xi+\sigma)b(u+t,\xi)e^{-i\sigma t}d\sigma dt \tag{1.80}$$

となる. os-(振動積分) という目印がついているのは上の積分は (k,ℓ が大きいと) そのままでは収束しないことがあるので $a(u,\xi+\sigma)$ を σ について適切な次数まで Taylor 展開して

$$a(u,\xi+\sigma)=\sum\frac{\sigma^\alpha}{\alpha!}a_\alpha(u,\xi)+a_m(u,\xi,\sigma)$$

とし, 多項式部分は超関数として部分積分で計算する (結果は ΨDO 積). 残りの $a_m(u,\xi,\sigma)$ は m 階微分されて収束性が良くなって可積分になるのでそのまま積分する. これは ΨDO 積公式の積分表示と見なせるもので, 作用素としての積公式を表象のレベルで言換えたものが μ 制御代数 $\Sigma^0(T_D^*)$ での積である.

3): 固有値 $(\frac{d^2}{du^2}+\lambda)f=0$ を考える. 一般には (M,g) を C^∞ コンパクト Riemann 多様体とし $\frac{d^2}{du^2}$ の部分を M 上の Laplacian とする. 固有値の列は

$$\lambda_0\le\lambda_1\le\cdots\le\lambda_m\le\cdots$$ 等号がついているのは重複度も入れている為である

のように半有界となる. これについては増大度を示す定理として $\forall s\ge\dim D=1$ について $\sum_{m=0}^{\infty}\lambda_m^{-s}<\infty$ となることが知られている. $c^2>\lambda_0$ ととれば $\frac{d^2}{du^2}+c^2$ は可逆作用素になることに注意する.

e_m を固有値 λ_m に対応する固有関数とする. $\forall k\in\mathbb{Z}$ に対して

$$E^k(D)=\{f=\sum_{m\in\mathbb{Z}}a_me_m;\ a_m\in\mathbb{C},\sum_{m\in\mathbb{Z}}|a_m|^2(c^2+\lambda_m)^{2k}<\infty\}.$$

とすると、$E^k(M)$ は $\forall k\in\mathbb{Z}$ に対して Hilbert 空間でありノルムは

$$\|f\|_k^2=\sum_{m\in\mathbb{Z}}|a_m|^2(c^2+\lambda_m)^{2k}.$$

で与えられる. $E^0(M)$ は 2 乗可積分な関数全体の空間であり $\bigcap_{k\in\mathbb{Z}}E^k(M)$ は C^∞ 関数全体のなす空間 $C^\infty(M)$ であることが知られている.(Sobolev の補題

と呼ばれる.) $\{C^\infty(D), E^k(D); k\in\mathbb{Z}\}$ は **Sobolev-鎖** (Sobolev chain) と呼ばれる Hilbert 空間の族である. $\forall k\in\mathbb{Z}$ で E^{-k} は E^k の双対空間である.

$P(a(\frac{1}{\sqrt{c^2+r^2}}))$ は $E^k(D)$ から $E^{k+1}(D)$ への有界作用素に拡張される. **1**) と一緒にしてみればこれで μ 制御代数 $\Sigma^0(T^*_D)$ が Sobolev-鎖上の作用素として表現されていることがわかる. $\mathcal{A}^{-\infty}$ の部分は $\Sigma^{-\infty}(T^*_D)$ として自然に捉えられる. また, Jacobi Lie 環 $\Sigma^1(T^*_D)$ も自然に非有界作用素として表現されていることが分かる.

ここでの制御子 μ は積・積分代数のときの $v{=}\partial_u$ の半逆元 v° ではなく逆元 μ^{-1} を持っているものを使っているのだが, コンパクトで境界のない多様体上の擬微分作用素を使っている限り半逆元しかない制御子を作ることはできないことが分かっている (cf. 第2部).

1.8.1　拡大代数 $\mathcal{A}[\mu^\bullet]$, 外側行列環, 内側代数

制御子 μ が半逆元しか持たない場合というのは (微積分ではこちらが自然で)「時間」の感覚に合うものだが微分幾何とか物理の実例ではほとんど現れないし, 以下で見るように意外な側面を持っているので取扱いは要注意である (第II部も参照).

特性ベクトル場とか Liouville 括弧積は前節では μ^{-1} を使って定義していたのだが, これが使えない所でもこれにあたるものを定義したい. そこで仮想的に $\mu^\bullet{*}\mu{=}1$ ($\mu{*}\mu^\bullet{=}1$ でないことに注意) なる半逆元 $\mu^\bullet$ が $\mathcal{A}$ の**外側**にあるものとして, これを $\mathcal{A}$ に添加した拡大代数 $\mathcal{A}[\mu^\bullet]$ を考える. これは $\mu^\bullet$ を n 個まで使って作る線形空間を $\mathcal{A}^{(n)}_{\mu^\bullet}{=}\{\mu^{\bullet\varepsilon_1}{*}\mathcal{A}{*}\mu^{\bullet\varepsilon_2}{*}\cdots{*}\mathcal{A}\mu^{\bullet\varepsilon_n}; \sum\varepsilon_i{\leq}n\}$ として, $\mathcal{A}[\mu^\bullet]{=}\bigcup_n\mathcal{A}^{(n)}_{\mu^\bullet}$ で定義するもので位相は帰納極限位相 (strict inductive limit topology) で考えるものである. これは各 $\mathcal{A}^{(n)}_{\mu^\bullet}$ は閉部分空間で $\{x_i\}$ が x に収束するということを, ある番号 n があって $\{x_i\}$ が $\mathcal{A}^{(n)}_{\mu^\bullet}$ の中で x に収束するということだと定義している位相である. 前節の擬微分作用素の感覚で言うと任意高階の微分作用素を添加した代数を考えていることになる.

$\mathcal{A}[\mu^\bullet]$ では $\forall a{\in}\mathcal{A}$ に対し $[\mu^\bullet{*}\mu, a]{=}\big([\mu^\bullet, a]{+}\xi(a)\big){*}\mu{=}0$ ではあるのだが, 今度は $[\mu^\bullet, a]{+}\xi(a){=}0$ とは結論できないし, 一般に $[\mu^\bullet, a]{\notin}\mathcal{A}$ であるからこれまでとは様相が一変している.

前章の半逆元代数の所でやったように, $\mu{*}\mu^\bullet{=}1{-}\varpi$ とおけば ϖ は**半逆元真空**で, $(1{-}\varpi)^2_*{=}1{-}\varpi$, $\mu^\bullet{*}\varpi{=}0{=}\varpi{*}\mu$ は容易にわかる. 特に $\mu^k{*}\varpi{*}\mu^{\bullet\ell}$ は

(k,ℓ) 行列要素である. さらに $\varpi{*}\mathcal{A}{=}\varpi{*}B$ で ϖ の右側には B の元しか現れないが, $\varpi{*}\mathcal{A}[\mu^\bullet]$ では $\varpi{*}\mu^\bullet{*}a$ のようなものがあるのでそのかぎりではない. これまでと違って ϖ は $\mathcal{A}$ の外側に居るものである.

命題 1.12 ϖ, $\mu^k{*}\varpi{*}\mu^{\bullet\ell}{\notin}\mathcal{A}$ である. $\mu^k{*}\varpi{*}\mu^{\bullet\ell}$ を**外側行列要素**と呼ぶ.

証明. $\varpi{\in}\mathcal{A}$ なら $\mu{*}\varpi{=}[\mu,\varpi]{=}\mu{*}\xi(\varpi){*}\mu$ となり (**A**.4) より $\varpi{=}\xi(\varpi){*}\mu{=}\mu{*}b$, $b{\in}\mathcal{A}$. ところが, $\mu^\bullet{*}\varpi{=}0$, $\mu^\bullet{*}\mu{=}1$ より $b{=}0$. $\therefore\ \varpi{=}0$. 次のものは $\mu^\bullet{*}\mu{=}1$ を使って同様に証明できる. □

一方 $\mu{*}\mu^\bullet{=}1{-}\varpi$ より $\forall a{\in}\mathcal{A}$ に対して $-[\varpi,a]{=}[\mu{*}\mu^\bullet,a]{=}[\mu,a]{*}\mu^\bullet{+}\mu{*}[\mu^\bullet,a]$ でこれより

$$-[\varpi,a]{=}\mu{*}(a'{*}(1{-}\varpi){+}[\mu^\bullet,a]) \tag{1.81}$$

が分かる. 特に $\varpi{*}[\varpi,\mathcal{A}]{=}\{0\}$ である.

一方, $a{*}\mu{=}0$ から $a{=}0$ が結論されないということは $\Omega{=}\{a{\in}\mathcal{A};a{*}\mu{=}0\}{\neq}\{0\}$ ということであるが (1.65) 式より $\theta{:}\mathcal{A}{\to}\mathcal{A}$ は全射だから

$$\Omega{=}\mathrm{Ker}\,\theta, \quad \mathcal{A}{\cong}\mathcal{A}/\Omega \tag{1.82}$$

が分かる. 次のことがこの場合の特徴である:

命題 1.13 $\Omega\subset\mathcal{A}^{-\infty}{=}\bigcap_n\mu^n{*}\mathcal{A}$.

証明. $\forall a{\in}\Omega$ で $\mu{*}a{=}[\mu,a]{=}\mu{*}a_1{*}\mu$. (**A**.4) より $a{=}a_1{*}\mu{=}\mu{*}(a_1{+}c{*}\mu){=}\mu{*}a_2$. $a{*}\mu{=}0$ だから $\mu{*}a_2{*}\mu{=}0$. $\therefore\ a_2{*}\mu{=}0$. i.e. $a{=}\mu{*}a_2$, $a_2{*}\mu{=}0$. これを繰返すと $\forall k$ で $\mu{*}a_k{=}a_{k+1}$ であり $a{=}\mu{*}a_2{=}\cdots{=}\mu^k{*}a_k$, $a_k{*}\mu{=}0$ と書かれる. □

これより特に

$$(\mu^n{*}B)\cap\Omega{=}\{0\},\ (B{*}\mu^n)\cap\Omega{=}\{0\} \tag{1.83}$$

である. さらに $\mathcal{A}^{-\infty}{=}\mu{*}\mathcal{A}^{-\infty}$ なので次のことも容易に分かる:

命題 1.14 $\Omega{*}\mathcal{A}^{-\infty}{=}\{0\}$ で, Ω は $\mathcal{A}$ の両側イデアルである.

$\forall a{\in}\Omega$ は $a{=}\mu{*}b{=}b'{*}\mu$, $b'{\in}\mathcal{A}^{-\infty}$ と書かれるから $b'{\notin}\Omega$ のはずで, これより

$$\Omega\subsetneqq\mathcal{A}^{-\infty}, \quad \Omega\neq\{0\} \tag{1.84}$$

がわかる. これは $\mathcal{A}^{-\infty}$ の中に**さらに特殊なものが入っていること**を示すので極めて興味深い. このことがこの本の最終的テーマとなって第 2 部で再登場する.

外側行列要素, Ω≠0 の例

§1.2 の所で出てきた記号 u, v° で生成される積・積分代数を $\mathcal{A}_\circ$ と記すと，これは．v° 制御代数で $[u,v^\circ]{=}(1{-}\varpi)[u,v^\circ]{=}i\hbar v^{\circ 2}$ であるが, **ワイル微積分代数**はこれに v が加わるから

$$[v,u]{=}i\hbar, \quad [v,v^\circ]{=}\varpi, \quad v{*}v^\circ{=}1, \quad [u,v^\circ]{=}i\hbar v^{\circ 2} \tag{1.85}$$

である．ワイル微積分代数は v° 制御代数 $\mathcal{A}_\circ$ に外側の元 v が添加された拡大代数 $\mathcal{A}_\circ[v]$ と見ることができる．詳しい計算公式は後章で述べるが実は,

$$v^\circ{=}u{*}(v{*}u)^{-1}_{*+}, \quad (v{*}u)^{-1}_{*+}{*}\varpi{=}\tfrac{1}{i\hbar}\varpi{=}\varpi{*}(v{*}u)^{-1}_{*+}, \text{ ((2.44) 式参照)}$$

という関係がある．これより $u{*}\varpi{=}i\hbar v^\circ{*}\varpi$, $\varpi{*}u{=}\varpi{*}v^\circ{=}0$ となる．この半逆元から ($\mathcal{A}_\circ$ の外側に) $v^{\circ k}{*}\varpi{*}v^\ell{=}(\frac{1}{i\hbar})^k u^k{*}\varpi{*}v^\ell$ という外側行列要素が現れる．

さらに次も分かる:

命題 1.15 $\mathcal{A}_\circ{=}\mathbb{C}[u]\oplus v^\circ{*}\mathcal{A}_\circ$．但し, $\mathbb{C}[u]$ は u の多項式の全体 $\mathbb{C}[u]$ である．

Ω の元 $f(u)$ は定義から任意の $n{>}0$ に対して $f(u){=}u^n{*}f_n(u)$ となるような $f_n(u){\in}\mathcal{A}$ がある (u で何回でも割り切れる) ような元であった．普通の積に関しては, このような解析関数は存在しないのは明らかであるが, $*$-積の場合は少し状況が違って, 命題 1.5 でみるように表示のパラメータ τ を $\mathrm{Re}\tau{>}0$ とするとこのような正則関数が沢山ある:

$$:\delta_*(u{-}a):_\tau{=}\frac{1}{2\pi}\int_{-\infty}^{\infty}:e_*^{it(u-a)}:_\tau dt{=}\frac{1}{\sqrt{\pi\tau}}e^{-\frac{1}{\tau}(u-a)^2}$$

であり, $(u{-}a){*}\delta_*(u-a){=}0$ なので $a{\neq}0$ として $\frac{u}{a}{*}\delta_*(u{-}a){=}\delta_*(u{-}a)$ である．

u, v° で生成される積・積分代数 $\mathcal{A}_\circ$ は v° 制御代数であるが, $\mathcal{A}_\circ[v]$ の中に $\Theta_a{=}{:}\delta_*(u{-}a){:}_\tau{*}_\tau\varpi$, $a{\neq}0$, のような元が入っているものとすると $\varpi{*}v^\circ{=}0$ が効いて $\Theta_a{*}v^\circ{=}0$ となり Ω の元となる．

また命題 1.14 より $\Omega{*}\Omega{=}\{0\}$ だから $\Theta_a{*}\Theta_b{=}0$ でなければならないがこのことは $\varpi{*}\Theta_b{=}0$ より分かる．

一方緩増加超関数の Fourier 変換の定義により $\hat{f}(\xi){=}\frac{1}{\sqrt{2\pi}}\int_{\mathbb{R}} f(s)e^{-i\xi s}ds$ として

$$:f_*(u):_\tau{=}\frac{1}{\sqrt{2\pi}}\int_{\mathbb{R}}\hat{f}(\xi)e^{-\frac{\tau}{4}\xi^2}e^{i\xi u}d\xi{=}\frac{1}{\sqrt{2\pi}}\int_{\mathbb{R}}\hat{f}(\xi):e_*^{i\xi u}:_\tau d\xi \tag{1.86}$$

である. 特に $\iint_{\mathbb{R}^2} e^{i\xi s}dsd\xi{=}2\pi$ に注意して $\delta_*(u{-}a){=}\int_{\mathbb{R}}\delta(s{-}a)\delta_*(u{-}s)ds$ となる. さらに次もわかる：

$$\begin{aligned}\delta_*(u{-}x){*}\delta_*(u{-}x') &= (\frac{1}{2\pi})^2\iint e_*^{it(u-x)}{*}e_*^{is(u-x')}dtds\\ &= (\frac{1}{2\pi})^2\iint e^{-itx-isx'}e_*^{i(t+s)u}dtds = (\frac{1}{2\pi})^2\iint e^{is(x-x')}e_*^{i\sigma(u-x)}dsd\sigma\\ &= \delta(x{-}x')\delta_*(u{-}x).\end{aligned}$$

これより $a{\neq}b$ のときは $\delta_*(u{-}a){*}\delta_*(u{-}b){=}0$ もわかる. ここでは Ω の例を作るのに v° 制御代数を使っていて Ω の元は $\delta_*(u{-}a){*}\varpi$ の形としているが一般にどのようなものかはよく分からない.

$\varpi{\notin}\mathcal{A}_\circ$ なのに $:\delta_*(u{-}a):_\tau{*_\tau}\varpi{\in}\mathcal{A}_\circ[v]$ としているのは奇妙に見えるかもしれないが難しいのは $\mathcal{A}^{-\infty}{*}\varpi$ の取扱いで, 特性微分にあたる $[\mu^\bullet,\mathcal{A}]$ が $\mathcal{A}$ からはみ出す部分をどうコントロールするかである.

$\mu^k{*}\varpi{*}\mu^{\bullet\ell}$ は $\mathcal{A}$ の外側にある (k,ℓ) 行列要素で, $\mathcal{M}{=}\sum_{|i-j|<\infty}a_{ij}\mu^k{*}\varpi{*}\mu^{\bullet\ell}$ は (対角線からあまり離れない行列の) 行列環であるのに $\forall n{\geq}0$ で $\mathcal{A}^{-\infty}{=}\mu^n{*}\mathcal{A}^{-\infty}$ となるので $\mu^k{*}\varpi{*}\mu^{\bullet\ell}{*}\mathcal{A}^{-\infty}{=}\{0\}$ であり, 反対に $\mathcal{A}^{-\infty}{*}\varpi{*}\mu^{\bullet\ell}$ は ∞ 行 ℓ 列の行列成分のように見え, $\mathcal{M}$ から遠く離れている.

そこで話を簡単にする為に次のような**仮定を持込む**ことにする:

仮定 1. $\mathcal{A}^{-\infty}{*}\varpi{=}\Omega{=}\Omega{*}\varpi$. かつ, ${*}\varpi:\mathcal{A}^{-\infty}\to\mathcal{A}^{-\infty}$ は連続.

仮定 2. $\forall b{\in}B$ に対して $[\mu^\bullet,b]{=}\alpha(b){+}\varpi{*}\gamma(b){*}\varpi$ と書かれる. $\alpha(b){\in}\mathcal{A}$ であり, $\gamma(b)$ は $\mathcal{A}[\mu^\bullet]$ の元である. さらに α, γ は線形連続である.

註. $\mu^\bullet{*}\varpi{=}0$ であるから, $\varpi{*}\gamma(b){*}\varpi$ は $\varpi{*}\mu^\bullet{*}b_1{*}\mu^\bullet{*}b_2\cdots{*}\mu^\bullet{*}b_n{*}\varpi$ のような形で残るわけだが, $\mu^\bullet{*}b_n{*}\varpi{=}[\mu^\bullet,b_n]{*}\varpi$ なので, $\mu^\bullet$ の部分を $\mathrm{ad}(\mu^\bullet)$ に置換えると仮定 2 よりまた同じ形が現れる. 最終的に $\gamma(B)$ がどこまで絞込めるものかよくわからない.

上の例では $\varpi{*}X{*}\varpi$ の形で残るものは係数体 $\mathbb{C}$ とか $\mathbb{R}$ だけなのでこれを**真空期待値**と呼んでしまってかまわないだろうが, 一般に仮定 1, 2 の下では以下で見るように $\varpi{*}X{*}\varpi$ のように真空に挟まれても生残る非自明な可換代数が現れるように思われる. これを**内側代数**と呼ぶが, そこでは少し後で分かるように Poisson 括弧積は消えて, 特性微分だけが生残っていて, p,q 変数のない時間とエネルギーだけの (1.76) 式が有効になっているものが現れる. $[v,v^\circ]{=}\varpi$ の場合で見ると $\varpi{*}X{*}\varpi$ で残るのは $t{=}0$ の時の値 (初期値) なので, 非自明な内側代数が現れるのは初期面 $t{=}0$ が1点でないような場合だと想像される.

仮定1, 2の下で真空に挟まれている所に生残っている代数 (内側代数) を調べよう. $\mu^\bullet{*}\mathcal{A}^{-\infty}{=}\mathcal{A}^{-\infty}$ は自明だが, §1.8.1 の仮定1より

$$\mathcal{A}^{-\infty}{*}\mu^\bullet={\mathcal{A}^{-\infty}}{*}(1{-}\varpi){\subset}\mathcal{A}^{-\infty}$$

も得られ, $[\mu^\bullet,\mathcal{A}^{-\infty}]{\subset}\mathcal{A}^{-\infty}$ となる. これよりまず $\mathcal{A}^{-\infty}$ は $\mathcal{A}[\mu^\bullet]$ の両側イデアルであることが分かる: i.e.

$$\mathcal{A}^{-\infty}{*}\mathcal{A}[\mu^\bullet]{=}\mathcal{A}^{-\infty}{=}\mathcal{A}[\mu^\bullet]{*}\mathcal{A}^{-\infty} \tag{1.87}$$

さらに $\forall n{\geq}1$ に対して

$$[\mu^\bullet,\mu^n{*}b]{=}\mu^{n-1}{*}\varpi{*}b{+}\mu^n{*}[\mu^\bullet,b]$$

だから §1.8.1 の仮定2まで使うと次が分かる：

$$[\mu^\bullet,\mathcal{A}]\subset\mathcal{A}{+}\mathcal{A}{*}\varpi{*}B{+}\mathcal{A}{*}\varpi{*}\gamma(B){*}\varpi \tag{1.88}$$

(1.88) 式の右辺の分解は直和分解ではないが $a{\in}\mathcal{A}{*}\varpi{*}B{+}\mathcal{A}{*}\varpi{*}\gamma(B){*}\varpi$ ならば $\varpi{*}\mu{=}0$, $\varpi{*}b{*}\mu{=}\varpi{*}[b,\mu]{=}0$ より $a{*}\mu{=}0$ だから,

$$\mathcal{A}\cap(\mathcal{A}{*}\varpi{*}B{+}\mathcal{A}{*}\varpi{*}\gamma(B){*}\varpi){\subset}\Omega,$$

特に $\forall n{\geq}0$ で $(\mu^n{*}B){\cap}(\mathcal{A}{*}\varpi{*}B{+}\mathcal{A}{*}\varpi{*}\gamma(B){*}\varpi){=}\{0\}$ である (cf.(1.83)).

$\mu^\bullet{*}\mu{=}1$ だから任意の $b{\in}B$ に対して $[\mu,b]{=}\mu{*}\hat{b}{*}\mu$, $\hat{b}{\in}\mathcal{A}$ と置き $[\mu^\bullet{*}\mu,b]{=}0$ を崩して, $[\mu^\bullet,b]{*}\mu{=}-\hat{b}{*}\mu\in\mathcal{A}{*}\mu$ となるから右から $*\mu^\bullet$ 積して後, 移項して

$$[\mu^\bullet,b]{+}\hat{b}{=}([\mu^\bullet,b]{+}\hat{b}){*}\varpi \tag{1.89}$$

となる. 仮定2で $[\mu^\bullet,b]{=}\alpha(b){+}\varpi{*}\gamma(b){*}\varpi$ と置くと, $\varpi{*}\varpi{=}\varpi$ だから (1.89) より $\alpha(b){+}\hat{b}\in\mathcal{A}$ について $\alpha(b){+}\hat{b}{=}(\alpha(b){+}\hat{b}){*}\varpi$ となり, $\varpi{*}\mu{=}0$ と命題1.13 より $\alpha(b){+}\hat{b}\in\Omega$ となるので, これを $\delta(b)\in\Omega$ と置くと $\alpha(b)$ は $[\mu,b]{=}\mu{*}\hat{b}{*}\mu$ を使って次式となる：

$$\alpha(b){=}-\hat{b}{+}\delta(b),\quad \delta(b)\in\Omega. \tag{1.90}$$

$\hat{b}$ は $[\mu,b]$ の計算だけで求められ $\delta(b)\in\Omega$ は μ 冪展開には関係しないから次が分かる:

命題 1.16 $\forall b\in B$ に対し $[\mu^\bullet, b]$ は $\mathrm{mod}\,\Omega$ で $\xi_0(b)+\mu*\xi_1(b)+\cdots$ と μ 冪展開され $\xi_k(b)$ は b で一意的に決まる. 特に ξ_0 は $\xi_0(b{\cdot}b')=\xi_0(b){\cdot}b'+b{\cdot}\xi_0(b')$ を満たす. ξ_0 を**特性微分**と呼ぶ.

つまり上の仮定 1，2 の下でも ξ_0 の定義は $\mu*\mu^\bullet=1$ の場合と同じに定義されるのである. 特に $\xi_0(b)\neq 0$ となる $b\in B$ があるとしてよいであろう.

$[\mu^\bullet, b]= -\hat{b}+\delta(b)+\varpi*\gamma(b)*\varpi$ と置いて次の命題が得られる:

命題 1.17 任意の $b\in B$ に対し $[\varpi, b]=\mu*\big(\hat{b}-\delta(b)-\varpi*\gamma(b)*\varpi\big)$ である. 特に $\varpi*b*\varpi=\varpi*b$ である.

証明. $[[\mu^\bullet,\mu],b]=[[\mu^\bullet,b],\mu]+[\mu^\bullet,\mu*\hat{b}*\mu]$ より

$$[\varpi, b]=\big[-\hat{b}+\delta(b)+\varpi*\gamma(b)*\varpi, \mu\big]+[\hat{b},\mu]+\mu*\hat{b}*\varpi=\mu*\big(\hat{b}-\delta(a)-\varpi*\gamma(b)*\varpi\big).$$

次のは $\varpi*b*\varpi=\varpi*b+\varpi*[b,\varpi]$ だから第 1 式 or (1.81) より得られる. □

これより次の重要な結果が得られる：

定理 1.4 $\varpi*\mathcal{A}*\varpi=\varpi*B*\varpi=\varpi*B$ であり, $*$ 積に関して $\varpi*B*\varpi$ は $\mathcal{A}[\mu^\bullet]$ の内側に作られる可換結合代数である. これを**内側代数**と呼ぶ.

証明. $\varpi*\mu=0$ だから第 1 式は自明. 命題 1.17 より $\varpi*b*\varpi*c*\varpi=\varpi*b*c*\varpi$ であり, (A.1) より $\varpi*[a,b]*\varpi=0$ となる. □

$(\mathcal{A};*)$ から $\varpi*B*\varpi$ の上への準同形 $\varpi*$ を $\tilde{a}\to\varpi*\tilde{a}$ で定義する：

$$\varpi* : (\mathcal{A};*)\to(\varpi*B*\varpi;*) \tag{1.91}$$

$\mathcal{A}_\varpi=\{\tilde{a}\in\mathcal{A};\varpi*\tilde{a}=0\}$, $C_\varpi=B\cap\mathcal{A}_\varpi$ とし, $\widetilde{B}_\varpi=B/C_\varpi$ とする. すると次が分かる：

命題 1.18 $C_\varpi\subset\{b\in B;\xi_0(b)=0\}$ である. 従って $\xi_0(b)\neq 0$ となる $b\in B$ があるならば $\widetilde{B}_\varpi\neq\mathbb{C}$ である.

証明. $b\in C_\varpi$ とすると, $\varpi*b=0$ なので命題 1.17 より

$$b*\varpi=[b,\varpi]=\mu*\big(-\hat{b}+\delta(b)+\varpi*\gamma(b)*\varpi\big)$$

となり, $*\mu$ 積して $\varpi*\mu=0$ より $-\mu*\hat{b}*\mu=0$ となる. ところが $[\mu,b]=\mu*\hat{b}*\mu$ でありこれを用いて定理 1.16 で $\xi_0(b)$ を定義しているので $\mu*\hat{b}*\mu=0$ は $\xi_0(b)=0$ を意味する. 従って $\xi_0(b)\neq 0$ となる $b\in B$ は定数でも C_ϖ の元でもないことになるから $\widetilde{B}_\varpi$ は非自明となる. □

しかし次の定理はもう少し強いことを述べている:

定理 1.5 仮定 2 を少し強めて $\gamma(B)\subset\mathcal{A}$ とすると $\varpi*\{B,B\}=\{0\}$. つまり内側代数の中では Poisson 構造は無効となる. しかし特性微分は $\widetilde{B}_\varpi$ に微分として働く.

証明. $\forall b,b'\in B$ に対し

$$\varpi*\mu^\bullet*[b,b']*\varpi=\varpi*\Big([[\mu^\bullet,b],b']+[b,[\mu^\bullet,b']]\Big)\varpi.$$

$\mu^\bullet*[b,b']=\{b,b'\}+\mu*\pi_2^-(b,b')+\cdots$ だから左辺は $\varpi*\{b,b'\}*\varpi$ である. 右辺は仮定 2 と定理 1.4 を使って次のように計算する:

$$\begin{aligned}\varpi*[[\mu^\bullet,b],b']&=\varpi*[\varpi*\gamma(b)*\varpi,b']\\&=\varpi*\varpi*\gamma(b)*\varpi*b'-\varpi*b'*\varpi*\gamma(b)*\varpi\\&=\varpi*\gamma(b)*b'-\varpi*b'*\gamma(b)=\varpi*[\gamma(b),b']=0\end{aligned}$$

となる. 最後の $=0$ は $\gamma(b)\in\mathcal{A}$ の仮定と (A.2) からである. 同様に $[b,[\mu^\bullet,b']]=0$ となる. これで内側代数の中ではポアソン構造は無効 i.e. $\varpi*\{B,B\}=\{0\}$ が分かる. □

また, (1.72) の定義もそのまま使え

$$\varpi*\chi_a(b\cdot b')*\varpi=\varpi*\big(\chi_a(b)\cdot b'+b\cdot\chi_a(b')\big)*\varpi$$

が分かる. つまり内側代数には $\mathrm{ad}(\mu^\bullet*a)$ に対応する微分は生き残っている. さらに $\mathcal{A}$ の μ-自己同形 ($\phi(\mu)=\mu$ の自己同形) ϕ は $\phi(\varpi)=\varpi$ なので $\varpi*\mathcal{A}*\varpi=\varpi*B*\varpi$ に自然に作用する.

ポアソン括弧積 $\{\,,\,\}$ は動力学では必ず現れるものだから, これが無い内側代数の世界は言わば動力学のない世界であり, 接触形式のうち H_tdt だけが生残っているような世界である. 大体 $\widetilde{B}_\varpi\cong C^\infty(\mathbb{R})$, $\xi_0=\partial_x$ のような 1 次元接触代数のような構造を想像してよいだろうがここでは Poisson 括弧積は消え, 特性微分だけが残っていることが本質的と思えるので § 3.3.3 で見るように制御子 μ が可逆で ϖ が現れない場合でも Poisson 括弧積は消え, 特性微分だけが残っているような μ 制御代数も内側代数と呼ぶことにする.

ここから自由ボゾン代数と Virasoro 代数が現れる. しかしこの節で考えたものは抽象的一般論にすぎないから上のような実例が本当にあるのだろうかという疑問はつきまとうわけで, 第 3 章の最後にその周辺を考察すて第 2 部に繋げる.

第2章　Weyl 微積分代数と, 群もどき

§1の (1.16) 式で見たように, 超越的な演算子と言っても1次式の指数関数まではほとんど代数構造だけで話ができるのだが, 2次式の指数関数までくると正の収束半径は持っているが原点から少しはなれたところに分岐特異点を持つという奇妙な性質を持始め, 表示が重要な役目を持ちはじめる. 非可換の代数では超越的に拡大すると表示の取り方が拡大された代数の性質そのものに影響する. このような性質は物理でもこれまでほとんど意識されでこなかったものだが, 前章で見たように1変数でも起こる現象で量子論との深いつながりを予想させるものである.

これを考える為に前章で μ 制御代数の色々な側面に探り針を差込んでみたのだが, 計算可能な実例, 特に制御子が半逆元しか持たない場合の例は1次元の微分積分の代数しか現れていない. しかしこのような構想は接触構造のような「時間」を意識しているときには是非とも欲しい構造なのでこのようなものを多変数の Weyl 微積分代数の中に取込みたいのである.

この問題を組織的に考えるにはワイル代数での積公式を一般の表示で書き, 2次式の指数関数で作る "群" を組織的に考えることが必要になるので前章で掲げた Ω の問題はしばらく忘れてこの章ではそれにとりかかることにする. この章での関心事は2次式の $*$ 指数関数の群論的振舞いである.

2.1　一般の積公式

n 行 n 列の複素行列 $\Lambda=(\Lambda^{ij})$ を　任意に固定し, $\nu, u_1, u_2, \cdots, u_n$ 変数の多項式の空間 $\mathbb{C}[\nu, \boldsymbol{u}]$ に次の式で積 $*_{\Lambda}$ を定義する. $f, g \in \mathbb{C}[\nu, \boldsymbol{u}]$ として

$$f *_{\Lambda} g = f e^{\frac{\nu}{2}(\sum_{ij} \overleftarrow{\partial_{u_i}} \Lambda^{ij} \overrightarrow{\partial_{u_j}})} g = \sum_k \frac{\nu^k}{k!2^k} \Lambda^{i_1 j_1} \cdots \Lambda^{i_k j_k} \partial_{u_{i_1}} \cdots \partial_{u_{i_k}} f \, \partial_{u_{j_1}} \cdots \partial_{u_{j_k}} g. \tag{2.1}$$

但し1行目の矢印は微分演算子がどちら側の関数に働くかを示しており, 2行目の式では i_1 とか, j_1 のように上下に出てくる同じ文字については全て1から n まで加えるという約束 (Einstein convention) で総和記号を省略している. (2.1) の中の ν はどの元とも可換である.

実はこれで $(\mathbb{C}[\nu, \boldsymbol{u}], *_{_\Lambda})$ は結合律を満たす代数になることが分かっている. 第1章の $*_\tau$-積を参考にしながら, 少し練習しよう. まず Λ が対称行列なら $f *_{_\Lambda} g = g *_{_\Lambda} f$ であることが分かる. また

$$u_i *_{_\Lambda} u_j = u_i u_j + \frac{\nu}{2}\Lambda^{ij}, \quad u_j *_{_\Lambda} u_i = u_i u_j + \frac{\nu}{2}\Lambda^{ji},$$
$$u_i *_{_\Lambda} (u_j *_{_\Lambda} u_k) = u_i u_j u_k + \frac{\nu}{2}(\Lambda^{ij} u_k + \Lambda^{ik} u_j + \Lambda^{jk} u_i)$$

である. 結合律もいくつか実例で試せば納得できるだろう. また ν^n の係数の計算には f, g の n 階微分までしか使われていないから, 収束性は無視して**形式的な ν の冪級数**を計算するだけなら f, g は C^∞ なら何でも良いし結合律も成立する. 生成元は $\nu, u_1, u_2, \cdots, u_n$ であり, それらの間の交換関係は $[\nu, u_i]=0$, $[u_i, u_j]=\frac{\nu}{2}(\Lambda^{ij}-\Lambda^{ji})$ であるが, 上のように多項式として計算しないで $u_a *_{_\Lambda} u_b *_{_\Lambda} u_c *_{_\Lambda} u_d$ のように生成元達を $*_{_\Lambda}$ でつないだままの単項式の1次結合で代数の元を書くことにすれば, $*_{_\Lambda}$ を $*_{_{\Lambda'}}$ に置き換えるだけで1対1の対応ができる. 代数の計算は交換関係だけを使ってできるのだから次がわかる：

命題 2.1 $(\mathbb{C}[\nu, \boldsymbol{u}], *_{_\Lambda})$ は Λ^{ij} の歪対称部分 $\frac{1}{2}(\Lambda^{ij}-\Lambda^{ji})$ が等しければ代数は同型である.

この場合, 元(げん)の表示が一意的でないということには目をつぶって上のように書くだけにすれば積を $*_{_\Lambda}$ のように Λ まで添えて書く必要はなく, 単に $*$ を書くだけでよい.

Λ^{ij} の対称部分 $K^{ij}=\frac{1}{2}(\Lambda^{ij}+\Lambda^{ji})$ は代数の元を多項式として一意的に表示する為のパラメータである. 以下では**歪対称部分を以下の J に固定**して考える. 積は $*_{_\Lambda}$ のように書くが, 表示は $:\,:_{_K}$ のように J は省略する.

$n=2m$ とし $\Lambda=(\Lambda^{ij})$ を $2m\times 2m$ 複素行列とし, $J=\begin{bmatrix} 0 & -I_m \\ I_m & 0 \end{bmatrix}$ (I_m は m-次単位行列) とする. $\Lambda=K+J$, $K=(K^{ij})$, $J=(J^{ij})$ としてできる代数 $(\mathbb{C}[\nu, \boldsymbol{u}], *_{_{K+J}})$ の同形類を**ハイゼンベルグ (Heisenberg) 代数**と呼ぶ. さらに $\nu=i\hbar$, $(\hbar>0)$, と置いたものを**ワイル (Weyl) 代数**と呼ぶ. 似たようなものだが, Weyl 代数では $\hbar$ は数として扱われるのに対し, Heisenberg 代数の ν は代数の生成元の

仲間である. ν が可逆元ならば Weyl 代数と同型だが, 特殊な Heisenberg 代数として $\nu^k{=}0,\ k{>}1$, とかいう場合もある.

J が上のように固定されているので $\mathbb{C}^{2m}$ の座標関数と交換関係を

$$u_1, u_2, \cdots, u_m, v_1, v_2, \cdots, v_m, \quad [v_i, u_j]{=}\nu\delta_{ij}$$

とすることもあるが (2.1) を使う時は通し番号にもどす.

Heisenberg 代数での交換関係は簡単で Λ の $(i, m{+}i)$-成分が -1 だから $[u_i, v_j]{=}-\nu\delta_{ij}$ その他の交換子は全部 0 となることを確かめてもらいたい. これは「x_i をかける」,「x_j で微分する」という演算子で作った代数を演算子記号だけでまとめたものである. 積の公式を (2.1) の形で与える利点は, f, g のどちらかが多項式であれば他方は C^∞ 関数なら計算できることにある.

Ordering と記号法

この節では多変数の式を書く時に**多重添字法**という略記法を使っている. これを使っているときには変数の番号は $u_1, \cdots, u_n$ のように下付きで表わす.

第 1 章で正規順序表示, 逆正規順序表示というのを説明した. この表示での積の公式を (2.1) の形で書いてみよう. 正規順序表示とは $u_1, \ldots, u_m$ を交換子を使って左端によせて書く表示であった. $(\mathbb{C}[\nu, \boldsymbol{u}, \boldsymbol{v}], *_{\Lambda})$ の元 $f_*(\nu, \boldsymbol{u}, \boldsymbol{v})$ はすべて $\nu^k *_{\Lambda} \boldsymbol{u}^\alpha *_{\Lambda} \boldsymbol{v}^\beta$ のような元の 1 次結合として一意的に書かれる. 記号の意味は多重添字法で

$$\boldsymbol{u}^\alpha{=}u_1^{\alpha_1}u_2^{\alpha_2}\cdots u_m^{\alpha_m}, \quad \boldsymbol{v}^\beta{=}v_1^{\beta_1}v_2^{\beta_2}\cdots v_m^{\beta_m}$$

である. (u どうし, v どうしは可換なので $*_{\Lambda}$ は省略してある). これはそのまま普通の多項式のように思ってよいから, そのことを

$$:f_*(\nu, \boldsymbol{u}, \boldsymbol{v}):_{K_0} = \sum c_{k,\alpha,\beta}\, \nu^k \boldsymbol{u}^\alpha \boldsymbol{v}^\beta$$

と書く. 添字 K_0 は正規順序表示であることを示す記号である.

積公式は $\nu^k * \boldsymbol{u}^\alpha *_{\Lambda} \boldsymbol{v}^\beta *_{\Lambda} \nu^{k'} *_{\Lambda} \boldsymbol{u}^{\alpha'} *_{\Lambda} \boldsymbol{v}^{\beta'}$ を交換関係を使って正規順序に直した結果を (2.1) の積公式で書くのであるが, v と u を交換すると $v_i *_{\Lambda} u_j{=}u_j *_{\Lambda} v_i{+}\nu\delta_{ji}$ で, 同じ番号の v_i, u_i が消えて代わりに ν が入り, これはすべてと可換だから左端に飛んでいく. これを演算子 $1+\nu\partial_{v_i}\partial_{u_i}$ で表現すると, 結果として

$$:\boldsymbol{v}^\beta * \boldsymbol{u}^\alpha:_{K_0} = \sum_{|\gamma|\geq 0} \frac{\nu^{|\gamma|}}{\gamma!} \partial_u^\gamma \boldsymbol{u}^\alpha \partial_v^\gamma \boldsymbol{v}^\beta$$

が分かる. 記号は $\gamma!{=}\gamma_1!\cdots\gamma_m!$, $|\gamma|{=}\sum_i\gamma_i$,

$$\partial_u^\gamma{=}\partial_{u_1}^{\gamma_1}\cdots\partial_{u_m}^{\gamma_m},\quad \partial_v^\gamma{=}\partial_{v_1}^{\gamma_1}\cdots\partial_{v_m}^{\gamma_m}$$

という多重添字による略記法である. 右辺は多項式として書かれているので書き順は自由である. これを使うと

$$:(\boldsymbol{u}^\alpha\boldsymbol{v}^\beta)*(\boldsymbol{u}^{\alpha'}\boldsymbol{v}^{\beta'}):_{K_0}=\sum_{|\gamma|\geq 0}\frac{\nu^{|\gamma|}}{\gamma!}\partial_v^\gamma(\boldsymbol{u}^\alpha\boldsymbol{v}^\beta)\partial_u^\gamma(\boldsymbol{u}^{\alpha'}\boldsymbol{v}^{\beta'})$$

と書かれる. さらに一般化を考えると

$$:f_*(\nu,\boldsymbol{u},\boldsymbol{v})*g_*(\nu,\boldsymbol{u},\boldsymbol{v}):_{K_0}=\sum_{|\gamma|\geq 0}\frac{\nu^{|\gamma|}}{\gamma!}\partial_v^\gamma:f_*(\nu,\boldsymbol{u},\boldsymbol{v}):_{K_0}\partial_u^\gamma:g_*(\nu,\boldsymbol{u},\boldsymbol{v}):_{K_0} \tag{2.2}$$

となる. これを (擬微分作用素の積公式と同じなので) **ΨDO 積公式**と呼ぶ. これは多重添字法では $:f_*(\nu,\boldsymbol{u},\boldsymbol{v}):_{K_0}e^{\nu(\sum_i\overleftarrow{\partial_{v_i}}\overrightarrow{\partial_{u_i}})}:g_*(\nu,\boldsymbol{u},\boldsymbol{v}):_{K_0}$ のようにも書かれる. これを (2.1) の形の積公式で書くには

$$K_0{=}\begin{bmatrix}0 & I_m\\ I_m & 0\end{bmatrix},\quad \Lambda{=}K_0{+}J{=}\begin{bmatrix}0 & 0\\ 2I_m & 0\end{bmatrix}$$

とすれば良いことを見てほしい.

全く同様のことが逆正規順序表示についても言えるが, これは $\boldsymbol{u}$ と $\boldsymbol{v}$ を入れ替え, ν を $-\nu$ に換えるだけだから, $::_{-K_0}$ を逆正規順序表示で書き直した事を表す記号として

$$:f_*(\nu,\boldsymbol{u},\boldsymbol{v})*g_*(\nu,\boldsymbol{u},\boldsymbol{v}):_{-K_0}=:f_*(\nu,\boldsymbol{u},\boldsymbol{v}):_{-K_0}e^{-\nu(\sum_i\overleftarrow{\partial_{u_i}}\overrightarrow{\partial_{v_i}})}:g_*(\nu,\boldsymbol{u},\boldsymbol{v}):_{-K_0}$$

と書かれる. これを (2.1) の形の積公式で書くには次のように置けばよい:

$$-K_0{=}\begin{bmatrix}0 & -I_m\\ -I_m & 0\end{bmatrix},\quad \Lambda{=}-K_0{+}J{=}\begin{bmatrix}0 & -2I_m\\ 0 & 0\end{bmatrix}.$$

積公式 (2.1) は多項式の世界に $*_{K+J}$ という積を持ち込んだだけだが, (生成元を $*$ でつないだ単項式の 1 次結合で書かれている) 代数の元 $f_*(\nu,\boldsymbol{u},\boldsymbol{v})$ をこの積で計算し切れば, ある多項式 $p(\nu,\boldsymbol{u},\boldsymbol{v})$ が得られる. このことを記号で $:f_*(\nu,\boldsymbol{u},\boldsymbol{v}):_K=p(\nu,\boldsymbol{u},\boldsymbol{v})$ のように書く. つまり積公式 (2.1) は多項式による表示 $::_K$ を与える式でもあり, 同時にその表示で代数の積 $*$ を計算する公式も与えているのである. つまり, あたりまえのことを書いているだけだが,

$$:f_**g_*:_K=:f_*:_K*_{J+K}:g_*:_K. \tag{2.3}$$

単位表示, ワイル順序表示

一般の表示を述べてきたが, 具体的な計算では正規順序表示など表示を指定して行うことも多い. 物理では使われたことがないちょっと変わった表示だが, $\Lambda=J+K$ としたとき $K=I$ とした積 $*_{I+J}$ で計算しきるものを**単位表示**と呼ぶ. これは, 一つの変数 u_i だけに注目しているときには $K_{ii}=1$ なので, 第1章で使った表示パラメータ τ が 1 の場合に相当する. つまりこの表示は 1 変数の場合にも使える. $\zeta=(\boldsymbol{a},\boldsymbol{u})=\sum_{i=1}^m a_iu_i$ と置くと, $\zeta*_I\zeta=(\boldsymbol{a},\boldsymbol{a})$ だから, $:e_*^{2it(\boldsymbol{a},\boldsymbol{u})}:_I=e^{-(\boldsymbol{a},\boldsymbol{a})t^2}e^{2it(\boldsymbol{a},\boldsymbol{u})}$ となり, Jacobi の θ 関数が考えられる. 単位表示は $e_*^{t\frac{1}{i\hbar}(u^2+v^2)}$ のような指数関数の収束性を良くするのに使える.

$\Lambda=J+K$ としたとき $K=0$ とした積 $*_J$ で書いてみたらどうなるだろうか? この場合 (2.1) 式は $\boldsymbol{u},\boldsymbol{v}$ を区別して書くと

$$f*_Jg=fe^{\frac{\nu}{2}\sum_i(\overleftarrow{\partial_{v_i}}\overrightarrow{\partial_{u_i}}-\overleftarrow{\partial_{u_i}}\overrightarrow{\partial_{v_i}})}g \tag{2.4}$$

となる. (2.4) は物理でよく使われるもので**モイヤル (Moyal) 積公式**と呼ばれている. さらに代数の元 $f_*(\nu,\boldsymbol{u},\boldsymbol{v})$ を Moyal 積公式で計算しきって得られる多項式表示を**ワイル表示**と呼ぶ. [1] (2.4) は片方が $\boldsymbol{u}$ だけとか $\boldsymbol{v}$ だけの関数だと $e^{\frac{\nu}{2}\sum_i\overleftarrow{\partial_{v_i}}\overrightarrow{\partial_{u_i}}}$ とか $e^{-\frac{\nu}{2}\sum_i\overleftarrow{\partial_{u_i}}\overrightarrow{\partial_{v_i}}}$ だけの計算になるので, これで計算してみると

$$:\boldsymbol{v}^\beta*\boldsymbol{u}^\alpha:_0=\sum_{|\gamma|\geq 0}\frac{\nu^{|\gamma|}}{2^{|\gamma|}\gamma!}\partial_u^\gamma\boldsymbol{u}^\alpha\partial_v^\gamma\boldsymbol{v}^\beta,\quad :\boldsymbol{u}^\alpha*\boldsymbol{v}^\beta:_0=\sum_{|\gamma|\geq 0}\frac{(-\nu)^{|\gamma|}}{2^{|\gamma|}\gamma!}\partial_u^\gamma\boldsymbol{u}^\alpha\partial_v^\gamma\boldsymbol{v}^\beta$$

となる. $:f_*(\nu,\boldsymbol{u},\boldsymbol{v}):_0$ が単項式となるものを $m=1$ の場合で求めてみると:

$$:(u*v+v*v):_0=2uv,\quad :v*u*v:_0=uv^2,\quad :(u*v*v+v*v*u):_0=2uv^2$$
$$:(u^2*v^2+v^2*u^2+u*v^2*u+v*u^2*v):_0=4u^2v^2$$

等となる. さらに (2.1) では K, J が定数行列なので (変数の番号は通し番号として)

$$e^{\frac{\nu}{2}(\sum_{ij}\overleftarrow{\partial_{u_i}}(K+J)^{ij}\overrightarrow{\partial_{u_j}})}=e^{\frac{\nu}{2}(\sum_{ij}\overleftarrow{\partial_{u_i}}K^{ij}\overrightarrow{\partial_{u_j}})}e^{\frac{\nu}{2}(\sum_{ij}\overleftarrow{\partial_{u_i}}J^{ij}\overrightarrow{\partial_{u_j}})}$$

となること, 及び2項目はモイヤル積を与える式であることに注意する. すると $f*_{J+K}g$ の計算は, まず $f*_Jg$ を計算するが, f が微分されている項はそのまま左

[1] Weyl 表示は重対称積を使う表示と定義する場合もあるが, Moyal 積公式で計算しきって表示することを Weyl 表示と定義してしまうのが一番面倒がない.

に, g が微分されている項はそのまま右に書いておき, それを $e^{\frac{\nu}{2}(\sum_{ij}\overleftarrow{\partial_{u_i}}K^{ij}\overrightarrow{\partial_{u_j}})}$ で計算すればよいことが分かる. つまり

$$f*_{K+J}g=fe^{\frac{\nu}{2}(\sum_{ij}\overleftarrow{\partial_{u_i}}*_J K^{ij}*_J\overrightarrow{\partial_{u_j}})}g$$

のように重ねて計算するのである. この部分を次節で詳しくみて相互変換公式を作る.

重ね書きと相互変換公式

変数の番号は $(\boldsymbol{u},\boldsymbol{v})=(u_1,u_2,\cdots,u_{2m})$ のように通し番号のままで, $2m\times 2m$ 対称行列 K で $(\frac{\nu}{4k!}\sum_{ij}K^{ij}\partial_{u_i}\partial_{u_j})^k(f*_J g)$ を計算してみると演算子がバラけないでまとまって作用している部分 ((1.15) 参照) が何個かを数えて, 上の式が

$$\sum_{p+q+r=k}\frac{\nu^r}{r!2^r}K^{i_1j_1}\cdots K^{i_rj_r}\ \partial_{u_{i_1}}\cdots\partial_{u_{i_r}}\frac{1}{p!}\Big(\frac{\nu}{4}\sum K^{ij}\partial_{u_i}\partial_{u_j}\Big)^p f$$
$$\times *_J\partial_{u_{j_1}}\cdots\partial_{u_{j_r}}\frac{1}{q!}\Big(\frac{\nu}{4}\sum K^{ij}\partial_{u_i}\partial_{u_j}\Big)^q g.$$

となることに注意する. これより次の式を得る：

$$\begin{aligned}&e^{\frac{\nu}{4}\sum K^{ij}\partial_{u_i}\partial_{u_j}}\ \Big((e^{\frac{\nu}{4}\sum K^{ij}\partial_{u_i}\partial_{u_j}}f)*_J(e^{\frac{\nu}{4}\sum K^{ij}\partial_{u_i}\partial_{u_j}}g)\Big)\\&\quad=fe^{\frac{\nu}{2}(\sum\overleftarrow{\partial_{u_i}}*_J K^{ij}*_J\overrightarrow{\partial_{u_j}})}g=f*_{J+K}g.\end{aligned}\tag{2.5}$$

多項式は何回か微分すれば消えるのだから, あとで**相互変換**と呼ぶようになる線形同形写像を

$$I_0^K(f)=e^{\frac{\nu}{4}\sum K^{ij}\partial_{u_i}\partial_{u_j}}f,\quad I_K^{K'}(f)=e^{\frac{\nu}{4}\sum(K'-K)^{ij}\partial_{u_i}\partial_{u_j}}f\tag{2.6}$$

と定義しておくと $I_K^0=(I_0^K)^{-1}$ であり

$$f*_{J+K}g=I_0^K\Big(I_K^0(f)*_J I_K^0(g)\Big)$$

となることが分かる. これは $*_J$-積と $*_{J+K}$-積を結びつける公式である. これによって, $*$-積は計算しやすい表示で計算してそれから望みの表示に相互変換するというやりかたで多項式程度のものはほとんど計算できるようになる.

2.1.1　ν-制御代数であること

Heisenberg 代数や Weyl 代数はそれ自身完結している代数なのにわざわざ K-表示などというものを持ち込むのは, 超越的なところに演算を広げたいからである. まず定義 (2.1) を見ると積は ν の冪で展開されており, しかも ν 自身は全ての元と可換である. 前章での μ-制御代数の定義を思い出すと, Heisenberg 代数 $\mathbb{C}[\nu, \boldsymbol{u}]$ は ((A.1) が自明な) ν-制御代数となっていることが容易に分かる. しかも ν^n の係数の計算には n 階までの微分しか使われていないので ν-冪展開の係数にしか注目しない形式的 ν-制御代数では $*_\Lambda$-積は C^∞- 関数で定義され, 結合律も満たされている.

Weyl 代数も似たようなものだが, $i\hbar$ は数として扱われ可逆元なので, Heisenberg 代数に ν^{-1} が添加された $\mathbb{C}[\nu, \boldsymbol{u}][\nu^{-1}]$ と同型になる.

従って, Weyl 代数を $i\hbar$-制御代数のように考えるときには, $\hbar$ に関して正冪に展開される元のみを考えることになる. このことから結合律に関して次のような一般的定理が得られる：

結合律定理

定理 2.1　$f(\hbar, \boldsymbol{u})$, $g(\hbar, \boldsymbol{u})$, $h(\hbar, \boldsymbol{u})$ が $\hbar$ に関して $\hbar{=}0$ を含む連結な領域で実解析的に定義され, 積も $\hbar$ に関し実解析的に定義されておれば結合律 $f{*_\Lambda}(g{*_\Lambda}h){=}(f{*_\Lambda}g){*_\Lambda}h$ は成立する. (このことを単に $f{*_{_\Lambda}}g{*_{_\Lambda}}h$ に結合律が成立すると述べる.)

証明は $\hbar$ に関する形式的冪級数として計算すると, そこでは結合律が成立するので, 差を考え実解析的な関数の $\hbar{=}0$ での冪展開の係数が全部 0 ならば恒等的に 0 であるということを使えば良い.

2.2　ワイル代数での $*$-指数関数

まず 1 次式の指数関数を考えよう. ここでは $\Lambda{=}J{+}K$, $\nu{=}-i\hbar$ と置いた積公式 (2.1) を使う. 複素行列 $A{=}(A^{ij})$ と $\boldsymbol{a}, \boldsymbol{b} \in \mathbb{C}^{2m}$ について, $\langle \boldsymbol{a}A, \boldsymbol{b}\rangle = \sum_{ij=1}^{2m} a_i A^{ij} b_j$, $\langle \boldsymbol{a}, \boldsymbol{u}\rangle = \sum_{i=1}^{2m} a_i u_i$ と置く ($\langle \boldsymbol{a}, \boldsymbol{u}\rangle{=}\sum_{i=1}^{m} a_i u_i$ との違いに注意). 1 次式の指数関数に相互変換 (2.6) を使うと $I_{_K}^{^{K'}}(e^{\langle \boldsymbol{a}, \boldsymbol{u}\rangle}){=}e^{\frac{i\hbar}{4}\langle \boldsymbol{a}(K'-K), \boldsymbol{a}\rangle}e^{\langle \boldsymbol{a}, \boldsymbol{u}\rangle}$ となるが, 表示に齟齬は出ないので次のように書く方が良い：

$$I_{_K}^{^{K'}}(e^{\frac{i\hbar}{4}\langle \boldsymbol{a}K, \boldsymbol{a}\rangle}e^{\langle \boldsymbol{a}, \boldsymbol{u}\rangle}) = e^{\frac{i\hbar}{4}\langle \boldsymbol{a}K', \boldsymbol{a}\rangle}e^{\langle \boldsymbol{a}, \boldsymbol{u}\rangle}$$

これで $e^{\frac{i\hbar}{4}\langle \boldsymbol{a}K,\boldsymbol{a}\rangle}e^{\langle \boldsymbol{a},\boldsymbol{u}\rangle}$ は任意の対称行列 K に対し互いに相互変換でうつり合う "1 つのもの" と思い, これを $e_*^{\langle \boldsymbol{a},\boldsymbol{u}\rangle}$ と表わし, 個々のものは

$$:e_*^{\langle \boldsymbol{a},\boldsymbol{u}\rangle}:_K = e^{\frac{i\hbar}{4}\langle \boldsymbol{a}K,\boldsymbol{a}\rangle}e^{\langle \boldsymbol{a},\boldsymbol{u}\rangle} \tag{2.7}$$

と表し, $*$-指数関数 $e_*^{\langle \boldsymbol{a},\boldsymbol{u}\rangle}$ の K-表示と呼ぶ. これらは定理2.1 が使える形の元である. これらは実質的には 1 変数の指数関数で (1.19) 式と見比べると $\mathrm{Re}(\frac{1}{4i\hbar}\langle \boldsymbol{a}K,\boldsymbol{a}\rangle)<0$ のときには Jacobi の theta 関数に相当する

$$:\vartheta_*(\frac{1}{i\hbar}\langle \boldsymbol{a},\boldsymbol{u}\rangle):_K = \sum_{n=-\infty}^{\infty} :e_*^{n\frac{1}{i\hbar}\langle \boldsymbol{a},\boldsymbol{u}\rangle}:_K$$

が定義される. これは $\boldsymbol{a}$ と K を連動して動かせるので Jacobi の虚数変換とからんで面白い等式が期待できるが, 未開拓である.

さらに $e_*^{s\langle \boldsymbol{a},\boldsymbol{u}\rangle}$ は $:\langle \boldsymbol{a},\boldsymbol{u}\rangle:_K=\langle \boldsymbol{a},\boldsymbol{u}\rangle$ に注意すれば任意の K で微分方程式

$$\frac{d}{ds}:e_*^{s\langle \boldsymbol{a},\boldsymbol{u}\rangle}:_K = :\langle \boldsymbol{a},\boldsymbol{u}\rangle:_K *_\Lambda :e_*^{s\langle \boldsymbol{a},\boldsymbol{u}\rangle}:_K$$

の解だと分かる. 実解析解の一意性により任意の K で指数法則

$$:e_*^{s\langle \boldsymbol{a},\boldsymbol{u}\rangle}:_K *_\Lambda :e_*^{t\langle \boldsymbol{a},\boldsymbol{u}\rangle}:_K = :e_*^{(s+t)\langle \boldsymbol{a},\boldsymbol{u}\rangle}:_K \tag{2.8}$$

も成立するので, これらは $: :_K$ とか $*_\Lambda$ の添字 K, Λ を省略して書くほうが意味がはっきりする.

$Hol(\mathbb{C}^{2m})$ を $\mathbb{C}^{2m}$ 上の正則関数の全体とする. 右側から微分しているので奇妙に見える式だが

$$\langle \boldsymbol{a},\boldsymbol{u}\rangle\frac{i\hbar}{2}\sum_k \overleftarrow{\partial_{u_k}}\Lambda^{kj} = \frac{i\hbar}{2}\boldsymbol{a}(K+J)\text{(の } j\text{-成分)}$$

等に注意すると, テイラー展開の公式で $\forall f(\boldsymbol{u}) \in Hol(\mathbb{C}^{2m})$ に対し次がわかる:

$$e^{\langle \boldsymbol{a},\boldsymbol{u}\rangle} *_\Lambda f(\boldsymbol{u}) = e^{\langle \boldsymbol{a},\boldsymbol{u}\rangle} f\big(\boldsymbol{u}+\frac{i\hbar}{2}\boldsymbol{a}(K+J)\big),$$
$$f(\boldsymbol{u}) *_\Lambda e^{\langle \boldsymbol{a},\boldsymbol{u}\rangle} = f\big(\boldsymbol{u}+\frac{i\hbar}{2}\boldsymbol{a}(K-J)\big)e^{\langle \boldsymbol{a},\boldsymbol{u}\rangle}$$

式の形から上の $*_\Lambda$-積が $Hol(\mathbb{C}^{2m})$ の位相 (広義一様収束による位相) で連続であることも分かる. これを用いると表示 K によらずに

$$e_*^{\langle \boldsymbol{a},\boldsymbol{u}\rangle} * e_*^{\langle \boldsymbol{b},\boldsymbol{u}\rangle} = e^{\frac{i\hbar}{2}\langle \boldsymbol{a}J,\boldsymbol{b}\rangle} e_*^{\langle (\boldsymbol{a}+\boldsymbol{b}),\boldsymbol{u}\rangle} = e^{i\hbar\langle \boldsymbol{a}J,\boldsymbol{b}\rangle} e_*^{\langle \boldsymbol{b},\boldsymbol{u}\rangle} * e_*^{\langle \boldsymbol{a},\boldsymbol{u}\rangle} \tag{2.9}$$

が得られ, これで $\{e^{i\mathbb{C}}e_*^{\frac{1}{i\hbar}\langle \boldsymbol{a},\boldsymbol{u}\rangle};\boldsymbol{a}\in\mathbb{C}^{2m}\}$ は群になっていることがわかる. これを**非可換トーラス**と呼ぶ. これは可換群 $e^{\frac{1}{i\hbar}\langle \boldsymbol{a},\boldsymbol{u}\rangle}$ の**中心拡大**である. $*$-積で書かれている $f_*(\boldsymbol{u})$ に対してならば上の非可換トーラスの公式だけで $*$-積のまま計算でき

$$\mathrm{Ad}(e_*^{\frac{1}{i\hbar}\langle \boldsymbol{a},\boldsymbol{u}\rangle})f_*(\boldsymbol{u})=f_*(\boldsymbol{u}+\boldsymbol{a}J) \tag{2.10}$$

となる. これは生成元を $\boldsymbol{u}\to\boldsymbol{u}+\boldsymbol{a}J$ のようにスカラーで平進移動したものと理解できる. Taylor 展開を使えば上の式は $f(\boldsymbol{u})$ が $\boldsymbol{u}$ に関して整関数ならそのまま成立する.

このように 1 次式の指数関数は交換関係だけで代数の計算ができ, 一般には上の計算と多項式近似定理により次が成立する:

定理 2.2　$\mathcal{A}$ を多項式と 1 次式の指数関数全体とする. $f,g,h\in Hol(\mathbb{C}^{2m})$ に対し $f*_{\Lambda}g$ はどちらか一方が $\mathcal{A}$ の元ならば定義でき, どれか二つが $\mathcal{A}$ の元ならば結合律 $f*_{\Lambda}(g*_{\Lambda}h)=(f*_{\Lambda}g)*_{\Lambda}h$ は成立する.

しかし, 次のことにも注意しよう：

命題 2.2 $\langle \boldsymbol{a},\boldsymbol{u}\rangle$ はほとんど全て（稠密開集合, generic とも言う）の K で $*_{J+K}$-積での逆元 $\langle \boldsymbol{a},\boldsymbol{u}\rangle_{*+}^{-1}$, $\langle \boldsymbol{a},\boldsymbol{u}\rangle_{*-}^{-1}$ を持つ.

証明. ほとんど全てというのは $\langle \boldsymbol{a}K\,\boldsymbol{a}\rangle\neq 0$ のことである. このときは複素数 $e^{i\theta}$ を選んで実部 $\mathrm{Re}(e^{2i\theta}\langle \boldsymbol{a}K\,\boldsymbol{a}\rangle)$ が負 (<0) となるようにできる. すると被積分関数が s に関して両側急減少となることから, 下の積分はともに収束し

$$:\langle \boldsymbol{a},\boldsymbol{u}\rangle_{*+}^{-1}:_K=e^{i\theta}\int_{-\infty}^{0}:e_*^{e^{i\theta}s\langle \boldsymbol{a},\boldsymbol{u}\rangle}:_K ds,\quad :\langle \boldsymbol{a},\boldsymbol{u}\rangle_{*-}^{-1}:_K=-\,e^{i\theta}\int_{0}^{\infty}:e_*^{e^{i\theta}s\langle \boldsymbol{a},\boldsymbol{u}\rangle}:_K ds$$

しかも $\mathrm{Re}(e^{2i\theta}\langle \boldsymbol{a}K\,\boldsymbol{a}\rangle)<0$ である限り θ には依存しないことが Cauchy の積分定理, または微分して部分積分することで分かる (命題 1.3 参照).　□

従って $\mathrm{Re}(e^{2i\theta}\langle \boldsymbol{a}K\,\boldsymbol{a}\rangle)<0$ を保ちながら積分路を複素半回転すると $:\langle \boldsymbol{a},\boldsymbol{u}\rangle_{*+}^{-1}:_K$ と $:\langle \boldsymbol{a},\boldsymbol{u}\rangle_{*-}^{-1}:_K$ が入替わる. つまり結合子 $:\{\langle \boldsymbol{a},\boldsymbol{u}\rangle_{*+}^{-1},\langle \boldsymbol{a},\boldsymbol{u}\rangle,\langle \boldsymbol{a},\boldsymbol{u}\rangle_{*}^{-1}\}:_K$ が 2 価の元である.

2 つの逆元の差は前に見たように δ_* 関数であり, この元の表示の貼合わせには**齟齬が現れる**. δ_* 関数は (1.33) で見たように $\frac{1}{\hbar}e^{-\frac{1}{\hbar^2}\langle \boldsymbol{a},\boldsymbol{u}\rangle^2}$ のような 2 次の指数関数になっていて, この形の元には定理 2.1 は使えない. この辺から結合律が成立する計算かどうかに気をつけないといけない.

2.2.1　2 次式の指数関数

$\frac{1}{i\hbar}\langle \boldsymbol{u}A,\boldsymbol{u}\rangle$ のような $*2$ 次式は $[\frac{1}{i\hbar}\langle \boldsymbol{u}A,\boldsymbol{u}\rangle, \frac{1}{i\hbar}\langle \boldsymbol{u}B,\boldsymbol{u}\rangle]{=}\frac{1}{i\hbar}\langle \boldsymbol{u}C,\boldsymbol{u}\rangle$ のように交換子積で閉じて Lie 環になっている. 実はこの Lie 環は $\mathrm{sp}(m,\mathbb{C})$ と同型ではあるが $i\hbar$ 制御代数のほうからみると量子化された Jacobi Lie 環の部分 Lie 環になっておりこのまま指数関数を作っても素直な Lie 群にはならないものである.

2 次式の指数関数は表示に大きく依存していて結合律も一般には成立しないので, $m{=}1$ の場合で様子を見ることにしよう. $u{\circ}v{=}\frac{1}{2}(u{*}v{+}v{*}u)$ とし, 判別式 $D{=}c^2{-}ab$ が一般の 2 次式を $H_*{=}au_*^2{+}bv_*^2{+}2cu{\circ}v$, と置く. これは Weyl 順序表示で $:H_*:_0\,=\,au^2{+}bv^2{+}2cuv$ である. この表示で $*$-指数関数 $:e_*^{tH_*}:_0$ を計算しよう. $:e_*^{tH}:_0{=}F(t,u,v)$, $F(0,u,v)=1$ と置いて次の微分方程式

$$\tfrac{d}{dt}F(t,u,v)=(au^2{+}bv^2{+}2cuv){*_0}F(t,u,v)$$

を考える. 右辺をモイヤル積公式で計算すると次のようになる：

$$\begin{aligned}(au^2{+}bv^2{+}2cuv)F+\hbar i\{(bv{+}cu)\partial_uF{-}(au{+}cv)\partial_vF\}&\\ -\frac{\hbar^2}{4}\{b\partial_u^2F{-}2c\partial_v\partial_uF{+}a\partial_v^2F\}&\end{aligned}$$

$x{=}au^2{+}bv^2{+}2cuv$ と置き $f_t(x)$ を使って $F(t,u,v)=f_t(au^2{+}bv^2{+}2cuv)$ と置きなおすと次のように,D のみできまる簡単な式になる：

$$\begin{aligned}&(au^2{+}bv^2{+}2cuv){*_0}f_t(au^2{+}bv^2{+}2cuv)\\ &\quad={}(au^2{+}bv^2{+}2cuv)f_t(au^2{+}bv^2{+}2cuv)\\ &\qquad-\hbar^2(ab{-}c^2)(f_t'(au^2{+}bv^2{-}2cuv)\\ &\qquad\quad+f_t''(au^2{+}bv^2{+}2cuv)(au^2{+}bv^2{+}2cuv)).\end{aligned}$$

従って解くべき微分方程式は $x{=}au^2{+}bv^2{+}2cuv$ として,

$$\frac{\partial}{\partial t}f_t(x)=xf_t(x)+\hbar^2 D\Big(f_t'(x)+xf_t''(x)\Big)$$

となる. 実解析解の一意性を考え, 解の形を $f_t(x)=g(t)e^{h(t)x}$ と予想して上に代入すると

$$g'(t)-D\hbar^2g(t)h(t)+xg(t)\{h'(t)-1-D\hbar^2h(t)^2\}=0.$$

となるので, まず $h'(t)-1-D\hbar^2h(t)^2=0$ より $h(t)=\frac{1}{\hbar\sqrt{D}}\tan(\hbar\sqrt{D}\,t)$ を得る. $\sqrt{D}$ の符号のとり方には影響されないし, $D=0$ のときは極限移行で $h(t)=t$ となる. つまり**退化2次式の指数関数の Weyl 表示は何事も起こらない**. 次に

$$g'(t)-g(t)\hbar\sqrt{D}\tan(\hbar\sqrt{D}\,t)=0$$

を解いて $g(t)=\frac{1}{\cos(\hbar\sqrt{D}\,t)}$ となる. 合わせると

$$:e_*^{tH_*}:_0=\frac{1}{\cos(\hbar\sqrt{D}\,t)}e^{:H_*:_0\frac{1}{\hbar\sqrt{D}}\tan(\hbar\sqrt{D}\ t)} \tag{2.11}$$

であるが, $\cos(\hbar\sqrt{D}\,t)=0$ の所で周期的に特異点が現れているが $\hbar=0$ を含む稠密開集合上で $\hbar$ に関して実解析的な関数になっていて定理2.1 が使える関数だということに注意する. 指数法則を考えれば特異点が現れること自体不思議な現象であるが, これは1変数のときにもすでに現れていたことである. 後の方との比較の為に t を $\frac{t}{i\hbar}$ としたものを抜出すと : $ab-c^2=1$ として

$$:e_*^{t\frac{1}{i\hbar}(au^2+bv^2+2cu\circ v)}:_0=\frac{1}{\cosh t}e^{\frac{1}{i\hbar}(\tanh t)(au^2+bv^2+2cuv)} \tag{2.12}$$

である. 特異点はあるが πi-交代周期的 (πi だけ進むと符合が変わる) である.

2.2.2 $:e_*^{\frac{2}{i\hbar}\sum A_{ij}u_i*v_i}:_{K_0}$ の計算

そこでやはり特殊な2次式だが, これを正規順序表示で計算してみよう.

$C=(C_{ij})\in M_{\mathbb{C}}(m)$ ($m\times m$-複素行列環) とし, $C(\tilde u,\tilde v)=\sum C_{ij}\tilde u_i\tilde v_j$, $I_m(\tilde u,\tilde v)=\sum\tilde u_i\tilde v_i$ とする. この形の2次式は正規順序 (K_0-) 表示で計算するのに適している. これを行列型の2次式と呼ぶことにする. 以下この節では $*_{K_0+J}$ の代りに $*_{K_0}$ と書くことにする. ΨDO 積公式 (2.2) で直接計算すると

$$e^{\frac{2}{i\hbar}\sum A_{kl}\tilde u_k\tilde v_l}*_{K_0}e^{\frac{2}{i\hbar}\sum B_{st}\tilde u_s\tilde v_t}=e^{\frac{2}{i\hbar}\sum C_{ij}\tilde u_i\tilde v_j},$$

$$C=A+B+2AB. \tag{2.13}$$

簡略化して $e^{\frac{2}{i\hbar}\sum A_{kl}\tilde u_k\tilde v_l}$ を $[A]$ と置くと, 積は $[A]*_{K_0}[B]=[A+B+2AB]$ と読める. これは $(I+2A)(I+2B)=I+2(A+B+2AB)$ と読んでもよい. この対応 $A\leftrightarrow I+2A$, により普通の行列環 $M_{\mathbb{C}}(m)$ の積の構造が $\{e^{\frac{2}{i\hbar}C};C\in M_{\mathbb{C}}(m)\}$ の $*_{K_0}$-積の構造に移植されている.

命題 2.3 $\mathcal{O}'_{K_0}=\{X\in M_{\mathbb{C}}(m); \det(I_m+2X)\neq 0\}$ は $*_{K_0}$-積で $GL(m,\mathbb{C})$ と同形な群構造を持つ．単位元は 0, X の逆元 X_*^{-1} は $-(I+2X)^{-1}X$ で, $-I$ にあたる元は $I-2I$ である．

構造を複雑にしているのは次のようなスカラー倍の演算も許していることである：$\forall a,b\in\mathbb{C}$ に対し

$$a[A]*_{K_0}b[B]=ab[A+B+2AB] \quad ([cA]\neq c[A]).$$

加法構造は移植されず, 行列環の加法単位元 $0\in M_{\mathbb{C}}(m)$ は $\mathcal{O}'_{K_0}$ の境界点 $-\frac{1}{2}I_m(u,v)$ に移動してしまっていて次のようになる：

$$e^{\frac{2}{i\hbar}C(\tilde{u},\tilde{v})}*_{K_0}e^{-\frac{1}{i\hbar}I_m(\tilde{u},\tilde{v})}=e^{-\frac{1}{i\hbar}I_m(\tilde{u},\tilde{v})}.$$

$\sum(e^{tC}-I_m)_{kl}\tilde{u}_k\tilde{v}_l$ を $(e^{tC}-I_m)(\tilde{u},\tilde{v})$ のように略記し, (2.13) で計算して容易に次の指数法則を得る：

$$e^{\frac{1}{i\hbar}(e^{sC}-I_m)(\tilde{u},\tilde{v})}*_{K_0}e^{\frac{1}{i\hbar}(e^{tC}-I_m)(\tilde{u},\tilde{v})}=e^{\frac{1}{i\hbar}(e^{(s+t)C}-I_m)(\tilde{u},\tilde{v})}. \tag{2.14}$$

(2.14) を微分, $\frac{d}{dt}\Big|_{t=0}$, して無限小生成元を取出せば $*_{K_0}$-指数関数

$$:e_*^{\frac{t}{i\hbar}C(\tilde{u},\tilde{v})}:_{K_0}=e^{\frac{1}{i\hbar}(e^{tC}-I_m)(\tilde{u},\tilde{v})} \tag{2.15}$$

を得る．この式は t を $\hbar t$ に置き換えると, $\hbar=0$ を含んだ全領域で $\hbar$ に関して実解析的であり定理 2.1 が使える関数である．(2.15) の左辺は：$\sum C_{kl}\tilde{u}_k*\tilde{v}_l:_{K_0}=\sum C_{kl}\tilde{u}_k\tilde{v}_l$ の $*_{K_0}$-積に関する指数関数の意味であるが, 1 次式の指数関数と同様, 背後に表示とは無関係の $*$-指数関数があって, それの K_0-順序表示という見方をしている．

上の計算を Weyl 順序表示の場合と比較するために $\tilde{u}_i\circ\tilde{v}_j=\frac{1}{2}(\tilde{u}_i*\tilde{v}_j+\tilde{v}_j*\tilde{u}_i)$ と置く．$:\tilde{u}_i\circ\tilde{v}_j:_0=\tilde{u}_i\tilde{v}_j$, $:\tilde{u}_i\circ\tilde{v}_j:_{K_0}=\tilde{u}_i\tilde{v}_j+\frac{1}{2}i\hbar\delta_{ij}$ である．(2.15) 式を使って計算すると

$$:e_*^{\frac{t}{i\hbar}\sum C_{kl}\tilde{u}_k\circ\tilde{v}_l}:_{K_0}=e^{\frac{t}{2}\mathrm{Tr}C}e^{\frac{1}{i\hbar}(e^{tC}-I_m)_{kl}(\tilde{u},\tilde{v})} \tag{2.16}$$

となる．特に $m=1$ で $C=I$ の場合は

$$:e_*^{t\frac{1}{i\hbar}2\tilde{u}*\tilde{v}}:_{K_0}=e^{\frac{1}{i\hbar}(e^{2tI}-I)(\tilde{u},\tilde{v})}=e^{\frac{1}{i\hbar}(e^{2t}-1)\tilde{u}\tilde{v}} \tag{2.17}$$

であり, これは πi-周期的である．一方

$$:e_*^{t\frac{1}{i\hbar}2\tilde{u}\circ\tilde{v}}:_{K_0}=e^te^{\frac{1}{i\hbar}(e^{2tI}-I)(\tilde{u},\tilde{v})}=e^te^{\frac{1}{i\hbar}(e^{2t}-1)\tilde{u}\tilde{v}} \tag{2.18}$$

で, こちらは πi-交代周期的である. しかし Weyl 順序表示のときと違って特異点は全く現れない. $t=\frac{\pi i}{2}$ は Weyl 順序表示では特異点だが正規順序表示では $ie^{-\frac{1}{i\hbar}2\tilde{u}\tilde{v}}$ という元になっている. これも背後には $*$-指数関数があると考え

$$\varepsilon_{00}=e_*^{\frac{\pi i}{2}\frac{1}{i\hbar}2\tilde{u}\circ\tilde{v}}, \quad :\varepsilon_{00}:_{K_0}=ie^{-\frac{1}{i\hbar}2\tilde{u}\tilde{v}}, \quad :\varepsilon_{00}:_0=\text{発散} \tag{2.19}$$

のように表わし**正規順序極地元** (polar element) と呼ぶ. $:\varepsilon_{00}^2:_{K_0}=-1$ であり, (2.12) より $:\varepsilon_{00}^2:_0=-1$ でもある.

一方, 2 つの指数関数 $e_*^{t\frac{1}{i\hbar}\tilde{u}*\tilde{v}}*\tilde{u}$, $\tilde{u}*e_*^{t\frac{1}{i\hbar}\tilde{v}*\tilde{u}}$ はどちらも同じ微分方程式 $\frac{d}{dt}f_t=(\tilde{u}*\tilde{v})*f_t$ を同じ初期条件 $f_0=\tilde{u}$ で満たす実解析的関数だから解の一意性と指数法則で

$$e_*^{t(\frac{1}{i\hbar}\tilde{u}\circ\tilde{v}-\frac{1}{2})}*\tilde{u}=e_*^{t\frac{1}{i\hbar}\tilde{u}*\tilde{v}}*\tilde{u}=\tilde{u}*e_*^{t\frac{1}{i\hbar}\tilde{v}*\tilde{u}}=\tilde{u}*e_*^{t(\frac{1}{i\hbar}\tilde{u}\circ\tilde{v}+\frac{1}{2})} \tag{2.20}$$

が分かる. 全く同様に

$$e_*^{t(\frac{1}{i\hbar}\tilde{u}\circ\tilde{v}+\frac{1}{2})}*\tilde{v}=e_*^{t\frac{1}{i\hbar}\tilde{v}*\tilde{u}}*\tilde{v}=\tilde{v}*e_*^{t\frac{1}{i\hbar}\tilde{u}*\tilde{v}}=\tilde{v}*e_*^{t(\frac{1}{i\hbar}\tilde{u}\circ\tilde{v}-\frac{1}{2})} \tag{2.21}$$

これより ε_{00} は**生成元と反交換** i.e. $\varepsilon_{00}*(a\tilde{u}+b\tilde{v})=-(a\tilde{u}+b\tilde{v})*\varepsilon_{00}$ する面白い性質を持つ元であることが分かる.(Weyl 順序表示ではこれが見えない.)

正規順序極地元の一般形

記号を簡略化して $\boldsymbol{a},\boldsymbol{b}\in\mathbb{C}^m$ に対し, $(\boldsymbol{a},\boldsymbol{u})=\sum_{i=1}^m a_iu_i$, $(\boldsymbol{a},\boldsymbol{v})=\sum_{i=1}^m a_iv_i$ のように u_i 変数と v_i を区別してまとめて書くことにする. u_i どうし, v_i どうしは可換だからまとめても正規順序表示で扱える. 容易に $[(\boldsymbol{a},\boldsymbol{u}),(\boldsymbol{b},\boldsymbol{v})]=-\hbar i(\boldsymbol{a},\boldsymbol{b})$ だから $(\boldsymbol{a},\boldsymbol{a})=1$ ならば $(\boldsymbol{a},\boldsymbol{u})$ と $(\boldsymbol{a},\boldsymbol{v})$ は正準共役対となり, 2 変数 $(\boldsymbol{a},\boldsymbol{u})=\tilde{u}$, $(\boldsymbol{a},\boldsymbol{v})=\tilde{v}$ として扱える. 従って 2 次式

$$a(\boldsymbol{a},\boldsymbol{u})_*^2+b(\boldsymbol{a},\boldsymbol{v})_*^2+2c(\boldsymbol{a},\boldsymbol{u})\circ(\boldsymbol{a},\boldsymbol{v}) \quad (\circ\text{ は対称積})$$

について, Weyl 表示で指数関数も考えられ (2.11) 式が使えるわけで

$$:e_*^{\frac{t}{i\hbar}(a\tilde{u}^2+b\tilde{v}^2+2c\tilde{u}\circ\tilde{v})}:_0=\frac{1}{\cosh\sqrt{D}t}e^{(\frac{1}{i\hbar\sqrt{D}}\tanh\sqrt{D}t)(a\tilde{u}^2+b\tilde{v}^2+2c\tilde{u}\tilde{v})}, \quad D=c^2-ab,$$

としてよいのであるが, 正規順序表示と Weyl 表示を混ぜて使っているので, どこまでが正しい式なのか不安になるであろう. このような不安を解消する

にはどうしても任意の表示についての積公式を作っておかねばならないのだが, それは次節に譲って, ここでは正規順序表示のままで考える.

$S_{\mathbb{C}}^{m-1}=\{\boldsymbol{a}\in\mathbb{C}^m; (\boldsymbol{a},\boldsymbol{a})=1\}$, $S_{\mathbb{R}}^{m-1}=\{\boldsymbol{a}\in\mathbb{R}^m; (\boldsymbol{a},\boldsymbol{a})=1\}$ とする. $\forall\boldsymbol{a}\in S_{\mathbb{C}}^{m-1}$ に対し $\varepsilon_{00}(\boldsymbol{a})=e_*^{\frac{\pi}{\hbar}(\boldsymbol{a},\boldsymbol{u})\circ(\boldsymbol{a},\boldsymbol{v})}$ も**正規順序極地元**と呼ぶ.

${}^t\boldsymbol{a}\boldsymbol{a}=(a_ia_j)=A$ と置くと ${}^t\boldsymbol{a}\boldsymbol{a}$ は階数 1 の行列であり, $(\boldsymbol{a},\boldsymbol{a})=\boldsymbol{a}{}^t\boldsymbol{a}=1$, のとき $({}^t\boldsymbol{a}\boldsymbol{a})^n={}^t\boldsymbol{a}\boldsymbol{a}$ となるので $e^{s{}^t\boldsymbol{a}\boldsymbol{a}}=I+(e^s-1){}^t\boldsymbol{a}\boldsymbol{a}$ であり,

$$:(\boldsymbol{a},\boldsymbol{u})*(\boldsymbol{a},\boldsymbol{v}):_{K_0}=(\boldsymbol{a},\boldsymbol{u})(\boldsymbol{a},\boldsymbol{v})=A(u,v)=(\boldsymbol{u},\boldsymbol{v})\Big(\frac{1}{2}\begin{bmatrix}0 & {}^t\boldsymbol{a}\boldsymbol{a}\\ {}^t\boldsymbol{a}\boldsymbol{a} & 0\end{bmatrix}\Big)\begin{bmatrix}{}^t\boldsymbol{u}\\ {}^t\boldsymbol{v}\end{bmatrix}$$

$$:e_*^{\frac{t}{i\hbar}(\boldsymbol{a},\boldsymbol{u})\circ(\boldsymbol{a},\boldsymbol{v})}:_{K_0}=e^{\frac{t}{2}}e^{\frac{1}{i\hbar}(e^t-1)(\boldsymbol{a},\boldsymbol{u})(\boldsymbol{a},\boldsymbol{v})}. \tag{2.22}$$

だからこれらの $*_{K_0}$ 積は (2.13) 式で計算できる. 極地元の K_0 表示は

$$:\varepsilon_{00}(\boldsymbol{a}):_{K_0}=ie^{-2\frac{1}{i\hbar}(\boldsymbol{a},\boldsymbol{u})(\boldsymbol{a},\boldsymbol{v})} \tag{2.23}$$

である.

演習問題. $p_*(u,v)$ が多項式のとき $:e_*^{\frac{s}{i\hbar}(\boldsymbol{a},\boldsymbol{u})\circ(\boldsymbol{a},\boldsymbol{v})}*p_*(u.v)*e_*^{\frac{t}{i\hbar}(\boldsymbol{a},\boldsymbol{u})\circ(\boldsymbol{a},\boldsymbol{v})}:_{K_0}$ に結合律が成立していることを i.e. 定理 2.1 が使えることを示せ.

$\forall\boldsymbol{a}\in S_{\mathbb{R}}^{m-1}=\{\boldsymbol{a}\in\mathbb{R}^m; (\boldsymbol{a},\boldsymbol{a})=1\}$ に対し $\varepsilon_{00}(\boldsymbol{a})=e_*^{\frac{\pi}{\hbar}(\boldsymbol{a},\boldsymbol{u})\circ(\boldsymbol{a},\boldsymbol{v})}$ とし,

$$\mathrm{Ad}(e_*^{\frac{\pi}{\hbar}(\boldsymbol{a},\boldsymbol{u})\circ(\boldsymbol{a},\boldsymbol{v})})(\boldsymbol{b},\boldsymbol{u})=e_*^{\frac{\pi}{\hbar}(\boldsymbol{a},\boldsymbol{u})\circ(\boldsymbol{a},\boldsymbol{v})}*(\boldsymbol{b},\boldsymbol{u})*e_*^{-\frac{\pi}{\hbar}(\boldsymbol{a},\boldsymbol{u})\circ(\boldsymbol{a},\boldsymbol{v})}$$

を $\boldsymbol{b}=\lambda\boldsymbol{a}+\mu\boldsymbol{a}^\perp$ と分解して計算すると $(-\lambda\boldsymbol{a}+\mu\boldsymbol{a}^\perp,\boldsymbol{u})$ となるからベクトル $\boldsymbol{a}$ に関する折返しである. つまり

$$\mathrm{Ad}(e_*^{\frac{\pi}{\hbar}(\boldsymbol{a},\boldsymbol{u})\circ(\boldsymbol{a},\boldsymbol{v})})(\boldsymbol{b},\boldsymbol{u})=(\boldsymbol{b}-2(\boldsymbol{a},\boldsymbol{b})\boldsymbol{a},\boldsymbol{u}) \tag{2.24}$$

となるが, 折返しを 2 つ続けると $\mathbb{R}^m$ での回転になるから, 次が分かる:

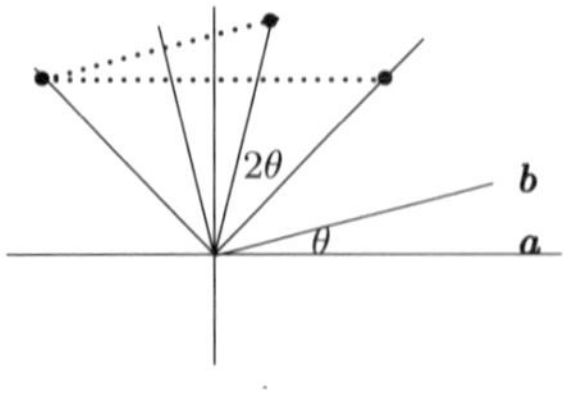

定理 2.3 $\{\mathrm{Ad}(\varepsilon_{00}(\boldsymbol{a})*\varepsilon_{00}(\boldsymbol{b})); \boldsymbol{a},\boldsymbol{b}\in S^{m-1}\}$ は $\boldsymbol{a},\boldsymbol{b}$ で張る平面内での 2θ-回転 (θ は $\boldsymbol{a},\boldsymbol{b}$ のなす角) を表わすからこれらは剛体回転群 $SO(m)$ を生成する.

次に $\{:\varepsilon_{00}(\boldsymbol{a})*\varepsilon_{00}(\boldsymbol{b}):_{K_0}; \boldsymbol{a},\boldsymbol{b}\in S^{m-1}\}$ がど

うなるかを見よう. ΨDO 積公式で計算すると, 容易に

$$:\varepsilon_{00}(\boldsymbol{a}){*}\varepsilon_{00}(\boldsymbol{b}):_{K_0} = e^{\frac{2i}{\hbar}\boldsymbol{u}\left({}^t\boldsymbol{a}\boldsymbol{a}+{}^t\boldsymbol{b}\boldsymbol{b}-2(\boldsymbol{a},\boldsymbol{b}){}^t\boldsymbol{a}\boldsymbol{b}\right){}^t\boldsymbol{v}} \tag{2.25}$$

がわかる. つまりこれらは $*$ 積で閉じており群になっていて $SO(m)$ の 2 重被覆群を生成していることが分かるが, 実は以下で見るように連結な群である.

極地元は 2 価の元である

上の公式で見る限り $:\varepsilon_{00}(\boldsymbol{a}):_{K_0}$ と $-:\varepsilon_{00}(\boldsymbol{a}):_{K_0}$ は明らかに違う元で $\varepsilon_{00}(\boldsymbol{a})^{-1}{=}-\varepsilon_{00}(\boldsymbol{a})$ である. ところが極地元は正規順序によるものばかりでなく, 判別式が 1 の任意の 2 次式の $*$ 指数関数について定義されていて, しかも次節命題 2.5 及び (2.33) 式で見るように $a,b,c{\in}\mathbb{C}$ で $c^2{-}ab{=}1$ である限り, a,b,c には依存せず,

$$:e_*^{\frac{\pi i}{2i\hbar}(a\tilde{u}^2+b\tilde{v}^2+2c\tilde{u}\circ\tilde{v})}:_{K_0} = \frac{1}{\sqrt{-1}}e^{-2\frac{1}{i\hbar}\tilde{u}\tilde{v}} \tag{2.26}$$

になるのである. すると (a,b,c) と $(-a,-b,-c)$ は $\sqrt{-1}$ の不定性を除いて同じ元を定義していることになる. ところが集合 $c^2{-}ab{=}1$ は $\mathbb{C}^3$ の中で連結集合だから $\sqrt{-1}$ の不定性は解消してしまい $:\varepsilon_{00}(\boldsymbol{a}):_{K_0}{=}-:\varepsilon_{00}(\boldsymbol{a}):_{K_0}$ としなければならなくなる. つまり $:\varepsilon_{00}(\boldsymbol{a}):_{K_0}$ は $-:\varepsilon_{00}(\boldsymbol{a}):_{K_0}$ と**同じ元**なのである. 従って $\{:\varepsilon_{00}(\boldsymbol{a}){*}\varepsilon_{00}(\boldsymbol{b}):_{K_0}; \boldsymbol{a},\boldsymbol{b}\in S^{m-1}\}$ は $SO(m)$ の 2 重被覆群である.

ところが, $:\varepsilon_{00}(\boldsymbol{a})^2:_{K_0}{=}-1$ だったから今度は $:\varepsilon_{00}(\boldsymbol{a})^{-1}:_{K_0}{=}\ -:\varepsilon_{00}(\boldsymbol{a}):_{K_0}$ ${=}:\varepsilon_{00}(\boldsymbol{a}):_{K_0}$ となり, 指数法則に矛盾するように見える. これは (2.26) 式の値の決め方を明示していないことと, 式の中に見えていない所 (ε_{00} の尻尾の部分) にある分岐特異点が引起こす現象であるが, この為 $:\varepsilon_{00}(\boldsymbol{a}):_{K_0}$ は $-:\varepsilon_{00}(\boldsymbol{a}):_{K_0}$ **に連続的に繋がり**, $:\varepsilon_{00}(\boldsymbol{a})^2:_{K_0}{=}-1$ であるが $:\varepsilon_{00}(\boldsymbol{a}):_{K_0}$ **は $\pm$ の符号の定まらない 2 価の元であるとしなければならなくなる**のである. 次節で詳しく説明するが,$:\varepsilon_{00}(\boldsymbol{a}):_{K_0}$ を $-:\varepsilon_{00}(\boldsymbol{a}):_{K_0}$ **に連続的に繋ぐ**ときには途中で尻尾の部分が行列型でない 2 次式の指数関数が使われていて, この部分に隠れている分岐特異点が符号の変化を引起こすのである.

これまでも $:e_*^{t\zeta^2}:_\tau$ とか $:\delta(\zeta):_\tau$ のような 2 価の元は現れているが, ε_{00} の 2 価性は ($\pm i$ のように見えるがどちらともきめられないので) かなりコントロールが難しい 2 価性である. あとのほうでは極地元 ε_{00} を**鵺** (ぬえ) と呼ぶこともある.

$\{:\varepsilon_{00}(\boldsymbol{a}){*}\varepsilon_{00}(\boldsymbol{b}):_{K_0}; \boldsymbol{a},\boldsymbol{b}\in S_{\mathbb{R}}^{m-1}\}$ が生成している $SO(m)$ の連結な 2 重被覆群を $Spin(m)$ と書く. これは単連結であることが分かっている. $Spin(m)$

は通常 Clifford 代数を用いて (2.24) のような折返しで作るのだが, ここでは Clifford 代数を使わずに $SO(m)$ の被覆群 $Spin(m)$ が作られている. これは Weyl 微積分の代数の中に自然に $Spin(m)$ が入っていることを意味するので Weyl 微積分代数一元論の立場では好都合だが, 奇妙なことも起こる.

(2.2) 式で $(\boldsymbol{a},\boldsymbol{b})=0$ のときには $:\varepsilon_{00}(\boldsymbol{a}){*}\varepsilon_{00}(\boldsymbol{b}):_{K_0}=:\varepsilon_{00}(\boldsymbol{b}){*}\varepsilon_{00}(\boldsymbol{a}):_{K_0}$ なのに $Spin(m)$ と同形で Clifford 代数を使う計算と同じになる筈なのだから

$$:\varepsilon_{00}(\boldsymbol{a}){*}\varepsilon_{00}(\boldsymbol{b}):_{K_0}=-:\varepsilon_{00}(\boldsymbol{b}){*}\varepsilon_{00}(\boldsymbol{a}):_{K_0}$$

でもあるといったことが起こる. これは矛盾なのではなく, 隠れている分岐特異点が引起こす現象なので詳しく見る必要がある.

なお, 上では判別式が 1 の 2 次式を使っているが, 一般の 2 次式を一般の表示で考えるときには判別式が 1 の 2 次式ではなく, 行列式が 1 の対称行列で扱う方が便利になるので後の方ではそちらに乗換える. こうしても t を it に変えるだけで計算の本質は何も変化しないことに注意しておく.

$Spin(m)$ の 2 重被覆

Clifford 代数を用いて作るときには $\{:\varepsilon_{00}(\boldsymbol{a}):_{K_0};\boldsymbol{a}\in S^{m-1}_{\mathbb{R}}\}$ が生成する群は $Pin(m)$ と書かれ, これは $Spin(m)\cup(-Spin(m))$ とされている. ところが $:\varepsilon_{00}(\boldsymbol{a}):_{K_0}$ は $-:\varepsilon_{00}(\boldsymbol{a}):_{K_0}$ **に連続的に繋がる**としているので $\{:\varepsilon_{00}(\boldsymbol{a}):_{K_0};\boldsymbol{a}\in S^{m-1}_{\mathbb{R}}\}$ が生成する "群" は連結である.

命題 2.4 $\{\varepsilon_{00}(\boldsymbol{a}){*}\varepsilon_{00}(\boldsymbol{b}),\boldsymbol{a},\boldsymbol{b}\in S^{m-1}_{\mathbb{R}}\}$ は $Spin(m)$ を生成する. さらに $\{\varepsilon_{00}(\boldsymbol{a}),\boldsymbol{a}\in S^{m-1}_{\mathbb{R}}\}$ も $*_{K_0}$ 積に関して連結な "群" である, これを $\widetilde{Pin}(m)$ と書く.

$\widetilde{Pin}(m)$ が単連結である $Spin(m)$ の**連結な 2 重被覆**に見えると言っていることになるのだが, ε_{00} は行列型の 2 次式の指数関数だけに乗っているのではなく, 判別式が 1 の一般の 2 次式の指数関数にも乗っているのでそこで見ると $:\widetilde{Pin}(m):_{K_0}$ は連結集合としなければならないのである.

註釈. $Spin(m)$ はその名が示すように物理に於ける spin という概念を支えるもので, 点粒子であるはずの電子があたかも剛体球であるかのように固有の角運動量を持っているのだが, その理由は回転なるものの表現が $SO(m)$ ではなくその 2 重被覆群の表現になっているという**事実**によっている. 説明の道具として Clifford 代数が使われているが, これは自然界が Clifford 代数ででき

ているということまで述べているわけではないので $\widetilde{Pin}(m)$ の方にもなにがしかの物理学的意味があるものと期待される.

Clifford 代数

Clifford 代数は外積代数 (Grassman 代数) が量子化されたもののように扱われることが多いが, 外積代数は行列式の持つ性質を計算しやすく代数化したものと理解できるのに対し $(\boldsymbol{a},\boldsymbol{b})=0$ のときには $:\varepsilon_{00}(\boldsymbol{a})*\varepsilon_{00}(\boldsymbol{b}):_{K_0}=:\varepsilon_{00}(\boldsymbol{b})*\varepsilon_{00}(\boldsymbol{a}):_{K_0}$ である. それなのに $Spin(m)$ と同形で Clifford 代数を使う計算と同じになるというのだから

$$:\varepsilon_{00}(\boldsymbol{a})*\varepsilon_{00}(\boldsymbol{b}):_{K_0}=-:\varepsilon_{00}(\boldsymbol{b})*\varepsilon_{00}(\boldsymbol{a}):_{K_0}$$

のようにも見えて欲しい. ところが $\varepsilon_{00}(\boldsymbol{a})$ は値を2つ持っている元だから $\varepsilon_{00}(\boldsymbol{a})=-\varepsilon_{00}(\boldsymbol{a})$ と書いても良い. 無論, この式から移項して $2\varepsilon_{00}(\boldsymbol{a})=0$ とする加法の計算は2価の元では禁止されるのだが, このように見てしまうと上の等式も矛盾とは言えなくなるわけである. しかしこのような言訳は説得力に欠けるから何か別の表示で見ると極地元どうしが反交換するような表示があると思われる. これは第2部で考察することにしてここでは踏込まない.

2.3 2次の指数関数の一般表示

いずれにしろ, 表示によって $*$-指数関数の性質がかなり変わっているので, 一つの表示での計算から $*$-指数関数の性質を予測するのは危険である. しかも Weyl 表示で求めたので, 今度はこれを相互変換して一般の K-表示になおしてみよう. 2次式の指数関数の相互変換の公式をだすのは $m=1$ の必要がないからここでは一般の $n=2m$ 変数で話をする. $\boldsymbol{u}=(u_1,\ldots,u_{2m})$ とし, 2次式を $\langle\boldsymbol{u}Q,\boldsymbol{u}\rangle$ のように対称行列 Q を使って表しておく. このとき $\langle\boldsymbol{u}Q,\boldsymbol{u}\rangle_*$ と $\langle\boldsymbol{u}Q,\boldsymbol{u}\rangle$ では K に依存する定数だけずれるが, つねに Weyl 表示からの相互変換で考える.

1変数のときと同様, 相互変換を求めるには結局 $e^{t\sum_{ij}K^{ij}\partial_{u_i}\partial_{u_j}}\big(ae^{\frac{1}{i\hbar}\langle\boldsymbol{u}A,\boldsymbol{u}\rangle}\big)$ を計算するのだから, これを $a(t)e^{\frac{1}{i\hbar}\langle\boldsymbol{u}Q(t),\boldsymbol{u}\rangle}$ と置いて, **無限小相互変換**と称する次の微分方程式を解く:

$$\frac{d}{dt}a(t)e^{\frac{1}{i\hbar}\langle\boldsymbol{u}Q(t),\boldsymbol{u}\rangle}=\sum_{ij}K^{ij}\partial_{u_i}\partial_{u_j}\big(a(t)e^{\frac{1}{i\hbar}\langle\boldsymbol{u}Q(t),\boldsymbol{u}\rangle}\big).$$

右辺の微分計算は (Tr は行列のトレース. 計算は (1.40) 参照)

$$a(t)\Big(2\,\mathrm{Tr}K\frac{1}{i\hbar}Q(t)+4\frac{1}{(i\hbar)^2}(QKQ)^{ij}u_iu_j\Big)e^{\frac{1}{i\hbar}\langle \boldsymbol{u}Q(t),\boldsymbol{u}\rangle}$$

となるので, 実解析解の一意性より結局次の常微分方程式系を解けばよい:

$$\begin{cases} \dfrac{d}{dt}Q(t)=\dfrac{4}{i\hbar}Q(t)KQ(t) \\ \dfrac{d}{dt}a(t)=a(t)(\dfrac{2}{i\hbar}\mathrm{Tr}KQ(t)) \end{cases} \qquad Q(0){=}A,\ a(0){=}a. \tag{2.27}$$

解は行列 X の逆行列を $\frac{1}{X}$, 積を $\frac{1}{X}\frac{1}{Y}=\frac{1}{YX}$ のように書くことにして

$$Q(t)=\frac{1}{I-\frac{4t}{i\hbar}AK}A,\quad a(t)=a(\det(I-\frac{4t}{i\hbar}AK))^{-1/2}$$

となる. $\frac{1}{I-AK}A$ が対称行列であることは $\frac{1}{I-AK}A=A\frac{1}{I-KA}$ でわかる. 相互変換 I_0^K, I_K^0 は $t=\frac{\hbar i}{4}$, $t=-\frac{\hbar i}{4}$ と置いて得られる.

$$Q(\frac{\hbar i}{4}){=}\frac{1}{I-AK}A,\quad a(\frac{\hbar i}{4}){=}a(\det(I-AK))^{-\frac{1}{2}}. \tag{2.28}$$

記号を単純にして $ae^{\frac{1}{i\hbar}\langle \boldsymbol{u}A,\boldsymbol{u}\rangle}$ を $(a;A)$ と書き, a を振幅部分, A を位相部分と呼ぶことにする.

$$I_K^{K'}(ae^{\frac{1}{i\hbar}\langle \boldsymbol{u}A,\boldsymbol{u}\rangle}){=}\frac{a}{\sqrt{\det(I{-}A(K'{-}K))}}e^{\frac{1}{i\hbar}\langle \boldsymbol{u}\frac{1}{I-A(K'-K)}A,\boldsymbol{u}\rangle} \tag{2.29}$$

となるが, これは $\det(I{-}A(K'{-}K)){=}0$ となる A で特異点となる. 生成元の変更と相互変換の関係を 2 次式の $*$-指数関数に翻訳すると $\forall g{\in}Sp(m,\mathbb{C})$ で:

$$:e_*^{t\frac{1}{i\hbar}\langle \boldsymbol{u}g,\boldsymbol{u}g\rangle}:_K{=}:e_*^{t\frac{1}{i\hbar}\langle \boldsymbol{u},\boldsymbol{u}\rangle}:_{gK\,{}^tg} \tag{2.30}$$

のようになる.

相互変換は 2-to-2 写像, 齟齬の出現

(2.29) は $I{-}AK, I{-}AK'$ が可逆のときは上の省略形で

$$I_K^{K'}\Big(\frac{a}{\sqrt{\det(I{-}AK)}};\frac{1}{I{-}AK}A\Big)=\Big(\frac{a}{\sqrt{\det(I{-}AK')}};\frac{1}{I{-}AK'}A\Big) \tag{2.31}$$

と書いたほうが良いのだが, 特異点が K で動くので, 1 変数の時と同じく, $\sqrt{a}\sqrt{b}{=}\sqrt{ab}$, $\frac{\sqrt{a}}{\sqrt{b}}{=}\sqrt{\frac{a}{b}}$ といった 2 対 2 写像としての等式として読まねばなら

ない. このため2次式の指数関数に働く相互変換は1対1写像として定義していくと一般には1 cocycle 条件を満たさず $I_{K''}^{K} I_{K'}^{K''} I_{K}^{K'} = \pm 1$ となってしまう. 右辺を相互変換の**齟齬**(そご)(discordance) と呼ぶ. 齟齬があると同値関係の設定で困ることになる. しかし, **局所的には一意的に追跡できるので**, §1の δ 関数の所で見たように**表示の一回りで2価性が現れたりはするが**局所微分幾何とか常微分方程式の立場では何も困らない.

齟齬が起こるのは3っつ以上の表示を使ったときであるから K, K' と表示を2つしか使わない時には同値関係は設定できる.

判別式が1の2次式 $H(u,v){=}au^2{+}bv^2{+}2cuv$ は $\det A{=}{-}1$ の対称行列 $A{=}\begin{bmatrix} a & c \\ c & b \end{bmatrix}$ を使って $\langle (u,v)A, (u,v)\rangle$ と書かれ, (t を $t\frac{1}{i\hbar}$ に変えていることに注意して)

$$:e_*^{t\frac{1}{i\hbar}H(u,v)}:_0 = \frac{1}{\cosh t} e^{\frac{1}{i\hbar}\langle (u,v)(\tanh t)A,(u,v)\rangle}$$

だったから, 相互変換 $I_0^K(:e_*^{t\frac{1}{i\hbar}H(u,v)}:_0)$ は上の省略形で

$$\begin{aligned} \spadesuit:\quad &\left(\frac{1}{\cosh t\sqrt{\det(I{-}(\tanh t)AK)}}, \frac{\tanh t}{I{-}(\tanh t)AK}A\right) \\ &= \left(\frac{1}{\sqrt{\det(\cosh tI{-}(\sinh t)AK)}}, \frac{\sinh t}{\cosh tI{-}(\sinh t)AK}A\right) \end{aligned} \tag{2.32}$$

となる. この式を♠(判別式が1の切札) と表す. ただし $t{=}0$ で $I_0^K(:e_*^{0\frac{1}{i\hbar}H(u,v)}:_0){=}1$ と約束し, それに合わせて $K{=}0$ のときは $\sqrt{(\cosh t)^2}{=}\cosh t$ としている. 特に次のことに注意：

命題 2.5 *Generic* な表示 K で $:e_*^{t\frac{1}{i\hbar}H_*(u,v)}:_K$ は $\mathbb{R}$ 上 $e^{-|t|}$ のオーダーで急減少する. しかも $:e_*^{\pi i\frac{1}{i\hbar}H(u,v)}:_K{=}\frac{1}{\sqrt{1}}$ (1とは限らない). さらに $t{=}\frac{\pi i}{2}$ で $:e_*^{\frac{\pi i}{2}\frac{1}{i\hbar}H(u,v)}:_K = \frac{1}{\sqrt{\det K}} e^{\frac{-1}{i\hbar}\langle \boldsymbol{u}\frac{1}{K},\boldsymbol{u}\rangle}$ となる. これを極地元と呼び $:\varepsilon_{00}:_K$ と書く.

註. $AK{=}\pm I$ だと片側にしか急減少にならない.

最後に述べたことは $\det A{=}{-}1$, $\frac{1}{AK}A{=}\frac{1}{K}$ より**極地元** ε_{00} **が** A **によらず, 表示** K **だけできまると**述べていて, しかも $\sqrt{\det K}$ のせいで K に関しては**2価の元**だと述べているので奇妙に感ずるかもしれないがこれはミスプリではない. ε_{00} は表示の変更に関して**齟齬をきたす元**なのだが, 表示を固定したままである程度計算可能である.

正規順序表示 (K_0 表示) による指数関数の式は $:2u{\circ}v:_{K_0}=2uv+i\hbar$ なので表示の変更により定数分のずれが出るが, Weyl 表示から相互変換で求められるので気にする必要はない.

$c^2-ab=1$ として正規順序表示で次のように置くと

$$:e_*^{\frac{t}{\hbar}(au^2+bv^2+2cu{\circ}v)}:_{K_0}=\psi(t)e^{\phi_1(t)u^2+\phi_2(t)v^2+2\phi_3(t)uv}$$

$$\begin{cases} \phi_1(t)=\dfrac{a}{2\hbar}\dfrac{\sin(2t)}{\cos(2t)-ic\sin(2t)}, \\ \phi_2(t)=\dfrac{b}{2\hbar}\dfrac{\sin(2t)}{\cos(2t)-ic\sin(2t)}, \\ \phi_3(t)=\dfrac{1}{2i\hbar}\Big(1-\dfrac{1}{\cos(2t)-ic\sin(2t)}\Big), \\ \psi(t)=\Big(\dfrac{1}{\cos(2t)-ic\sin(2t)}\Big)^{1/2} \end{cases} \tag{2.33}$$

となる. $t=\frac{\pi}{2}$ の所が極地元で, ここでは $\sin\pi=0$, $\cos\pi=-1$ である. また $D=0$ のときには Taylor 展開で $\frac{\sin(2\sqrt{D}\,t)}{\sqrt{D}}=2t$ と置けば, この場合にも使える. しかし, ψ には $(\ )^{1/2}$ の不定性があるので, (2.33) は初期条件が ±1 の解を同時に書いたものと見なせる. 一方 $D=c^2-ab=1$ の条件下で $au_*^2+bv_*^2+2cu{\circ}v$ は $2(\alpha u+\beta v){\circ}(\gamma u+\delta v)$ の形に因数分解されるが, $[\alpha u+\beta v,\gamma u+\delta v]=-(\alpha\delta-\beta\gamma)i\hbar=-i\hbar$ としてよいから, $\tilde{u}=\alpha u+\beta v$, $\tilde{v}=\gamma u+\delta v$ のように $SL(2,\mathbb{C})$ の元で変数変換すれば $2\tilde{u}{\circ}\tilde{v}$ を扱うのと同じとなる.

これは (2.26) 式の値の決め方を明示しない為に起こることで, この値は $t=0$ での初期値を 1 として定義した指数関数の値であるから, 例えば

$$:e_*^{[0,\pi]\frac{1}{2i\hbar}(a\tilde{u}^2+b\tilde{v}^2+2c\tilde{u}{\circ}\tilde{v})}:_{K_0}$$

のように単位元からの径路 (言うなれば尻尾) を明示しておくべきものである. 上のことは初期方向を (a,b,c) から $(-a,-b,-c)$ に $ab-c^2=1$ を保ちながら変えていっても $\sqrt{\det K_0}$ が突然値を変えたりしないのだから同じ値のはずであると言っているのだが, 問題は尻尾のほうで, 変化の途中の尻尾が特異点を持ってしまうためにこのようなことが起こるのである. 2 次式の指数関数は分岐特異点列を持っているがこの特異点列は (a,b,c) に依存して動く.

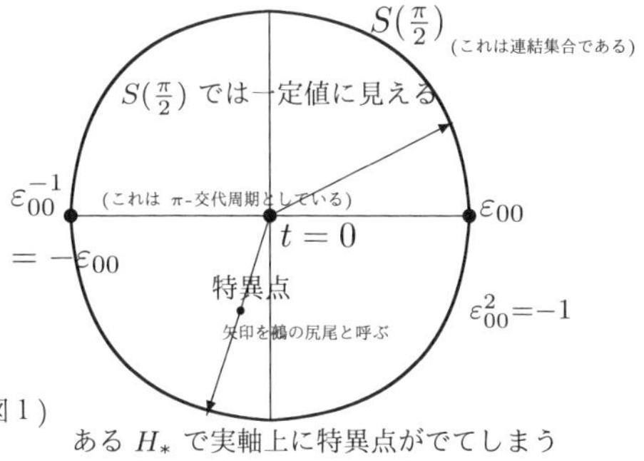

(図 1)

(a,b,c) から $(-a,-b,-c)$ に変えるには指数関数のパラメータ t を $-t$ に反転させているのだが, こうすると特異点列も虚軸を挟んで反転する.

一方 (a,b,c) を $(-a,-b,-c)$ に $c^2-ab=1$ を保ちながら変えると極地元は変化しないが特異点列は動き, 途中で必ず虚軸を通過するのである.

これで $\varepsilon_{00}(\boldsymbol{a})$ は**一つの 2 価の元**としなければならない理由が大まかには納得してもらえたと思うが, もう少し詳細に計算で裏打ちしておこう.

周期性の判定, 極地元の性質

正規 (K_0-) 順序表示で考えると, $A=\begin{bmatrix}0 & 1\\ 1 & 0\end{bmatrix}$ であり, $AK_0=I$ だから

$$I_0^{K_0}(:e_*^{t\frac{1}{i\hbar}H_*(u,v)}:_0)=e^te^{\frac{1}{i\hbar}(e^{2t}-1)\tilde{u}\circ\tilde{v}}$$

となって (2.17) と一致する. 特に次が分かる:

命題 2.6 $e_*^{t\frac{1}{i\hbar}H_*(u,v)}$ は $\tilde{u},\tilde{v}$ に関する正規順序では特異点は無く, πi-交代周期的となる. 特に $e_*^{\pi i\frac{1}{i\hbar}H_*(u,v)}=-1$.

他方 $D=1$ の $au_*^2+bv_*^2+2cu{\circ}v$ は $SL(2,\mathbb{C})$ の元で $\hat{u}=\alpha u+\beta v$, $\hat{v}=\gamma u+\delta v$ と変数変換すると $au_*^2+bv_*^2+2cu{\circ}v=i(\hat{u}^2+\hat{v}^2)$ の形にもできる. そこで (2.32) の ♠ 式で $A=\begin{bmatrix}i & 0\\ 0 & i\end{bmatrix}$, $K=\begin{bmatrix}\alpha & 0\\ 0 & \beta\end{bmatrix}$ とすると,

$$I_0^K(:e_*^{t\frac{1}{i\hbar}H_*(u,v)}:_0)=\left(\frac{1}{\sqrt{\det(\cosh tI-(\sinh t)iK)}},\frac{\sinh t}{\cosh tI-(\sinh t)iK}iI\right),$$

$$\sqrt{\det(\cosh tI-(\sinh t)iK)}=\sqrt{(\cosh t-i\alpha\sinh t)(\cosh t-i\beta\sinh t)}$$

となって $\alpha,\beta\in\mathbb{C}$ は任意であることを考えれば一般には特異点が虚軸に平行な線に沿って 2 列に πi 周期的に並んでいることもわかる. その位置や周期は表示パラメータ K に依存するが, 位相部分は πi-周期的だから, 振幅部分の周期性を見ると, $\sqrt{(\cosh t-i\alpha\sinh t)(\cosh t-i\beta\sinh t)}$ は容易に

$$Ce^{-t}\sqrt{(e^{2t}+\frac{i\alpha+1}{i\alpha-1})(e^{2t}+\frac{i\beta+1}{i\beta-1})} \tag{2.34}$$

のように変形される. $e^t{=}w$ と置いてみれば, 振幅部分が $\sqrt{4\text{次式}}$ で, 楕円関数に関係することが分かる. そこで下の図を参考にして $\sqrt{\ }$ の中を見ると t **に関して全て単根**で ±1 からの距離の比に注意すれば $i\alpha$ が右半平面にあるかどうかで $|\rho|{>}1$ かどうかが分かり各因子の e^{2it} の一回りでの符号変化が読取れる：

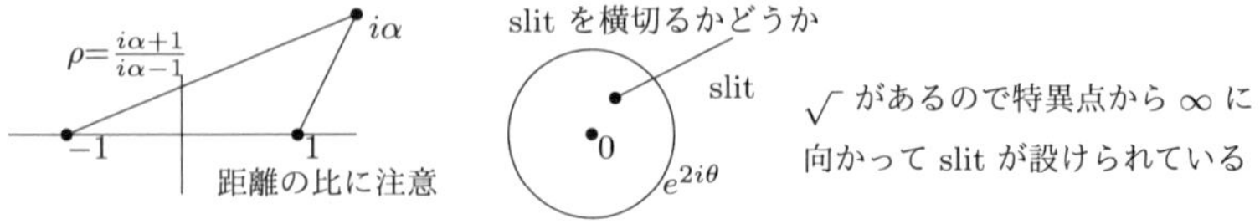

$\sqrt{e^{2it}{+}\rho}$ は t が 0 から π まで動いて複素円を一周するとき, 分岐特異点の周りをまわるかどうかで, $|\rho|>1$ なら符号は変化しないでもとに戻るが, $|\rho|<1$ だと符号が変化して -1 倍となる. 特に $|\frac{i\alpha+1}{i\alpha-1}||\frac{i\beta+1}{i\beta-1}|{=}1$ となっていると (根号の中の因子は一方のみが符号変化を起こすが e^{-it} があるので) $:e_*^{t\frac{1}{i\hbar}H_*(u,v)}:_{_K}$ は (Weyl 順序表示, 正規順序表示と違って) πi-周期的になる. 要点は $\frac{i\alpha+1}{i\alpha-1}$, $\frac{i\beta+1}{i\beta-1}$ の一方だけが単位円の内側に入ると π-周期的になり, それ以外は πi-交代周期的になる.

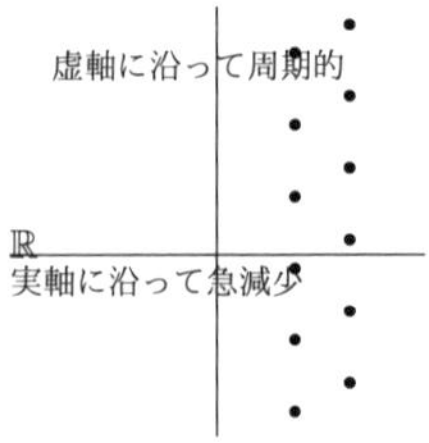

K を変えると特異点列は上下左右に動くが generic な K で実軸上に特異点は無いとしてよい. $:e_*^{\frac{t}{\hbar}\langle \boldsymbol{u}A,\boldsymbol{u}\rangle}:_{_K}$ は虚軸に平行な線に沿って周期性があるが特異点列に挟まれた線に沿っては πi 周期的, それ以外は πi-交代周期的である. この 2 列が定める区間 $[a,b]$ を**周期性区間**と呼ぶ. 実軸に平行な所では $K{=}\pm K_0$ の場合を除いて両側に急減少である. 2 重分岐特異点というのは $\frac{1}{\sqrt{t-c}}$ のタイプの特異点のことである. このことを注意深く読み取と次のことが分かる：

命題 2.7 $D{=}1$($i.e.$$\det A{=}-1$) のとき $AK{\neq}I, 0$ となる表示 K(generic な K) で, 特異点は全て 2 重分岐特異点で, 虚軸に平行な 2 本の直線 $a{+}it$, $b{+}it$, $(a<b)$ に沿って πi-周期で現れる. a, b 及び特異点の位置は表示パラメータ K に依存して動くが, 特異点列が虚軸を挟 ($i.e.$ $a<0<b$) めば $:e_*^{t\frac{1}{i\hbar}H_*(u,v)}:_{_K}$ は虚軸上で πi-周期的になる. $[a,b]$ を π **周期存在区間**と呼ぶ.

$t{=}\frac{\pi i}{2}$ のとき極地元 $:\varepsilon_{00}:_{_K}{=}:e_*^{\frac{\pi i}{2}\frac{1}{i\hbar}H_*(u,v)}:_{_K}$ は命題2.5より K だけできまり, $:\varepsilon_{00}^2:_{_K}{=}\sqrt{1}$ だったから周期性は $:\varepsilon_{00}^2:_{_K}$ の符号が握っているのだが, $:\varepsilon_{00}:_{_K}$ は $\sqrt{\det K}$ できまるので K によって値の定まらない 2 価の元であった. これは

困ることだが2次式の $*$ 指数関数の特異点列が $t\to -t$ に関して対称になっていないことを利用して指数関数のパラメータに向きが付けられる利点もある.

尻尾に特異点が現れる理由

$H_*(u,v)=au_*^2+bv_*^2+2cu{\circ}v$, $c^2-ab=1$, とすると極地元 ε_{00} は $e_*^{t\frac{1}{\hbar}H_*(u,v)}$ の $t=\pi/2$ の部分に乗っている.

その初期方向 $\frac{1}{\hbar}H_*(u,v)$ の全体は連結集合 $S=\{(a,b,c)\in\mathbb{C}^3; c^2-ab=1\}$ であり, 方向毎に $\frac{\pi}{2}$ だけ進んだ指数関数上の $S(\frac{\pi}{2})$ は符号の定まらない ε_{00} である. (a,b,c) を $(-a,-b,-c)$ にすれば $H_*(u,v)$ は $-H_*(u,v)$ に変わるが $e_*^{t\frac{1}{i\hbar}H_*(u,v)}$ は指数法則を満たすので $e_*^{-\pi\frac{1}{\hbar}H_*(u,v)}=\varepsilon_{00}^{-1}$ でなければならない. ところが, 命題2.6で述べた $\varepsilon_{00}=e_*^{\frac{\pi}{2}\frac{1}{\hbar}2\tilde{u}\circ\tilde{v}}$ のような元では π-交代周期的だから $:\varepsilon_{00}^2:_K=-1$, つまり $:\varepsilon_{00}^{-1}:_K=-:\varepsilon_{00}:_K$ である. このような π-交代周期的になる1径数群 $e_*^{t\frac{1}{\hbar}H_*(u,v)}$ では特異点列は虚軸を挟まないで, 左右どちらか片側 (例えば右) に並んでいる. ところが $H_*(u,v)$ を $-H_*(u,v)$ に変えたものでみると, 特異点の列は ((2.34) 式で言えば e^{2it} の代わりに e^{-2it} で見ていることになるので) 左に入れ替わってしまう. そこで $H_*(u,v)$ を $-H_*(u,v)$ に連続的に変えるとそれに応じて特異点列が動くが, **途中で必ず虚軸を横切る場所ができてしまう**. $e_*^{t\frac{1}{\hbar}H_*(u,v)}$ が π-交代周期的になる表示 (i.e. $:\varepsilon_{00}^2:_K=-1$) があると $:\varepsilon_{00}:_K$ の符号を確定させることができないのである.

剛体球面 $\tilde{S}^2$ の剛体表示

剛体球面 $\tilde{S}^2$ と称する複素対称行列の集合を

$$\tilde{S}^2=\left\{A=\begin{bmatrix}\alpha+i\beta & i\gamma\\ i\gamma & \alpha-i\beta\end{bmatrix},\ \alpha^2+\beta^2+\gamma^2=1,\ \alpha,\ \beta,\ \gamma\in\mathbb{R}\right\} \tag{2.35}$$

で定義する. これは Lie 群 $SU(2)$ の中の対称行列の全体で, 上のように書くことを**剛体球面の実ベクトル表示**と呼ぶ. この K で表示することを**剛体表示**と呼ぶ. $\tilde{S}^2 J$ は Lie 環 $\mathfrak{su}(2)$ であり $SU(2)$ はコンパクト群で極めて対称性の高い集合だから, どれかの K 表示で $A\in\tilde{S}^2$ を初期方向とするどの1径数群も π-周期的になりそうに思えるのだが, 実は**そのような K は存在しない**のである.

定理 2.4 $:e_*^{t\frac{1}{i\hbar}\langle \boldsymbol{u}g,\boldsymbol{u}g\rangle}:_K$ が任意の $g^tg\in\tilde{S}^2$ にわたって実軸上に特異点を持たず, π-周期的となるような表示 K は存在しない. しかし $K\in\tilde{S}^2$ とすると,

$g^tgK=\pm I$ となるような例外の g^tg を除いて $:e_*^{t\frac{1}{i\hbar}\langle \boldsymbol{u}g,\boldsymbol{u}g\rangle}:_K$ は実軸に特異点を持たず,π-周期的となり, $:e_*^{\pi\frac{1}{2i\hbar}\langle \boldsymbol{u}g,\boldsymbol{u}g\rangle}:_K=:\varepsilon_{00}:_K$, $:\varepsilon_{00}^2:_K=1$ となる.

この場合, ε_{00} は $g\,^tg\in\tilde{S}^2$ で完全に不変な対象というわけではなく, 単位元 (北極) から出で子午線に沿って進む 1 径数群が $t=\pi/2$ で一斉に対極点 (南極) に集まるのではなく一つだけ周期が倍に伸びるものがあると述べているのである. つまり, ほとんど $\varepsilon_{00}^2=1$ だが, 必ず一つだけ例外 ε'_{00} があってそこでは $(\varepsilon'_{00})^2=-1$ になるというのである.

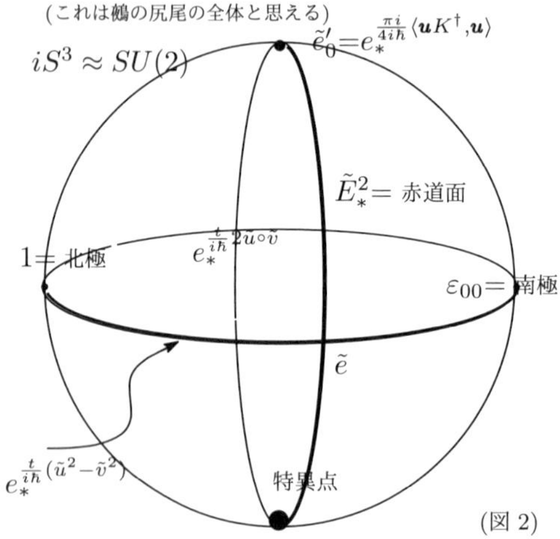

(図 2)

証明.　$A\in\tilde{S}^2$ が 2 次式 $\frac{1}{i\hbar}\langle \boldsymbol{u}A,\boldsymbol{u}\rangle$ の係数で, X が表示パラメータで, $\det X=\delta^2\in\mathbb{C}$ の場合, $*$-指数関数 $:e_*^{t\frac{1}{i\hbar}\langle \boldsymbol{u}A,\boldsymbol{u}\rangle}:_X$ を考える. 考えるのは振幅部分の分母 $\sqrt{\det(\cos tI-(\sin t)AX)}$ の $t\in[0,\pi]$ での符号の変化である. 行列式が δ^2 の複素対称行列を (符号に注意)

$$X=\begin{bmatrix}\xi-i\eta & -i\zeta\\ -i\zeta & \xi+i\eta\end{bmatrix},\ \xi^2+\eta^2+\zeta^2=\delta^2,\ \xi,\ \eta,\ \zeta\in\mathbb{C}$$

と表わす. さらに $\boldsymbol{\alpha}=(\alpha,\beta,\gamma)$, $\boldsymbol{\xi}=(\xi,\eta,\zeta)$ とする. まず, 忠実に行列成分を i の付く項, 付かない項に分けて計算して次の公式を作っておく :

$$\begin{aligned}&\mathrm{Tr.}\ AX=2\langle\boldsymbol{\alpha},\boldsymbol{\xi}\rangle,\quad (\mathrm{Tr.}\ \text{は trace})\\ &\det(\cos tI-(\sin t)AX)=(\cos t-\langle\boldsymbol{\alpha},\boldsymbol{\xi}\rangle\sin t)^2+(\sin t)^2\langle\boldsymbol{\alpha}\times\boldsymbol{\xi},\boldsymbol{\alpha}\times\boldsymbol{\xi}\rangle.\end{aligned}\tag{2.36}$$

但し $\langle\boldsymbol{\alpha},\boldsymbol{\xi}\rangle=\alpha\xi+\beta\eta+\gamma\zeta$ で, $\boldsymbol{\alpha}\times\boldsymbol{\xi}$ はベクトル積の公式で

$$\boldsymbol{\alpha}\times\boldsymbol{\xi}=\big(\beta\zeta-\gamma\eta,\ \gamma\xi-\alpha\zeta,\ \alpha\eta-\beta\xi\big)$$

としている. さらに 2 番目の公式で $t=\frac{\pi}{2}$ としたものは $\det(AX)$ であり, $\det A=1$, $\det X=\delta^2$ だから

$$\det(AX)=\delta^2=\langle\boldsymbol{\alpha},\boldsymbol{\xi}\rangle^2+\langle\boldsymbol{\alpha}\times\boldsymbol{\xi},\boldsymbol{\alpha}\times\boldsymbol{\xi}\rangle$$

である. $\boldsymbol{\alpha}\in\mathbb{R}^3$ なのだから $\boldsymbol{\xi}=(\xi,\eta,\zeta)\in\mathbb{C}^3$ とし, $\boldsymbol{\xi}=\boldsymbol{x}+i\boldsymbol{y}$ を $\boldsymbol{\xi}$ の実部, 虚部への分解とすると

$$\langle\boldsymbol{\alpha},\boldsymbol{\xi}\rangle=\langle\boldsymbol{\alpha},\boldsymbol{x}\rangle+i\langle\boldsymbol{\alpha},\boldsymbol{y}\rangle,\ \boldsymbol{\alpha}\times\boldsymbol{\xi}=\boldsymbol{\alpha}\times\boldsymbol{x}+i\boldsymbol{\alpha}\times\boldsymbol{y}.$$

$\therefore$ $\mathrm{Re}\det XA=\rho^2$, $\mathrm{Im}\det XA=\sigma$ はそれぞれ：

$$\begin{aligned}&\langle\boldsymbol{\alpha},\boldsymbol{x}\rangle^2+\langle\boldsymbol{\alpha}\times\boldsymbol{x},\boldsymbol{\alpha}\times\boldsymbol{x}\rangle-\langle\boldsymbol{\alpha},\boldsymbol{y}\rangle^2-\langle\boldsymbol{\alpha}\times\boldsymbol{y},\boldsymbol{\alpha}\times\boldsymbol{y}\rangle=\rho^2,\\&2\langle\boldsymbol{\alpha},\boldsymbol{x}\rangle\langle\boldsymbol{\alpha},\boldsymbol{y}\rangle+2\langle\boldsymbol{\alpha}\times\boldsymbol{x},\boldsymbol{\alpha}\times\boldsymbol{y}\rangle=\sigma,\end{aligned}\tag{2.37}$$

と同値となる．一方，複素対称行列 $X\in\Sigma$ の行列式は $X=\begin{bmatrix}\xi-i\eta & -i\zeta\\ -i\zeta & \xi+i\eta\end{bmatrix};\xi,\eta,\zeta\in\mathbb{C}$, と表わすと，$\det X=\langle\boldsymbol{\xi},\boldsymbol{\xi}\rangle=\delta^2$ であり，$\boldsymbol{\xi}=\boldsymbol{x}+i\boldsymbol{y}$ とすると

$$\det X=\|\boldsymbol{x}\|^2-\|\boldsymbol{y}\|^2+2i\langle\boldsymbol{x},\boldsymbol{y}\rangle\tag{2.38}$$

となる．特に $\det X=0$ は $\|\boldsymbol{x}\|^2=\|\boldsymbol{y}\|^2$, $\langle\boldsymbol{x},\boldsymbol{y}\rangle=0$ と同値である，

$\langle\boldsymbol{\alpha},\boldsymbol{\xi}\rangle^2+\langle\boldsymbol{\alpha}\times\boldsymbol{\xi},\boldsymbol{\alpha}\times\boldsymbol{\xi}\rangle=\delta^2$ だから

$$\det(\cos tI-(\sin t)AX)=\cos^2 t-2\langle\boldsymbol{\alpha},\boldsymbol{\xi}\rangle\sin t\cos t+\delta^2\sin^2 t.\tag{2.39}$$

まず $\boldsymbol{\xi}=\boldsymbol{x}+i\boldsymbol{y}$ を $\langle\boldsymbol{x},\boldsymbol{y}\rangle=0$ のように X を選ぶ．これは $\delta^2\in\mathbb{R}$ としたということである．$\delta^2\leq 0$ の場合は $\langle\boldsymbol{\alpha},\boldsymbol{y}\rangle=0$ となるような $\boldsymbol{\alpha}$ を選ぶと $\langle\boldsymbol{\alpha},\boldsymbol{\xi}\rangle\in\mathbb{R}$ となるから上の2次形式の判別式が ≥ 0 となり実軸上に特異点が出るので，これは除かれる．i.e. このような表示は使えない．

以下 $\delta^2>0$ とする．この場合で $\boldsymbol{y}=0$ の場合は (2.36) の始めの trace の公式と合わせてみると $\boldsymbol{x}\times\boldsymbol{\alpha}\neq 0$ でありさえすれば符号の変化は起きず，$:e_*^{t\frac{1}{i\hbar}\langle\boldsymbol{u}A,\boldsymbol{u}\rangle}:_X$ は π-周期的になる．これは一見好都合な表示だが，$\boldsymbol{x}\times\boldsymbol{\alpha}=0$ の所で上の2次形式の判別式が0となり，この場合は $AX=\pm\delta^2 I$ だから

$$\sqrt{\det(\cos tI\mp(\sin t)AX)}=\cos t\mp\delta\sin t$$

となり π-交代周期的になる．表示パラメータ X を $\tilde{S}^2$ に制限しておけばこのようなものは $\boldsymbol{\alpha}=\pm\boldsymbol{x}$ の場合だけとなり，これが例外の表示である．

次に表示パラメータ X が虚部を持っている場合，i.e. $\boldsymbol{y}\neq 0$ の場合を考える．実はこの場合は全部不都合なのである．

この場合 $\delta^2\leq 0$ はすでに対象外だから，$\delta^2>0$ として良い，(2.38) より $\boldsymbol{x}\neq 0$ となる．次の補題で定理2.4の証明が終わる．

補題 2.1 $\delta^2>0$ で $\boldsymbol{y}\neq 0$ の場合，$\langle\boldsymbol{\alpha},\boldsymbol{x}\rangle\neq 0$ となる $\forall A\in\tilde{S}^2$ で $:e_*^{t\frac{1}{i\hbar}\langle\boldsymbol{u}A,\boldsymbol{u}\rangle}:_X$ は π-交代周期的である．

証明. $x=\frac{1}{\delta}\cot t$ と置くと, (2.39) 式 $=0$ は次の式に変わる: $x^2-2\delta^{-1}\langle\boldsymbol{\alpha},\boldsymbol{\xi}\rangle x+1=0$. これは $\langle\boldsymbol{\alpha},\boldsymbol{x}\rangle\neq 0$ だから虚軸上にない 2 根 ν,ν^{-1} を持ち, $\delta\in\mathbb{R}$ だから $\delta\nu$, $\delta\nu^{-1}$ は実部が同符号となる. そこで考察対象の式を下のように書き直すと

$$Ce^{-it}\sqrt{\Big(e^{2it}-\frac{\delta\nu+1}{\delta\nu-1}\Big)\Big(e^{2it}-\frac{\delta\nu^{-1}+1}{\delta\nu^{-1}-1}\Big)}$$

となるが, (2.34) 式の所にある図を参照して考えれば $|\frac{\delta\nu+1}{\delta\nu-1}|$, $|\frac{\delta\nu^{-1}+1}{\delta\nu^{-1}-1}|$ は共に >1 とか <1 となり根号の中は符号を変えないが, e^{-it} のせいで π 交代周期的となる. □

2.3.1　iK-表示パラメータ

定理 2.4 では剛体表示 $K\in\tilde{S}^2$ が念頭にあったのだが剛体表示パラメータとは

$$K=\begin{bmatrix}\alpha+i\beta & i\gamma\\ i\gamma & \alpha-i\beta\end{bmatrix},\quad \alpha^2+\beta^2+\gamma^2=1,\ \alpha,\ \beta,\ \gamma\in\mathbb{R},$$

のことである. ところで補題 2.1 の証明を見ると固有値とトレースだけの計算で π 交代周期性が分かるというしかけだから, もう少し見通しよく整理できる. 以下では剛体表示パラメータの対極をなす極めてゆるい条件の iK 表示パラメータというもので考える. これは $\det K=-1$ の対称行列 K のことで, これの全体を $i\mathfrak{S}_1$ と書く. $i\tilde{S}^2\subset i\mathfrak{S}_1$ であり, $i\tilde{S}^2$ の元を**剛体 iK 表示パラメータ**と呼ぶ. $i\mathfrak{S}_1=\{g(i\tilde{S}^2)\,{}^tg; g\in SL(2,\mathbb{C})\}$ である. $K_0=\begin{bmatrix}0 & 1\\ 1 & 0\end{bmatrix}$(正規順序表示パラメータ) は $i\tilde{S}^2$ の元である.

$\tilde{S}^2$ を $\{aK+be_1+ce_2; a^2+b^2+c^2=1\}$ と表示しておけば, $\forall Z\in L^{1+3}(K^\dagger)$ は

$$Z=xK^\dagger+iy(aK+be_1+ce_2),$$

と書かれるが, ε_{00} は $M=\frac{1}{\sqrt{\det Z}}Z$ のように正規化して定義するのでまず $\det M=1$ の複素対称行列で考える. $*$ 指数関数の位相部分は π 周期的なので, 考えるのは振幅部分の逆数である次の式

$$\sqrt{\det\big((\cos t)I-(\sin t)MiK\big)}$$

が $t\in[0,\pi]$ で符号変化を起こすか否かを調べることになる.

定理 2.5 $iK\in i\mathfrak{S}_1$ のとき $i\mu$, $i\mu^{-1}$ を MiK の固有値とすると $\mu\notin i\mathbb{R}$ である限り $:e_*^{t\frac{1}{i\hbar}\langle\boldsymbol{u}M,\boldsymbol{u}\rangle_*}:_{iK}$ は π-交代周期的で $:\varepsilon_{00}^2:_{iK}=-1$ であり, **特異点は実軸に平行に $\pi/2$ 周期的に 1 列並ぶ**. $\mu\in i\mathbb{R}$ のときも $:\varepsilon_{00}^2:_{iK}=-1$ としてよいが, この場合は ε_{00} に達する手前で実軸上に分岐特異点が出て ε_{00} の符号は定められない.

証明. 固有値の計算をするときを思い出すと $\det(MiK) = -1$ だから

$$\det(\cos tI - (\sin t)MiK) = \cos^2 t - \mathrm{tr}(MiK)\cos t \sin t - \sin^2 t$$

となり, $\rho = \frac{1}{2}(\mu + \mu^{-1}) \neq 1$ とすると

$$\begin{aligned}\sqrt{(\cos t - i\mu \sin t)(\cos t - i\mu^{-1}\sin t)} &= \sqrt{\cos 2t - i\rho \sin 2t} \\ &= \sqrt{\frac{1-\rho}{2}}e^{-it}\sqrt{\left(e^{4it} - \frac{\rho+1}{\rho-1}\right)}\end{aligned} \tag{2.40}$$

となり $\sqrt{\ }$ の中は $[0,\pi]$ でスリットをよぎる回数が偶数となり符号変化を起こさないが外に出ている e^{-it} の為符号変化を起こす. $\rho \in i\mathbb{R}$ だと $|\frac{\rho+1}{\rho-1}| = 1$ なので特異点列が実軸上に並ぶ. $\rho = \pm 1$ の場合は $\sqrt{\cos 2t - i\rho \sin 2t} = e^{\mp it}$ で特異点は無いが π-交代周期的になる. つまり例外なしに π-交代周期的であり,

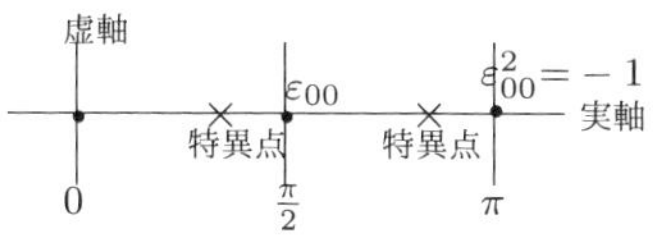

$\varepsilon_{00}^2 = -1$ となるのであるが, ρ が $\left|\frac{\rho+1}{\rho-1}\right| > 1$ の所から < 1 の所まで連続的に変化するとその途中で必ず $=1$ の所を通過することになり, ε_{00} の手前で実軸上に特異点が現れる. この変化は t の向きを逆にして e_*^{tM} のかわりに e_*^{-tM} を扱っても起こせるので M が $-M$ に行列式 1 を保ちながら動けば途中で必ず起こるのである. □

この証明の初めの部分で分かるように $\mu, \mu^{-1} \notin i\mathbb{R}$ である限り特異点列は実軸上には無く, π 交代周期的となる, i.e. $\varepsilon_{00}^2 = -1$. これは次のようにも言い換えられる:

系 2.1 $(\mathrm{tr}(MK))^2$ が負の実数でない $i.e. \notin (-\infty, 0)$ ならば, 実軸上に特異点はない.

定理 2.5 の最後に述べたことを (2.33) 式の所で述べたことの繰返しになるがもう少し具体的に見ておこう. $\mathrm{ad}(\frac{1}{i\hbar}(u^2+v^2))$ の計算から容易に

$$\mathrm{Ad}(e_*^{\frac{i\theta}{2\hbar}(u^2+v^2)})2uv = (\sin 2\theta)(u^2 - v^2) + (\cos 2\theta)2uv$$

が分かるので両辺の指数関数を考えると

$$\mathrm{Ad}(e_*^{\frac{i\theta}{2\hbar}(u^2+v^2)})e_*^{t\frac{1}{i\hbar}2uv} = e_*^{t\frac{1}{i\hbar}(\sin 2\theta(u^2-v^2)+\cos 2\theta 2uv)}$$

が $|t|$ が十分小さいところで成立する. iK 表示で考えることにすれば右辺の 2 次式の判別式は 1 だから上の式が $t = \frac{\pi}{2}$ まで成立したとすると, 右辺は θ に無

関係に極地元 ε_{00} となる．ところが $\theta=0$, $\theta=\frac{\pi}{2}$ の所を見ると $e_*^{t\frac{1}{i\hbar}2uv}$, $e_*^{-t\frac{1}{i\hbar}2uv}$ だから $t=\frac{\pi}{2}$ では ε_{00}, $\varepsilon_{00}^{-1}=-\varepsilon_{00}$ となって矛盾に見える．ところが t に関する 1 径数部分群 $\mathrm{Ad}(e_*^{\frac{i\theta}{2\hbar}(u^2+v^2)})e_*^{2tuv}$ を先に $t\in[0,\frac{\pi}{2\hbar}]$ で考え, 2θ を 0 から π まで動かして見ると, $2\theta=\frac{\pi}{2}, t=\frac{\pi}{4}, \frac{3\pi}{4}$ の所に分岐特異点が現れることが分かる．

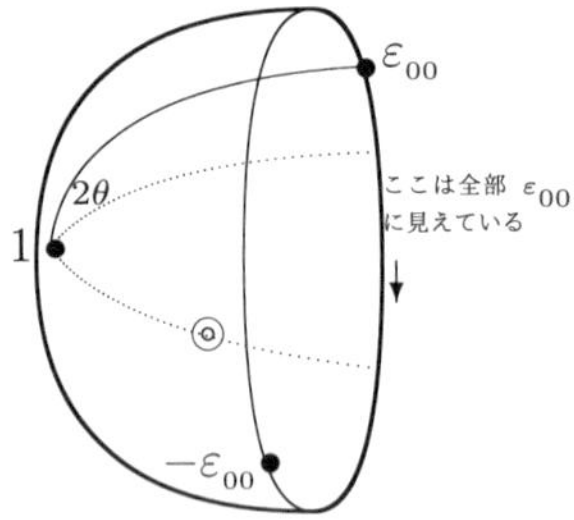

一般に $H_*(u,v)=au_*^2+bv_*^2+2cu\circ v$, $c^2-ab=1$, とすると極地元 ε_{00} は 1 径数群 $e_*^{t\frac{1}{\hbar}H_*(u,v)}$ の $t=\pi/2$ の部分に乗っていて剛体 iK 表示では $\varepsilon_{00}^2=-1$ なのであるが, ε_{00} 自身は確定させられないのである．

2.3.2　ε_{00} が確定する初期方向の領域

ε_{00} はすべての非退化 2 次式の指数関数にのっているので, その初期方向次第で ε_{00} の手前で特異点が出てそれの迂回の仕方を与えないと ε_{00} がきめられない場合があるが, 確定させられる初期方向もある．$K\in\tilde{S}^2$ を固定したとき, $K^\dagger=K^{-1}$ とし, Minkowski 空間

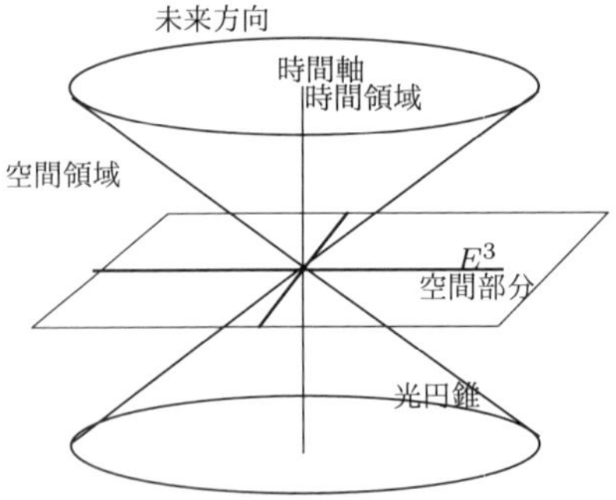

$$L^{1+3}(K^\dagger)=\mathbb{R}K^\dagger\oplus i\mathbb{R}\tilde{S}^2 \tag{2.41}$$

で考える．(2.38) 式より Minkowski 計量は $Z=xK^\dagger+iy\tilde{S}^2$ として $\mathrm{Re}(\det Z)=x^2-y^2$ で与えられる．エルミート行列でなく複素対称行列で考えているのだからしかたのないことではあるのだが, $L^{1+3}(K^\dagger)$ の Minkowski 計量が $\det Z$ ではなく $\mathrm{Re}(\det Z)$ で与えられているという奇妙さがある．これは光円錐が均質でなく**退化**と**非退化**の部分に分かれているということで, **このことの物理的意味は全く不明**である．

$\mathbb{R}K^\dagger$ を時間軸, $E^3=i\mathbb{R}\tilde{S}^2$ を**空間部分**と呼ぶ．さらに光円錐の内側を**時間領域**, 外側を**空間領域**と呼ぶ．$\varepsilon_{00}^2=-1$ となったからといって ε_{00} の符号がきまるわけではないのでこれを確定させられる領域を探す．

定理 2.6 $K^\dagger$ 錘 $V_3(K^\dagger)=\{xK^\dagger+iy\tilde{S}^2; x^2-y^2>0, x, y\in\mathbb{R}\}$ の元 Z による $*$ 2 次式 $\langle \boldsymbol{u}Z, \boldsymbol{u}\rangle$ を正規化した $\frac{1}{\sqrt{\det Z}}\langle \boldsymbol{u}Z, \boldsymbol{u}\rangle$ の剛体 iK-表示での $*$-指数関数

$$:e_*^{t\frac{1}{i\hbar}\frac{1}{\sqrt{\det Z}}\langle \boldsymbol{u}Z,\boldsymbol{u}\rangle}:_{iK}$$

は剛体 iK 表示では皆 π-交代周期的で, 特異点の出ない例外の $M{=}K^\dagger$ の場合を除いて特異点列は全部実軸の上側か下側かの片側にある. したがって t の向きを選んで特異点列は実軸の下側にあるとして良い. しかもこれは $t{=}\frac{\pi}{2}$ のとき皆同じ点 $:\varepsilon_{00}:_{iK}$ を通過し $\varepsilon_{00}^2{=}{-}1$ である.

証明. $ZiK{=}i(xI{+}iy(aI{+}be_1K{+}ce_2K))$ であり,

$$MiK{=}\frac{1}{\sqrt{\det Z}}ZiK{=}\frac{i}{\sqrt{\det Z}}(xI{+}iy(aI{+}be_1K{+}ce_2K))$$

で $iy(be_1K{+}ce_2K)$ のトレースは零で行列式は $\det Z{=}x^2{-}y^2{+}2ixya$ だから

$$\mathrm{tr}(MK){=}\frac{2}{\sqrt{x^2{-}y^2{+}2ixya}}(x{+}iya),\quad \frac{1}{4}(\mathrm{tr}MK)^2{=}1{+}\frac{y^2(1{-}a^2)}{x^2{-}y^2{+}2ixya}.$$

従って $x^2{-}y^2{>}0$ の場合 $(\mathrm{tr}MK)^2$ は負の実数にはなり得ないから定理 2.5, 系 2.1 より特異点列は実軸上には無い. $V_3^+(K^\dagger)$ の中の 2 点は $K^\dagger$ を通過しないでつなげるから特異点列は常に実軸の片側にあり入れ替わることはない. t の向きを逆にすると特異点列が実軸の上か下かは入れ替わるので t の向きを選べばそれが下側になるようにできる. □

これは 2 次式の指数関数の特異点列を見ることで時間方向に向きが付けられることを意味しているので極めて重要なことだと思われる.

前定理では $\mathbb{C}K^\dagger$ は例外だが, これの剛体 iK-表示は次のようになる：

命題 2.8 $e_*^{t\frac{1}{i\hbar}\langle \boldsymbol{u}K^\dagger,\boldsymbol{u}\rangle_*}$ の剛体 iK-表示は π-交代周期性を持っていて $\varepsilon_{00}^2{=}{-}1$ だが,

$$:e_*^{t\frac{1}{i\hbar}\langle \boldsymbol{u}K^\dagger,\boldsymbol{u}\rangle_*}:_{iK}{=}e^{it}e^{\frac{1}{2i\hbar}(e^{2it}-1)\langle \boldsymbol{u}K^\dagger,\boldsymbol{u}\rangle} \tag{2.42}$$

となり特異点は持たず $i\mathbb{R}_+$ 方向に急減少, $t{=}{-}i\infty$ で発散である. パラメータ t が $\pm$ の対称性を失っていることに注意する. 同時にこれは K 表示の場合の定理 2.4 での例外にもなっていて K 表示では次のようになる：

$$:e_*^{t\frac{1}{i\hbar}\langle \boldsymbol{u}K^\dagger,\boldsymbol{u}\rangle_*}:_K{=}\frac{1}{\cos t{-}\sin t}e^{\frac{1}{i\hbar}\frac{\sin t}{\cos t-\sin t}\langle \boldsymbol{u}K^\dagger,\boldsymbol{u}\rangle}.$$

よく見ると定理 2.6 の証明には $ixya{\neq}0$ の場合は使われておらず, $a{=}0$ の場合のみが使われている. このことを使うと以下で見るように超平面で仕切られた $L^{1+3}(K^\dagger)$ の半分の領域で時間に向きが付けられることが分かるのである. これは些細なことのように見えるかもしれないが, 空間部分でも時間に向付ができることを示しているので大切なことである.

退化光円錐上の指数関数

退化光円錐 $\partial V_2(K^\dagger)$ 上の 2 次式の指数関数は行列式が 1 となるようには正規化できないが, 退化した 2 次式 $\langle \boldsymbol{a},\boldsymbol{u}\rangle^2$ だから本質は 1 変数の 2 次式で, 前章を読返すと退化 2 次式の Weyl 表示 ($K{=}0$) での $*$-指数関数は普通の指数関数となることがわかる:

$$:e_*^{t\frac{1}{i\hbar}\langle \boldsymbol{a},\boldsymbol{u}\rangle^2}:_0=e^{t\frac{1}{i\hbar}\langle \boldsymbol{a},\boldsymbol{u}\rangle^2}.$$

従って, 一般の表示で求めるには, これに相互変換の公式 (2.28) をあてはめて計算する. 剛体 iK 表示への相互変換の公式は

$$I_0^{iK}e^{\frac{1}{i\hbar}\langle \boldsymbol{u}Q,\boldsymbol{u}\rangle}=\frac{1}{\sqrt{\det(I-QiK)}}e^{\frac{1}{i\hbar}\langle \boldsymbol{u}\frac{1}{I-QiK}Q,\boldsymbol{u}\rangle} \tag{2.43}$$

である. このようにいつも Weyl 表示を経由して相互変換できるので

$$I_K^{K'}(e^{\frac{1}{i\hbar}\langle \boldsymbol{u}Q,\boldsymbol{u}\rangle})=I_K^0 I_0^{K'}(e^{\frac{1}{i\hbar}\langle \boldsymbol{u}Q,\boldsymbol{u}\rangle})$$

と定義しておけば, 退化 2 次式の指数関数では表示による齟齬は起きないことがわかる.

退化対称行列を $Q{=}K^\dagger{+}iY$, $Y{\in}\tilde{S}^2$, のように書くことを正規化と呼ぶことにすれば, $Q{=}K^\dagger{+}iY$, $\langle K^\dagger,Y\rangle{=}0$ だが, これは実ベクトル表示では

$$\langle K^\dagger,Y\rangle=\alpha\xi-\beta\eta-\gamma\zeta=0,\ \mathrm{tr}YK=2\alpha\xi=0$$

のことだから, 剛体 iK-表示では

$$I-tQiK=I-t(K^\dagger+iY)iK=(1-it)I+tYK,$$

となるのだが $\det(I-tQiK)=1-2it$ なので

$$:e_*^{t\frac{1}{i\hbar}\langle \boldsymbol{u}(K^\dagger+iY),\boldsymbol{u}\rangle}:_{iK}=\frac{1}{\sqrt{1-2it}}e^{-\frac{1}{i\hbar}\langle \boldsymbol{u}\frac{1}{(1-it)I+tYK}(K^\dagger+iY),\boldsymbol{u}\rangle}$$

であり, これより次のことが分かる:

命題 2.9 退化光円錐上の正規化された $*$-指数関数は剛体 iK 表示で $t{=}-\frac{1}{2}i$ にのみ特異点を持ち, $i\mathbb{R}_+$ 方向に $\frac{1}{\sqrt{|t|}}$ のオーダーで減少する.

部分 Minkowski 空間

$a{=}0$ の場合はまず $L^{1+3}(K^\dagger)$ の中で平衡面 E^2 と $K^\dagger$ で作る部分空間

$$L^{1+2}(K^\dagger)=\mathbb{R}K^\dagger\oplus E^2=\{x\mathbf{e}_0+y_2\mathbf{e}_2+y_3\mathbf{e}_3\},\quad \mathbf{e}_0=K^\dagger$$

を考える. a=0 なので, 光円錐が (退化2次式だが) 均質空間になっている3次元の Minkowski 空間である. ここでは計量と行列式が一致するので, 左の図で $\det Z=1$ の部分が $x^2-y_2^2-y_3^2=1$ の部分である. 退化光円錐はこれらの曲面に漸近的に接している. $y^2=y_2^2+y_3^2$ として $x^2-y^2<0$ の所は $(\mathrm{tr}MK)^2$ が負の実数となるから実軸上に分岐特異点が $\frac{\pi}{2}$ 周期で出てきて ε_{00} の手前の特異点の迂回のしかたで符号が変

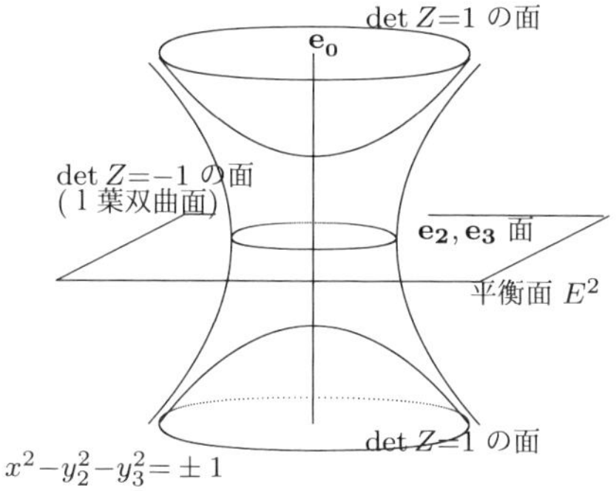

わる (どちらにも決められる) 場合である. こういう場所が出てきてしまうのが2価の元凶である. つまり $L^{1+2}(K^\dagger)$ の空間領域では指数関数の特異点列が実軸上に並ぶので都合が悪いのである. しかし, この3次元平面 $L^{1+2}(K^\dagger)$ によって分断される $L^{1+3}(K^\dagger)$ の開領域を L_r^{1+2}, L_l^{1+2} とすれば, そこでは $a\neq0$ であり, $y^2(a^2+b^2+c^2)=\|\boldsymbol{y}\|^2$ の関係で y をきめているのだから $a\neq0$ ならば $y\neq0$ であり $E^3=\{x=0\}$ から浮いていれば $x\neq0$ であり $ixya\neq0$ である. しかも指数関数は $L^{1+2}(K^\dagger)$ の光円錐の内側 $V_2(K^\dagger)$ (○の部分) を経由して特異点が実軸を踏むことなくどちら側にも移動できる.

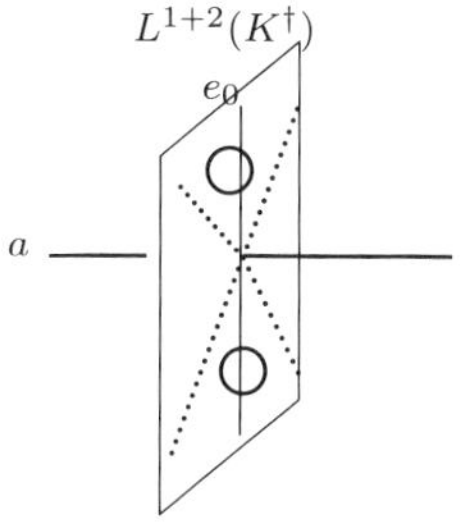

$x>0$ で $a\neq0$ の領域では系2.1により, 正規化された指数関数の特異点列は実軸の片側, e.g. 実軸の下側にある. $x>0$ で $a=0$ でも $x^2>y^2$ ならまだ特異点列は実軸の片側だが, $x\geq0$, $a=0$ で $x^2<y^2$ の所は正規化された指数関数の特異点列が実軸上に並んでいる所である. また, $a=0$ で $x^2=y^2$ の所はまた, $a=0$ で $x^2=y^2$ の所は退化光円錐 (退化2次式の指数関数) の所である.

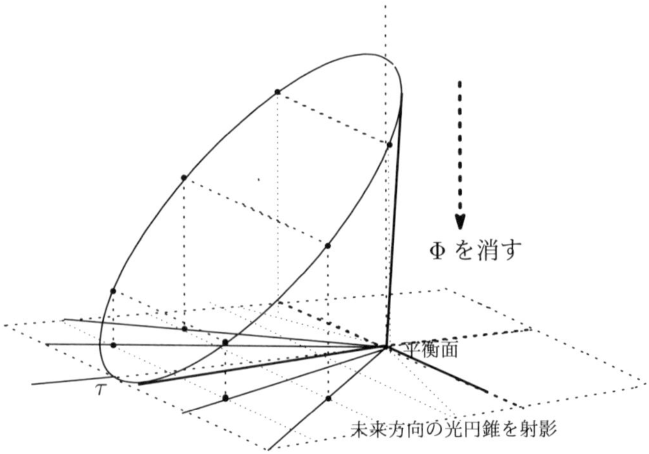

従って $V_2(K^\dagger)$ の中で $x>0$ の部分を $V_2^+(K^\dagger)$ とすると, $V_2^+(K^\dagger)\oplus i\mathbb{R}K^\dagger$ の部分では正規化された指数関数の特異点列が全部実軸の下側にあるとしてよい. $L^{1+3}(K^\dagger)$ の光円錐の内側 $V_3(K^\dagger)$, 及び非退化光円錐も $V_2^+(K^\dagger)\oplus i\mathbb{R}K^\dagger$ の中に含まれている. 要約すると, $L^{1+3}(K^\dagger)$ の退化光円錐部分で光円錐に接する 3 次元の平面で分断される $L^{1+3}(K^\dagger)$ **の半分の開領域では特異点列が全部実軸の下側にあるということで時間に向きが付けられるのである.** (第 2 部, 古典熱力学の項参照.)

2.4　逆元, 半逆元と真空 ϖ_{00}, 極地元 ε_{00}

ここまでは指数関数の周期性に注目していたが, 命題 2.2 や, (2.32) 式でわかるように両側に急減少という奇妙な性質もある. 一般に $*$ 指数関数の極限として定義されるものを**真空**と呼ぶ. これは指数法則により冪等元となる.

$:H_*:_0=au^2+bv^2+2cuv$, $c^2-ab=1$, のとき (2.11) 式は

$$:e_*^{tH_*}:_0=\frac{1}{\cos(\hbar\sqrt{D}\,t)}e^{:H_*:_0\frac{1}{\hbar\sqrt{D}}\tan(\hbar\sqrt{D}\ t)}$$

であったが, 行列式が 1 の場合 i.e.$D=-1$, の場合にあてはめると, 複合同順で

$$\lim_{t\to\pm\infty}:e^{\pm t}e_*^{tH_*}:_0=2e^{\pm\frac{1}{\hbar}(au^2+bv^2+2cuv)}$$

となり $\mathfrak{S}$ を判別式 -1 の 2 次式全体として $2e^{\frac{1}{\hbar}\mathfrak{S}}$ が全部現れる. これを実 4 次元の多様体と見ているときには M_0 と書く. 真空点の集合と見ているとき

にはこれを $:\mathcal{V}:_0$ のように書く. $:\ :_0$ は Weyl 表示であることを示すが, 相互変換でどの表示にも移れる. 相互変換 $I_{\kappa}^{\kappa'}$ は常に Weyl 表示を経由して $I_{\kappa}^{\kappa'}=I_0^{\kappa'}I_{\kappa}^{0}$ として定義するので

定理 2.7 真空に対する相互変換では齟齬は生じない.

従って真空の全体は**集合として扱える**ので, 背後に $\varpi(\boldsymbol{x})\in\mathcal{V}$ という**抽象的真空の集合**があるものと考える. $:\mathcal{V}:_0$ の一つの元 (真空点) $\boldsymbol{x}$ に対し生成元を変更して $:\varpi_{\boldsymbol{x}}:_0=2e^{\frac{1}{i\hbar}2u_{\boldsymbol{x}}v_{\boldsymbol{x}}}$ のように標準形で扱う. $2e^{\frac{1}{i\hbar}2u_{\boldsymbol{x}}(v_{\boldsymbol{x}}+au_{\boldsymbol{x}})}$ は $\boldsymbol{x}$ を使って書いているが $\varpi_{\boldsymbol{x}}$ とは違う真空点なので要注意.

$\det A=1$ として $\langle\boldsymbol{u}A,\boldsymbol{u}\rangle_*$ を考えれば $\langle\boldsymbol{u}A,\boldsymbol{u}\rangle_*=\frac{2}{i}(au+bv)\circ(cu+dv)$, $ad-bc=1$, と因数分解される. $\tilde{u}=au+bv$, $\tilde{v}=cu+dv$ と置けば $e_*^{t\frac{1}{\hbar}\langle\boldsymbol{u}A,\boldsymbol{u}\rangle_*}=e_*^{t\frac{1}{i\hbar}2\tilde{u}\circ\tilde{v}}$ となる.

命題2.5 より, $:e_*^{t\frac{2}{i\hbar}\tilde{u}\circ\tilde{v}}:_{\kappa}$ は generic な K で $e^{-|t|}$ のオーダーで急減少するから generic な表示で 2 つの逆元

$$\frac{2}{i\hbar}\int_{-\infty}^{0}e_*^{t\frac{1}{i\hbar}2\tilde{u}\circ\tilde{v}}dt=(\tilde{u}\circ\tilde{v})_{*+}^{-1},\quad -\frac{2}{i\hbar}\int_{0}^{\infty}e_*^{t\frac{1}{i\hbar}2\tilde{u}\circ\tilde{v}}dt=(\tilde{u}\circ\tilde{v})_{*-}^{-1}$$

を持つ. 一つの元に 2 つの逆元があるのだから当然結合律は破れている. 破れる理由は $(\tilde{u}\circ\tilde{v})_{*+}^{-1}*(\tilde{u}\circ\tilde{v})*(\tilde{u}\circ\tilde{v})_{*-}^{-1}$ は重積分としては定義できないのに 2 通りに累次積分しているからで, 2 つの逆元の差 (associator) $\{(\tilde{u}\circ\tilde{v})_{*+}^{-1},(\tilde{u}\circ\tilde{v}),(\tilde{u}\circ\tilde{v})_{*-}^{-1}\}$ は $2\pi\delta_*(\frac{1}{\hbar}2\tilde{u}\circ\tilde{v})$ だが $\langle\boldsymbol{a},\boldsymbol{u}\rangle_{*\pm}^{-1}$ の場合と違って特異点列に阻まれて積分路の複素回転はできないので表示パラメータを動かして 2 つの逆元を入替えることはできないから 1 価の元である.

$2\tilde{u}\circ\tilde{v}=2\tilde{u}*\tilde{v}+i\hbar=2\tilde{v}*\tilde{u}-i\hbar$ なので, これより generic な表示で次のような逆元

$$\frac{2}{i\hbar}\int_{-\infty}^{0}e_*^{t\frac{1}{i\hbar}2\tilde{v}*\tilde{u}}dt=(\tilde{v}*\tilde{u})_{*+}^{-1},\quad -\frac{2}{i\hbar}\int_{0}^{\infty}e_*^{t\frac{1}{i\hbar}2\tilde{u}*\tilde{v}}dt\quad=(\tilde{u}*\tilde{v})_{*-}^{-1}$$

が作られる. これを使って $\tilde{u},\tilde{v}$ の半 (片側) 逆元が作られる：

$$\tilde{v}^{\circ}=\tilde{u}*(\tilde{v}*\tilde{u})_{*+}^{-1},\quad \tilde{u}^{\bullet}=\tilde{v}*(\tilde{u}*\tilde{v})_{*-}^{-1}. \tag{2.44}$$

玉突補題[2] で容易に

$$\tilde{v}^{\circ}{*}\tilde{v}{=}\frac{2}{i\hbar}\int_{-\infty}^{0}\tilde{u}{*}e_*^{t\frac{1}{i\hbar}2\tilde{v}*\tilde{u}}dt{*}\tilde{v}{=}\frac{2}{i\hbar}\int_{-\infty}^{0}e_*^{t\frac{1}{i\hbar}2\tilde{u}*\tilde{v}}\tilde{u}{*}\tilde{v}dt$$
$$={\int_{-\infty}^{0}}\frac{d}{dt}e_*^{t\frac{1}{i\hbar}2\tilde{u}*\tilde{v}}dt{=}1{-}\lim_{t\to-\infty}e_*^{t\frac{1}{i\hbar}2\tilde{u}*\tilde{v}}{=}1{-}\varpi_{00}$$

極限の存在は (2.32) の ♠ より分かる. 同様に

$$\tilde{u}^{\bullet}{*}\tilde{u}{=}{-}\frac{2}{i\hbar}\int_{0}^{\infty}\tilde{v}{*}e_*^{t\frac{1}{i\hbar}2\tilde{u}*\tilde{v}}dt{*}\tilde{u}{=}{-}\frac{2}{i\hbar}\int_{0}^{\infty}e_*^{t\frac{1}{i\hbar}2\tilde{v}*\tilde{u}}\tilde{v}{*}\tilde{u}dt$$
$$={-}\int_{0}^{\infty}\frac{d}{dt}e_*^{t\frac{1}{i\hbar}2\tilde{v}*\tilde{u}}dt{=}1{-}\lim_{t\to\infty}e_*^{t\frac{1}{i\hbar}2\tilde{v}*\tilde{u}}{=}1{-}\overline{\varpi}_{00}$$

$$\tilde{v}{*}\tilde{v}^{\circ}{=}1,\quad \tilde{v}^{\circ}{*}\tilde{v}{=}1{-}\varpi_{00},\qquad \tilde{u}{*}\tilde{u}^{\bullet}{=}1,\quad \tilde{u}^{\bullet}{*}\tilde{u}{=}1{-}\overline{\varpi}_{00}. \tag{2.45}$$

このようなものは § 1.2 の半逆元の代数の項にすでに現れている.

ϖ_{00} を**真空**, $\overline{\varpi}_{00}$ を**共役真空**と呼ぶ. これらは指数関数の無限遠に貼付いている冪等元で, どちらも真空なので後節でまとめて扱う.

$\varpi_{00}, \overline{\varpi}_{00}$ は指数関数の極限で与えられているから指数法則より冪等元であり, $K{=}0$ の時の表示 (Weyl 表示) では前節の $\lim_{t\to\pm\infty}$ の計算で

$$:\varpi_{00}:_0{=}2e^{-\frac{1}{\hbar}\langle \boldsymbol{u}A,\boldsymbol{u}\rangle},\ :\overline{\varpi}_{00}:_0{=}2e^{\frac{1}{\hbar}\langle \boldsymbol{u}A,\boldsymbol{u}\rangle}$$

が分かる. 次のことは容易に分かる：

$$\tilde{v}{*}\varpi_{00}{=}0{=}\varpi_{00}{*}\tilde{u},\ \tilde{u}{*}\overline{\varpi}_{00}{=}0{=}\overline{\varpi}_{00}{*}\tilde{v}. \tag{2.46}$$

以下では $\tilde{u},\tilde{v}$ を u,v と書くことにする. 次の命題は 1 章の真空表現で普通の微積分も再現/復元できることを示している:

命題 2.10 $f(u){\in}Hol(\mathbb{C})$ に対し generic な表示で次のようになる：

$$\frac{1}{i\hbar}v{*}f(u){*}\varpi_{00}=f'(u){*}\varpi_{00},\quad v^{\circ}{*}f(u){*}\varpi_{00}=\frac{1}{i\hbar}\int_{0}^{u}f(x)dx{*}\varpi_{00}.$$

証明. $[v,f(u)]{=}i\hbar f'(u)$, $v{*}\varpi_{00}=0$ より第 1 のものは容易. 2 番目のは,

$$\mathrm{ad}(\frac{1}{i\hbar}v{*}u){=}[\frac{1}{i\hbar}v{*}u,\begin{bmatrix}u\\v\end{bmatrix}]{=}\begin{bmatrix}1&0\\0&-1\end{bmatrix}\begin{bmatrix}u\\v\end{bmatrix}$$

[2] $X(YX\cdots YX){=}(XY\cdots XY)X$ で証明できる等式をこう呼ぶ

が線形変換なので, 任意の C^∞ 関数 $h(u,v)$ に対し次のようになる：

$$h(e^{t\mathrm{ad}\frac{1}{i\hbar}v*u}\begin{bmatrix}u\\v\end{bmatrix})=h(\exp(t\begin{bmatrix}1&0\\0&-1\end{bmatrix}\begin{bmatrix}u\\v\end{bmatrix})).$$

次に任意の整関数 $f(u)$ に対し $\mathrm{Ad}(e_*^{t\frac{1}{i\hbar}v*u})f(u)=e_*^{t\frac{1}{i\hbar}v*u}*f(u)*e_*^{-t\frac{1}{i\hbar}v*u}$ と置くと, 定理2.1 より右辺に結合律があるから, t で微分して

$$\frac{d}{dt}\mathrm{Ad}(e_*^{t\frac{1}{i\hbar}v*u})f(u)=[\tfrac{1}{i\hbar}v*u, \mathrm{Ad}(e_*^{t\frac{1}{i\hbar}v*u})f(u)],\quad \text{初期条件 } f(u),$$

を満たすことが分かるので, $\mathrm{Ad}(e_*^{t\frac{1}{i\hbar}v*u})f(u)=f(e^tu)$ が分かる. 一方 generic な表示で $e_*^{t\frac{1}{i\hbar}v*u}$ は実軸の近傍上で正則として良いから $e_*^{0\frac{1}{i\hbar}v*u}=1$ からの連続追跡で $e_*^{t\frac{1}{i\hbar}v*u}*\varpi_{00}=e^t*\varpi_{00}$ となる.

$$v^\circ*f(u)*\varpi_{00}=\frac{1}{i\hbar}\int_{-\infty}^{0}e^tu*f(e^tu)dt*\varpi_{00}$$

となるので $x=e^tu$ とおけばよい. □

これは自分の胎内に自分と同型なものを孕んでいるということでこのようなことは数学の至る所に存在していて様々な哲学的問題を引起こす.

一方, u,v を実変数に制限しているときには $\int_0^u du$ で閉じるものを使わねばならないから表現空間はかなり限定される. 急減少関数で, 多項式程度の増大度の関数 $h(u)$ を用いて $h(u)e^{-u^2}$ の形に書かれるものの全体を $\widetilde{\mathcal{S}}(\mathbb{R})$ とし, これを表現空間とするのである.(後節 Hermite 多項式の項参照)

また, 半直線 $\mathbb{R}_+=[0,\infty)$ 上で考えるときには $\widetilde{\mathcal{S}}(\mathbb{R})$ の代わりに $h(u)e^{-u}$ の形に書かれる関数の全体を $\widetilde{\mathcal{S}}(\mathbb{R}_+)$ とし, これを使えばよい. これで真空表現で普通の微積分の代数が復元される.

真空の性質, 真空全体の集合

この節での真空の性質をまとめてみると次のようになる：

a) 普通の指数関数で表示されているが $\varpi(\boldsymbol{x})*\varpi(\boldsymbol{x})=\varpi(\boldsymbol{x})$ (冪等元) であり, 相互変換に齟齬は現れない. 従って真空全体は集合として扱える.

b) 真空全体の集合は行列式 1 の 2×2 複素対称行列 $\mathfrak{S}=SL(2,\mathbb{C})/SO(2,\mathbb{C})\approx\mathbb{R}^2\times S^2$ である. 正確には Weyl 表示で $2e^{\frac{1}{\hbar}\mathfrak{S}}$ である.

c) 真空は生成元の一方を消してしまう. i.e. $\alpha\delta-\beta\gamma=1$ となる $\alpha,\beta,\gamma,\delta$ で $(\gamma u_{\boldsymbol{x}}+\delta v_{\boldsymbol{x}})*\varpi(\boldsymbol{x})=0=\varpi(\boldsymbol{x})*(\alpha u_{\boldsymbol{x}}+\beta v_{\boldsymbol{x}})$ となるものがある.

真空は指数関数の極限として定義されるが極限は t の実部のみ $\to \pm\infty$ とすればよく, 虚部には無関係の値に収束することが分かる. $:e^{\pm t}e_*^{tH_*}:_0 = :e_*^{t(H_*\pm 1)}:_0$ に指数法則が使えるから $\lim_{t\to\pm\infty} :e_*^{2t(H_*\pm 1)}:_0$ も同じ極限となるのでどの真空 $\varpi_{\boldsymbol{x}}$ も**冪等元** i.e. $:\varpi_{\boldsymbol{x}}:_0 *_0 :\varpi_{\boldsymbol{x}}:_0 = :\varpi_{\boldsymbol{x}}:_0$ である. 以下では真空点は固定して考えるので $\boldsymbol{x}$ は書かずに扱う. 右辺は 1 径数群の極限として

$$2e^{\frac{1}{i\hbar}2uv} = \lim_{t\to-\infty} :e^{-t}e_*^{-t\frac{1}{i\hbar}2u\circ v}:_0$$

だから真空 ϖ_{00}, $\overline{\varpi}_{00}$ の K 表示は次の式となる:

$$:\varpi_{00}:_K = \lim_{t\to-\infty} :e^{-t}e_*^{-t\frac{1}{i\hbar}2u\circ v}:_K, \quad :\overline{\varpi}_{00}:_K = \lim_{t\to\infty} :e^{t}e_*^{t\frac{1}{i\hbar}2u\circ v}:_K. \tag{2.47}$$

$A = \begin{bmatrix} 0 & 1 \\ 1 & 0 \end{bmatrix}$ とし, K を $\begin{bmatrix} \alpha & \gamma \\ \gamma & \beta \end{bmatrix}$ と置けば, (2.32) の ♠ は

$$\left(\frac{1}{\sqrt{(\cosh t - \gamma\sinh t)^2 - \alpha\beta\sinh^2 t}}, \ \frac{\sinh t \begin{bmatrix} \beta\sinh t & \cosh t - \gamma\sinh t \\ \cosh t - \gamma\sinh t & \alpha\sinh t \end{bmatrix}}{(\cosh t - \gamma\sinh t)^2 - \alpha\beta\sinh^2 t} \right)$$

となる. 念のために $K = \begin{bmatrix} \delta & c \\ c & \delta' \end{bmatrix}$ のときに計算してみると,

$$:\varpi_{00}:_K = \frac{2}{\sqrt{(1+c)^2 - \delta\delta'}} e^{-\frac{1}{i\hbar}\langle \boldsymbol{u}H, \boldsymbol{u}\rangle}, \quad H = \begin{bmatrix} \delta & 1+c \\ 1+c & \delta' \end{bmatrix}^{-1} \tag{2.48}$$

となり, $\det(K+K_0)=0$ の場合を除いて (u,v) に関しては整関数だが, $\hbar=0$ にはつながらないので, 結合律定理 2.1 は使えない形の元なので $e_*^{t\frac{1}{i\hbar}2u*v} * p(u,v) * \varpi_{00}$ のような計算には注意が要る.

2.4.1　微分方程式による積の定義

$:e_*^{t\frac{1}{i\hbar}2u\circ v} * f(u,v):_K$ を微分方程式 $\frac{d}{dt}f_t = \frac{1}{i\hbar}2u\circ v * f_t$, $f_0 = f$ の実解析解として定義することを考えるのだが, $:e_*^{z\frac{1}{i\hbar}2u\circ v}:_K$ は一般に分岐特異点を持ち 2 価関数なので §1.6 での考察より 2 枚のシート上で扱われる. つまり, 指数関数のパラメータ空間が 2 枚あり, 原点 0 が 0_+, 0_- と 2 つある. 従って初期条件 $f_0 = f$ というのは正確には $f_{0_+} = f$, $f_{0_-} = -f$ のようにして各シート上で同時に考えておいて slit を通過するときにシートが入替わるのである. 微分方程式は正確には

$$\frac{d}{dt}:f_t:_K = :\frac{1}{i\hbar}2u\circ v * f_t:_K, \quad :f_0:_K = \pm :f:_K \tag{2.49}$$

のように書くべきかもしれないが, f 自身が $\sqrt{a}$ のような記号を含んだ形で与えられるときには2つの初期条件を同時に表わしていると思うことができる. 初期条件が ±1 のときと同様で, (2.27) と同じように常微分方程式系で扱えることが多い. 解は $:e_*^{z\frac{1}{i\hbar}2u\circ v}:_{_K}$ のリーマン面上の2価関数となる場合と, 2つの1価関数となって一方だけを選べる場合がある. これは特に $\frac{1}{i\hbar}2u{*}v{*}\varpi_{00}{=}0$ のように解が一定値となるような場合が大切であるが, 記号は少々混乱する;

定理 2.8 $:\frac{1}{i\hbar}2u{\circ}v{*}f:_{_K}{=}0$ の場合 $:e_*^{z\frac{1}{i\hbar}2u\circ v}{*}f:_{_K}$ は z に関して $:e_*^{z\frac{1}{i\hbar}2u\circ v}:_{_K}$ のリーマン面上で定義された $(\pm f)$ 値の定値2価関数となる. 特に $:e_*^{z\frac{1}{i\hbar}2u*v}{*}\varpi_{00}:_{_K}$ も $(\pm\varpi_{00})$ 値定値2価関数となる.

この関数は slit の所で解の入替わりが起こるのだが, slit の位置は自由に動かせるのでどこで入替わるのかの場所は特定できないし特定すること自体無意味だが対数微分では $:e_*^{-z\frac{1}{i\hbar}2u\circ v}d(e_*^{z\frac{1}{i\hbar}2u\circ v}){*}f:_{_K}{=}0$ となっていることに注意する.

次のことにも注意しておこう：

命題 2.11 次の等式 $:e_*^{\tau\frac{1}{i\hbar}2u\circ v}{*}\int_\alpha^\beta e_*^{(s+it)\frac{1}{i\hbar}2u\circ v}dt:_{_K} = :\int_\alpha^\beta e_*^{(\tau+s+it)\frac{1}{i\hbar}2u\circ v}dt:_{_K}$ は $:e_*^{(\zeta+s+it)\frac{1}{i\hbar}2u\circ v}:_{_K}$ が $(\zeta,t)\in[0,\tau]{\times}[\alpha,\beta]$ 内に特異点がなければ成立する.

証明. 左辺は次の微分方程式の実解析解として定義する：

$$\frac{d}{d\zeta}F_\zeta = :\frac{1}{i\hbar}2u{\circ}v:_{_K}{*}_{_K}F_\zeta, \quad F_0 = :\int_\alpha^\beta e_*^{(s+it)\frac{1}{i\hbar}2u\circ v}dt:_{_K}. \tag{2.50}$$

従って右辺が微分方程式を満たすことを示せば良い. $:e_*^{(\zeta+s+it)\frac{1}{i\hbar}2u\circ v}:_{_K}$ は ζ に関して正則である. 一方 $*$ 積の連続性で

$$\begin{aligned}\frac{d}{d\tau}:\int_\alpha^\beta e_*^{(\tau+s+it)\frac{1}{i\hbar}2u\circ v}dt:_{_K} &= :\int_\alpha^\beta \frac{1}{i\hbar}2u{\circ}v{*}e_*^{(\tau+s+it)\frac{1}{i\hbar}2u\circ v}dt:_{_K}\\ &= :\frac{1}{i\hbar}2u{\circ}v{*}\int_\alpha^\beta e_*^{(\tau+s+it)\frac{1}{i\hbar}2u\circ v}dt:_{_K},\end{aligned}$$

となり (2.50) を満たす. □

真空と ε_{00} とか, 逆元との関係

Generic な表示 K で $e_*^{it\frac{1}{i\hbar}u*v}$ は実軸上に特異点はないとして良い. $[0{\to}t]$ は線分 $[0,t]$ に沿って初期点0から t まで連続的に値を追跡し t での値をきめる

という約束とすると, $e_*^{i[0\to t]\frac{1}{i\hbar}u*v}*\varpi_{00}=\varpi_{00}$ だから $e_*^{i[0\to t]\frac{1}{i\hbar}u\circ v}*\varpi_{00}=e^{\frac{it}{2}}\varpi_{00}$ であり,

$$\varepsilon_{00}*\varpi_{00}=i\varpi_{00}=\varpi_{00}*\varepsilon_{00} \tag{2.51}$$

であるが, ε_{00}^2 は表示によって $:\varepsilon_{00}^2:_K=1$, $:\varepsilon_{00}^2:_{iK}=-1$ なので iK 表示では

$$:\varepsilon_{00}*\varepsilon_{00}*\varpi_{00}:_{iK}, \quad :\varepsilon_{00}*\varpi_{00}*\varepsilon_{00}:_{iK} \tag{2.52}$$

に結合律は成立しているが K 表示では結合律は成立していない. また玉突補題から当然予想されることだが, (2.21) 式で次が分かっている:

命題 2.12 ε_{00} は generic な表示で, 生成元と反交換する. 従って任意の偶元と交換する.

$e_*^{it\frac{1}{i\hbar}u*v}*f(u)*\varpi_{00}$ を $e_*^{it\frac{1}{i\hbar}u*v}*f(u)*\varpi_{00}=\mathrm{Ad}(e_*^{it\frac{1}{i\hbar}u*v})(f(u))e_*^{it\frac{1}{i\hbar}u*v}*\varpi_{00}$ と考えて 微分方程式を建てるときには $e_*^{it\frac{1}{i\hbar}u*v}*\varpi_{00}=\varpi_{00}$ が成立している $\oplus$ シートで式を作らねばならない. そこで考えて, $e_*^{it\frac{1}{i\hbar}u*v}*f(u)*\varpi_{00}=g_t(u)*\varpi_{00}$ と置けば, $\frac{1}{i\hbar}u*v*g_t(u)*\varpi_{00}=u\partial_u g_t(u)*\varpi_{00}$ だから微分方程式は

$$\partial_t g_t(u)*\varpi_{00}=u\partial_u g_t(u)*\varpi_{00},\ g_0=f$$

となり解は $g_t(u)=f(e^{it}u)$ となる. しかしこの式を濫用して

$$e_*^{it\frac{1}{i\hbar}u*v}*e_*^{s\frac{1}{i\hbar}u^2}*\varpi_{00}=e_*^{s\frac{1}{i\hbar}(e^{it}u)^2}*\varpi_{00}$$

のように書くのは間違いのもとである. §1.6 で見たように $e_*^{se^{2it}\frac{1}{i\hbar}u^2}$ は s に関して分岐特異点を持っており, e^{2it} により曖昧同型の複素回転が起こるから, $e_*^{s\frac{1}{i\hbar}(e^{it}u)^2}*\varpi_{00}$ は s,t のどちらを先に計算するかで符号が逆転することがある. これは積の可換, 反可換に影響するので見過ごせない. このことが普通の Lie 群での計算と違うところである (後節壁越え補題参照).

命題2.2 により $\tilde{u}$ は 2 つの逆元 $\tilde{u}_\pm^{-1}$ があるからこれと ϖ_{00} とか $\tilde{u}^\bullet$ が一緒に出てくる $\tilde{v}_\pm^{-1}*v*\varpi_{00}$ のような式では当然結合律は成立しない. 従って逆元 $\tilde{v}_\pm^{-1}$ の真空表現というのは普通は考えられない.

しかし, 命題 2.12 を使うと generic な表示で次のような式が示せる：

$$\tilde{v}_+^{-1}*\varepsilon_{00}=-\varepsilon_{00}*\tilde{v}_-^{-1} \tag{2.53}$$

K 表示された式が満たす微分方程式

$u{\circ}v{=}\frac{1}{2}(u{*}v{+}v{*}u)$ とし, $:u{\circ}v:_{K}{=}uv{+}i\hbar K_{12}$ に注意する．任意の連続関数 $g(s)$ に対して：$\int_C g(s)e_*^{s\frac{1}{i\hbar}(u\circ v)}ds:_{K}{=}f(u,v;K)$ と置く．$*_{\Lambda}$ 積公式での計算で次のことが分かる：

定理 2.9 $[uv, f(u,v;K)]_{*_{\Lambda}}{=}0$ である．

この式は特異点の Laurent 展開係数とか, 逆元の特異点の留数の計算に応用できる便利な式で, 簡単そうに見えるが $*_{\Lambda}$ 積の公式を正確に思出しておかないとまごつく．$K{=}\begin{bmatrix}\delta & c\\ c & \delta'\end{bmatrix}$ とすると $\Lambda{=}\begin{bmatrix}\delta & c{-}1\\ c{+}1 & \delta'\end{bmatrix}$ であり, $\frac{1}{i\hbar}uv{*_{\Lambda}}f(u,v;K)$ は (2.1) 式で $\nu{=}i\hbar$ としたもので求めると $\Lambda{=}K{+}J$ なので下のようになる：

$$\begin{aligned}&(\frac{c}{2}{+}\frac{1}{i\hbar}uv)f(u,v;K){+}((c{+}1)u{+}\delta v)\partial_u f(u,v;K)\\&\quad{+}(\delta' u{+}(c{-}1)v)\partial_v f(u,v;K){+}\frac{i\hbar}{4}\big(\delta(c{+}1)\partial_u^2 f(u,v;K)\\&\qquad{+}(\delta\delta'{+}c^2{-}1)\partial_u\partial_v f(u,v;K){+}\delta'(c{-}1)\partial_v^2 f(u,v;K)\big).\end{aligned}\tag{2.54}$$

ところが, 右からの積 $f(u,v;K){*_{\Lambda}}\frac{1}{i\hbar}uv$ は J があるために $(c{+}1)$ と $(c{-}1)$ とが入替わった計算となり, 結果として

$$[\frac{1}{i\hbar}uv, f(u,v)]_{*_{\Lambda}}{=}\Big(2\big(u\partial_u{-}v\partial_v\big){+}\frac{i\hbar}{2}\big(\delta\partial_u^2{-}\delta'\partial_v^2\big)\Big)f(u,v).\tag{2.55}$$

となることが分かる．$f(u,v;K)$ は命題 2.9 よりこの式 $=0$ を満たすわけであるが, 自明な式のようには見えないのでもう少し詳しく見よう．

まず $f(u,v)$, $g(u,v)$ が (2.55) を満たせば, $f(u,v){*_{\Lambda}}g(u,v)$ も (2.55) を満たすから, (2.55) の解全体は $(\mathcal{A}, *_{\Lambda})$ は何らかの代数になっている．$:e_*^{t\frac{1}{i\hbar}2u\circ v}:_{K}\in\mathcal{A}$ であるが, これをどのようにして求めたかを思出すと, まず Weyl 表示 (Moyal 積公式) で $:e_*^{t\frac{1}{i\hbar}2u\circ v}:_0$ を求めそれを相互変換公式 I_0^K で変換して求めていた．

上の K を使い $\Delta{=}e^t{+}e^{-t}{-}c(e^t{-}e^{-t})$ と置くと $:e_*^{t\frac{1}{i\hbar}2u\circ v}:_{K}$ は

$$:e_*^{t\frac{1}{i\hbar}2u\circ v}:_{K}{=}\frac{2}{\sqrt{\Delta^2{-}(e^t{-}e^{-t})^2\delta\delta'}}\;e^{\frac{1}{i\hbar}\frac{e^t-e^{-t}}{\Delta^2-(e^t-e^{-t})^2\delta\delta'}\big((e^t-e^{-t})(\delta' u^2+\delta v^2)+2\Delta uv\big)}$$

となる．この式の右辺を $g_t(K,u,v)$ と置けば, これが $[uv, g_t(K,u,v)]_{*_{\Lambda}}{=}0$ を満たす．ところで $e^{\mathrm{sad}(\frac{1}{i\hbar}u\circ v)}\begin{bmatrix}u\\ v\end{bmatrix}{=}\begin{bmatrix}e^s & 0\\ 0 & e^{-s}\end{bmatrix}\begin{bmatrix}u\\ v\end{bmatrix}$ だから, これを生成元の変更

と見ると $u{\circ}v$ は不変だから明らかに $f_*(e^{s\mathrm{ad}(\frac{1}{i\hbar}u\circ v)}\begin{bmatrix}u\\v\end{bmatrix})=f_*(\begin{bmatrix}u\\v\end{bmatrix})$ が成立している. 一方 $:f_*(\begin{bmatrix}u\\v\end{bmatrix}):_K=g_t(K,\begin{bmatrix}u\\v\end{bmatrix})$ (変数を縦に書いている) なのに

$$g_t(K,\begin{bmatrix}u\\v\end{bmatrix})\neq g_t(K,e^{s\mathrm{ad}(\frac{1}{i\hbar}u\circ v)}\begin{bmatrix}u\\v\end{bmatrix})$$

である. 理由は生成元を変更したものは表示パラメータ K を $K'={}^tSKS$, $S=\begin{bmatrix}e^s & 0\\0 & e^{-s}\end{bmatrix}$ に変更して表示するので, この場合は $K_s'=\begin{bmatrix}e^{2s}\delta & c\\c & e^{-2s}\delta'\end{bmatrix}$ となり, $g_t(K,e^{s\mathrm{ad}(\frac{1}{i\hbar}u\circ v)}\begin{bmatrix}u\\v\end{bmatrix})=g_t(K_s',\begin{bmatrix}u\\v\end{bmatrix})$ となっている. このように書けるということが $f_*(e^{s\mathrm{ad}(\frac{1}{i\hbar}u\circ v)}\begin{bmatrix}u\\v\end{bmatrix})=f_*(\begin{bmatrix}u\\v\end{bmatrix})$ を表わしているのである. このような (生成元の変更で不変といった) 等式が成立しているということを表示されたものを使って表わすのは案外面倒なもので, 一般には (2.55) 式のようなものを使うか, 複数の表示を使わねばならないが, Weyl 表示 (K=0) でならその必要がなくなるので便利である (§2.2.1 の解法参照). しかし一般には上の注意が要る.

2.4.2　Taylor 展開による真空表現

$e_*^{t\frac{1}{i\hbar}u\circ v}$ において $w=e^t$ のように置く. $u{*}v=u{\circ}v-\frac{1}{2}i\hbar$ なのでこの場合は表示 K は実軸上に特異点が出ない generic な表示で (2.32) の式より

$$\lim_{w\to 0}:e_*^{\log w\frac{1}{i\hbar}u*v}:_K=:e_*^{\log 0\frac{1}{i\hbar}u*v}:_K=:\varpi_{00}:_K$$

であり $w=0$ の近傍で w について正則な関数 $f_{_K}(w)=:e_*^{\log w\frac{1}{i\hbar}u*v}:_K$ を得る. 複素共役 $\bar{f}_{_K}(w)=:e_*^{-\log w\frac{1}{i\hbar}v*u}:_K$ を作れば (2.45) の式から全く同様に

$$\lim_{w\to 0}:e_*^{-\log w\frac{1}{i\hbar}v*u}:_K=:e_*^{-\log 0\frac{1}{i\hbar}v*u}:_K=:\overline{\varpi}_{00}:_K$$

も分かる. 玉突補題より

$$\partial_w\big|_0 e_*^{(\log w)\frac{1}{i\hbar}u*v}=\lim_{t\to-\infty}e^{-t}\partial_t e_*^{t\frac{1}{i\hbar}u*v}=\lim_{t\to-\infty}\frac{1}{i\hbar}u*v*e_*^{t(\frac{1}{i\hbar}u*v-1)}$$
$$=\lim_{t\to-\infty}\frac{1}{i\hbar}u*e_*^{t(\frac{1}{i\hbar}u*v)}*v.$$

これを繰り返して次の公式を得る：

$$\frac{1}{n!}f_{_K}^{(n)}(0)=\frac{1}{n!(i\hbar)^n}:u^n*\varpi_{00}*v^n:_K,\quad \frac{1}{n!}\bar{f}_{_K}^{(n)}(0)=\frac{1}{n!(i\hbar)^n}:v^n*\overline{\varpi}_{00}*u^n:_K \tag{2.56}$$

これは収束半径内で $f_{_K}(w)=\sum_n\frac{w^n}{n!}f_{_K}^{(n)}(0)$, $\bar{f}_{_K}(w)=\sum_n\frac{w^n}{n!}\bar{f}_{_K}^{(n)}(0)$ となる. 容易に次がわかる：

命題 2.13 (2.56) は (n,n)-行列要素である．これを $:E_{n,n}:_K$, $E_{n,n}(K)$ とか $:\overline{E}_{n,n}:_K$, $\overline{E}_{n,n}(K)$ のように書く．従って generic な表示で, $w=0$ の近傍で次が成立する:

$$e_*^{\log w\frac{1}{i\hbar}u*v}=\sum_{n=0}^{\infty}\frac{w^n}{n!(i\hbar)^n}u^n{*}\varpi_{00}{*}v^n=\sum_{n\geq 0}w^nE_{n,n}$$

$$e_*^{\log w\frac{1}{i\hbar}u\circ v}=\sum_{n=0}^{\infty}\frac{w^{n+\frac{1}{2}}}{n!(i\hbar)^n}u^n{*}\varpi_{00}{*}v^n=\sum_{n\geq 0}w^{n+\frac{1}{2}}E_{n,n}$$

$$e_*^{-\log w\frac{1}{i\hbar}v*u}=\sum_{n=0}^{\infty}\frac{w^n}{n!(i\hbar)^n}v^n{*}\overline{\varpi}_{00}{*}u^n=\sum_{n\geq 0}w^n\overline{E}_{n,n}$$

$$e_*^{-\log w\frac{1}{i\hbar}u\circ v}=\sum_{n=0}^{\infty}\frac{w^{n-\frac{1}{2}}}{n!(i\hbar)^n}v^n{*}\overline{\varpi}_{00}{*}u^n=\sum_{n\geq 0}w^{n-\frac{1}{2}}\overline{E}_{n,n}$$

特に $E_{0,0}(K){=}:\varpi_{00}:_K$, $\overline{E}_{0,0}(K){=}:\overline{\varpi}_{00}:_K$ である．一般的なことだが次のことに注意しておく:

補題 2.2 $f(z)$ が半径 R の複素開円盤 $D(R)$ から (第 2 可算公理を満たす) Fréchet 空間への正則な写像のとき $f(z)$ の $z{=}0$ におけるテイラー級数は半径 r, $0<r<R$ の閉円盤上で一様収束する．

定理 2.8 と同様に次の性質があることにまず注意する：

定理 2.10 $:e_*^{z\frac{1}{i\hbar}u*v}{*}\varpi_{00}:_K$ は $\mathbb{C}\backslash$(離散集合) 上の定値 $(\pm\varpi_{00})$ 2 価関数である．

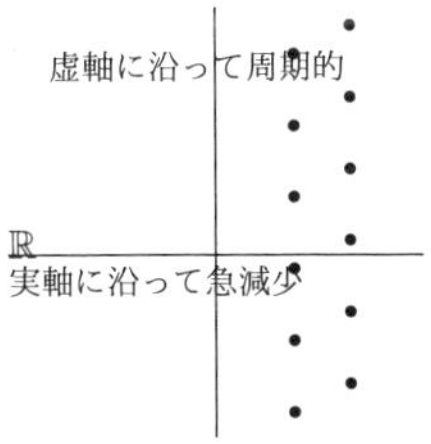

命題 2.14 $:e_*^{t\frac{1}{i\hbar}u*v}:_K$ の特異点列が虚軸の右側に 2 列ある場合には $Hol(\mathbb{C}^2)$ の元として $\mathrm{Re}\,\tau\leq 0$ で

$$1{=}\sum_{n=0}^{\infty}:E_{n,n}:_K,\quad :e_*^{\tau\frac{1}{i\hbar}u*v}:_K=\sum_{n=0}^{\infty}e^{n\tau}:E_{n,n}:_K$$

である．

周期性区間を $[a,b]$ としたとき 2 番目の式は一般には $\mathrm{Re}\,\tau{<}a$ で収束する．

$$:e_*^{\tau\frac{1}{i\hbar}u\circ v}:_K=\sum_{n=0}^{\infty}e^{\tau(n+\frac{1}{2})}:E_{n,n}:_K,\quad :\varepsilon_{00}:_K{=}i\sum_{n=0}^{\infty}e^{in\pi}:E_{n,n}:_K \tag{2.57}$$

特に $\left.\frac{d}{d\tau}\right|_{\tau=0}$ をとれば上の条件を満たす K で次も分かる：

$$:\frac{1}{i\hbar}u{\circ}v:_{K}=\sum_{n=0}^{\infty}(n+\frac{1}{2}):E_{n,n}:_{K}.$$

しかし一般の K では等式は成立しないが右辺の行列は定義できるから

$$:\frac{1}{i\hbar}u{\circ}v:_{mat}=\sum_{n=0}^{\infty}(n+\frac{1}{2})E_{n,n}(K)$$

のように書いておく.

$$\mathbf{e}_n=\frac{1}{\sqrt{(i\hbar)^n n!}}u^n, \quad \mathbf{e}^{\dagger}_n=\frac{1}{\sqrt{(i\hbar)^n n!}}v^n \tag{2.58}$$

と置けば, 次のことが分かる:

定理 2.11 任意の表示で $\mathbf{e}_m{*}\varpi_{00}{*}\mathbf{e}^{\dagger}_n$ は (m,n) 行列要素である. これを $:E_{m,n}:_{K}$ とか $E_{m,n}(K)$ と書く. 同様 $\mathbf{e}^{\dagger}_m{*}\overline{\varpi}_{00}{*}\mathbf{e}_n$ も (m,n) 行列要素である. *i.e.*

$$\mathbf{e}_k{*}\varpi_{00}{*}\mathbf{e}^{\dagger}_{\ell}{*}\mathbf{e}_m{*}\varpi_{00}{*}\mathbf{e}^{\dagger}_n=\delta_{\ell,m}\mathbf{e}_k{*}\varpi_{00}{*}\mathbf{e}^{\dagger}_n$$
$$\mathbf{e}^{\dagger}_k{*}\overline{\varpi}_{00}{*}\mathbf{e}_{\ell}{*}\mathbf{e}^{\dagger}_m{*}\overline{\varpi}_{00}{*}\mathbf{e}_n=\delta_{\ell,m}\mathbf{e}^{\dagger}_k{*}\overline{\varpi}_{00}{*}\mathbf{e}_n$$

さらに次も成立する.

$$\mathbf{e}_k{*}\varpi_{00}{*}\mathbf{e}^{\dagger}_{\ell}{*}\mathbf{e}_m{*}\overline{\varpi}_{00}{*}\mathbf{e}^{\dagger}_n=0.$$

さらに行列としての単位行列を $Hol(\mathbb{C}^2)$ の元としての 1 とは区別して

$$\textstyle\sum_n \mathbf{e}_n{*}\varpi_{00}{*}\mathbf{e}^{\dagger}_n=1_{mat}$$

のように書く. ($1{=}1_{mat}$ か否かは表示による.) 次の式に注意する：

$$\sum_n E_{n,n+1}(K){*}E_{n+1,n}(K)-\sum_n E_{n+1,n}(K){*}E_{n,n+1}(K)=:\varpi_{00}:_{K}$$

極限での定義に遡って調べると

$$(\varpi_{00}{*}\mathbf{e}^{\dagger}_m){*}(\mathbf{e}_n{*}\varpi_{00})=\varpi_{00}{*}(\mathbf{e}^{\dagger}_m{*}\mathbf{e}_n){*}\varpi_{00}$$

のような結合律は問題なく成立するのだが次のような命題を掲げておく：

命題 2.15 任意の多項式 $p_*(u,v)$ に対し $\varpi_{00}{*}p_*(u,v){*}\varpi_{00}$ には結合律が成立し $p_*(0,0)\varpi_{00}$ となる.

証明. $p_*(u,v){=}u^k{*}v^l$ で示せば十分. 結合律定理 2.1 により $e_*^{su*v}{*}u^k{*}v^l{*}e^{tu*v}$ では結合律が成立するから玉突補題と指数法則で

$u^k{*}e_*^{s(u*v+ki\hbar)}{*}e^{t(u*v+li\hbar)}v^l{=}e^{i\hbar(ks+lt)}u^k{*}e_*^{(s+t)u*v}{*}v^l$ と変形する. すると $u^k{*}, {*}v^l$ の連続性で $\lim_{(is,it)\to(-\infty,-\infty)} e^{i\hbar(ks+lt)}u^k{*}e_*^{(s+t)u*v}{*}v^l{=}0.$ となる. 極限を取る順番によらないことが結合律が成立することを示している. □

任意の表示で

$$\varpi_{00}{*}\mathbf{e}_m^\dagger{*}\mathbf{e}_n{*}\varpi_{00}{=}\delta_{m,n}\varpi_{00} \tag{2.59}$$

となるが, $\varpi_{00}i{*}\varpi_{00}{=}i\varpi_{00}$ に注意して, これをもとにベクトル空間 $\mathbb{C}[u]{*}\varpi_{00}$ に Hermite 内積を $\mathbf{e}_n$, $n{=}0,1,2,\cdots$ が正規直交系となるように:

$$\langle\mathbf{e}_m,\mathbf{e}_n\rangle{=}\varpi_{00}{*}\mathbf{e}_m^\dagger{*}\mathbf{e}_n{*}\varpi_{00}{=}\delta_{m,n}\varpi_{00},$$
$$\langle\mathbf{e}_m,c\,\mathbf{e}_n\rangle{=}c\langle\mathbf{e}_m,\mathbf{e}_n\rangle,\quad \langle c\,\mathbf{e}_m,\mathbf{e}_n\rangle{=}\bar{c}\langle\mathbf{e}_m,\mathbf{e}_n\rangle.$$

と定義する. $\mathbf{e}_m{*}\varpi_{00}{*}\mathbf{e}_n^\dagger$ は物理では $|\mathbf{e}_m\rangle\langle\mathbf{e}_n^\dagger|$ と書かれる. $\mathbf{e}_m^\dagger{*}\overline{\varpi}_{00}{*}\mathbf{e}_n$ に対応する記号は物理でどう書かれているのか不明だが,

真空表現の表現空間は $\sum_n' a_n\mathbf{e}_n{*}\varpi_{00}{=}\mathbb{C}[u]{*}\varpi_{00}$ で自然に前 (完備化する手前の)Hilbert 空間となる. Hilbert 空間は $\sum_{n=0}^\infty a_n\mathbf{e}_n$ で $\sum_n|a_n|^2{<}\infty$ となるもの全体であるがこれは以下で与える対応で $\mathbb{R}$ 上の 2 乗可積分の関数全体 $L_2(\mathbb{R})$ と同一視される.

一方, $(\frac{t}{i\hbar}u{\circ}v)_*^n{=}(\frac{t}{i\hbar}u{*}v{+}\frac{t}{2})_*^n$ だから, generic な表示で次のようになる:

$$\sum_n\frac{t^n}{n!}(\frac{1}{i\hbar}u{\circ}v)_*^n{*}\varpi_{00}{=}e^{\frac{t}{2}}\varpi_{00},\quad \forall t\in\mathbb{C}$$

しかしこれを $e_*^{t\frac{1}{i\hbar}u\circ v}{*}\varpi_{00}{=}e^{\frac{t}{2}}\varpi_{00}$ のように書くのは $\sum_n\frac{t^n}{n!}(\frac{1}{i\hbar}u{\circ}v)_*^n$ の収束半径は表示に依存しているから誤解のもとである. とは言え, 積 $e_*^{t\frac{1}{i\hbar}u\circ v}{*}\varpi_{00}$ の定義を K-表示で, 微分方定式

$$\frac{d}{dt}f_t(u,v){=}\frac{1}{i\hbar}u{\circ}v{*}f_t(u,v),\quad f_0(u,v){=}\varpi_{00} \tag{2.60}$$

の実解析解と定義しておけば (実解析解は一意的だから) 問題ないようにも見える. しかしある表示では $e_*^{2\pi i\frac{1}{i\hbar}u\circ v}{=}1$ ともなるのでこれは困る.

このようなことが起こる原因は指数関数 $e_*^{t\frac{1}{i\hbar}u\circ v}$ は微分方程式 $\frac{d}{dt}f_t{=}\frac{1}{i\hbar}u{\circ}v{*}f_t$ の初期条件 $f_0{=}1$ の実解析解として定義しているが, 一般に $e_*^{t\frac{1}{i\hbar}u\circ v}$ は 2 重分

岐する特異点を持っている2価関数なので1価追跡のためには2枚のシートを用意して扱わねばならない. そのため微分方程式は初期条件 $f_0=-1$ の実解析解も同時に考えるべきで, 2つの解は特異点から出ているスリットを通過するときに入替わるのである.

従って上の微分方定式 (2.60) も初期条件として $f_0(u,v)=-\varpi_{00}$ のものも同時に考えておくべきで t が $:e_*^{z\frac{1}{i\hbar}u\circ v}:_K$ の特異点から出ている slit を横切るときにこの2つが入替わるのだから径路を指定しないで値だけを云々することはできない. スリットを横ぎらない径路では $e_*^{2\pi\frac{1}{i\hbar}u\circ v}*\varpi_{00}=\varpi_{00}$ が起こるのである.

しかしこれは極めて紛らわしいから次のように扱うほうが無難である:

命題 2.16 (2.60) の解は $\mathbb{C}\backslash$(離散集合) 上で2価で $\pm e^{\frac{t}{2}}{:}\varpi_{00}{:}_K$ である. 一価追跡は局所的にはできるので, 本当に区別が必要になるまで2価のまま計算するほうが無難である.

また, 相互変換は2次の指数関数に対しては2対2写像であるから上のことはどこに相互変換しても変わらない. 上の注意は $\frac{1}{i\hbar}u*v*\mathbf{e}_n*\varpi_{00}=n\mathbf{e}_n*\varpi_{00}$ のような式を使って微分方程式をたてたときにもあてはまる. 極端な所では $e_*^{tu*v}*\varpi_{00}=\pm\,\varpi_{00}$ の符号をきめるためにはどの径路で微分方程式の解を求めたかを明示しなければならないが 象徴的には $e_*^{tu*v}*\varpi_{00}=\sqrt{1}\,\varpi_{00}$ と書いておくと気分がでる.

これまでの話では $:e_*^{it\frac{1}{i\hbar}u\circ v}:_K$ は表示に応じて動く特異点を持っていて, 一般には $\varepsilon_{00}^2=\pm1$ でこの符号はきまらない2価の元であった. ところが, Taylor 展開を使って $:\varepsilon_{00}:_K$ を行列で表示したものでは $:\varepsilon_{00}^2:_{mat}=-1$ となっている. つまり行列で表示された $:e_*^{t\frac{1}{i\hbar}2u\circ v}:_{mat}$ は πi-交代周期的である. これは面白いことではあるが, あとのほうで Fourier 展開を使って行列表現を作ると $:e_*^{t\frac{1}{i\hbar}2u\circ v}:_{mat}$ は πi 周期的になっていることがわかる. つまり Taylor 展開を使って行列表現するか Fourier 展開を使って行列表現するかは自由に選べるのではなく. 行列表現は $:e_*^{it\frac{1}{i\hbar}u\circ v}:_K$ の周期性をきめてしまって **Lie 群論的取扱を不自由にしているのである.**

2.4.3　Hermite 多項式系

Hermite 多項式は後でよく使うので少し纏めておこう. u 変数の式だけを扱うので表示パラメータ K は1変数の時の表示パラメータに合わせて $\tau=i\hbar(\alpha+i\beta)$

としておく. 基本となるのは次の式である:

$$:e_*^{\sqrt{2}tu}:_\tau=e^{\frac{\tau}{2}t^2+\sqrt{2}tu},\ \tau=i\hbar(\alpha+i\beta) \tag{2.61}$$

$\forall\tau\in\mathbb{C}$ に対し $*$-エルミート多項式 $H_n(u,*)$ を

$$e_*^{\sqrt{2}tu}=\sum_{n\geq 0}^{\infty}H_n(u,*)\frac{t^n}{n!},\quad H_n(u,\tau)=:H_n(u,*):_\tau. \tag{2.62}$$

で定義する. つまり, $H_n(u,*)=\frac{d^n}{dt^n}e_*^{\sqrt{2}tu}\Big|_{t=0}$ である. $H_n(u,-1)=H_n(u)$ で普通のエルミート多項式は得られる. 恒等式 $\sqrt{2}tu+\frac{\tau}{2}t^2=\frac{\tau}{2}(t+\frac{\sqrt{2}}{\tau}u)^2-\frac{1}{\tau}u^2$ を使って $H_n(u,\tau)$ は次の公式で与えられる:

$$\begin{aligned}H_n(u,\tau)&=\frac{d^n}{dt^n}e^{\frac{\tau}{2}(t+\frac{\sqrt{2}}{\tau}u)^2-\frac{1}{\tau}u^2}\Big|_{t=0}=\frac{d^n}{dt^n}e^{\frac{\tau}{2}(t+\frac{\sqrt{2}}{\tau}u)^2}\Big|_{t=0}e^{-\frac{1}{\tau}u^2}\\&=e^{-\frac{1}{\tau}u^2}\Big(\frac{\tau}{\sqrt{2}}\Big)^n\frac{d^n}{du^n}e^{\frac{1}{\tau}u^2}\quad\text{(t での微分を u での微分にすりかえている).}\end{aligned} \tag{2.63}$$

(2.62) との比較で $\sqrt{2}nH_{n-1}(u,*)=H_n'(u,*)$ が得られる. さらに $\frac{d}{dt}e_*^{\sqrt{2}tu}=\sqrt{2}u{*}e_*^{\sqrt{2}tu}$ を $*_\tau$-積で書き換えれば $H_n(u,\tau)$ が普通の積で

$$\frac{\tau}{\sqrt{2}}H_n'(u,\tau)+\sqrt{2}uH_n(u,\tau)=H_{n+1}(u,\tau)$$

を満たすこともわかる. これを u で微分して上の式を使えば $H_n(u,\tau)$ は $\tau\neq 0$ のとき, 微分方定式

$$\tau H_n''(u,\tau)+2uH_n(u,\tau)-2nH_n(u,\tau)=0$$

を満たすことがわかり, $H_n(u,\tau)e^{\frac{1}{2\tau}u^2}$ が

$$\Big(\frac{1}{2\tau}u^2-\frac{\tau}{2}\partial_u^2\Big)H_n(u,\tau)e^{\frac{1}{2\tau}u^2}*_K{:}\varpi_{00}{:}_K=(n+\frac{1}{2})H_n(u,\tau)e^{\frac{1}{2\tau}u^2}*_K{:}\varpi_{00}{:}_K$$

をみたすことがわかる. $\tau=-\hbar$ と置いて式を書き直せば

$${:}\frac{1}{2i\hbar}(u_*^2+v_*^2){:}_K*_K H_n(u,\tau)e^{\frac{1}{2\tau}u^2}*_K{:}\varpi_{00}{:}_K=i(n+\frac{1}{2})H_n(u,\tau)e^{\frac{1}{2\tau}u^2}*_K{:}\varpi_{00}{:}_K,$$

$\tau=i\hbar$ と置いて式を書き直せば

$${:}\frac{1}{2\hbar}(u_*^2-v_*^2){:}_K*_K H_n(u,\tau)e^{\frac{1}{2\tau}u^2}*_K{:}\varpi_{00}{:}_K=i(n+\frac{1}{2})H_n(u,\tau)e^{\frac{1}{2\tau}u^2}*_K{:}\varpi_{00}{:}_K$$

が得られる. 出発した式は $:\frac{1}{\hbar}u{\circ}v{*}\mathbf{e}_n{*}\varpi_{00}:_{K}=i(n+\frac{1}{2}):\mathbf{e}_n{*}\varpi_{00}:_{K}$ であったから, これに合わせるためには普通の積で書かれている $H_n(u,\tau)e^{\frac{1}{2\tau}u^2}$ を $*_{K}$-積を用いて書きなおして

$$H_n(u,\tau)e^{\frac{1}{2\tau}u^2}*_{K}:\varpi_{00}:_{K}=:\mathbf{e}_n{*}\varpi_{00}:_{K}$$

とすればよいのだが, この変換を具体的に書くのはかなり面倒なので, これに深入りするのは避けてこの辺でよしとしたほうが得策である. しかし, その前に固有ベクトルが互いに直交していることを示しておく必要がある.

変数 u を実変数とみなし, $\{H_n(u,\tau)\}_n$ を $\mathbb{R}$ 上の関数の族と見て, これがある内積に関して直交性を持つことを示す. 内積の定義を普通の積で行うので, ここで $\mathrm{Re}\tau<0$ と仮定する. そうすると $e^{\frac{1}{\tau}u^2}H_m(u,\tau)$ は $\mathbb{R}$ 上急減少関数になる. これでは $\tau=i\hbar$ の時には使えないように見えるが u を $\mathbb{R}$ 上の変数とせず, $\sqrt{-i}\mathbb{R}$ を動く変数とすれば (ℝ 上の単振動という物理的意味は失われるが) 何の問題も起きない.

補題 2.3 $\int_{\mathbb{R}}e^{\frac{1}{\tau}u^2}H_n(u,\tau)H_m(u,\tau)du=\delta_{m,n}n!(-\tau)^n\sqrt{-\tau}\sqrt{\pi}$ である.

証明. $\mathrm{Re}\tau<0$ なので積分は収束する. $n\neq m$ のときには $n>m$ と仮定して一般性は失わない. 下の式に部分積分を繰り返すと

$$\int_{\mathbb{R}}e^{\frac{1}{\tau}u^2}H_n(u,\tau)H_m(u,\tau)du=\int_{\mathbb{R}}(\frac{\tau}{\sqrt{2}})^n\frac{d^n}{du^n}e^{\frac{1}{\tau}u^2}H_m(u,\tau)du. \qquad (2.64)$$

$\frac{d^n}{du^n}H_m(u,\tau)=0$ なので上の積分は $=0$ となる.

$n=m$ のときには (2.62) より $:e_*^{\sqrt{2}tu}:_{\tau}=e^{\frac{\tau}{2}t^2+\sqrt{2}tu}=\sum_{n=0}^{\infty}H_n(u,\tau)\frac{t^n}{n!}$ であるが, $e^{\frac{\tau}{2}t^2+\sqrt{2}tu}$ を $=\sum_p\sum_{2p+2=n}(\frac{\tau}{2})^p(\sqrt{2}u)^q\frac{1}{p!q!}t^n$ と書き直して $H_n(u,\tau)$ を書けば

$$\frac{1}{n!}H_n(u,\tau)=\sum_{p=0}^{[n/2]}\frac{\sqrt{2}^n\tau^p}{p!(n-2p)!4^p}u^{n-2p}$$

となり, n 回微分で残る所を見て次がわかる: $\frac{d^n}{du^n}H_n(u,\tau)=\sqrt{2}^n n!$. これを (2.64) 式に代入して部分積分を繰り返して

$$\int_{\mathbb{R}}e^{\frac{1}{\tau}u^2}H_n(u,\tau)H_n(u,\tau)du=n!(-\tau)^n\int_{\mathbb{R}}e^{\frac{1}{\tau}u^2}du=n!(-\tau)^n\sqrt{-\tau}\sqrt{\pi}.$$

がわかる. $\int_{\mathbb{R}}e^{\frac{1}{\tau}u^2}du$ には積分路の複素回転とコーシーの積分定理を使う. □

2.5 $*$-2 次形式の無限小作用

前節で述べた微分方程式の解の 2 価性は Lie 環から Lie 群を生成させるときにも現れる．これは Frobenius の定理を使って積分多様体にあたるものを作ったときにも現れるのである．

A を対称行列とし，$(\mathbb{C}[i\hbar,\boldsymbol{u}],*_{K+J})$ の中で 2 次式 $\langle\boldsymbol{u}A,\boldsymbol{u}\rangle=\sum_{ij}A^{ij}u_i{*}u_j$ を $*_{\Lambda}(\Lambda{=}K{+}J)$ で計算したものを $:\langle\boldsymbol{u}A,\boldsymbol{u}\rangle:_{K}$ のように書くと次のようになる:

$$\tfrac{1}{i\hbar}:\langle\boldsymbol{u}A,\boldsymbol{u}\rangle:_{K}=\tfrac{1}{i\hbar}\langle\boldsymbol{u}A,\boldsymbol{u}\rangle+\tfrac{1}{2}\mathrm{tr}(AK)$$

積 $*_{\Lambda}$ は一方が多項式なら他方は C^{∞} であれば計算できる．A, Q を対称行列とし，$e^{\frac{1}{i\hbar}\langle\boldsymbol{u}Q,\boldsymbol{u}\rangle}$ を普通の 2 次式の指数関数としたとき，やや面倒な計算で

$$\frac{1}{i\hbar}:\langle\boldsymbol{u}A,\boldsymbol{u}\rangle:_{K}*_{\Lambda}ce^{\frac{1}{i\hbar}\langle\boldsymbol{u}Q,\boldsymbol{u}\rangle}=\big(\mathrm{Amp}+\frac{1}{i\hbar}\langle\boldsymbol{u}Q',\boldsymbol{u}\rangle\big)ce^{\frac{1}{i\hbar}\langle\boldsymbol{u}Q),\boldsymbol{u}\rangle}\tag{2.65}$$

$$\mathrm{Amp}=\frac{1}{2}\mathrm{tr}\big((K{-}J)A(K{+}J)Q+AK\big)$$
$$Q'=A+A(K{+}J)Q+Q(K{-}J)A+Q(K{-}J)A(K{+}J)Q,$$

が分かる．$\frac{1}{i\hbar}\langle\boldsymbol{u}Q',\boldsymbol{u}\rangle$ を無限小位相部分，Amp を無限小振幅部分と呼ぶ．このように定数項が現れるのが特徴的なことで，これが様々な悪さをする．

$\mathfrak{S}(2m)$ を $2m{\times}2m$ の複素対称行列全体とし，$\mathbb{C}_{*}e^{\mathfrak{S}(2m)}$ を多様体のように考え，$\mathbb{C}\oplus\mathfrak{S}(2m)$ を各点 $ce^{\frac{1}{i\hbar}\langle\boldsymbol{u}Q,\boldsymbol{u}\rangle}$ での接空間とする．各点に $:\langle\boldsymbol{u}A,\boldsymbol{u}\rangle:_{K}$ を $*_{K}$-積し A を $\mathfrak{S}(2m)$ 内で動かせば $ce^{\frac{1}{i\hbar}\langle\boldsymbol{u}Q,\boldsymbol{u}\rangle}$ における．$\mathbb{C}_{*}e^{\mathfrak{S}(2m)}$ の接空間の部分空間 (但し次元は e^{Q} の性質で変わり一定ではない) が得られる．これを 2 次形式の無限小作用による**特異分布** (singular distribution) と呼ぶ

一方，$A,B{\in}\mathfrak{S}(2m)$ のとき 2 次式どおしの交換子積 $[\langle\boldsymbol{u}A,\boldsymbol{u}\rangle,\langle\boldsymbol{u}B,\boldsymbol{u}\rangle]$ の方は表示によらず J だけで決まり 2 次式の中で閉じて $\mathfrak{sp}(m;\mathbb{C})$ と同形の Lie 環となる．対応は

$$\mathfrak{sp}(m;\mathbb{C})J=\mathfrak{S}(2m)\tag{2.66}$$

である．表示パラメータは対称行列だったから，これも $\kappa{=}JK\in\mathfrak{sp}(m;\mathbb{C})$ のようにして $\mathfrak{sp}(m;\mathbb{C})$ を表示パラメータの空間とすると記号の整合性は高くなるので，

$$\xi{=}-QJ,\ \xi'{=}-Q'J,\ \alpha{=}-AJ,\ \kappa{=}JK$$

とおいて，点 $e^{\frac{1}{i\hbar}\langle\boldsymbol{u}\xi J,\boldsymbol{u}\rangle}$ における無限小作用 $:\langle\boldsymbol{u}\alpha J,\boldsymbol{u}\rangle:_{(-J\kappa)}*_{(-J\kappa)}$ の無限小位相部分 $\frac{1}{i\hbar}\langle\boldsymbol{u}\xi'J,\boldsymbol{u}\rangle$，同，振幅部分 Amp を書直すと

$$\xi'{=}\big(I{+}\xi(I{+}\kappa)\big)\alpha\big(I{-}\xi(I{-}\kappa)\big),\quad \mathrm{Amp}{=}\frac{1}{2}\mathrm{tr}\big((\kappa{+}I)\alpha(\kappa{-}I)\xi{+}\alpha\kappa\big)\tag{2.67}$$

となる. つまり (2.65) 式は次のようになり

$$\frac{1}{i\hbar}{:}\langle\boldsymbol{u}(\alpha J),\boldsymbol{u}\rangle{:}_K *_K (ce^{\frac{1}{i\hbar}\langle\boldsymbol{u}\,\xi J,\boldsymbol{u}\rangle}) = (\mathrm{Amp} + \frac{1}{i\hbar}\langle\boldsymbol{u}(\xi' J),\boldsymbol{u}\rangle)ce^{\frac{1}{i\hbar}\langle\boldsymbol{u}\,\xi J),\boldsymbol{u}\rangle} \quad (2.68)$$

$\alpha\in\mathfrak{sp}(m,\mathbb{C})$ を動かすと点 $ce^{\frac{1}{i\hbar}\langle\boldsymbol{u}\,\xi J,\boldsymbol{u}\rangle}$ (以後 $ce^{\xi J}$ と略記するので注意) での接空間 $T_{ce^{\xi J}}\mathbb{C}e^{\mathfrak{S}(2m)}$ の部分空間 $D^{(\kappa)}_{ce^{\xi J}}$ (特異分布) が得られる.

2.5.1　極大積分多様体

(2.67) の初めの式の対応 $\alpha\to\xi'$ を $\mathfrak{sp}(m;\mathbb{C})$ から $\mathfrak{sp}(m;\mathbb{C})$ への線形写像と見, 行列要素を基底として考える. $\det J{=}1$ に注意すると

$$\det(J(I+\xi(I+\kappa))) = \det((I-{}^t\xi(I-{}^t\kappa))J) = \det(I-(I-\kappa)\xi)$$

がわかり, $\det AB = \det BA$ を使うと $\det(I+\xi(I+\kappa)) = \det(I-\xi(I-\kappa))$ がわかる. これより次がわかる：

補題 2.4 (2.67) の写像 $\alpha\to\xi'$ が $\mathfrak{sp}(m;\mathbb{C})$ から $\mathfrak{sp}(m;\mathbb{C})$ への全単射となるのは $\det(I+\xi(I+\kappa))\neq 0$ の場合だけである.

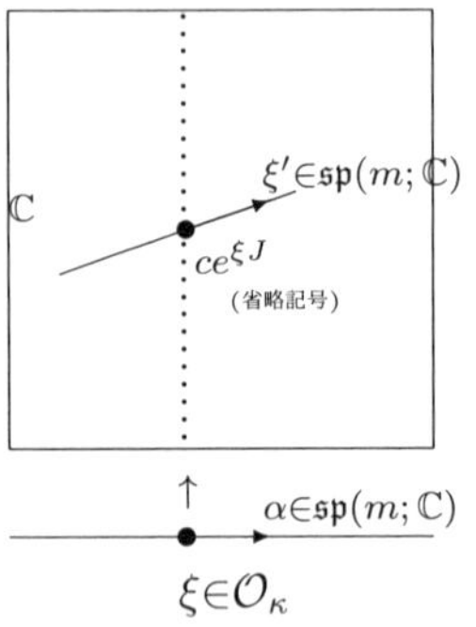

$\mathcal{O}_\kappa = \{\xi\in\mathfrak{sp}(m;\mathbb{C});\det(I+(I+\kappa)\xi)\neq 0\}$ と置く. $\xi\in\mathcal{O}_\kappa$ 上では $ce^{\xi J}$ への無限小作用 $\langle\boldsymbol{u}(\alpha J),\boldsymbol{u}\rangle$ で無限小位相部分はどの方向でもでてくるが, 無限小振幅部分は自由ではなく $D^{(\kappa)}_{ce^{\xi J}}$ は空間 $\mathbb{C}_*e^{\mathfrak{S}(2m)}$ 上の余次元 1 の分布となる. 実はこの分布が Lie 群の実解析的無限小作用で作られていることから包合的 (involutive) であることが分かるのだが, ここではそれを示さずに, を直接構成することで逆に包合性まで示してしまおう.

$\mathcal{O}_0$ 上の積分多様体

$\forall\tilde{\alpha}\in\mathfrak{sp}(m;\mathbb{C})$ に対し曲線 $c(t)e^{\frac{1}{i\hbar}\langle\boldsymbol{u}(t\tilde{\alpha}J),\boldsymbol{u}\rangle}$ を考える. これの微分は

$$\Big(\frac{d}{dt}c(t)+c(t)\frac{1}{i\hbar}\langle\boldsymbol{u}(\tilde{\alpha}J),\boldsymbol{u}\rangle\Big)e^{\frac{1}{i\hbar}\langle\boldsymbol{u}(t\tilde{\alpha}J),\boldsymbol{u}\rangle}$$

であるが，これの無限小位相部分が 2 次式 $:\langle\boldsymbol{u}(\alpha(t)J),\boldsymbol{u}\rangle:_{K}*_{K}$ の無限小作用で得られるように $\alpha(t)$ を選ぶ．その為には (2.67), (2.68) 式で $\xi=t\tilde{\alpha}$ と置いて $\alpha(t)$ を

$$\tilde{\alpha}=(I+t\tilde{\alpha}(I+\kappa))\alpha(t)(I-t\tilde{\alpha}(I-\kappa))$$

のように選べばよい．すると $\langle\boldsymbol{u}(\alpha(t)J),\boldsymbol{u}\rangle$ の無限小作用は

$$\begin{aligned}&:\frac{1}{i\hbar}\langle\boldsymbol{u}(\alpha(t)J),\boldsymbol{u}\rangle:_{K}*_{K}(c(t)e^{\frac{1}{i\hbar}\langle\boldsymbol{u}(t\tilde{\alpha}J,\boldsymbol{u}\rangle})\\&\qquad=\Big(\frac{d}{dt}c(t)+\frac{1}{i\hbar}\langle\boldsymbol{u}(\tilde{\alpha}J),\boldsymbol{u}\rangle c(t)\Big)e^{\frac{1}{i\hbar}\langle\boldsymbol{u}(t\tilde{\alpha}J),\boldsymbol{u}\rangle}\end{aligned}$$

となるが，これが $D^{(\kappa)}_{ce^{\xi J}}$ に入るように $c(t)$ の部分を調整する．

$\alpha(t)=(I+t\tilde{\alpha}(I+\kappa))^{-1}\tilde{\alpha}(I-(I-\kappa)t\tilde{\alpha})^{-1}$ を (2.68) 式の Amp のところに代入し，$c(0){=}c$ と置くと $c(t)$ は次の微分方程式をみたさねばならない：

$$\frac{d}{dt}c(t)=\frac{1}{2}\mathrm{tr}\big((\kappa+I)\alpha(t)(\kappa-I)t\tilde{\alpha}+\alpha(t)\kappa\big)c(t), \tag{2.69}$$

これをまず $\kappa{=}0$ の場合で解く:

$$\frac{d}{dt}\log c(t)=\frac{1}{2}\mathrm{tr}\frac{t\tilde{\alpha}^2}{1-(t\tilde{\alpha})^2}=\frac{1}{4}\frac{d}{dt}\mathrm{tr}\log(1-(t\tilde{\alpha})^2).$$

だから

$$c(t)=e^{\mathrm{tr}\log(1-(t\tilde{\alpha})^2)\frac{1}{4}}=\sqrt[4]{\det(1-(t\tilde{\alpha})^2)}$$

となるが，$\det(1-t\tilde{\alpha}){=}\det(1+t\tilde{\alpha})$ なので $c(t)=\sqrt{\det(1+t\tilde{\alpha})}$ となる．これよりまず次が分かる：

補題 2.5 $\kappa{=}0$ のとき $\mathcal{O}_0$ 上の $(c,0)$ を通る積分多様体 $c\widetilde{\mathcal{O}}_0$ は次で与えられる：

$$c\sqrt{\det(1+\tilde{\alpha})}\;e^{\frac{1}{i\hbar}\langle\boldsymbol{u}(\tilde{\alpha}J),\boldsymbol{u}\rangle}$$

$\mathcal{O}_0$ は 0 を含む連結開集合だが単連結ではないので $\sqrt{\det(1+\tilde{\alpha})}$ の部分が 2 価関数となって，$\widetilde{\mathcal{O}}_0$ は $\mathcal{O}_0$ の **2 重被覆面になっている**ことに注意する．

$\mathcal{O}_\kappa$ 上の積分多様体

一般の表示 κ で $\mathcal{O}_\kappa$ 上の積分多様体は相互変換 I_0^κ で求められる．必要な指数関数の部分だけ繰返すと

$$I_\kappa^{\kappa'}(ce^{\langle\boldsymbol{u}(\frac{1}{i\hbar}\alpha J),\boldsymbol{u}\rangle})=\frac{c}{\sqrt{\det(I-\alpha(\kappa'-\kappa))}}e^{\langle\boldsymbol{u}(\frac{1}{i\hbar}\frac{1}{I-\alpha(\kappa'-\kappa)}\alpha J),\boldsymbol{u}\rangle}$$

である. これは $*_\kappa$-積で計算したものを $*_{\kappa'}$-積で計算したものに変換する公式である. これをあてはめると

$$I_0^\kappa\Big(\sqrt{\det(1+\tilde\alpha)}e^{\frac{1}{i\hbar}\langle \boldsymbol{u}(\tilde\alpha J),\boldsymbol{u}\rangle}\Big)=\frac{\sqrt{\det(I+\tilde\alpha)}}{\sqrt{\det(I-\tilde\alpha\kappa)}}e^{\frac{1}{i\hbar}\langle \boldsymbol{u}(\frac{1}{I-\tilde\alpha\kappa}\tilde\alpha J),\boldsymbol{u}\rangle}.$$

となるから $\frac{1}{I-\tilde\alpha\kappa}\tilde\alpha=\alpha$ と置き逆に解くと $\tilde\alpha=\alpha\frac{1}{1+\kappa\alpha}=\frac{1}{I+\alpha\kappa}\alpha$ だからこれを振幅部分に代入し, $\sqrt{x}/\sqrt{x}=1$ のような "式の計算" を行うと次がわかる:

定理 2.12 κ-表示での計算で, $\mathcal{O}_\kappa$ 上の $c{\neq}0$ を通る積分多様体 $c\widetilde{\mathcal{O}}_\kappa$ は $\{c\sqrt{\det(I+\alpha(I+\kappa))}\,e^{\frac{1}{i\hbar}\langle\boldsymbol{u}(\alpha J),\boldsymbol{u}\rangle};\alpha{\in}\mathcal{O}_\kappa\}$ で与えられる.

註釈. この求め方だと $\det(I+\alpha\kappa){\neq}0$ が条件に加わるように見えるかもしれないが, 上の式が (2.69) 式を満たすことはすぐに検算できる.

$T_{\kappa'-\kappa}(\alpha)=\frac{1}{I-\alpha(\kappa'-\kappa)}\alpha$ と定義すると $T^{-1}_{\kappa'-\kappa}(\alpha)=\frac{1}{I+\alpha(\kappa'-\kappa)}\alpha$ であり

$$T_{\kappa'-\kappa}(\alpha)\in\mathfrak{sp}(m;\mathbb{C})\Longleftrightarrow\alpha\in\mathfrak{sp}(m;\mathbb{C}).$$

なので容易に次が分かる：

$$\frac{1}{I-\alpha(\kappa'-\kappa)}(I+\alpha(I+\kappa))=I+T_{\kappa'-\kappa}(\alpha)(I+\kappa').$$

$\mathcal{O}_\kappa$ も 0 を含む開集合だが単連結でないので $c\widetilde{\mathcal{O}}_\kappa$ は $\mathcal{O}_\kappa$ の2重被覆面である. κ は $sp(m,\mathbb{C})$ 全体を動くので

$$\bigcup_\kappa\mathcal{O}_\kappa=\mathfrak{sp}(m,\mathbb{C}),\quad\bigcap_\kappa\mathcal{O}_\kappa=\{0\}. \tag{2.70}$$

である. 問題は $S_\kappa{=}\{\alpha;\det(I+\alpha(I+\kappa){=}0\}$ が κ によって動くので積分多様体を全体にわたってつないで一つの多様体にすることはできないので, 2価性を許したまま "2対2の写像の相互変換で貼りあわせた多様体" を考えなければならなくなるということである. 群になるべきものを求めた結果がこのようになるのでこれは注意深く考えるべき所である.

2.5.2　ケーリー変換と指数写像

一方, $\mathfrak{sp}(m;\mathbb{C})$ と $Sp(m;\mathbb{C})$ の間にはケーリー変換と称する対応 $C_0(X){=}\frac{I-X}{I+X}$ がある. これには次のような性質がある:

$$\mathcal{O}_0 = \{X \in \mathfrak{sp}(m;\mathbb{C}); \det(I+X) \neq 0\}$$
$$\mathcal{D}_0 = \{X \in Sp(m;\mathbb{C}); \det(I+X) \neq 0\}$$

とすると, $C_0 : \mathcal{O}_0 \to \mathcal{D}_0$ は全単射であり,

$$C_0^2(X)=X, \quad \det(I+C_0(X))=(\det(I+X))^{-1}$$

である. これより $C_0 : \mathcal{O}_0 \to \mathcal{D}_0$ は $Sp(m;\mathbb{C})$ の局所座標系と思える. 全体を覆ってはいないが単位元を含む稠密開集合なので群 $Sp(m;\mathbb{C})$ での計算は $\mathfrak{sp}(m;\mathbb{C})$ 上に翻訳される.

補題 2.6 $a, b{\in}\mathcal{O}_0$ に対し

$$C_0^{-1}(C_0(a)C_0(b))=\tfrac{1}{1+a}(a+b)\tfrac{1}{1+ab}(1+a)$$

であり, $(1+a)\frac{1}{1+a}=1$ と置くような "式の計算" では $\frac{1}{1+a}(a+b)\frac{1}{1+ab}(1+a)$ $=(1+b)\frac{1}{1+ab}(a+b)\frac{1}{1+b}$ である.

これは群 $Sp(m;\mathbb{C})$ の演算を局所座標系で表わしただけだが $\mathcal{D}_0$ が全体を覆っていないから, C_0 を少しひねったものも付け加えて全体を覆うものを作る. $\forall\kappa{\in}\mathfrak{sp}(m;\mathbb{C})$ に対し稠密開集合 $\mathcal{O}_\kappa{=}\{\alpha \in \mathfrak{sp}(m;\mathbb{C}); \det(I+(I+\kappa)\alpha) \neq 0\}$, $\mathcal{D}_\kappa{=}\{Y;\ \det(I-\kappa+Y(I+\kappa)) \neq 0\}$ をとり, **ひねりケーリー変換**と称する $C_\kappa : \mathcal{O}_\kappa \to \mathcal{D}_\kappa$ を

$$\begin{aligned}
C_\kappa(\alpha)&=\big(I-(I-\kappa)\alpha\big)\frac{1}{I+(I+\kappa)\alpha}=\frac{1}{I+\alpha(I+\kappa)}(I-\alpha(I-\kappa)),\\
(C_\kappa)^{-1}(Y)&=\frac{1}{I-\kappa+Y(I+\kappa)}(I-Y)=(I-Y)\frac{1}{I-\kappa+(I+\kappa)Y}.
\end{aligned} \tag{2.71}$$

と定義するとこれも局所座標系と思える. 次のことが容易にわかる:

補題 2.7 $\bigcup_{\kappa\in\mathfrak{sp}(m;\mathbb{C})} C_\kappa(\mathcal{O}_\kappa)=Sp(m,\mathbb{C})$.

他方, $\alpha{\in}\mathfrak{sp}(m;\mathbb{C})$ が $\det(I-\alpha\kappa)\neq 0$ なる κ で $\frac{1}{I-\alpha\kappa}\alpha \in \mathcal{O}_\kappa$ となれば $\alpha{\in}\mathcal{O}_0$ である.

証明. 任意の $\kappa \in \mathfrak{sp}(m,\mathbb{C})$ $\det(I-\kappa+Y(I+\kappa))=0$ となる $Y{\in}Sp(m,\mathbb{C})$ があったとすると, このような Y は $\det(\frac{1-\kappa}{I+\kappa}+Y)=0$ を満たさねばならない. ところが $\frac{1-\kappa}{I+\kappa}$ は $Sp(m,\mathbb{C})$ の稠密開集合を動けるので, 任意の $X \in Sp(m,\mathbb{C})$ に対し $\det(X+Y)=0$ とならねばならない. だから $X{=}Y$ と考えれば矛盾となる. 従って任意の Y に対し, $\det(I-\kappa+Y(I+\kappa)){\neq}0$ となる κ が存在する. 従って $C_\kappa^{-1}(Y)$ が作れる. 残りは単純な行列計算である. □

この局所座標で群の演算を書直す為 $C_\kappa^{-1}(C_\kappa(\alpha)C_\kappa(\beta))$ を計算するのだが,

$$P{=}I{+}\alpha(I{-}\kappa)\beta(I{+}\kappa), \quad Q{=}\alpha{+}\beta{+}2\alpha\kappa\beta$$

と置いてやると

$$C_\kappa^{-1}(C_\kappa(\alpha)C_\kappa(\beta)) = (I{+}\beta(I{+}\kappa))\,\frac{1}{P}\,Q\,\frac{1}{I{+}(I{+}\kappa)\beta}. \tag{2.72}$$

となる. これも "式の計算" のレベル (除ける特異点は無視する) では

$$\frac{1}{I{+}(I{+}\kappa)\alpha}Q\,\frac{1}{P}\,(I{+}\alpha(I{+}\kappa))$$

とも書かれる. (これらの式は次節で使われる.)

次にひねりケーリー変換 C_κ の ξ における微分写像 $(dC_\kappa)_\xi$ を計算する. 玉突補題

$$\tfrac{1}{I+(I+\kappa)\xi}(I{+}\kappa){=}(I{+}\kappa)\tfrac{1}{I+\xi(I+\kappa)},$$

$$\big(I{+}\xi(I{+}\kappa)\big)\alpha\big(I{-}(I{-}\kappa)\xi\big) \in \mathfrak{sp}(m;\mathbb{C})$$

等に注意して丁寧に計算すると

$$(dC_\kappa)_\xi\big((I{+}\xi(I{+}\kappa))\alpha(1{-}(I{-}\kappa)\xi)\big) = -2\alpha C_\kappa(\xi). \tag{2.73}$$

となることが分かる. 右辺は行列の積だが $C_\kappa(\xi){\in}Sp(m;\mathbb{C})$, $-2\alpha{\in}\mathfrak{sp}(m;\mathbb{C})$ だから (2.67) 式の無限小位相部分と見比べると式の意味が分かる.

命題 2.17 無限小作用 $:\frac{1}{i\hbar}\langle \boldsymbol{u}\alpha J, \boldsymbol{u}\rangle:_K *_K$ の無限小位相部分はひねりケーリー変換 C_κ で $Sp(m;\mathbb{C})$ 上に移すと $-2\alpha \in \mathfrak{sp}(m;\mathbb{C})$ を群の右変換で $Sp(m;\mathbb{C})$ 上にばらまいたベクトル場となる.

これより $*$- 2 次式の $*_K$-積での指数関数はひねりケーリー変換 C_κ で $Sp(m;\mathbb{C})$ の 1 径数部分群に移されることがわかる. つまり 2 次式 $\langle \boldsymbol{u}\alpha J, \boldsymbol{u}\rangle_*$ に対し $\alpha \in \mathfrak{sp}(m,\mathbb{C})$ を使って $Sp(m,\mathbb{C})$ の 1 径数部分群 $e^{-2t\alpha}$ を作りひねりケーリー変換の逆 $C_\kappa^{-1}(e^{-2t\alpha})$:

$$\begin{aligned} C_\kappa^{-1}(e^{-2t\alpha}) &{=}\frac{1}{(I{-}\kappa){+}e^{-2t\alpha}(I{+}\kappa)}(I{-}e^{-2t\alpha}) \\ &{=}\frac{1}{\cosh t\alpha{-}(\sinh t\alpha)\kappa}\sinh t\alpha. \end{aligned} \tag{2.74}$$

を作る．右辺は $\mathfrak{sp}(m,\mathbb{C})$ の元だから $\mathfrak{S}(2m)=\mathfrak{sp}(m,\mathbb{C})J$ で 2 次形式に戻すのだが, 上はまだ $*$-指数関数 $:e_*^{\frac{t}{i\hbar}\langle \boldsymbol{u}\alpha J,\boldsymbol{u}\rangle_*}:_K$ の位相部分だけである．しかし積分多様体の計算からこれは $c{=}1$ の積分多様体 $\widetilde{\mathcal{O}}_\kappa$ 上になければならないから定理 2.12 を使って振幅部分を求めると $:e_*^{\frac{1}{i\hbar}t\langle \boldsymbol{u}\alpha J,\boldsymbol{u}\rangle}:_K$ の振幅部分は

$$\mathrm{Amp}{:}e_*^{\frac{1}{i\hbar}t\langle \boldsymbol{u}\alpha J,\boldsymbol{u}\rangle}:_K=\Big(\det(I+C_\kappa^{-1}(e^{-2t\alpha})(I{+}\kappa))\Big)^{\frac{1}{2}} \tag{2.75}$$

となり, 全部まとめると, $\kappa{=}JK$ として

$$:e_*^{s\frac{1}{i\hbar}\langle \boldsymbol{u}(\alpha J),\boldsymbol{u}\rangle_*}:_K=\Big(\det(I{+}C_\kappa^{-1}(e^{-2s\alpha})(I{+}\kappa))\Big)^{\frac{1}{2}}e^{\frac{1}{i\hbar}\langle \boldsymbol{u}(C_\kappa^{-1}(e^{-2s\alpha})J),\boldsymbol{u}\rangle}. \tag{2.76}$$

となる．詳しく書くと $\forall\alpha{\in}\mathfrak{sp}(m,\mathbb{C})$ に対し $*$-指数関数は K-表示で

$$:e_*^{\frac{t}{i\hbar}\langle \boldsymbol{u}(\alpha J),\boldsymbol{u}\rangle_*}:_K=\frac{2^m}{\sqrt{\det(I{-}\kappa{+}e^{-2t\alpha}(I{+}\kappa))}}e^{\frac{1}{i\hbar}\langle \boldsymbol{u}\frac{1}{I-\kappa+e^{-2t\alpha}(I+\kappa)}(I-e^{-2t\alpha})J,\boldsymbol{u}\rangle} \tag{2.77}$$

となり, これが $*$-指数関数を定義する微分方程式の実解析的解である．

$:e_*^{\frac{t}{i\hbar}\langle \boldsymbol{u}(\alpha J),\boldsymbol{u}\rangle_*}:_K$ が $t{=}0$ の近傍では定義され, (離散的特異点は持つが) 2 次式の指数関数の空間 $\mathbb{C}_*e^{\frac{1}{i\hbar}Q(u,v)}$ に留まってはいる．しかし, $\mathbb{C}_*e^{\frac{1}{i\hbar}Q(u,v)}$ 全体にはならないことに注意する．(2.77) 式をみれば $e^{-2t\alpha}{=}{-}I$ となる所が α には依存しない極めて特殊な元 (一般極地元と呼ぶ) であることが分かる．

2.6　一般の積公式, 曖昧 Lie 群 (群もどき)

上の結果を利用して普通の指数関数どうしの $*_{K+J}$-積 $e^{\frac{1}{i\hbar}\langle \boldsymbol{u}\alpha J,\boldsymbol{u}\rangle}*_{K+J}e^{\frac{1}{i\hbar}\langle \boldsymbol{u}\beta J,\boldsymbol{u}\rangle}$ の公式を導こう．但し以下では $*_{K+J}$ を $*_K$ のように短く書くことにする．まず

$$:e_*^{t\frac{1}{4i\hbar}\langle \boldsymbol{u}\alpha J,\boldsymbol{u}\rangle}:_K*_Ke^{\frac{1}{i\hbar}\langle \boldsymbol{u}\beta J,\boldsymbol{u}\rangle}{=}g(t)e^{\frac{1}{i\hbar}\langle \boldsymbol{u}\gamma(t)J,\boldsymbol{u}\rangle}$$

と置いて微分方程式を立てると (2.67),(2.68) 式を使って

$$\frac{d}{dt}\gamma(t){=}(I{+}\gamma(t)(I{+}\kappa))\frac{\alpha}{4}(I{-}\gamma(t)(I{-}\kappa))$$
$$\frac{d}{dt}g(t){=}\frac{1}{8}\mathrm{tr}\big(\kappa{+}1)\alpha(\kappa{-}I)\gamma(t){+}\alpha\kappa\big)$$

となる．振幅部分は定理 2.12 で計算できるので, 第 1 式のみ使う．少し面倒だがひねりケーリー変換したものに書直すと第 1 式は $\frac{d}{dt}C_\kappa(\gamma(t)){=}{-}\frac{1}{2}\alpha C_\kappa(\gamma(t))$ となり

$$C_\kappa(\gamma(t)){=}e^{-\frac{1}{2}\alpha t}C_\kappa(\beta){=}C_\kappa(C_\kappa^{-1}(e^{-\frac{1}{2}\alpha t}))C_\kappa(\beta)$$

となるので, この形から積公式の位相部分は群 $Sp(m;\mathbb{C})$ の中での計算になっていることがわかる. 式の形が対称形でないので $C_\kappa(\beta)$ の方も $C_\kappa(e^{-\frac{1}{2}\beta t})$ のように書きたくなるかもしれないが $\mathbb{C}_* e^{\mathfrak{S}(2m)}$ の元が全て $ce^{-\frac{1}{2}\beta t}$ の形に書けるわけではないので上の形に留める方がよい.

以下では $C_\kappa(\alpha)C_\kappa(\beta)$ が分かっているものとして振幅部分を求める. まず記号が長くなるので $ge^{\frac{1}{i\hbar}\langle \boldsymbol{u}a,\boldsymbol{u}\rangle}$ を $(g;a)$ のように書くことにする.

まず $\kappa{=}0$ の場合をみる. $*_0$-積は $\mathbb{C}_*\times\mathcal{O}_0$ 上で定理 2.12 で次のように定義される:

$$(g;a){*_0}(g';b){=}\Big(gg'\big(\det\frac{(1{+}a)(1{+}b)}{1{+}ab}\big)^{\frac{1}{2}};C_0^{-1}(C_0(a)C_0(b))\Big).$$

一般の κ についても同じで (2.72) 式より

$$P{=}I{+}\alpha(I{-}\kappa)\beta(I{+}\kappa),\ \ Q{=}\alpha{+}\beta{+}2\alpha\kappa\beta,$$

と置いてやると $\mathcal{O}_\kappa$ 上で

$$C_\kappa^{-1}(C_\kappa(\alpha)C_\kappa(\beta)) = (I{+}\beta(I{+}\kappa))\,\frac{1}{P}\,Q\,\frac{1}{I{+}(I{+}\kappa)\beta}.$$

となるので定理 2.12 で

$$(g;\alpha)*_\kappa(g';\beta){=}\Big(gg'\big(\frac{\det(P{+}Q(I{+}\kappa))}{\det(P)}\big)^{\frac{1}{2}};C_\kappa^{-1}(C_\kappa(\alpha)C_\kappa(\beta))\Big)$$

$$\det(P{+}Q(I{+}\kappa)) = \det(I{+}\alpha(I{+}\kappa))(I{+}\beta(I{+}\kappa)) \tag{2.78}$$

に注意する.

上の積公式は $\det(I{+}(I{+}\kappa)\beta)\neq 0$ とか $\det P\neq 0$ のような α, β でないと働かないが, 条件を満たすような κ は必ず見つかる. 従って $*$-積は様々な表示を使えば計算ができることになる. 特に位相部分は群 $Sp(m;\mathbb{C})$ の作用として理解できる. 従って次が分かる：

命題 2.18 $A,B\in\widetilde{\mathcal{O}}_\kappa$ に対し, $A{*_\kappa}B$ が定義できるならば $A{*_\kappa}B\in\widetilde{\mathcal{O}}_\kappa$ である. つまり, $\widetilde{\mathcal{O}}_\kappa$ は局所群である.

さらに $(g;a),(g';b){\in}\mathbb{C}_*{\times}\mathfrak{sp}(m,\mathbb{C})$ を任意に固定すると, generic (稠密開) な表示パラメータ κ で以下のようになる: この 2 つは $\mathbb{C}_*{\times}\mathcal{O}_\kappa$ に含まれ積 $(g;a)*_\kappa(g';b)$ は定義される. これを $:(g;a)*(g';b):_\kappa$ と書く. つまり積はほとんどの κ で定義されている.

曖昧 Lie 群 (群もどき)

動く分岐特異点を持たない解を持つ微分方程式をパンルベ方程式と呼ぶのだが, ここに出てきているのは動く分岐特異点を持つものである.

§2.5.1 で与えた相互変換は, 前述の省略形で書けば

$$I_\kappa^{\kappa'}(c;\alpha J)=(\frac{c}{\sqrt{\det(I-\alpha(\kappa'-\kappa))}};\frac{1}{I-\alpha(\kappa'-\kappa)}\alpha J)$$

であるがこれは

$$I_\kappa^{\kappa'}(\frac{c}{\sqrt{\det(I-\alpha\kappa)}};\frac{1}{I-\alpha\kappa}\alpha J)=(\frac{c}{\sqrt{\det(I-\alpha\kappa')}};\frac{1}{I-\alpha\kappa'}\alpha J)$$

と書いても良い. 特異点が κ に依存して動くので, 前に述べたように相互変換 $I_\kappa^{\kappa'}$ は 2 価の元を 2 価の元に移す 2 対 2 の写像と見るほうが良い. 計算を支えているのは "2 価のままの等式"

$$\sqrt{a}\sqrt{b}=\sqrt{ab},\quad \frac{\sqrt{a}}{\sqrt{b}}=\sqrt{\frac{a}{b}}$$

である. $I_\kappa^{\kappa'}$ は一般に $I_\kappa^{\kappa'}I_{\kappa'}^{\kappa}=1$ ではあるが

$$I_{\kappa''}^{\kappa}I_{\kappa'}^{\kappa''}I_\kappa^{\kappa'}(c,a)=(\pm c,a), i.e.\quad I_{\kappa''}^{\kappa}I_{\kappa'}^{\kappa''}I_\kappa^{\kappa'}=\pm 1 \tag{2.79}$$

であって右辺は一般に元に戻らないので, これで同値関係を設定しようとしても反射律はあっても, 推移律が一般には成立しないので $\bigcup_\kappa \widetilde{\mathcal{D}}_\kappa$ を点集合と見ることは一般にはできない. これを前章では**貼合わせが齟齬をきたす**と述べていた. しかし推移律がなくなるといっても符号だけだから局所的には手なづけられる. (§1.6 参照.) とは言え, この場合は特異点が複数箇所に現れるので齟齬のコントロールはかなり難しい. ここでも $\sqrt{\frac{\det(I-\alpha\kappa)}{\det(I-\alpha\kappa)}}$ をリーマン面上の $\sqrt{1}=\pm 1$ 値の定値 2 価関数, あるいは $\sqrt{\frac{\det(I-\alpha\kappa)}{\det(I-\alpha\kappa)}}d\Big(\sqrt{\frac{\det(I-\alpha\kappa)}{\det(I-\alpha\kappa)}}\Big)$ を定値微分形式と考えておくと便利である.

指数関数の 1 価追跡

2 次式の $*$-指数関数は K-表示で (2.77) であるから, $\det(I-\kappa+e^{-2t\alpha}(I+\kappa))=0$ の所に分岐特異点 (複素余次元 1 の特異面と言うべきだろうが) を持っている. これを 1 価関数として扱う為には, $\pm$ 2 枚のシートと特異面どうしあるいは無限遠方を境界に持つ実余次元 1 のスリット面 (壁) を用意しなければならないが, $t=0$ は特異点ではないので指数関数を扱うときには $t=0$ ではいつも + 側

のシートにあるものと約束している. 図は $m=1$ の場合に特異点どうしを結ぶスリット (縦線) を周期的に設定したものであるが, 図の閉曲線はすべて独立で, 点線は裏側のシートにある. 縦の点線は π 周期性を表わしておりスリットを横切らない水平の動きでは π 周期的となる. 全体としては無限人乗りの浮袋を想像しておくと良い. また分岐特異点での Laurent 係数は互いに全く干渉しないで動ける (cf. 第 3 章 §3.3.1) ので周期的に無限に存在している分岐特異点だが Laurent 係数は全く独立である. 表示によって特異点が動くのは困る事ではなく, 特異点と表示を連動させる (cf.§3.8) と逆に特異点の性質が見やすくなることもある.

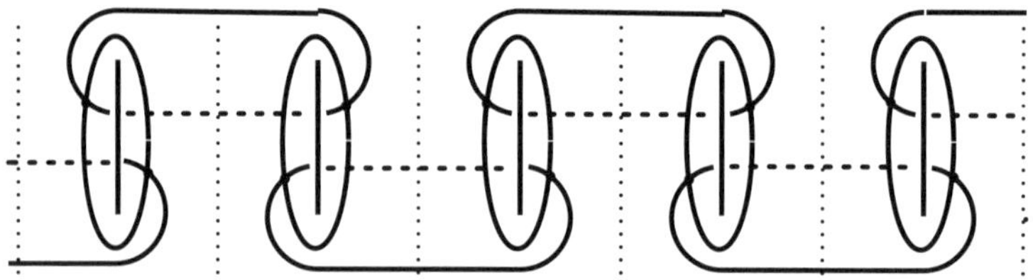

$*$-指数関数がスリット面を通過すると $t=0$ で -1 であるような指数関数の上に乗ることになるので, 指数関数としてはそこで符号が変化するとしなければならない. ところがこの述べ方だとスリット面の所で指数関数が不連続に変化したような奇妙な印象になる. この奇妙さを払拭するためには $*$-指数関数というものはつねに初期点 $t=0$ の所で 1 のものと -1 のものと符号の違う 2 つが同時に走っているものと考えるのである. スリットを越えると別の初期点から出た指数関数に乗換えるのである. 定理 2.8 により, $e_*^{z\frac{i}{i\hbar}2u*v}*\varpi_{00}$ は上のリーマン面上の 2 価の定値関数である.

単位元, 逆元

$0\in\bigcap_\kappa \mathcal{O}_\kappa$, $C_\kappa(0)=I$ なので各 $\mathcal{O}_\kappa$ は局所 Lie 群であり, $\widetilde{\mathcal{O}}_\kappa$ はその連結 2 重被覆としての局所 Lie 群である. $\pi_\kappa:\widetilde{\mathcal{O}}_\kappa\to\mathcal{O}_\kappa$ を自然な射影とする. $\bigcup_\kappa C_\kappa(\mathcal{O}_\kappa)=Sp(m;\mathbb{C})$ であり, $(\mathcal{O}_\kappa;C_\kappa)$ は局所座標系だったから $\mathcal{O}_{\kappa\kappa'}=\mathcal{O}_\kappa\cap\mathcal{O}_{\kappa'}$ と置き 2 対 2 写像

$$I_\kappa^{\kappa'}:\pi_\kappa^{-1}(\mathcal{O}_{\kappa\kappa'})\to\pi_{\kappa'}^{-1}(\mathcal{O}_{\kappa'\kappa}) \tag{2.80}$$

と一緒にすれば $\bigcup_\kappa\widetilde{\mathcal{O}}_\kappa$ は $I_\kappa^{\kappa'}$ で貼合わされた “多様体” とみることができる.

前節までの特異分布は $*$-指数関数 $e_*^{t\frac{1}{i\hbar}\langle \boldsymbol{u}A,\boldsymbol{u}\rangle}$ の無限小作用で作られているのだから, 積分多様体は $e_*^{t\frac{1}{i\hbar}\langle \boldsymbol{u}A,\boldsymbol{u}\rangle}*$ の左からの作用で不変である. 従っ

てこれらを全部合わせた $\{\widetilde{\mathcal{O}}_\kappa; \kappa\in sp(m,\mathbb{C})\}$ は Lie 環と指数写像で構成されていて “Lie 群” のような性質も持っており, 2-to-2 の座標変換でしか貼合わせられていないとは言え, $0\in\bigcap_\kappa \mathcal{O}_\kappa$, $C_\kappa(0)=I$ なので $(1;0)$ が単位元であり, $(c;a)$ の逆元は一意的に $(c',b)*_\kappa(c;a)=(1,0)$ となる (c',b) のことである ($(c',b)*_\kappa(c;a)=(\pm1,0)$ のことではない.) 例えば $*_0$ 積公式での $(1;0)$ を通る積分多様体は $\widetilde{\mathcal{O}}_0=\{\sqrt{(\det(1+a)};a);a\in\mathcal{O}_0\}$ なので, 上の元の逆元 $(\sqrt{\det(1+a)};a)^{-1}$ は $(\sqrt{\det(1-a)};-a)$ で与えられるが, 計算は

$$(\sqrt{\det(1+a)};a)*_0(\sqrt{\det(1-a)};-a)=(\sqrt{1};0)$$

となるのだが, この $\sqrt{1}$ は 1 と扱わねばならないことが $(1;0)$ から $(\sqrt{\det(1+a)};a)$ まで連続的に逆元を追跡して分かる.

このような対象を**曖昧 Lie 群** (blurred Lie group) とか**群もどき**と呼んで $Sp_{\mathbb{C}}^{(\frac{1}{2})}(m)$ ($m=1$ の時は $SL_{\mathbb{C}}^{(\frac{1}{2})}(2)$) と書く. これは (局所的には区別できるのだから) 単に $\pm a$ を一点と見ているのとは違う.

もともと S.Lie が扱ったものも局所 Lie 群であって, 今日で言う Lie 群ではなかったとされているから上のようなもののほうが Lie が見ていたものに近いのかもしれない.

底位相空間 (underlying topological space) という点集合がない所で 2 対 2 の座標変換で貼合わせた “多様体” を前のほうで**齟齬付き仮想 2 重被覆**と呼んでいる. 似たような概念のものに “gerbes” と呼ばれるものがある.

さらにこれらの結果は $e^{\frac{1}{i\hbar}Q(\boldsymbol{u})}$ の形に書かれたものの積が, また $e^{\frac{1}{i\hbar}Q(\boldsymbol{u})}$ の形にとどまるというものだから, $e^{Q(\boldsymbol{u})}$ の形に書かれたものの積は $e^{i\hbar R(\boldsymbol{u})}$ の形でなければならない. これより $\hbar=0$ まで含めて定義できる元同士の積が再び $\hbar=0$ まで含めて定義できる元となり積の公式をみれば $\hbar\geq 0$ について実解析的であることが分かる. 積公式 (2.1) は $\hbar$ について形式的に展開した所では結合律をみたすので定理 2.1 より次が分かる：

命題 2.19 上で定義された積はそれぞれの元が単位元の所まで解析的に繋がる曲線上で定義されていて積もその曲線上で定義されるなら結合律を満たす.

上は少々曖昧な言方だが, $f_i(t_i)$, $i=1\sim 3$, が $t_i\in[0,1]$ で解析的に定義され, 積 $f_1(t_1)*f_2(t_2)*f_3(t_3)$ が定義されるのなら, この積は積を作る順序によらず $(f_1(t_1)*f_2(t_2))*f_3(t_3)=f_1(t_1)*(f_2(t_2)*f_3(t_3))$ となるというのである.

$(1;0)$ は 曖昧 Lie 群 $Sp_{\mathbb{C}}^{(\frac{1}{2})}(m)$ の単位元であり $Sp_{\mathbb{C}}^{(\frac{1}{2})}(m)$ の $(1;0)$ での接空間は $\mathfrak{sp}(m,\mathbb{C})$ である. $\forall\alpha\in\mathfrak{sp}(m,\mathbb{C})$ に対し $*$-指数関数は K-表示で $:e_*^{\frac{t}{i\hbar}\langle \boldsymbol{u}(\alpha J),\boldsymbol{u}\rangle}:_K$ と与えられるので, $\mathfrak{sp}(m,\mathbb{C})$ を 2 次式で作る Lie 環 $\mathfrak{sp}(m,\mathbb{C})J$ と同一視して

命題 2.20　$\mathfrak{sp}(m;\mathbb{C})$ は $Sp_{\mathbb{C}}^{(\frac{1}{2})}(m)$ の Lie 環であり, 指数写像 $\exp:\mathfrak{sp}(m;\mathbb{C})\to Sp_{\mathbb{C}}^{(\frac{1}{2})}(m)$ が定義されている.

Lie 環への随伴表現

Lie 環の随伴表現は線形写像で表わされ $\mathrm{ad}(\frac{1}{2i\hbar}\langle\boldsymbol{u}\alpha J,\boldsymbol{u}\rangle)\begin{bmatrix}\boldsymbol{u}\\ \boldsymbol{v}\end{bmatrix}=\alpha\begin{bmatrix}\boldsymbol{u}\\ \boldsymbol{v}\end{bmatrix}$ だから

$$:e_*^{\frac{t}{2i\hbar}\langle\boldsymbol{u}(\alpha J),\boldsymbol{u}\rangle}\begin{bmatrix}\boldsymbol{u}\\ \boldsymbol{v}\end{bmatrix}e_*^{-\frac{t}{2i\hbar}\langle\boldsymbol{u}(\alpha J),\boldsymbol{u}\rangle}:_K=e^{t\alpha}\begin{bmatrix}\boldsymbol{u}\\ \boldsymbol{v}\end{bmatrix}$$

のように Lie 環への随伴表現では振幅部分は無視され, 表示 K に無関係に

$$\mathrm{Ad}(e_*^{\frac{t}{2i\hbar}\langle\boldsymbol{u}(\alpha J),\boldsymbol{u}\rangle})=Sp(m;\mathbb{C})$$

が得られる. つまり Lie 環への随伴表現 Ad は準同型

$$\mathrm{Ad}:Sp_{\mathbb{C}}^{(\frac{1}{2})}(m)\to Sp(m;\mathbb{C}) \tag{2.81}$$

を与える. この写像は 2 対 1 だから, もし $Sp_{\mathbb{C}}^{(\frac{1}{2})}(m)$ が点集合なら $Sp(m;\mathbb{C})$ の 2 重被覆群でなければならないが, $Sp(m;\mathbb{C})$ は連結かつ単連結である.

2.6.1　Metaplectic 群, $Spin(m)$, $\widetilde{Pin}(m)$

しかし $Sp(m;\mathbb{C})$ は単連結でない様々な連結部分群を含んでいる. 例えば $Sp(m;\mathbb{R})$ は単連結でなく, これの 2 重被覆群はメタプレクティック群 $Mp(m;\mathbb{R})$ と呼ばれている. だから $\mathrm{Ad}^{-1}(Sp(m;\mathbb{R}))$ を考えると, もともと 2 重被覆群ができているのだから (2.79) 式の右辺は 1 になって, 点集合としての貼合わせに問題がなくなる. 従って $\mathrm{Ad}^{-1}(Sp(m;\mathbb{R}))=Mp(m;\mathbb{R})$ である. この場合 $\mathrm{Ad}^{-1}(Sp(m;\mathbb{R}))=Sp(m;\mathbb{R})\times\mathbb{Z}_2$ としない理由は Lie 環の同型と 1 径数 $*$ 指数関数を繋ぎ合わせて "群" を作るので出来上がるものは連結であるべきだという理由による. $Mp(m;\mathbb{R})$ はフーリエ積分作用素の作る群の貼あわせに登場する. $Mp(m;\mathbb{R})$ の複素化は普通の意味の Lie 群ではないが曖昧 Lie 群としてなら存在するのだから捨去るべきものではない. この辺までくると § 2.2.2 の $Spin(m)$, $\widetilde{Pin}(m)$ と結びついてくる.

スピン $\mathbb{C}$ 群とは次のように定義される群である：

$$Spin_{\mathbb{C}}(m)=Spin(m)\times_{\mathbb{Z}_2}U(1)$$

$Spin(m)/\mathbb{Z}_2=SO(m)$ より, $Spin_{\mathbb{C}}(m)$ は $SO(m)$ の S^1 拡張になっていて, この部分は Weyl 微積分代数一元論でも Clifford 代数でも違いはない. ところで,

$$\widetilde{Pin}_{\mathbb{C}}(m)=\widetilde{Pin}(m)\times_{\mathbb{Z}_2}U(1)$$

と定義すると $\widetilde{Pin}(m)/\mathbb{Z}_2=Spin(m)$ だから, $\widetilde{Pin}_{\mathbb{C}}(m)$ も $Spin(m)$ の S^1 拡張に見え,

$$Pin_{\mathbb{C}}(m)=Pin(m)\times_{\mathbb{Z}_2}U(1)$$

と同じものになり, 本当の群になる. ここまでくると Clifford 代数を使っていても Weyl 微積分代数を使っていても差がなくなることが面白い.

$\mathrm{Ad}^{-1}(SO(2,\mathbb{C}))$, $\mathrm{Ad}^{-1}(SU(1,1))$, $\mathrm{Ad}^{-1}(SU(2))$

同様の議論は $SO(2,\mathbb{C})$, $SU(1,1)\approx\mathbb{R}^2\times S^1$ でも通用して $\mathrm{Ad}^{-1}(SO(2,\mathbb{C}))$, $\mathrm{Ad}^{-1}(SU(1,1))$ は $SO(2,\mathbb{C})$, $SU(1,1)$ の 2 重被覆群となる. しかしこれらの 2 重被覆群はもとの群と同型で記号では区別できないからこれを強調するときには $SO^{(\frac{1}{2})}(2,\mathbb{C})$, $SU^{(\frac{1}{2})}(1,1)$ のように書く.

一方, $SU(2))\approx S^3$ だから $\mathrm{Ad}^{-1}(SU(2))$ には点集合の描像はない. これを $SU^{(\frac{1}{2})}(2)$ とか $\widetilde{Pin}(3)$ と書く. 抽象的には $SU^{(\frac{1}{2})}(2)$ は連結だが単連結でない局所 Lie 群の集まり $\bigcup_\alpha\widetilde{\mathcal{O}}_\alpha$ であって, $\widetilde{\mathcal{O}}_\alpha/\{\pm1_\alpha\}=\mathcal{O}_\alpha\subset SU(2)$ だが, $\widetilde{\mathcal{O}}_\alpha$ の貼りあわせが $\{\pm1\}$ の齟齬を持っていて, 全体では $SU(2)$ の 2 重被覆群のように見えるものである. 従って $SU^{(\frac{1}{2})}(2)/\{\pm1\}\cong SU(2)$ とか $\widetilde{Pin}(3)$ のように書かれるが, これは $SU(2)$ 上の齟齬付きの $\mathbb{Z}_2$ 束とみなせる. 仮想的 $\mathbb{Z}_2$ 被覆空間と呼んでも良いだろう.

$SU(2)=S^3$ は Hopf 束 $SU(2)=\coprod_{q\in S^2}S^1_q$ を伴っているが $\tilde{S}^1_q$ を各 S^1_q の 2 重被覆群とすると, $SU^{(\frac{1}{2})}(2)$ は直和集合 $SU^{(\frac{1}{2})}(2)=\coprod_{q\in S^2}\tilde{S}^1_q$, と理解される. Hopf 束は S^2 上の $U(1)$ 束であるが, $SU^{(\frac{1}{2})}(2)$ は S^2 上の $\{\pm1\}$ 齟齬付きの S^1 束である. すると

$$\widetilde{Pin}_{\mathbb{C}}(3)=\coprod_{x\in S^2}\tilde{S}^1_x\times_{\mathbb{Z}_2}U(1) \tag{2.82}$$

となり, $\tilde{S}^1_x\times_{\mathbb{Z}_2}U(1)$ が $\tan\theta=\frac{1}{2}$ の角度で歪められたトーラス $T^2_{\boldsymbol{x}}$ なので $\widetilde{Pin}_{\mathbb{C}}(3)$ $=\coprod_{x\in S^2}T^2_{\boldsymbol{x}}$ であるが, これを $U(1)\times SU(2)$ のように書くこともできる.

3 種類の $SU(2)$

前節までに, いろんな形で $SU(2)$ や $U(1)$ が現れているのだが, 同型ではあっても現れかたが違うので Weyl 微積分代数の中でどれくらい区別できるものか見ておこう.

まづ, $\mathfrak{su}(2)$ 自身は $2{\times}2$ 行列を使って

$$\tilde\sigma_1{=}\begin{bmatrix}0 & i\\ i & 0\end{bmatrix},\ \tilde\sigma_2{=}\begin{bmatrix}-i & 0\\ 0 & i\end{bmatrix},\ \tilde\sigma_3{=}\begin{bmatrix}0 & -1\\ 1 & 0\end{bmatrix} \tag{2.83}$$

で与えられ, $[\tilde\sigma_i,\tilde\sigma_j]{=}2\tilde\sigma_k$ であり, $\tilde\sigma_i^2{=}{-1}$, $\tilde\sigma_i\tilde\sigma_j{=}\tilde\sigma_k$, $(i,j,k$ cyclic$)$ でもあるから $\tilde\sigma_1,\tilde\sigma_2,\tilde\sigma_3$ が 4 元数群を生成していて, $2{\times}2$ 行列群としての $SU(2)$ が作られる. 指数写像 $\exp:\mathfrak{su}(2){\to}SU(2)$ は $\tilde\sigma_i^2{=}{-1}$ を使って $a^2{+}b^2{+}c^2{=}1$ のとき

$$\exp t(a\tilde\sigma_1{+}b\tilde\sigma_2{+}c\tilde\sigma_3){=}\cos t1{+}\sin t(a\tilde\sigma_1{+}b\tilde\sigma_2{+}c\tilde\sigma_3)$$

である. 一方 $\mathfrak{su}(2)$ に対応する 2 次式で作る Lie 環は $\mathfrak{su}(2)J$ であり, $\tilde\sigma_1,\tilde\sigma_2,\tilde\sigma_3$ に対応する基底は次で与えられる：

$$\big(le_1,\ le_2,\ le_3\big)=\big(\frac{1}{2\hbar}(u^2{-}v^2),\quad \frac{1}{\hbar}u{\circ}v,\quad \frac{1}{2i\hbar}(u^2{+}v^2)\big). \tag{2.84}$$

これは交換子積で $\mathfrak{su}(2)$ と同形の Lie 環で

$$[le_i,le_j]_*{=}2le_k,\quad (i,j,k \text{ cyclic}) \tag{2.85}$$

となる. ∀ 表示で

$$(\frac{1}{i}(u_*^2{+}v_*^2))_*^2{+}(u_*^2{-}v_*^2)_*^2{+}4(u{\circ}v)_*^2{=}3\hbar^2 \tag{2.86}$$

は $\{le_1,le_2,le_3\}$ の展開環の center で, **Casimir 元**と呼ばれている.

ところがこの 2 次式の指数関数を作ると少し事情が違ってくる. 次のことが $SU^{(\frac{1}{2})}(2)$ が現れる理由であった：

命題 2.21　$a^2{+}b^2{+}c^2{=}1$ のとき, 指数関数

$$e_*^{t(a\frac{1}{\hbar}(u_*^2-v_*^2)+b\frac{1}{\hbar}2u\circ v+c\frac{1}{i\hbar}(u_*^2+v_*^2))}$$

は適宜いろんな表示で計算すると $*$-積に関して局所 Lie 群の集まりになっているが全体としては $SU(2)$ の 2 重被覆群に見える. 定理 *2.4*,(2.36) 式付近の（図 2 参照）

しかしともかく Lie 環と指数写像があるのだから, 行列群 $SU(2)$ の方に次の準同型がある：

$$e_*^{t(a\frac{1}{\hbar}(u_*^2-v_*^2)+b\frac{1}{\hbar}2u\circ v+c\frac{1}{i\hbar}(u^2+v^2)} \overset{\phi}{\Longrightarrow} (\cos 2t+\sin 2t(a\tilde{\sigma}_1+b\tilde{\sigma}_2+c\tilde{\sigma}_3))$$

ところが 上の指数関数は $t{=}\frac{\pi}{2}$ のときは (a,b,c) によらず表示 iK にのみ依存する極地元 ε_{00} になり $\phi(\varepsilon_{00}){=}-1$ となる. これは群論的考察だけからは得られないものである.

そこで今度は (図 2) を見ながら赤道面にあたる部分を考える. (図 1) は iK 表示の一種である K_0 表示 (正規順序表示) で見ているのだが, これを剛体 K 表示に切替えると $:\varepsilon_{00}^2:_K{=}1$ に変わる.

指数関数と 1 の分解

玉突補題を使うと $u{*}(u{\circ}v){=}(u{\circ}v{-}i\hbar){*}u$ と指数法則で後でよく使う次の公式が得られる：

$$u{*}e_*^{t\frac{1}{i\hbar}u\circ v}{=}e^{-t}e_*^{t\frac{1}{i\hbar}u\circ v}{*}u, \quad v{*}e_*^{t\frac{1}{i\hbar}u\circ v}{=}e^{t}e_*^{t\frac{1}{i\hbar}u\circ v}{*}v, \tag{2.87}$$

特に $u{*}\varepsilon_{00}{=}-\varepsilon_{00}{*}u$, $v{*}\varepsilon_{00}{=}-\varepsilon_{00}{*}v$ が得られる. ε_{00} は任意の偶数次の元と可換である. (2.87) より結合律定理 2.1 で

$$e_*^{t\frac{1}{i\hbar}u\circ v}{*}u^2{*}e_*^{-t\frac{1}{i\hbar}u\circ v}{=}e^{2t}u^2,\quad e_*^{t\frac{1}{i\hbar}u\circ v}{*}v^2{*}e_*^{-t\frac{1}{i\hbar}u\circ v}{=}e^{-2t}v^2$$

が成立する. (結合律定理は左辺を計算するとき計算順序によらないということに使われる.)

これより

$$e_*^{\frac{\pi}{2\hbar}u\circ v}{*}(u_*^2{-}v_*^2){*}e_*^{-\frac{\pi}{2\hbar}u\circ v}{=}-(u_*^2{-}v_*^2)$$
$$e_*^{\frac{\pi}{4\hbar}u\circ v}{*}(u_*^2{-}v_*^2){*}e_*^{\frac{\pi}{4\hbar}u\circ v}{=}i(u_*^2{+}v_*^2)$$

が分かる. 一方 $u'{=}\frac{1}{\sqrt{2}}(u{-}v)$, $v'{=}\frac{1}{\sqrt{2}}(u{+}v)$ と生成元を変更すると $[u',v']{=}-i\hbar$ で, $(u')^2{+}(v')^2{=}u^2{+}v^2$, $2u'{\circ}v'{=}u_*^2{-}v_*^2$, $(u')_*^2{-}(v')_*^2{=}-2u{\circ}v$ となるから上の式をこれで書き直すと

$$e_*^{\frac{\pi}{4\hbar}(u^2-v^2)}{*}(2u{\circ}v){*}e_*^{-\frac{\pi}{4\hbar}(u^2-v^2)}{=}-2u{\circ}v$$
$$e_*^{\frac{\pi}{8\hbar}(u^2-v^2)}{*}(2u{\circ}v){*}e_*^{-\frac{\pi}{8\hbar}(u^2-v^2)}{=}i(u_*^2{+}v_*^2)$$

も得られる. 剛体 K 表示では一つの例外 ($K^\dagger$ による $*$ 指数関数) を除いては $*$ 指数関数に特異点は現れないから, これらの指数関数の計算には特異点は現れないとしてよいから $*$-指数関数を定義する微分方程式の解の一意性で上の

式から剛体 K 表示で

$$e_*^{\frac{\pi}{2\hbar}u\circ v}*e_*^{t(u_*^2-v_*^2)}*e_*^{-\frac{\pi}{2\hbar}u\circ v}=e^{-t(u_*^2-v_*^2)}$$
$$e_*^{\frac{\pi}{4\hbar}u\circ v}*e_*^{t(u_*^2-v_*^2)}*e_*^{-\frac{\pi}{4\hbar}u\circ v}=e_*^{ti(u_*^2+v_*^2)}$$
$$e_*^{\frac{\pi}{4\hbar}(u^2-v^2)}*e_*^{2tu\circ v}*e_*^{-\frac{\pi}{4\hbar}(u^2-v^2)}=e_*^{-2tu\circ v}$$
$$e_*^{\frac{\pi}{8\hbar}(u^2-v^2)}*e_*^{2tu\circ v}*e_*^{-\frac{\pi}{8\hbar}(u^2-v^2)}=e_*^{ti(u_*^2+v_*^2)}$$

が得られる. 上の式で $t=\frac{\pi i}{4}$ と置き,

$$\begin{aligned} &e_1=e_*^{\pi\frac{1}{4\hbar}(u_*^2-v_*^2)}, \quad e_2=e_*^{\pi\frac{1}{2\hbar}u\circ v}, \quad e_3=e_*^{\pi\frac{1}{4i\hbar}(u_*^2+v_*^2)} \\ &\hat{e}_1=e_*^{\pi\frac{1}{8\hbar}(u_*^2-v_*^2)}, \quad \hat{e}_2=e_*^{\pi\frac{1}{4\hbar}u\circ v}, \quad \hat{e}_3=e_*^{\pi\frac{1}{8i\hbar}(u_*^2+v_*^2)} \end{aligned} \tag{2.88}$$

とおけば剛体 K 表示で

$$e_2*e_1*e_2^{-1}=e_1^{-1},\ \hat{e}_2*e_1*\hat{e}_2^{-1}=e_3,\ \hat{e}_1*e_2*\hat{e}_1^{-1}=e_3,\ \hat{e}_i^2=e_i\ e_i^2=\varepsilon_{00},\ \varepsilon_{00}^2=1$$

を得る. また上の第 1 式で $t=-\frac{\pi i}{8}$ と置けば $e_2*\hat{e}^{-1}*e_2^{-1}=\hat{e}_1$ も得られる. 剛体 K 表示のもとでは左辺の式に結合律が成立する i.e.$*$ 積の順番によらない. 移項して 2 項演算としての式に直すと

$$e_2*e_1=e_1^{-1}*e_2,\ \hat{e}_2*e_1=e_3*\hat{e}_2,\ \hat{e}_1*e_2=e_3*\hat{e}_1,\ e_2*\hat{e}_1^{-1}=\hat{e}_1*e_2$$
$$\hat{e}_i^2=e_i, \quad e_i^2=\varepsilon_{00}, \quad \varepsilon_{00}^2=1$$

となる. 以下ではこの関係式のみで話をするのだが, 結合律を仮定してどんどん式変形をしていくと $e_i=1$ ということになったりするだろうかということが心配なのである.

結合律を仮定して変形すると第 1 式は $e_2*e_1=\varepsilon_{00}*e_1*e_2$ であり, $e_i^{-1}=\varepsilon_{00}*e_i$ で ε_{00} は他の全てと可換である. 第 3 , 第 4 の式から $e_2*e_1^{-1}=e_3$ が得られる. これより $e_1*e_2=e_3$ も分かる.

$$e_3^2=e_1*e_2*e_1*e_2=e_1*\varepsilon_{00}*e_1*e_2*e_1=\varepsilon_{00}^3=\varepsilon_{00}$$

もわかる.　さらに $e_3=\varepsilon_{00}*e_2*e_1$ であり,

$$e_3*e_1=e_1*e_2*e_1=\varepsilon_{00}*e_2*e_1*e_1=e_2=\varepsilon_{00}*e_1*e_3,$$
$$e_2*e_3=e_2*e_1*e_2=\varepsilon_{00}*e_1*e_2*e_2=e_1=\varepsilon_{00}*e_3*e_2$$

となる. 式を動かしてみれば結局次が分かる:

命題 2.22 剛体 K-表示のもと, e_i は特異点でないという条件で e_1, e_2, e_3 は上の関係式で

$$e_i{*}e_j{=}e_k,\ (ijk)\ \text{cyclic}\qquad e_i{*}e_j{=}\varepsilon_{00}{*}e_j{*}e_i,(i{\neq}j),\ e_i^2{=}\varepsilon_{00},\ \varepsilon_{00}^2{=}1$$

を満たす群をなす. これを**擬4元数群**と呼ぶ.

註釈. $\varepsilon_{00}=-1$ としてしまえば4元数群があるのだから, 上の関係式で生成されるものがこれ以上小さくならないことはすぐわかるのだが生成されているものは4元数群より大きいものである. また上では e_i を通過する指数関数に特異点は現れないものとしているが, 例えば e_3 を通過する指数関数が例外にあたるもので周期が倍に伸びているとすると $e_1^2{=}e_{00}{=}e_3^2$ であるのに $e_1^4{\neq}e_3^4{=}-1$ となってしまい $a{=}b$ なのに $a^2{\neq}b^2$ が起こってしまう. このようになってしまうと a,b は**2項演算には使えない**のである.

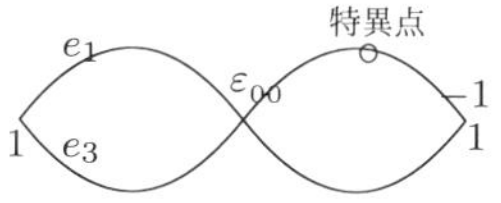

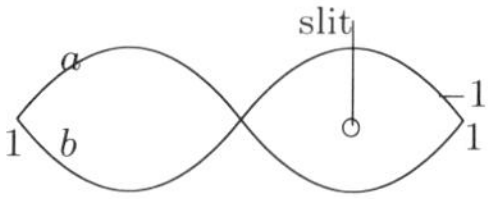

では剛体 K 表示をやめて iK 表示で考えるとどうなるであろうか? このときは $:\varepsilon_{00}^2:_{iK}{=}{-}1$ であるが, 今度は (図 1) のところで説明したような理由で左の図のようなことが起こる所が沢山現れてしまい, **うまく組合わせないと2項演算が作れなくなる**.

ここでは $\varepsilon_{00}^2{=}1$ と確定しているが, $\varepsilon_{00}=\pm1$ の区別はつけられないから, 2つを組にして扱う為に1の分解をする. 次の2つは冪等元であり, しかも

$$\hat{\mathbf{1}}{=}\tfrac{1}{2}(1{+}\varepsilon_{00}),\quad \check{\mathbf{1}}{=}\tfrac{1}{2}(1{-}\varepsilon_{00}),\quad \hat{\mathbf{1}}{+}\check{\mathbf{1}}{=}1,\ \hat{\mathbf{1}}{*}\check{\mathbf{1}}{=}0$$

である. これを1の**分解**と呼ぶ. $\varepsilon_{00}{=}\varepsilon_{00}{*}\hat{\mathbf{1}}{+}\varepsilon_{00}{*}\check{\mathbf{1}}$ であり, さらに

$$\varepsilon_{00}{*}\hat{\mathbf{1}}{=}\hat{\mathbf{1}},\quad \varepsilon_{00}{*}\check{\mathbf{1}}{=}{-}\check{\mathbf{1}},\quad \varepsilon_{00}{=}\hat{\mathbf{1}}{-}\check{\mathbf{1}}$$

である. これは ε_{00} を $\hat{\mathbf{1}}$ として扱う部分と $-\check{\mathbf{1}}$ として扱う部分への分解である. 1の分解で $\varepsilon_{00}=-1$ と見えるほうに射影すると

$$\check{e}_1{=}e_*^{\frac{\pi}{4\hbar}(u^2-v^2)}{*}\check{\mathbf{1}},\quad \check{e}_2{=}e_*^{\frac{\pi}{2\hbar}u\circ v}{*}\check{\mathbf{1}},\quad \check{e}_3{=}e_*^{\frac{\pi}{4i\hbar}(u^2+v^2)}{*}\check{\mathbf{1}}$$

であるが, これも交換子積で閉じており

$$[\check{e}_i,\check{e}_j]_*{=}2\check{e}_k,\quad (i,j,k\ \text{cyclic}) \tag{2.89}$$

という $\mathfrak{su}(2)$ と同形の Lie 環となり, しかも $\check{e}_i^2{=}{-}1$, $\check{e}_i{*}\check{e}_j{=}{-}\check{e}_j{*}\check{e}_i$ となり, 4元数が生成される. 従って $\alpha^2{+}\beta^2{+}\gamma^2{=}1$ とすると

$$e_*^{t(\beta\check{e}_1+\gamma\check{e}_2+\alpha\check{e}_3)}{=}\cos t{+}\sin t(\beta\check{e}_1{+}\gamma\check{e}_2{+}\alpha\check{e}_3)$$

となる. Lie 環としては下の 3 者は同型なのである:

$$(le_1, le_2, le_3), \quad (\tilde{\sigma}_1, \tilde{\sigma}_2, \tilde{\sigma}_3), \quad (\check{e}_1, \check{e}_2, \check{e}_3)$$

しかし $\check{e}_i$ を le_i に置換えて $*$ 指数関数を K 表示で計算すると $\pm K^\dagger$ に対応する指数関数には定理 2.4 で見たように分岐しない特異点が現れ周期が倍に伸びる. これらを群として扱うと特異点が出たり多価性があらわれてかなり違ったものになるのである. (命題 2.25 参照)

2.6.2　齟齬と Stiefel Whitney 類

齟齬を単体複体のコホモロジー類として理解したいでその辺のことを少し考えておこう. G を連結 Lie 群, G_x をそのコピーとして直和集合 $\coprod_{x\in M} G_x$ を考える. 但し $\mathfrak{G} \supset G$ で, 商空間 $\mathfrak{G}/G$ のようなものをイメージしているので G の元は右から $\coprod_{x\in M} G_x$ に作用できるものとする. これとは別に M の単純開被覆を $\{V_i\}_{i\in I}$ (任意個数の共通部分が単位開球体 D と同相) とし, V_i を 0 単体 (頂点), $V_{ij}{=}V_i{\cap}V_j$ を 1 単体 $V_{ijk}{=}V_i{\cap}V_j{\cap}V_k$ を 2 単体.... 等とする単体複体を $\mathfrak{V}$ とし, $\mathfrak{S}_\ell$ を ℓ 単体全体の作る ℓ 次元単体複体 (ℓ skeleton) とする. そして各 V_i 上で $\coprod_{x\in M} G_x$ の局所自明化 $\Phi_i : \coprod_{x\in V_i} G_x {\to} V_i{\times}G$ が与えられているとし, $\Phi_i(\coprod_{x\in V_i} e_x){=}(x, \phi_i(x))$, $\phi_i(x){\in}G$ とする. このようなものを**主 G 束**と呼ぶが, $\coprod_{x\in M} G_x$ は主 G 束になっているものとする. また, G は連結でなくても, 曖昧 Lie 群の場合にも上の用語を敷衍ふえんして使うものとする.

次に $G^{(\frac{1}{2})}$ を G の 2 重被覆群とし, $\pi{:}G^{(\frac{1}{2})}{\to}G$ を射影とする. 直和集合 $\coprod_{x\in M} G_x^{(\frac{1}{2})}$ を考え, これが主 $G^{(\frac{1}{2})}$ 束になるかどうかを考える. 各 V_i 上で局所自明化 $\tilde{\phi}_i(x){\in}G^{(\frac{1}{2})}$ は $\phi_i : V_i{\to}G$ の lift として作れるが, $V_i{\approx}D$ だから lift が 2 種類作れる. これを $\tilde{\phi}_i{=}\phi_i^{(+)}$ or $\phi_i^{(-)}$ として区別しておく.

齟齬の現れる例: G を連結コンパクト群で $U(n)$ でも $SO(n)$ でもないとして $\pi_1(G){=}0$ とする. $G \supset SO(3)$ とすれば　G は $M{=}G/SO(3)$ 上の $SO(3)$ 主束となる. これを $\coprod_{x\in M} SO(3)_x$ のように書き, 各ファイバーの所で $SO(3)_x$ の 2 重被覆群 $SU(2){=}SO(3)^{(\frac{1}{2})}$ を作り直和集合 $\coprod_{x\in M} SU(2)_x$ を考える. これは自然に局所自明化を持つが全体は束になれない. なぜならもしこれが多様体になるとしたら単連結であるはずの G の 2 重被覆になってしまうからである.

この場合 M からなにがしかの部分集合 Σ を除けば $\coprod_{x\in M\setminus\Sigma} SU_x(2)$ は主束となるが, 後の定理 2.13 を見れば $H_2(M\setminus\Sigma, \mathbb{Z}_2){=}\{0\}$ となるように Σ を除

かねばならないことが分かる. この場合 Σ を最も小さく取るにはどうすれば良いかが問題となる.

同様の例は $M{=}SU(n)/SO(n), n{\geq}3$, $M{=}Sp(n)/U(n), n{\geq}3$ でも作れる.

記号に対する注意 1: コホモロジー論では記号簡略化の為に積を和の形で書く習慣がある. 但しこれは可換代数として扱うという意味ではなく単なる記号法の問題である.

V_{ij} を 1 次元単体 (線分 $[0,1]$) とみると $t{\in}V_{ij}$ に対し $\phi_{ij}{=}\phi_j(t){-}\phi_i(t){\in}G$ を $\tilde{\phi}_{ij}(t){\in}G^{(\frac{1}{2})}$ に広げることができる. これも $\phi_{ij}(t)^{(\pm)}$ のどちらかと思って良い. V_{ijk} は (i,j,k) なる 2 単体だが, これを 2 次元 disk D と見てその境界 $\partial D{=}S^1$ 上で $\phi_{ijk}(x){=}\phi_{jk}(t){-}\phi_{ik}(t){+}\phi_{ij}(t)$ をみると $\coprod_{x\in M} G_x$ が主 G 束になっているのだから, $\phi_{ijk}(x){\equiv}0$ (記号の約束で 1 が 0 と書かれている) の筈だが $\tilde{\phi}_{ijk}(x){=}\tilde{\phi}_{jk}(t){-}\tilde{\phi}_{ik}(t){+}\tilde{\phi}_{ij}(t){\in}G^{(\frac{1}{2})}$ は $2\tilde{\phi}_{ijk}(x){=}0$ にしかならず $\mathbb{Z}/2\mathbb{Z}{=}\mathbb{Z}_2$ の元としての 0, or 1 への写像となる. D 内部に**分岐特異点**があると $\tilde{\phi}_{ijk}{\neq}0$ となるが 2 周すると 0 となる. これを**齟齬付きの主 $G^{(\frac{1}{2})}$ 束**と呼ぶ.

一般に各 $V_{i_0i_1\cdots i_\ell}$ から $G^{(\frac{1}{2})}$ への連続写像が与えられているときこれを $c_\ell(V_{i_0i_1\cdots i_\ell})(x){\in}G^{(\frac{1}{2})}$ と書く. 各 $V_{i_0i_1\cdots i_\ell}{\in}\mathfrak{S}_\ell$ 毎に $c_\ell(V_{i_0i_1\cdots i_\ell})$ は $V_{i_0i_1\cdots i_\ell}$ から $G^{(\frac{1}{2})}$ への写像であるが c_ℓ を M 上の $G^{(\frac{1}{2})}$ 値 ℓ cochain と呼ぶ. $G^{(\frac{1}{2})}$ 値 ℓ cochain **全般**を表わす記号として (M を捨象して) $C^\ell(G^{(\frac{1}{2})})$ と書く. 従って c_ℓ が M 上の ℓ cochain であることを (あたかも集合の元であるかのように) $c_\ell(M,G^{(\frac{1}{2})}){\in}C^\ell(G^{(\frac{1}{2})})$ のように書くことが多い.

また以下では $G^{(\frac{1}{2})}$ の所を $\mathbb{Z}_2$ とか $\sqrt{1}{=}\mathbf{1}^{(\frac{1}{2})}$ に替えたものも使われる.

記号に対する注意 2: ここまでは一つの単体複体についての話で, 言わば各論であるが, 以下のものは単体複体**なるもの全般**についての概念構成である. コホモロジー論ではしばしば各論と全般論とが共に集合論の慣用の記号で書かれるので要注意.

一般に**余境界作用素**を (和の順序に気をつけて和で書くことにして)

$$\delta(c_0)(V_{ij}){=}c_0(V_j){-}c_0(V_i),$$
$$\delta(c_1)(V_{ijk}){=}c_1(V_{jk}){-}c_1(V_{ik}){+}c_1(V_{ij}),$$

$$\delta(c_2)(V_{ijk\ell}){=}c_2(V_{jk\ell}){-}c_2(V_{ik\ell}){+}c_2(V_{ij\ell}){-}c_2(V_{ijk})$$

等とする. $\check{a}$ は a が抜けていることを表わすとして, 一般に

$$\delta c_\ell(V_{i_0 i_1 \cdots i_\ell i_{\ell+1}}) = \sum_{k=0}^{\ell+1} (-1)^{k-1} c_\ell(V_{i_0 i_1 \cdots \check{i}_k \cdots i_\ell i_{\ell+1}})$$

と定義する. 一般に $\delta\delta c_\ell=0$ となることが容易に分かる. $\delta(c_\ell)=0$ となる c_ℓ を ℓ 輪体 (cocycle) と呼ぶ. ℓ 輪体全般を $Z^\ell(G^{(\frac{1}{2})})$ と書く.

$c_\ell=\delta(c_{\ell-1})$ のように書かれる cochain を ℓ 余境界 (ℓ coboundary) と呼ぶ. ℓ 余境界全般を $B^\ell(G^{(\frac{1}{2})})$ と書く.

$$H^\ell(G^{(\frac{1}{2})})=Z^\ell(G^{(\frac{1}{2})})/B^\ell(G^{(\frac{1}{2})})$$

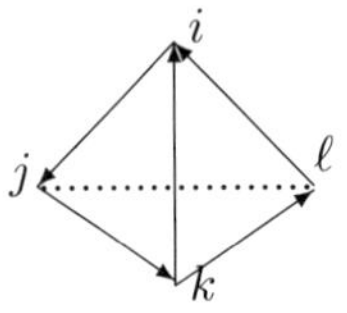

を $G^{(\frac{1}{2})}$ 値 ℓ コホモロジー類と呼ぶ. $H^\ell(G^{(\frac{1}{2})})$ の元は $[c_\ell]$ のように表わす. 左の図は $\delta(c_2)=0$ であるが一筆書きできないので $c_2=\delta(c_1)$ とはならないことを確かめてもらいたい.

話を各論に戻すと齟齬付きの主 $G^{(\frac{1}{2})}$ 束は $c_2(V_{ijk})=c_2(jk)-c_2(V_{ij})+c_2(V_{ij})$ の形で 2 輪体 $c_2(M;G^{(\frac{1}{2})})\in Z^2(M,G^{(\frac{1}{2})})$ を与えている. 一方, もともと主 G 束 $\coprod_{x\in M} G_{\boldsymbol{x}}$ があるとしているので上のものを $G_{\boldsymbol{x}}^{(\frac{1}{2})}/\mathbb{Z}_2=G_{\boldsymbol{x}}$ で考えれば (積を和で書く**注意 1** より) 0 だから上のものは $c_2(V_{ijk})=\pm 1$ であり, 定義のしかたを見れば $c_2(M,G^{(\frac{1}{2})})=\delta(c_1(M,G^{(\frac{1}{2})}))$ だから $Z^2(M,\mathbb{Z}_2)$ の元でもある. $[c_2(M,G^{(\frac{1}{2})})]=0$ は自明であるが, $[c_2(M,\mathbb{Z}_2)]$ が 0 とは限らない.

$c_2(M,G^{(\frac{1}{2})})$ が指定する $\mathbb{Z}_2$ 値 2 コホモロジー類 $[c_2(M,G^{(\frac{1}{2})})]$ が 0 ならば $c_1'\in C^1(M,\mathbb{Z}_2)$ を使って

$$c_2(V_{ijk})=c_1'(V_{jk})-c_1'(V_{ik})+c_1'(V_{ij}),\quad c_1'\in C^1(M,\mathbb{Z}_2)$$

と書かれる. ここで $c_1(V_{ij})-c_1'(V_{ij})$ を**注意 1** を援用して $\phi_{ij}^{(\pm)}$ の $\pm$ を付替えるものとして自然に読直すことができるから $c_1(V_{ij})-c_1'(V_{ij})\in C^1(M,G^{(\frac{1}{2})})$ と思え $\delta(c_1-c_1')(V_{ijk})=0$ とできる. つまり $(c_1-c_1')(M,G^{(\frac{1}{2})})\in Z^1(G^{(\frac{1}{2})})$ となる. これは 1 cocycle だから, M 上に主 $G^{(\frac{1}{2})}$ 束を定義している. すると $\tilde{\phi}_{ijk}(x)=0$ ではあるが, M 上の閉曲線について一周してくると $\phi^{(\pm)}$ が入替わることもある. ところが

$$(c_1-c_1')(M,G^{(\frac{1}{2})})=\delta c_0(M,G^{(\frac{1}{2})})\in B^1(G^{(\frac{1}{2})})$$

となっていると $(c_1-c_1')(V_{ij})(x)=c_0(V_j)(x)-c_0(V_i)(x)=\tilde{\phi}_j(x)-\tilde{\phi}_i(x)=0$ なので任意の閉曲線についての一周で符号の入替わりはなくなる.

つまり $(c_1-c_1')(M,G^{(\frac{1}{2})})$ が指定する $G^{(\frac{1}{2})}$ 値 1 コホモロジー類が 0 ならば M の任意の閉曲線 C 上で $\coprod_{x\in C} G_x^{(\frac{1}{2})}$ は自明束となる. つまり M 全体で lift $\tilde{\phi}^{(+)}(x)$, $\tilde{\phi}^{-}(x)$ の区別が付けられる. これは M 上で $\tilde{\phi}^{(+)}(x)$ か $\tilde{\phi}^{-}(x)$ の一

方だけを採用することができることを意味する. これを $(M, G^{(\frac{1}{2})})$ が**向付け可能**と呼ぶ.

$[c_1-c_1'], [c_2]$ を齟齬が定義する第 1 , 第 2 Stiefel Whitney 類と呼び

$$[c_1(M, G^{(\frac{1}{2})})], \qquad [c_2(M, \mathbb{Z}_2)]$$

のように書く. $[c_1(M, G^{(\frac{1}{2})})]=0$ の下で, $[c_2(M, \mathbb{Z}_2)]=0$ となっていると

$$c_2(V_{ijk})=c_1(V_{jk})-c_1(V_{ik})+c_1(V_{ij})$$

で右辺は $\tilde{\phi}^{(\pm)}(x)$ の一方だけを使って $=\tilde{\phi}_j-\tilde{\phi}_k-(\tilde{\phi}_i-\tilde{\phi}_k)+\tilde{\phi}_i-\tilde{\phi}_j$ と書かれるので $=0$ となる. つまり $[c_1-c_1']=0$ のもとでの $[c_2]=0$ は $c_2=0$ を意味する. $[c_2]=0$ であっても $[c_1(M, G^{(\frac{1}{2})})]\neq 0$ だと $c_2(V_{ijk})=\delta(c_1)(V_{ijk})$ が 0 となるとは限らない.

定理 2.13 齟齬付き主 $G^{(\frac{1}{2})}$ 束は $[c_1(M, G^{(\frac{1}{2})})]=0$, $[c_2(M, \mathbb{Z}_2)]=0$ ならば齟齬は消えて M 上の向付可能な主 $G^{(\frac{1}{2})}$ 束となる. これは $\coprod_{x\in M} G_x$ の構造群が $G^{(\frac{1}{2})}$ に "簡約" され M 上の向付可能な主 $G^{(\frac{1}{2})}$ 束になる為の必要十分条件である.

$G^{(\frac{1}{2})}=\sqrt{1}$ の場合

$G=\{1\}$, $\sqrt{1}=\{\pm 1\}=\mathbf{1}^{(\frac{1}{2})}$ として, 局所自明化を持つ直和集合 $\coprod_{x\in M} \mathbf{1}_x^{(\frac{1}{2})}$ で, M 内の閉曲線 $x(t)$ で $\mathbf{1}_{x(1)}=-\mathbf{1}_{x(0)}$ となるものが存在するようなものを考える. 以下 M は**連結, 単連結** (1 連結) とする. このようなものを**仮想的 2 重被覆空間** (virtual double cover) とか**連結齟齬付き 2 重被覆**と呼ぶ. このような, 多様体として実現できないものが何を定義しているかを考えるのである. まず齟齬は球面のホモトピー群に関係していて沢山のレベルがある.

定義 2.1 S^k を k 次元の球面とする ($k=0$ では 2 点 $\{0,1\}$). $\coprod_{x\in M} \mathbf{1}_x^{(\frac{1}{2})}$ の齟齬が ℓ 次の齟齬であるとは, $k<\ell$ のときは任意の連続写像 $\phi: S^k\to\coprod_{x\in M} \mathbf{1}_x^{(\frac{1}{2})}$ により引戻したものが S^k 上の非連結の 2 重被覆になるのに対し, $k=\ell$ のとき $\phi: S^\ell\to\coprod_{x\in M} \mathbf{1}_x^{(\frac{1}{2})}$ によって引戻したものが S^ℓ 上の連結齟齬付き 2 重被覆となるものが存在する場合を言う. (このような ϕ はホモトピー $\neq 0$ である.)

まず, $c_1=\delta(c_0)$ となっている場合だと $x\in V_{ij}=V_i\cap V_j$ に対して

$$c_1(V_{ij})(x)=c_0(V_j)(x)-c_0(V_i)(x)$$

だから $c_1=0$ となり, $\coprod_{x\in M} \mathbf{1}_x^{(\frac{1}{2})}=M\times\mathbf{1}^{(\frac{1}{2})}$ となってしまう. これは非連結齟齬無しになってしまう.

従って $c_1(V_{ij})(x)\neq 0$ であるが, 1 cocycle $\delta(c_1(M, \mathbf{1}_x^{(\frac{1}{2})}))=0$ ではあるので, 貼合わせに齟齬はおきないで M 上の $\mathbb{Z}_2$ 束が定義されることになる. ところが M が単連結だからこの $\mathbb{Z}_2$ 束も非連結齟齬無しである. $\therefore \delta(c_1)(V_{ijk})(x)\neq 0$ でなければならないが, もともとが自明束 $\coprod_{x\in M}\mathbf{1}_x$ にたいして $\coprod_{x\in M}\mathbf{1}_x^{(\frac{1}{2})}$ を考えているのだから $\delta(c_1)(V_{ijk})(x)\in\mathbb{Z}_2$ i.e. $\delta(c_1)\in Z^2(M,\mathbb{Z}_2)$ の筈である.

ここで $\delta(c_1)=\delta(c_1'), c_1'\in C^1(M,\mathbb{Z}_2)$ だとすると $c_1(V_{ij})-c_1'(V_{ij})$ を補正された貼合わせとして読替えて, $\delta(c_1-c_1')=0$, i.e. 1 cocycle が得られ, M の 2 重被覆空間ができる. M が単連結なので出来上がるものはやはり非連結齟齬無しである.

命題 2.23 連結齟齬付き 2 重被覆になるのは $[\delta(c_1)]$ が $H^2(M,\mathbb{Z}_2)$ の元として $\neq 0$ の場合だけである. 従って特に $H^2(M,\mathbb{Z}_2)=\{0\}$ だと連結齟齬付き 2 重被覆は存在しない.

しかし $SU^{(\frac{1}{2})}(2)$ は $SU(2)=S^3$ の 2 重被覆のように見える対象だから $M=S^3$ のような場合でもどこかの貼合わせに齟齬が起きるようにできる筈だからこれがどこで起こせるかを見よう.

$\Omega(M)$ を M 内の閉曲線の全体とする. $\Omega(M)$ は連結集合である. $\forall\ell\in\Omega(M)$ に対し $\coprod_{x\in\ell}\mathbf{1}_x^{(\frac{1}{2})}$ を考えるのだがこれが非自明束で, 閉曲線に沿う一周で $\pm$ が入替わりは $\sqrt{1}$ の 2 価性の為 $\pm$ の区別ができないものの全体を $\Omega(M)'$ とする.

各 $\ell\in\Omega(M)'$ に対し $\mathbf{1}_\ell^{(\frac{1}{2})}=\{\pm 1\}$ を対応させ $\Omega(M)'$ 上の局所自明化をもつ直和集合 $\coprod_{\ell\in\Omega(M)'}\mathbf{1}_\ell^{(\frac{1}{2})}$ を考える. これは $\Omega(M)$ 上で閉曲線 $\ell(s); s\in[0,1]$ を考えるということが結局 S^2 から M への写像 ϕ を考え $\coprod_{x\in M}\mathbf{1}_x^{(\frac{1}{2})}$ の ϕ による S^2 への引戻しを考えていることに対応していることから来ている.

$\Omega(M)'$ は無限次元多様体で扱いにくいが, M を細かく 3 角形分割しておいて 1 次元 skeleton 内の閉曲線 $\Omega_1(M)'$ で考えてかまわないし, $\Omega(M)'$ とホモトピー型 (位相幾何的には同じと思えるもの) が同じ有限次元の C^∞ 多様体をとることができるので, $\Omega(M)'$ 自身が $\Omega(M)$ の有限次元の C^∞ 部分多様体だと思ってしまってもよい. $\delta(c_1(\Omega(M)', \mathbf{1}_\ell^{(\frac{1}{2})}))=0$ ならば $\coprod_{\ell\in\Omega(M)'}\mathbf{1}_\ell^{(\frac{1}{2})}$ が 1 輪体条件を満たすということだから $\Omega(M)$ 上の主束となるから, $\Omega(M)$ が単連結でなければ i.e.$\pi_2(M)\neq 0$ ならば $\Omega(M)$ 上の 2 重被覆となる. これは $M=S^2$ のような場合には S^2 の連結 2 重被覆は存在しないのだが $\Omega(S^2)$ の連結 2 重被覆は存在するということだから ℓ 上でメービウスの帯のようになっているものがあっても $\Omega(S^2)$ 上では矛盾なく貼合うと述べているのである.

しかし $\pi_2(M)=0$ だと $\delta(c_1(\Omega(M),\mathbf{1}_\ell^{(\frac{1}{2})}))\neq 0$ でなければならないが, もともと $\coprod_{\ell\in\Omega(M)}\mathbf{1}_\ell$ なる自明束はあるとしているのだから $\delta(c_1(\Omega(M),\mathbf{1}_\ell^{(\frac{1}{2})}))\in\mathbb{Z}_2$ であり $c_2(\Omega(M),\mathbb{Z}_2)$ の元を定義している. この $c_2(V_{ijk})$ は lift を使って $\tilde\phi_{jk}-\tilde\phi_{ik}+\tilde\phi_{ij}$ と定義されているので $\delta(c_2(\Omega(M),\mathbb{Z}_2)=0$ i.e.2 輪体である. しかし, これが $H^2(\Omega(M),\mathbb{Z}_2)$ の中で 0 ならば $c_1'\in C^1(\Omega(M),\mathbb{Z}_2)$ による補正で c_1-c_1' を貼合わせとしてしまうと本当の 2 重被覆となってしまうのだが $\pi_2(M)=0$ だと $\pi_1(\Omega(M))=0$ だからこの 2 重被覆は非連結にならねばならず閉曲線に沿う 1 周で符号が逆転するものがあるという仮定に反する. 従って $\delta(c_1(\Omega(M),\mathbf{1}_\ell^{(\frac{1}{2})}))$ は $H^2(\Omega(M),\mathbb{Z}_2)$ の元として $[\delta(c_1(\Omega(M),\mathbf{1}_\ell^{(\frac{1}{2})}))]\neq 0$ でなければならない. これを可能にするには $\Omega(M)$ 内の loop space $\Omega(\Omega(M))=\Omega^2(M)$ が単連結でなくなり $H^1(\Omega^2(M),\mathbb{Z}_2)\neq 0$ となる場合であり, 直和集合 $\coprod_{\ell\in\Omega^2(M)}\mathbf{1}_\ell^{(\frac{1}{2})}$ が定義する Stiefel Whitney 類 $[c_1(\Omega^2(M),\mathbf{1}^{(\frac{1}{2})})]$ が $\neq 0$ の場合だけである. この場合, $\coprod_{\ell\in\Omega^2(M)}\mathbf{1}_\ell^{(\frac{1}{2})}$ は $\Omega^2(M)$ 上の連結 2 重被覆空間となる. $\pi_k(M)=0$, $k=0,1,2$ で $\pi_3(M)\neq 0$ の場合にこれが起こるのだが, この空間の具体的描像は $M=SU(2)$ の場合でもかなり面倒である.

$SU(2)=S^3$ は 2 連結だが, $SU^{(\frac{1}{2})}(2)=\mathrm{Ad}^{-1}SU(2)$ という連結 "群" も存在していて, これが S^3 の齟齬付き 2 重被覆に見えていたので, これを iK 表示

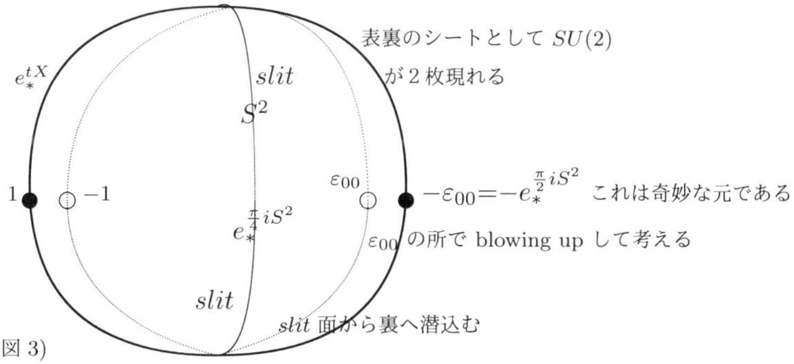

(図 3)

で扱った $:\mathrm{Ad}^{-1}SU(2):_{iK}$ が理解の助けになる. 分岐特異点を扱うので 2 枚のシートを用意し, 指数関数の原点に 0_+ と 0_- とを用意する. さらに図の球面の中心部に分岐特異点がありそこから無限遠方に 3 次元の slit 面が伸びているものを考える. slit 面と球面との交わりは S^2 である. これが図の 1 から ε_{00},

$-1, -\varepsilon_{00}$ を通って 1 に戻る loop を区別するパラメータとする．この 2 重球面を細かく 3 角形分割して表側のシートにある 3 角形には $+1$, 裏側のシートにある 3 角形には -1 を貼付ける．ここまでは 1 価関数の話だかが, $\pm$ の区別ができないものを扱うために S^3 の各点 x で表と裏の 2 点 $\pm 1_x$ をはりつけ, slit の所でこれが入替わるとする．これは複素関数論でのリーマン面の考え方と同じであるが, これが S^2 上で矛盾なくできてしまうと連結でない, 本物の被覆になるので, S^2 のどこか一点に特異点が現れる．これは逆に表裏の 2 点 $\pm 1_x$ を同一視して周期を半分にして見た時にも特異点となって現れ, ちょうど定理2.4 のような状況になる．

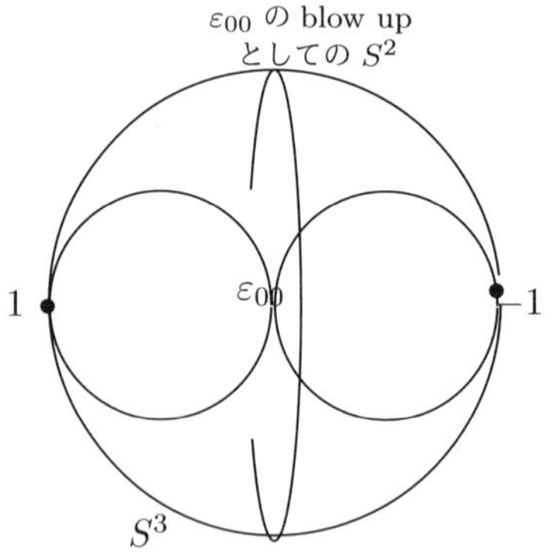

これとは別に ε_{00} とか $-\varepsilon_{00}$ の所で 1 点を繰抜きその代わりにそこでの方向微分として S^2 を貼付けて考える blowing up を行うと ε_{00} の部分が S^2 に膨らみ, それと同時に $-\varepsilon_{00}$ で blowing up したものと同じものとなるのでこのように見てしまうと全体は S^3 のように見えてくる．

また, $\pi_3(M)=0$ の場合には, さらにもう一段上に上がって同じことの繰返しとなる．感覚的には $H^1(\Omega^\ell(M), \mathbb{Z}_2)=H^{\ell+1}(M, \mathbb{Z}_2)$ と思っていてよいが, 位相幾何学のデリケートな定義を避ける為に次のことを定義としておく：

定義 2.2 $[c_1(\Omega^\ell(M), \mathbf{1}_x^{(\frac{1}{2})})]$ を M の第 $\ell+1$ Stiefel Whitney 類と呼ぶ.

M 上の齟齬付き主 $\mathbb{Z}_2$ 束を仮想的 $\mathbb{Z}_2$ 被覆空間と呼び, $M^{(\frac{1}{2})}$ と書く．これは自然に 2 輪体 $c_2(M^{(\frac{1}{2})}) \in Z^2(M)$ を定義する．$M^{(\frac{1}{2})}$ が作る Stiefel Whitney 類が $[c_2(M^{(\frac{1}{2})})]=0$ だと仮想的被覆空間 $M^{(\frac{1}{2})}$ は M 上の主 $\mathbb{Z}_2$ 束となり M の普通の (連結とは限らない) 2 重被覆空間となる．これは $M^{(\frac{1}{2})}$ 上の $\mathbf{1}_{\boldsymbol{x}}$ 束であるから $\coprod_{x\in M}\{\pm 1_{\boldsymbol{x}}\} = \coprod_{x\in M^{(\frac{1}{2})}}\{\pm 1_{\boldsymbol{x}}\}/\mathbb{Z}_2$ のように理解される．

さらに $M^{(\frac{1}{2})}$ が M の本当の被覆空間となる場合には

$$\coprod_{x\in M^{(\frac{1}{2})}} G_{\boldsymbol{x}}^{(\frac{1}{2})}/\mathbb{Z}_2 = \coprod_{x\in M^{(\frac{1}{2})}} G_{\boldsymbol{x}}$$

となる．記号に融通性を持たせて $[c_2(M; G^{(\frac{1}{2})})]=0$ のときには

$$M^{(\frac{1}{2})} \times_{\mathbb{Z}_2} G^{(\frac{1}{2})} = \coprod_{x\in M} \{\pm 1_{\boldsymbol{x}}\} \times_{\mathbb{Z}_2} G^{(\frac{1}{2})}$$

のように書いてもよい.

M 上の齟齬付き主 $SU(2)^{(\frac{1}{2})}$ 束とは仮想的 $\mathbb{Z}_2$ 被覆空間 $M^{(\frac{1}{2})}$ 上の主 $SU(2)$ 束のことだが, これは

$$M^{(\frac{1}{2})} \times_{\mathbb{Z}_2} SU^{(\frac{1}{2})}(2) \tag{2.90}$$

と思え, $[c_2(M; SU^{(\frac{1}{2})}(2))]=0$ だと M 上の主 $SU^{(\frac{1}{2})}(2)$ 束と理解できるし, 仮想的被覆空間 $M^{(\frac{1}{2})}$ 上の主 $SU(2)$ 束とも思える.

2.6.3 $\tilde{S}^2 \times \tilde{S}^2 \setminus \Delta$ 上の 2 重被覆, 定理 2.4 へのコメント

定理 2.4 では剛体球面 $\tilde{S}^2$ の剛体表示 $\tilde{S}^2$ を考えているのだが, ここでこれの位相幾何的な側面を浮出させておこう. 任意の表示 $K \in \tilde{S}^2$ に対し例外 $K^\dagger \in \tilde{S}^2$ があるのだが, $\boldsymbol{x}$ を剛体球面上の一点とし, これがきめる 2 次式 $K^\dagger_{\boldsymbol{x}}$ の指数関数で定義する極地元を $\varepsilon_{00}(\boldsymbol{x})$ とする. このとき $K' \neq K$ ならば $:\varepsilon_{00}^2:_{K'}=1$ というのが定理 2.4 の内容であった. Δ を $\tilde{S}^2 \times \tilde{S}^2$ の対角線集合とする. $\tilde{S}^2 \times \tilde{S}^2 \setminus \Delta$ 上で $\{\pm 1\}$ 束を考えるのだが, この集合は単連結でないので $\{\pm 1\}$ 束

$$\coprod_{(x,K) \in \tilde{S}^2 \times \tilde{S}^2 \setminus \Delta} :\varepsilon_{00}(\boldsymbol{x}):_K$$

は $\tilde{S}^2 \times \tilde{S}^2 \setminus \Delta$ 上の 2 重被覆として齟齬なしで定義できる.

命題 2.24 この 2 重被覆は連結でなく 2 枚に分かれている.

証明. K を固定すれば $\coprod_{\boldsymbol{x} \in \tilde{S}^2 \setminus \{K^\dagger\}} :\varepsilon_{00}(\boldsymbol{x}):_K$ も $\tilde{S}^2 \setminus \{K^\dagger\}$ 上の 2 重被覆だが

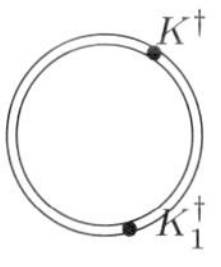

$\tilde{S}^2 \setminus \{K^\dagger\}$ は単連結だから $\tilde{S}^2 \setminus \{K^\dagger\} \times \{\pm 1\}$ の 2 枚に分離している. そこで別の K_1 をとれば同じ論法で $\tilde{S}^2 \setminus \{K_1^\dagger\} \times \{\pm 1\}$ の 2 枚が得られるが, $\tilde{S}^2 \setminus \{K^\dagger, K_1^\dagger\}$ は共通だから繋いで考えられる. □

1 の分解と行列成分

ここでは $\varepsilon_{00}^2=1$ と確定しているが, $\varepsilon_{00}=\pm 1$ の区別はつけられないから, 2 つを組にして扱う為に前に考えた 1 の分解:

$$\hat{\mathbf{1}}=\tfrac{1}{2}(1+\varepsilon_{00}), \quad \check{\mathbf{1}}=\tfrac{1}{2}(1-\varepsilon_{00}), \quad \hat{\mathbf{1}}+\check{\mathbf{1}}=1,\ \hat{\mathbf{1}}*\check{\mathbf{1}}=0$$

をする. $\mathbb{C}a$ という 1 次元集合に対しても $\mathbb{C}a=\mathbb{C}a{*}\hat{\mathbf{1}}+\mathbb{C}a{*}\check{\mathbf{1}}$ と書かれるのだから, これを直和としてしまうと右辺は 2 次元になってしまうので上の分解を

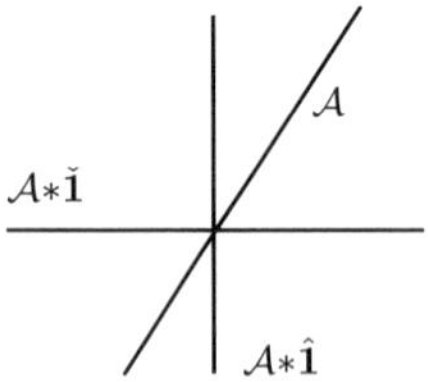

直和のように思うことはできない. そこで $\mathcal{A}=\mathcal{A}{*}\hat{\mathbf{1}}\boxplus\mathcal{A}{*}\check{\mathbf{1}}$ のように書いて $\mathcal{A}{*}\hat{\mathbf{1}}$ と $\mathcal{A}{*}\check{\mathbf{1}}$ の**重ね合わせ**と呼ぶことにする. これは $\mathcal{A}$ が直和空間 $\mathcal{A}{*}\hat{\mathbf{1}}\oplus\mathcal{A}{*}\check{\mathbf{1}}$ の中に傾いて入っていると思えばよい. これは物理で言う「重ね合わせ (superposition) の状態」のことだと解釈されるが, 各成分がどの程度独立なのかコメントなしに使われていることが多い. この集合上では $:\hat{\mathbf{1}}(\boldsymbol{x}):_K=\frac{1}{2}(1+:\varepsilon_{00}(\boldsymbol{x}):_K)$, $:\check{\mathbf{1}}(\boldsymbol{x}):_K=\frac{1}{2}(1-:\varepsilon_{00}(\boldsymbol{x}):_K)$, が定義されているが, $a=1{*}a{*}1$ だから

$$a=\hat{\mathbf{1}}{*}a{*}\hat{\mathbf{1}}+\hat{\mathbf{1}}{*}a{*}\check{\mathbf{1}}+\check{\mathbf{1}}{*}a{*}\hat{\mathbf{1}}+\check{\mathbf{1}}{*}a{*}\check{\mathbf{1}}$$

と書き, (行列ではないが) 行列ふうに

$$a=\begin{bmatrix}\hat{\mathbf{1}}{*}a{*}\hat{\mathbf{1}} & \hat{\mathbf{1}}{*}a{*}\check{\mathbf{1}}\\ \check{\mathbf{1}}{*}a{*}\hat{\mathbf{1}} & \check{\mathbf{1}}{*}a{*}\check{\mathbf{1}}\end{bmatrix} \tag{2.91}$$

と書く. 積は行列としての計算と同じで

$$a{*}b=\begin{bmatrix}\hat{\mathbf{1}}{*}a{*}\hat{\mathbf{1}} & \hat{\mathbf{1}}{*}a{*}\check{\mathbf{1}}\\ \check{\mathbf{1}}{*}a{*}\hat{\mathbf{1}} & \check{\mathbf{1}}{*}a{*}\check{\mathbf{1}}\end{bmatrix}\begin{bmatrix}\hat{\mathbf{1}}{*}b{*}\hat{\mathbf{1}} & \hat{\mathbf{1}}{*}b{*}\check{\mathbf{1}}\\ \check{\mathbf{1}}{*}b{*}\hat{\mathbf{1}} & \check{\mathbf{1}}{*}b{*}\check{\mathbf{1}}\end{bmatrix}$$

であるから, 任意の元が行列として表現されてはいるが, 各成分がどの程度独立なのかがはっきりせず, 単に**行列成分の重ね合わせ**で表示しているだけとなっている.　行列成分が独立なのかどうかは成分を取出す演算子が代数の内部の元で作れるか, 外側から付与して代数そのものを拡大するのかで違ってくる. 上では各成分を取出す仕掛けは組込まれていないように見えるのだが成分を**個別に考えることはできる**.

$SU(2)$ と $SO(3)$ の **"重ね合わせ"**

古典力学の中に剛体回転という概念がある. これを Weyl 微積分一元論で見ると $SU(2)$ と $SO(3)$ の "重ね合わせ"(superposition) のように見えてきて, spin という概念が自然に入りこんでくることを説明しよう.

ここでは定理 2.4 の周期性に注目する. 定理 2.4 の所の (図 1) を見て分かるように剛体球面で作る $*$-指数関数を剛体 K 表示の範囲内だけで扱うと, 各 $K\in\tilde{S}^2$ につき特異点は一箇所だけだから, 表示を 2 つ使うだけでどちらかの

表示では計算ができることが分かる．表示を 2 つしか使わないので齟齬の問題は消えて群の計算ができることがわかる．

命題 2.25 剛体球面で作る $*$-指数関数を剛体 K 表示の範囲内だけで扱うと，表示を 2 つ使うだけで剛体球面 $\tilde{S}^2$ に対応する $\big\{e_*^{t\frac{1}{i\hbar}\langle \boldsymbol{u}M,\boldsymbol{u}\rangle},\ M{\in}\tilde{S}^2\big\}$ で $*$ 積の計算ができ，$SU(2)$ と同形な群 $\mathbb{G}$ を生成する．

しかし $SU(2)$ では -1 に相当する所が (図 1) で分かるように $\mathbb{G}$ では ε_{00} だから，$\mathbb{G}$ は $SU(2)$ そのものではない．そこで**古典力学の剛体回転群とは** $\mathbb{G}$ **のことである**と考えてみる．$\varepsilon_{00}^2{=}1$ ではあるが 1, -1 のどちらとも確定させられない．とは言え 1 の分解ができるから

$$\mathbb{G}{*}\check{\mathbf{1}}{\cong}SU(2), \quad \mathbb{G}{*}\hat{\mathbf{1}}{\cong}SO(3),$$

が分かるのだが，これを

$$\mathbb{G}{=}\mathbb{G}{*}\hat{\mathbf{1}} \boxplus \mathbb{G}{*}\check{\mathbf{1}} \tag{2.92}$$

と書いて $\mathbb{G}{*}\hat{\mathbf{1}}$ と $\mathbb{G}{*}\check{\mathbf{1}}$ の重ね合わせ (superposition) と呼ぶことにする．すると Lie 環の同形対応を指数写像で広げると，すくなくとも単位元の近くでは下のような準同形対応が得られる．

$$e_*^{t(\beta\frac{1}{\hbar}(u_*^2-v_*^2)+\gamma\frac{1}{\hbar}2u{\circ}v+\alpha\frac{1}{i\hbar}(u^2+v^2)}{\Longrightarrow}(\cos 2t{+}\sin 2t(\beta\tilde{\sigma}_1{+}\gamma\tilde{\sigma}_2{+}\alpha\tilde{\sigma}_3))$$

左辺はこれまでの計算で (例外を除いて) π-周期的，右辺は単連結だから，この対応は "同形対応" で，2 つの表示を適宜使い分ければ $t(\beta,\gamma,\alpha){\in}\mathbb{R}^3$ 全体で定義されていることになる．そうすると，$t{=}\pi/2$ で左辺は ε_{00}，右辺では $-I$ だから $\varepsilon_{00}{=}{-}1$ と思い込みたくなるであろうが，左辺はブルバキの意味では Lie 群にならない対象なので注意が要る．

まず左辺は 1 の分解で $\mathbb{G}$ と $\mathbb{G}'{=}\mathbb{G}/\{\pm I\}$ に分解されているが，各成分は**独立では**ないので，$\mathbb{G}$ と $\mathbb{G}'$ の直積になっているのではない．しかし $\check{\mathbf{1}}$ を積すると $\hat{\mathbf{1}}$ は消されるので

$$e_*^{t(\beta\frac{1}{\hbar}(u_*^2-v_*^2)+\gamma\frac{1}{\hbar}2u{\circ}v+\alpha\frac{1}{i\hbar}(u^2+v^2))}{*}\check{\mathbf{1}}{\Longleftrightarrow}(\cos 2t{+}\sin 2t(\beta\tilde{\sigma}_1{+}\gamma\tilde{\sigma}_2{+}\alpha\tilde{\sigma}_3))$$

という同型が現れる．さらに一方では

$$\Big(\mathbb{G} \boxplus \mathbb{G}/\{\pm I\}\Big){*}\check{\mathbf{1}}{=}\mathbb{G}{\Longleftrightarrow}SU(2)$$

という同型も現れる.　ところが右辺で $\pm I$ を同一視すると $SO(3)$ となり, 左辺では $\hat{\mathbf{1}}$ を積したのと同じになり

$$\Big(\mathbb{G}\boxplus\mathbb{G}/\{\pm I\}\Big)*\hat{\mathbf{1}}=\mathbb{G}/\{\pm I\}\Longleftrightarrow SO(3)$$

に置換わるから

$$e_*^{t(\beta\frac{1}{\hbar}(u_*^2-v_*^2)+\gamma\frac{1}{\hbar}2u\circ v+\alpha\frac{1}{i\hbar}(u^2+v^2)}*\hat{\mathbf{1}}\Longleftrightarrow(\cos 2t+\sin 2t(\beta\tilde{\sigma}_1+\gamma\tilde{\sigma}_2+\alpha\tilde{\sigma}_3))/\{\pm I\}.$$

という同型が現れる.

固有角運動量と軌道角運動量

回転運動を Weyl 微積分代数の中で扱うということは剛体球面の $*$ 指数関数を扱うということだとすると上のようになり, このことが逆に [14],pp75-77 の説明で分かるように spin の存在を浮立たせたわけであるが, spin だけを取出すことはできない. 科学の歴史をみると最初は都合の悪いものと思われていたものが, あとでそれが決定的に重要なことだとわかった例は数多い.

極地元が提示する問題

極地元 ε_{00} は $\varepsilon_{00}=e_*^{\pi i\frac{1}{i\hbar}u\circ v}$ で与えられる非退化 2 次式の指数関数の (単位元のような) 共通元で, 表示によって性質が変わるかなり奇妙な元であるが普遍的な存在である. この元は ε_{00} は 1 個の 2 価の元で, 定理 2.4 と定理 2.5 では ε_{00}^2 に 1, -1 の違いが出ている. iK 表示では $\varepsilon_{00}^2=-1$ である. 従って, $\widetilde{\mathbb{C}}=\mathbb{R}\oplus\mathbb{R}\varepsilon_{00}$ は複素数体 $\mathbb{C}$ と同形な体であるが, 同じものではない.

普通の Γ 関数, B(beta) 関数は : $\mathrm{Re}\,z>0$, $\mathrm{Re}\,x>0$, $\mathrm{Re}\,y>0$ として

$$\Gamma(z)=\int_0^\infty e^{-t}t^{z-1}dt,\ B(x,y)=\int_0^1 t^{x-1}(1-t)^{y-1}dt, \tag{2.93}$$

と定義されている. $\Gamma(\frac{1}{2})=\sqrt{\pi}$, $B(x,y)=\frac{\Gamma(x)\Gamma(y)}{\Gamma(x+y)}$ 等はよく知られている.

$e_*^{\tilde{z}}=e^x(\cos y+\varepsilon_{00}\sin y)$ だから t を e^s で置換えると gamma 関数は

$$:\Gamma_*(\tilde{z}):_{iK}=\int_{-\infty}^\infty e^{-e^s}:e_*^{s\tilde{z}}:_{iK}ds \tag{2.94}$$

beta 関数は $\mathrm{Re}\,\tilde{z}>0$, $\mathrm{Re}\,y>0$ として

$$:B_*(\tilde{z},y):_{iK}=\int_{-\infty}^{0}:e_*^{s\tilde{z}}:_{iK}(1-e^s)^{y-1}ds.$$

のように再定義され, 必要な公式は全部 $(\widetilde{\mathbb{C}},*)$ を使う複素関数論で書直せるように見える. このように自分の胎内に自分と同型なものを組込む問題は数学の至る所に存在しているのだが, ここでの問題は ε_{00} について 1 の分解 $\hat{\mathbf{1}}{=}\frac{1}{2}(1{+}i\varepsilon_{00})$, $\check{\mathbf{1}}{=}\frac{1}{2}(1{-}i\varepsilon_{00})$ があって, これらはそれぞれ冪等元であり, $\varepsilon_{00}{*}\hat{\mathbf{1}}{=}{-}i\hat{\mathbf{1}}$, $\varepsilon_{00}{*}\check{\mathbf{1}}{=}i\check{\mathbf{1}}$ だから $\widetilde{\mathbb{C}}\check{\mathbf{1}}$ は $\mathbb{C}$ と, $\widetilde{\mathbb{C}}\hat{\mathbf{1}}$ は $\overline{\mathbb{C}}$(共役複素数体) と同型の体となるのだが, $\hat{\mathbf{1}}{+}\check{\mathbf{1}}{=}1$ なのに $\hat{\mathbf{1}}{*}\check{\mathbf{1}}{=}0$ なので $(\tilde{\mathbb{C}},*)$ を使う複素関数の世界が陰と陽の 2 つに分裂して見えるのだがそこで何らかの方法で各成分が独立に取出せるものだとすると 2×2 行列環の中で扱わねばならなくなる. すると上のような $\varGamma_*$ 関数, B_* 関数もそれぞれ 2×2 行列環の中で扱うことになるのだがこれらをどのように扱えば良いのかが**数学的な問題**となる.

2.6.4 Poincaré 群もどき

初等幾何的図形の対称性を記述する言葉は合同変換群 (平行移動, 回転, 鏡像変換) に対する不変式である. 少しせまく連結群に限れば平進移動と回転による運動群に対する不変式である. つまり初等幾何的とは運動群に対する不変式論でしかないと考えられる. 従って相対論では平進移動と Lorentz 群の半直積群に対する不変式が対称性を記述する基本言語と考えられる. 通常, Poincaré 群は E^{1+3} への表現を $\rho(A)(H){=}AHA^{-1}$ として半直積群 $E^{1+3}\rtimes_\rho SO(1,3)$ とするのだが, ここでは E^{1+3} が配位空間で, $SO(1,3)$ は原点を止める等方部分群として扱われる. 一方 Dirac 理論等では $\mathfrak{h}{=}\begin{bmatrix}x_0{+}x_1 & x_2{+}ix_3\\ x_2{-}ix_3 & x_0{-}x_1\end{bmatrix}$, $\rho(A)(H){=}AH\,{}^t\!\bar{A}$ とし Poincaré 群が (以下で説明する) 半直積群 $\mathfrak{h}\rtimes_\rho SL(2,\mathbb{C})$ に格上げされて, spin が現れる. しかし $\mathfrak{h}$ は配位空間として扱われる.

対称性とは何であるか迷うところだが, 一応 $\mathfrak{h}\rtimes_\rho SL(2,\mathbb{C})$ を Poincaré 群と呼ぶことにする. 素粒子というものはその対称性で認識されるものだから, 素粒子論とは Poincaré 群の**規約**表現論のことであると考えられていた時代もあった.

さらに, これを量子化したものとして上の半直積群を $*$ 指数関数で拡張したものを考える. Lorentz 群 $SO(1,3)$ の 2 重被覆群は $SL(2,\mathbb{C})$ であるが, こ

れを $*$ 指数関数の "群" として拡張したものが $Sp_{\mathbb{C}}^{(\frac{1}{2})}(1)$ であったから, これが量子論まで考えたときの "Lorentz 群" であろう.

Weyl 代数の 1 次式 $au+bv$ をまとめて $\langle \boldsymbol{a}, \boldsymbol{u}\rangle$ のように書き, $Sp_{\mathbb{C}}^{(\frac{1}{2})}(1)$ に左から $e_*^{\frac{1}{i\hbar}\langle \boldsymbol{a},\boldsymbol{u}\rangle}$ を積してどんなものが生成されるか見よう. 計算は次のように行う：

$$
\begin{aligned}
&e_*^{\frac{1}{i\hbar}\langle \boldsymbol{a},\boldsymbol{u}\rangle} * e_*^{\frac{1}{i\hbar}\langle \boldsymbol{u}Q,\boldsymbol{u}\rangle} * e_*^{\frac{1}{i\hbar}\langle \boldsymbol{b},\boldsymbol{u}\rangle} * e_*^{\frac{1}{i\hbar}\langle \boldsymbol{u}R,\boldsymbol{u}\rangle}\\
&\qquad = e_*^{\frac{1}{i\hbar}\langle \boldsymbol{a},\boldsymbol{u}\rangle} * \mathrm{Ad}(e_*^{\frac{1}{i\hbar}\langle \boldsymbol{u}Q,\boldsymbol{u}\rangle})(e_*^{\frac{1}{i\hbar}\langle \boldsymbol{b},\boldsymbol{u}\rangle}) * e_*^{\frac{1}{i\hbar}\langle \boldsymbol{u}Q,\boldsymbol{u}\rangle} * e_*^{\frac{1}{i\hbar}\langle \boldsymbol{u}R,\boldsymbol{u}\rangle}
\end{aligned}
$$

のように計算する. $e_*^{\frac{1}{i\hbar}\langle \boldsymbol{u}Q,\boldsymbol{u}\rangle} * e_*^{\frac{1}{i\hbar}\langle \boldsymbol{u}R,\boldsymbol{u}\rangle}$ の方は群もどき $Sp_{\mathbb{C}}^{(\frac{1}{2})}(1)$ の計算であるが, $\mathrm{Ad}(e_*^{\frac{1}{i\hbar}\langle \boldsymbol{u}Q\boldsymbol{u}\rangle})(e_*^{\frac{1}{i\hbar}\langle \boldsymbol{b},\boldsymbol{u}\rangle})$ のほうはまず $\mathrm{ad}(\frac{1}{i\hbar}\langle \boldsymbol{u}Q\boldsymbol{u}\rangle)$ による 1 次変換で $\langle \boldsymbol{b}, \boldsymbol{u}\rangle$ を $e^{\mathrm{ad}(\frac{1}{i\hbar}\langle \boldsymbol{u}Q\boldsymbol{u}\rangle)}\langle \boldsymbol{b}, \boldsymbol{u}\rangle$ と変換し, それを e_* の肩にのせて下のように計算される：$Q=\begin{bmatrix} a & c \\ c & b\end{bmatrix}$ とすると $J=\begin{bmatrix} 0 & -1 \\ 1 & 0\end{bmatrix}$ として次のようになる:

$$
\mathrm{Ad}(e_*^{\frac{1}{i\hbar}\langle \boldsymbol{u}Q\boldsymbol{u}\rangle})(e_*^{\frac{1}{i\hbar}\langle \boldsymbol{b},\boldsymbol{u}\rangle}) = e_*^{\frac{1}{i\hbar}e^{\mathrm{ad}(\frac{1}{i\hbar}\langle \boldsymbol{u}Q\boldsymbol{u}\rangle)}\langle \boldsymbol{b},\boldsymbol{u}\rangle} = e_*^{-\frac{1}{i\hbar}\langle \boldsymbol{b}e^{2JQ},\boldsymbol{u}\rangle} \tag{2.95}
$$

この部分はまとめると, 非可換トーラス $\mathcal{T}_*$ の計算となる. 非可換トーラスは可換群 $\{e^{\frac{1}{i\hbar}\langle \boldsymbol{a},\boldsymbol{u}\rangle}; \boldsymbol{a}\in\mathbb{C}^2\}$ の $\mathbb{C}_\times$ 中心拡大である.　全体は $\mathcal{T}_*$ と $Sp_{\mathbb{C}}^{(\frac{1}{2})}(1)$ との半直積群 $\mathcal{T}_* \rtimes_\rho Sp_{\mathbb{C}}^{(\frac{1}{2})}(1)$ で, $\mathcal{T}_*$ は正規部分群になっている.

一般に 2 次式と言うと 2 次式以下のものも含むので, その意味で 2 変数 u, v の 0 次式まで含む一般 2 次式の $*$ 指数関数の全体を $\mathcal{P}_*^{(\frac{1}{2})}$ と書き **Poincaré 群もどき**と呼ぶことにする. 普通の Poincaré 群は $\mathcal{P}=\mathcal{T}_* \rtimes_\rho SL(2,\mathbb{C})$ とする.

1 次式の指数関数による随伴作用

$\mathcal{P}_*^{(\frac{1}{2})}$ に $\mathrm{Ad}(e_*^{\langle \boldsymbol{a},\boldsymbol{u}\rangle})$ が同型写像として作用することを見よう. 1 次式の指数関数による随伴作用は以下のものである:

$$
:\mathrm{Ad}(e_*^{\langle \boldsymbol{a},\boldsymbol{u}\rangle})(F):_K = :e_*^{\langle \boldsymbol{a},\boldsymbol{u}\rangle}:_K *_K F *_K :e_*^{-\langle \boldsymbol{a},\boldsymbol{u}\rangle}:_K
$$

$\boldsymbol{c}\in\mathbb{C}^2$ のとき $\langle \boldsymbol{c}, \boldsymbol{u}\rangle = c_1u+c_2v$ とする. 非可換トーラスの計算公式 (2.9) で u, v 項別の積にすると

$$
e_*^{\frac{1}{i\hbar}\langle \boldsymbol{c},\boldsymbol{u}\rangle} = e^{-\frac{1}{2i\hbar}c_1c_2} e_*^{\frac{1}{i\hbar}c_1u} * e_*^{\frac{1}{i\hbar}c_2v} = e^{\frac{1}{2i\hbar}c_1c_2} e_*^{\frac{1}{i\hbar}c_2v} * e_*^{\frac{1}{i\hbar}c_1u}
$$

である. これより u, v に関する整関数 $f(u, v)$ に対し (2.10) で

$$
\mathrm{Ad}(e_*^{\frac{1}{i\hbar}\langle \boldsymbol{c},\boldsymbol{u}\rangle}) f(u,v) = f(u+c_2, v-c_1) \tag{2.96}
$$

となる． これは生成元を $(u+c_2, v-c_1)$ に平進移動して Weyl 代数を考えていることになるが, (c_1, c_2) が入替わっている．

命題 2.26 同型対応 $\mathrm{Ad}(e_*^{\frac{1}{i\hbar}\langle \boldsymbol{c},\boldsymbol{u}\rangle}) : \mathcal{T}_*\rtimes_\rho Sp_{\mathbb{C}}^{(\frac{1}{2})}(1) \to \mathcal{T}_*\rtimes_\rho Sp_{\mathbb{C}}^{(\frac{1}{2})}(1)$ で $Sp_{\mathbb{C}}^{(\frac{1}{2})}(1)$ の各元は動かないが, $\mathcal{T}_*$ の部分は平進移動される．

非可換 Minkowski 空間

$\mathcal{P}_*$ は面白い部分群を沢山含んでいる．部分群 $\mathcal{T}_*\rtimes_\rho\{e_*^{z\frac{1}{i\hbar}2u\circ v}\}$ は複素 4 次元の群だが, これの実 4 次元部分群 $G[\boldsymbol{i}_0^\dagger]$ を次のように定義する：

$$G[\boldsymbol{i}_0^\dagger]:\quad =\Big\{e^{is}e_*^{a(u+iv)+b(iu+v)}*e_*^{it\frac{1}{i\hbar}u\circ v},\quad s,t,a,b\in\mathbb{R}\Big\}.$$

$\Big[\frac{1}{\hbar}u\circ v, \begin{bmatrix}u+iv\\ iu+v\end{bmatrix}\Big]=\begin{bmatrix}0 & 1\\ -1 & 0\end{bmatrix}\begin{bmatrix}u+iv\\ iu+v\end{bmatrix}$, $[u+iv, iu+v]=-2i\hbar$ に注意すると, $G[\boldsymbol{i}_0^\dagger]$ が $\mathrm{Ad}(e_*^{\frac{1}{i\hbar}\langle \boldsymbol{c},\boldsymbol{u}\rangle})$ で不変な群をなすことが容易に分かる． $G[\boldsymbol{i}_0^\dagger]$ の正規部分群を $\mathcal{T}_*^{(im)}=\{e^{is}e_*^{(a+ib)u+(b+ia)v}\}$ としておく．Lie 環 $\mathfrak{g}[\boldsymbol{i}_0^\dagger]$ は $\mathfrak{t}_*^{(im)}\oplus\mathbb{R}\frac{1}{\hbar}u\circ v$ と置いて $\mathfrak{t}_*^{(im)}=\{s+a(u+iv)+b(iu+v)); s,a,b\in\mathbb{R}\}$ であり, [,] 積は

$$[(s,(a,b),t),(s',(a',b'),t')]=(\hbar(a'b+ab'),(tb'-t'b,t'a-ta'),0)$$

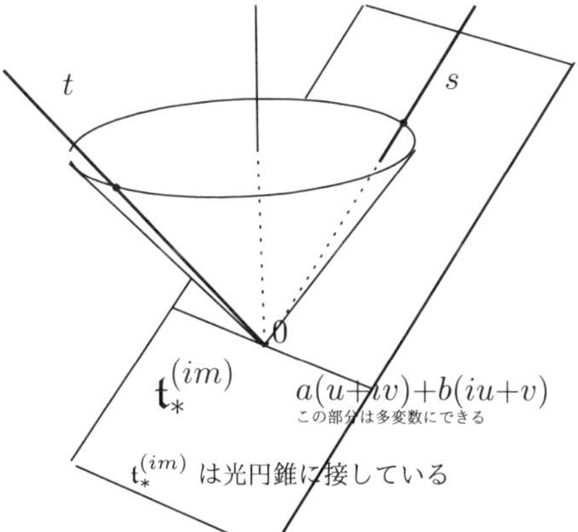

で与えられる．Minkowski 内積を $\mathfrak{g}[\boldsymbol{i}_0^\dagger]$ 上で

$$\langle(s,(a,b),t),(s',(a',b'),t')\rangle =\frac{1}{2}(st'+ts')-aa'-bb'$$

と定義する． これは計量線形空間としては $L^{1+3}(\boldsymbol{i}_0^\dagger)$ と同型であるが以下ではその双対空間 $L^{1+3}(\boldsymbol{i}_0^\dagger)^*$ と同一視する．この計量も $\mathrm{Ad}(e_*^{\frac{1}{i\hbar}\langle \boldsymbol{c},\boldsymbol{u}\rangle})$ で不変である． これより $G[\boldsymbol{i}_0^\dagger]$ に $\mathrm{Ad}(e_*^{\frac{1}{i\hbar}\langle \boldsymbol{c},\boldsymbol{u}\rangle})$ で不変な Lorentz 計量が入ることが分かる．群 $G[\boldsymbol{i}_0^\dagger]$ を**非可換 Minkowski 空間**と呼んでおく．

命題 2.27 $G[\boldsymbol{i}_0^\dagger]$ は Minkowski 空間 $\mathfrak{g}[\boldsymbol{i}_0^\dagger]$ に加法とは異なる群演算の入ったものである．

ここでは可換群 $\{e^s e_*^{t\frac{1}{i\hbar}2u\circ v}; s,t\in\mathbb{R}\}$ と計量 $\tau=st$ の入った $\{s,t\in\mathbb{R}\}$ が同一視でき, t を固有時間, s をエネルギー変数のように思える.

2.7　随伴作用と壁越え補題

2 次式の $*$ 指数関数は特異点を持つので $\mathrm{Ad}(e_*^{it\frac{1}{i\hbar}u\circ v})f(u,v)$ の取扱いには §1.5.1 で述べたようなデリケートな注意が要る. 命題2.10 の所で述べた式は

$$\frac{1}{i\hbar}[u\circ v, \begin{bmatrix}u\\v\end{bmatrix}]=\begin{bmatrix}1&0\\0&-1\end{bmatrix}\begin{bmatrix}u\\v\end{bmatrix},\quad e^{t\frac{1}{i\hbar}\mathrm{ad}(u\circ v)}\begin{bmatrix}u\\v\end{bmatrix}=\begin{bmatrix}e^t&0\\0&e^{-t}\end{bmatrix}\begin{bmatrix}u\\v\end{bmatrix}$$

だから任意の t について $e_*^{\frac{t}{i\hbar}u\circ v}*\begin{bmatrix}u\\v\end{bmatrix}*e_*^{-\frac{t}{i\hbar}u\circ v}=\begin{bmatrix}e^t&0\\0&e^{-t}\end{bmatrix}\begin{bmatrix}u\\v\end{bmatrix}$ で, 左辺は普通 $\mathrm{Ad}(e_*^{\frac{t}{i\hbar}u\circ v})\begin{bmatrix}u\\v\end{bmatrix}$ と書かれる. つまり, $\mathrm{Ad}(e_*^{\frac{t}{i\hbar}u\circ v})$ は Weyl 代数 $(W_2,*)$ の同形写像, 特に $*$ 2 次式が作る Lie 環の同形写像を与える. これは $\frac{1}{i\hbar}u\circ v$ を任意の 2 次式 H に置換えても同様で 2×2 行列 $\mathrm{ad}(H)\in\mathfrak{sl}(2,\mathbb{C})$ を $\frac{1}{i\hbar}[H,\begin{bmatrix}u\\v\end{bmatrix}]=\mathrm{ad}(H)\begin{bmatrix}u\\v\end{bmatrix}$ で定義すれば, $e^{t\mathrm{ad}(H)}$ は Weyl 代数 $(W_2,*)$ の同形写像, 特に $*$ 2 次式が作る Lie 環の同形写像を与えるが, これは上と同様の理由づけで

$$\mathrm{Ad}(e_*^{t\frac{1}{i\hbar}H})\begin{bmatrix}u\\v\end{bmatrix}=e_*^{\frac{t}{i\hbar}H}*\begin{bmatrix}u\\v\end{bmatrix}*e_*^{-\frac{t}{i\hbar}H}=e^{t\mathrm{ad}(\frac{1}{i\hbar}H)}\begin{bmatrix}u\\v\end{bmatrix}$$

と書かれる. $:f_*(u,v):_K$ が u,v の整関数として表示されていると, 上の式に f_* をかぶせ, 右から $e_*^{\frac{t}{i\hbar}H}$ を積して結合律を使えば任意の t について

$$e_*^{\frac{t}{i\hbar}H}*f_*(\begin{bmatrix}u\\v\end{bmatrix})=f_*(\mathrm{Ad}(e_*^{t\frac{1}{i\hbar}H})\begin{bmatrix}u\\v\end{bmatrix})*e_*^{\frac{t}{i\hbar}H}\tag{2.97}$$

が得られる. この式は $*$ 積が $t=0$ の所まで実解析的に定義できており, u,v を 1 次変換するだけだからいつでも成立するのだが, 問題は f_* の与えられ方で, f_* が $e_*^{2\text{ 次式}}$ のようなとき, K 表示されている関数 $:f_*:_K$ の変数を A で線形変換する $:f_*:_K(A\begin{bmatrix}u\\v\end{bmatrix})$ は問題なく定義できるのだが $:f_*(A\begin{bmatrix}u\\v\end{bmatrix}):_K$ は定義できるとは限らないし, できても特異点の迂回で符号が変化する場合があるということで, これが $e_*^{2\text{ 次式}}$ の扱いをややこしくしている.

曖昧 Lie 群上での計算

「壁越え」という用語は代数幾何にもあるので, これは slit 面越と呼ぶほうが誤解がないだろうが類似点は多い. $\alpha,\beta\in\mathfrak{sl}(2,\mathbb{C})$ とすると行列の交換子積

で $[\alpha,\beta]\in\mathfrak{sl}(2,\mathbb{C})$ である. $J=\begin{bmatrix}0 & 1\\ -1 & 0\end{bmatrix}$ とすると $\alpha J, \beta J$ は対称行列なので, これで 2 次式が作れる. 簡単な計算で

$$[\langle \boldsymbol{u}(\frac{1}{2i\hbar}\alpha J),\boldsymbol{u}\rangle,\langle \boldsymbol{u}(\frac{1}{2i\hbar}\beta J),\boldsymbol{u}\rangle]=\langle \boldsymbol{u}(\frac{1}{2i\hbar}[\alpha,\beta]J),\boldsymbol{u}\rangle$$

が分かる. つまり $*$ 2 次式全体 $\mathfrak{S}(2)$ は交換子積に関して $\mathfrak{sl}(2,\mathbb{C})$ と同形な Lie 環なっている. $f_*=\langle \boldsymbol{u}(\frac{1}{2i\hbar}\beta J),\boldsymbol{u}\rangle$ に対して, (2.97) を使うと

$$:e_*^{t\langle \boldsymbol{u}(\frac{1}{2i\hbar}\alpha J),\boldsymbol{u}\rangle}*f_**e_*^{-t\langle \boldsymbol{u}(\frac{1}{2i\hbar}\alpha J),\boldsymbol{u}\rangle}:_K=:(e^{t\mathrm{ad}(\langle \boldsymbol{u}(\frac{1}{2i\hbar}\alpha J),\boldsymbol{u}\rangle)}f)(u,v):_K \tag{2.98}$$

となる. 右辺は $\langle \boldsymbol{u}(\frac{1}{2i\hbar}\beta J),\boldsymbol{u}\rangle=f_*(\begin{bmatrix}u\\ v\end{bmatrix})$ としたとき $f_*(e^{t\mathrm{ad}(\langle \boldsymbol{u}(\frac{1}{2i\hbar}\alpha J),\boldsymbol{u}\rangle)}\begin{bmatrix}u\\ v\end{bmatrix})$ のように行列の計算で変数変換する式なので Lie 群として行列の計算で実行され

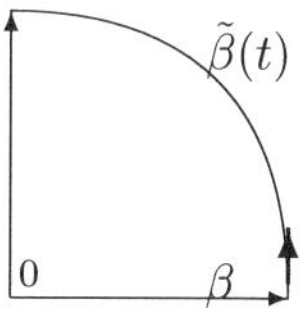

$$\tilde{\beta}(t)=e^{t\alpha}\beta e^{-t\alpha}=\mathrm{Ad}(e^{t\alpha})\beta \tag{2.99}$$

と置くと (2.98) 式は

$$:\mathrm{Ad}(e_*^{t\langle \boldsymbol{u}(\frac{1}{2i\hbar}\alpha J),\boldsymbol{u}\rangle})\langle \boldsymbol{u}(\frac{1}{2i\hbar}\beta J),\boldsymbol{u}\rangle:_K=:\frac{1}{2i\hbar}\langle \boldsymbol{u}(\tilde{\beta}(t)J),\boldsymbol{u}\rangle:_K \tag{2.100}$$

となる. $\mathrm{Ad}(e_*^{t\langle \boldsymbol{u}(\frac{1}{2i\hbar}\alpha J),\boldsymbol{u}\rangle})$ は Lie 環 $\mathfrak{S}(2)$ の自己同形写像となっている.

ここで両辺の指数関数を作るのだが, $\mathrm{Ad}(e_*^{t\langle \boldsymbol{u}(\frac{1}{2i\hbar}\alpha J),\boldsymbol{u}\rangle})$ は “群” $e_*^{\mathfrak{S}(2)}$ の自己同形写像も与えていることに注意すると指数関数を作るには次の 2 通りのやりかたがある:

1). まず Lie 環に $\mathrm{Ad}(e_*^{t\langle \boldsymbol{u}(\frac{1}{2i\hbar}\alpha J),\boldsymbol{u}\rangle})$ を働かせてその後で指数関数に持上げる. これは $\tilde{\beta}(t)$ を先に作ってその後で $e_*^{s\frac{1}{2i\hbar}\langle \boldsymbol{u}(\tilde{\beta}(t)J),\boldsymbol{u}\rangle}$ を作る. i.e. 発展方程式

$$\frac{d}{ds}g_*(s)=\langle \boldsymbol{u}(\frac{1}{2i\hbar}\tilde{\beta}(t)J),\boldsymbol{u}\rangle*g_*(s),\quad g_*(0)=1 \tag{2.101}$$

の実解析的解として定義する.

2). 先に Lie 環の元から指数関数を作っておいてそれを $e_*^{\pm t\langle \boldsymbol{u}(\frac{1}{2i\hbar}\alpha J),\boldsymbol{u}\rangle}$ で挟む. これは $e_*^{s\frac{1}{2i\hbar}\langle \boldsymbol{u}(\beta J),\boldsymbol{u}\rangle}$ を先に作っておいてそのあとで次のようにする：

$$e_*^{t\langle \boldsymbol{u}(\frac{1}{2i\hbar}\alpha J),\boldsymbol{u}\rangle}*e_*^{s\frac{1}{2i\hbar}\langle \boldsymbol{u}(\beta J),\boldsymbol{u}\rangle}*e_*^{-t\langle \boldsymbol{u}(\frac{1}{2i\hbar}\alpha J),\boldsymbol{u}\rangle}$$

これも発展方程式

$$\frac{d}{dt}h_*(t)=\mathrm{ad}(\langle \boldsymbol{u}(\frac{1}{2i\hbar}\alpha J), \boldsymbol{u}\rangle)h_*(t), \quad h_*(0)=e_*^{s\frac{1}{2i\hbar}\langle \boldsymbol{u}(\beta J), \boldsymbol{u}\rangle} \tag{2.102}$$

実解析的解として定義する.

この 2 通りのやりかたは普通の Lie 群のときには同じ結果を与えるのだが, 指数関数が特異点を持つという普通の Lie 群では起こらない現象のため **1)** と **2)** とで符号が違う (乗っているシートが違う) という現象が起こることがある. 従って**ここで起こっていることは § 1.6.2 で扱ったものと本質的に同じことである.**

特異点がからんでなければ実解析解の一意性で次が分かる：

定理 2.14 $e_*^{s\langle \boldsymbol{u}(\frac{1}{2i\hbar}\mathrm{Ad}(e^{t\alpha})\beta), \boldsymbol{u}\rangle}$ が $[0,s]\times[0,t]$ 上に特異点を持たないならば

$$\mathrm{Ad}(e_*^{t\langle \boldsymbol{u}(\frac{1}{2i\hbar}\alpha J), \boldsymbol{u}\rangle})e_*^{s\langle \boldsymbol{u}(\frac{1}{2i\hbar}\beta J), \boldsymbol{u}\rangle}=e_*^{s\langle \boldsymbol{u}(\frac{1}{2i\hbar}\mathrm{Ad}(e^{t\alpha})\beta), \boldsymbol{u}\rangle}$$

が generic な表示で成立する.

結合律定理 2.1 より次も分かる：

系 2.2 $e_*^{s\langle \boldsymbol{u}(\frac{1}{2i\hbar}\mathrm{Ad}(e^{t\alpha})\beta), \boldsymbol{u}\rangle}$ が $[0,s]\times[0,t]$ 上に特異点を持たないならば積に対する可換性が generic な表示で得られる：

$$e_*^{t\langle \boldsymbol{u}(\frac{1}{2i\hbar}\alpha J), \boldsymbol{u}\rangle}*e_*^{s\langle \boldsymbol{u}(\frac{1}{2i\hbar}\beta J), \boldsymbol{u}\rangle}=e_*^{s\langle \boldsymbol{u}(\frac{1}{2i\hbar}\mathrm{Ad}(e^{t\alpha})\beta), \boldsymbol{u}\rangle}*e_*^{t\langle \boldsymbol{u}(\frac{1}{2i\hbar}\alpha J), \boldsymbol{u}\rangle}$$

$(s_0, t_0)\in[0,s]\times[0,t]$ が特異点の場合

しかし, (2.100) 式が $[0,t]$ で成立していてもその指数関数 $e_*^{s\langle \boldsymbol{u}(\frac{1}{2i\hbar}\mathrm{Ad}(e^{t\alpha})\beta), \boldsymbol{u}\rangle}$ はある t_0, $0<t_0<t$ のところで s に関して特異点を持つような場合もある. この時, 特異点の前後で不連続に見える現象が起こるのである.

$e_*^{s\langle \boldsymbol{u}(\frac{1}{2i\hbar}\mathrm{Ad}(e^{t\alpha})\beta), \boldsymbol{u}\rangle}$ を $[0,s]\times[0,t]$ 上で考えたとき $(s_0,t_0)\in[0,s]\times[0,t]$ で特異点となったとしよう. この場合 2 次式の指数関数なので $s_0\neq0, t_0\neq0$ であることに注意する. さらに $0<s_0<s$, $0<t_0<t$ として話をする.

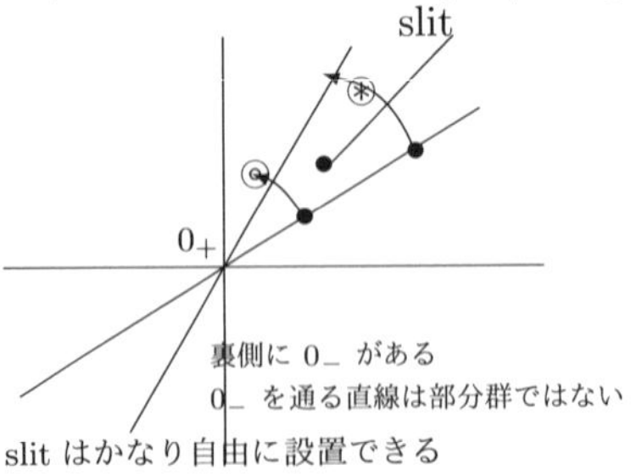

但しここでは区間 $[0,s]$ 上には特異点は現れないものとし, $s=0$ の所から解いていくのでそのことを強調する為に $e_*^{[0,s]\langle \boldsymbol{u}(\frac{1}{2i\hbar}\tilde{\beta}(t)J), \boldsymbol{u}\rangle}$ のように書いておく. すると 0_+ から放射上に出る直線は +sheet に乗っていることになるが, 一方 (2.100) 式の左辺は

$$e_*^{t\langle \boldsymbol{u}(\frac{1}{2i\hbar}\alpha J),\boldsymbol{u}\rangle}*f*e_*^{-t\langle \boldsymbol{u}(\frac{1}{2i\hbar}\alpha J),\boldsymbol{u}\rangle}$$

の形であることに注意すれば，2 次式 $\langle \boldsymbol{u}(\frac{1}{2i\hbar}\beta J),\boldsymbol{u}\rangle$ に対する発展方程式で先に指数関数 $e_*^{[0,s]\langle \boldsymbol{u}(\frac{1}{2i\hbar}\beta J),\boldsymbol{u}\rangle}$ を作り，それを $e_*^{\pm\langle \boldsymbol{u}(\frac{1}{2i\hbar}\alpha J),\boldsymbol{u}\rangle}$ で挟んで 1 径数群の複素回転を起させると ⊛ と ◎ の部分は違う sheet に乗っていることが分かる．$e_*^{s\langle \boldsymbol{u}(\frac{1}{2i\hbar}\tilde{\beta}([0,t])J),\boldsymbol{u}\rangle}$ を s を止めてから複素回転させる意味だとすると下図のようになる．この場合スリット面の置方にはきまりがないので符号変化が起こる "場所" を特定させることはできないし，特定する意味もない．

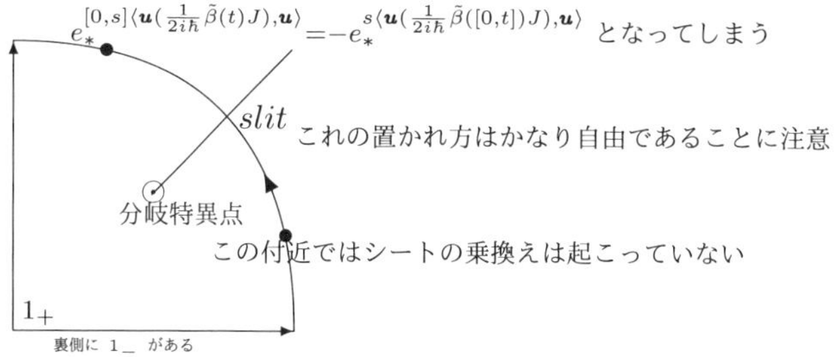

定理 2.15 $e_*^{s\langle \boldsymbol{u}(\frac{1}{2i\hbar}\mathrm{Ad}(e^{t\alpha})\beta),\boldsymbol{u}\rangle}$ が $(0,s)\times(0,t)$ 内に特異点を一つ持つならば

$$\mathrm{Ad}(e_*^{t\langle \boldsymbol{u}(\frac{1}{2i\hbar}\alpha J),\boldsymbol{u}\rangle})e_*^{[0,s]\langle \boldsymbol{u}(\frac{1}{2i\hbar}\beta J),\boldsymbol{u}\rangle}=-e_*^{[0,s]\langle \boldsymbol{u}(\frac{1}{2i\hbar}\mathrm{Ad}(e^{t\alpha})\beta),\boldsymbol{u}\rangle}$$

が generic な表示で成立する．

一方 t を固定した時 $e_*^{t\langle \boldsymbol{u}(\frac{1}{2i\hbar}\tilde{\beta}([0,s])J),\boldsymbol{u}\rangle}$ は次の微分方程式の解である:

$$\frac{d}{d\eta}f_*(\eta)=[\langle \boldsymbol{u}(\frac{1}{2i\hbar}\alpha J),\boldsymbol{u}\rangle, f_*(\eta)],\quad f_*(0)=e_*^{t\langle \boldsymbol{u}(\frac{1}{2i\hbar}\beta J),\boldsymbol{u}\rangle} \tag{2.103}$$

これは実解析的なので t を固定すると結合律定理 2.1 で

$$:\mathrm{Ad}(e_*^{[0,s]\langle \boldsymbol{u}(\frac{1}{2i\hbar}\alpha J),\boldsymbol{u}\rangle})e_*^{t\langle \boldsymbol{u}(\frac{1}{2i\hbar}\beta J),\boldsymbol{u}\rangle}:_K=:e_*^{t\langle \boldsymbol{u}(\frac{1}{2i\hbar}\tilde{\beta}([0,s])J),\boldsymbol{u}\rangle}:_K$$
$$=-:e_*^{[0,t]\langle \boldsymbol{u}(\frac{1}{2i\hbar}\tilde{\beta}(s)J),\boldsymbol{u}\rangle}:_K$$

となり，辺々 $e_*^{[0,s]\langle \boldsymbol{u}(\frac{1}{2i\hbar}\alpha J),\boldsymbol{u}\rangle}$ を $*$ 積できる．

系 2.3 $e_*^{t\langle \boldsymbol{u}(\frac{1}{2i\hbar}\mathrm{Ad}(e^{s\alpha})\beta),\boldsymbol{u}\rangle}$ が $(0,s)\times(0,t)$ 内に特異点を一つ持つならば generic な表示で

$$e_*^{s\langle \boldsymbol{u}(\frac{1}{2i\hbar}\alpha J),\boldsymbol{u}\rangle}*e_*^{[0,t]\langle \boldsymbol{u}(\frac{1}{2i\hbar}\beta J),\boldsymbol{u}\rangle}=-e_*^{[0,t]\langle \boldsymbol{u}(\frac{1}{2i\hbar}\mathrm{Ad}(e^{s\alpha})\beta),\boldsymbol{u}\rangle}*e_*^{s\langle \boldsymbol{u}(\frac{1}{2i\hbar}\alpha J),\boldsymbol{u}\rangle}$$

つまり $\mathrm{Ad}(e_*^{t\langle \boldsymbol{u}(\frac{1}{2i\hbar}\alpha J),\boldsymbol{u}\rangle})$ の形でのみ扱うのをやめて，$e_*^{t\langle \boldsymbol{u}(\frac{1}{2i\hbar}\alpha J),\boldsymbol{u}\rangle}$ を単独の元として扱い始めると分岐特異点の存在が非可換性となって現れるのである．

2.7.1　$\mathrm{Ad}(e^{\pi\alpha})\beta{=}\beta$ の場合

上の定理は $\mathrm{Ad}(e^{\pi\alpha})\beta{=}\beta$ のような場合には特異点の存在が指数関数同士の交換, 反交換に影響するので重要である.

系 2.4 $\tilde{\beta}(\pi){=}e^{\pi\alpha}\beta e^{-\pi\alpha}{=}\beta$ とし, これが $(0,\pi)\times(0,\pi)$ に特異点を一つ持つとすると

$$:e_*^{[0,\pi]\langle \boldsymbol{u}(\frac{1}{2i\hbar}\alpha J),\boldsymbol{u}\rangle} * e_*^{\pi\langle \boldsymbol{u}(\frac{1}{2i\hbar}\beta J),\boldsymbol{u}\rangle}:_K = -:e_*^{[0,\pi]\langle \boldsymbol{u}(\frac{1}{2i\hbar}\beta J),\boldsymbol{u}\rangle} * e_*^{\pi\langle \boldsymbol{u}(\frac{1}{2i\hbar}\alpha J),\boldsymbol{u}\rangle}:_K$$

註釈. α, β を Lie 環の元とし, $e^{\pi\alpha}\beta e^{-\pi\alpha}{=}\beta$ のような等式は Lie 群論ではよく見かけるものである. しかし $*$ 指数関数で考えた場合, 両辺の $*$ 指数関数にまでこの等式が延長されるわけではない. 一般に $e_*^{t\langle \boldsymbol{u}(\frac{1}{2i\hbar}\beta J),\boldsymbol{u}\rangle}:_K$ は分岐特異点を持つからである.

このようなことは剛体 iK 表示での極地元は $:\varepsilon_{00}^2:_{iK}{=}{-1}$ なので ε_{00} が絡む所で典型的に現れる.

第3章　積分で定義される元

前章では主に $*$ 指数関数の群論的性格にピントを合わせていて, ここまでは指数関数の周期性に注目していて, 主に微分方程式で定義される元を扱ってきたが命題 2.2 や, (2.32) 式で見たように両側に急減少という奇妙な性質もある.

まず, 2×2 複素対称行列 A で $\det A=1$ の時 $*$ 指数関数の $\forall K$-表示は (2.32) を使って Weyl 表示からの相互変換で次のようにと計算されている:

$$:e_*^{\frac{t}{\hbar}\langle \boldsymbol{u}A,\boldsymbol{u}\rangle}:_K=\frac{1}{\sqrt{\det(\cosh tI+i(\sinh t)AK)}}e^{\frac{1}{\hbar}\langle \boldsymbol{u}\frac{\sinh t}{\cosh tI+i\sinh t\,AK}A,\boldsymbol{u}\rangle} \tag{3.1}$$

$u{\circ}v$ を扱う時は $\langle \boldsymbol{u}A,\boldsymbol{u}\rangle=-2iuv$ としなければならないから t が 2 倍されていることに注意しておく.

また $:\langle \boldsymbol{u}A,\boldsymbol{u}\rangle_*:_0=\langle \boldsymbol{u}A,\boldsymbol{u}\rangle$ だから $:e_*^{\frac{t}{\hbar}\langle \boldsymbol{u}A,\boldsymbol{u}\rangle}:_K$ は $:e_*^{\frac{t}{\hbar}\langle \boldsymbol{u}A,\boldsymbol{u}\rangle_*}:_K$ のように書いておいて良い.

$2u{\circ}v=u{*}v+v{*}u$ で $:2u{\circ}v:_K=2uv+K_{12}$ で $2uv$ とは違うのだが $:e_*^{t\frac{1}{i\hbar}2u\circ v}:_K$ は微分方程式

$$\frac{d}{dt}X_t=(2uv+K_{12})*_{K+J}X_t,\quad X_0=1$$

の解を Weyl 表示で作った解からの相互変換で作ったものだから K_{12} の項は折込み済みである. ちなみに Weyl 表示で微分方程式を書けば $\frac{d}{dt}g_t=(2u{\circ}v)*_0g_t$, $g_0=1$ でこれはそのまま上の微分方程式に相互変換される.

$:e_*^{\frac{t}{\hbar}\langle \boldsymbol{u}A,\boldsymbol{u}\rangle}:_K$ の**位相部分** (e の肩の部分) は u,v を止めておけば t に関して有界であり全体は実軸に平行な線に沿っては generic な表示で $e^{-|t|}$ オーダーで急減少である.

$\sqrt{\ }$ の中は t **に関しては単根のみである**ことに注意しておく.

少し簡略に書けば一般の $\det K\neq 0$ の表示では下のような形で与えられる:

$$:e_*^{t\frac{1}{i\hbar}2uv}:_K=\frac{1}{\sqrt{e^{2t}+a+be^{-2t}}}e^{\frac{1}{i\hbar}\frac{1}{e^{2t}+a+be^{-2t}}Q(e^{\pm 2t},u,v)},\quad b\neq 0 \tag{3.2}$$

$Q(e^{\pm 2t}, u, v)$ は u, v の普通の 2 次式で係数は $e^{\pm 2t}$ の 1 次結合である． $w{=}e^t$ と置いて w に関する振幅部分のリーマン面を見ると左の図のようになる．● は 2 重分岐特異点であり，$\pm\infty$ も 2 重分岐点であるが値は 0 で，それぞれ $w{=}e^t$, $w{=}e^{-t}$ で見ると 2 重分岐点となる．位相部分は e の肩の部分は w について有理関数だが真性特異点である．これらを利用して多項式に逆元が定義されるが，多項式の逆元の計算には面白いことに $*$ 指数関数の増大度と上図のトーラスの周期積分のみが関与し，$*$ 指数関数の特異点の影響は全く現れない．

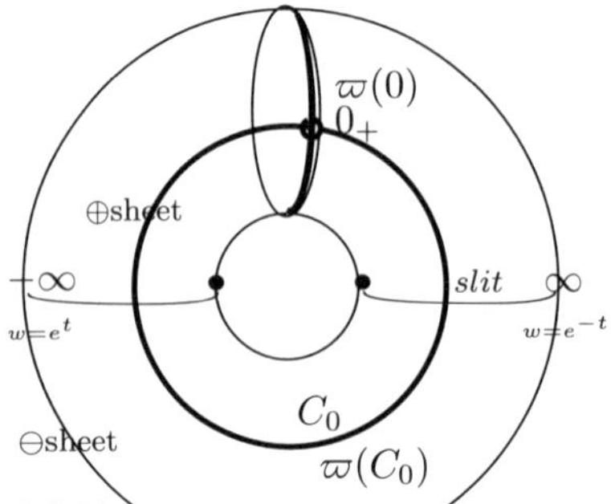

(図 1)

周期性区間

まず次のことに注意する．§2 の命題2.7 で見たように一般の $\det K{\neq}0$ の表示 K では $:e_*^{\frac{z}{i\hbar}2uv}:_K$ は虚軸に沿って 2π 周期的であるが，詳しくは表示に応じて π 周期的の所と，π 交代周期的の所がある．さらに詳しくは K に応じて**周期性区間**と呼ぶ区間 $[a, b]$, $(a \le b)$ があって特異点列はそれぞれ $(a{+}i\mathbb{R})$,$(b{+}i\mathbb{R})$ 上に π 周期的に並ぶ分岐特異点だが，$a{=}b$ の時にはこの 2 列が縮退して π 周期的に 1 列になることもある．詳しくは $:e_*^{(s+it)\frac{1}{i\hbar}2u\circ v}:_K$ は

(a) $a{<}s{<}b$ のとき t について π 周期的，($:e_*^{(s+it)\frac{1}{i\hbar}2u*v}:_K$ でないことに注意！)
(b) $s{<}a$ または $s{>}b$ のとき t について π 交代周期的，従って $\pm\infty$ は分岐する 0 点である．
(c) $\det K{=}1$ のとき iK 表示では $a{=}b$ であり，特異点列は分岐特異点で $\frac{\pi}{2}$ 周期的に 1 列に並ぶ．

3.1　2 重周期性のあるパラメータへの変換

この節で $*$ 指数関数のパラメータを楕円関数で表わすことを考える．表示パラメータは iK, $\det K{=}1$ に固定しておく．

剛体球面は (2.35) で $Y{=}\alpha(le_3){+}\beta(le_1){+}\gamma(le_2)$, $\alpha^2{+}\beta^2{+}\gamma^2{=}1$, と与えられるがこれの指数関数 $:e_*^{t\frac{1}{i\hbar}\langle \boldsymbol{u}Y,\boldsymbol{u}\rangle_*}:_{iK}$ は iK 表示で π 交代周期的であり

$$:e_*^{\frac{\pi}{2i\hbar}\langle \boldsymbol{u}Y,\boldsymbol{u}\rangle_*}:_{iK}=\varepsilon_{00},\quad \varepsilon_{00}^2=-1$$

である. $*$ 指数関数 $:e_*^{\frac{z}{i\hbar}\langle \boldsymbol{u}Y,\boldsymbol{u}\rangle_*}:_{iK}$ で $(u,v){=}(0,0)$ と置くと, 振幅部分だけを取り出したことになるのでまず振幅部分 $\mathrm{Amp}{:}e_*^{\frac{z}{i\hbar}\langle \boldsymbol{u}Y,\boldsymbol{u}\rangle_*}:_{iK}$ を $w{=}e^t$ と置いて w の関数と見ると：

$$\mathrm{Amp}{:}e_*^{\frac{t}{i\hbar}\langle \boldsymbol{u}Y,\boldsymbol{u}\rangle_*}:_{iK}=\frac{1}{\sqrt{\det(\cos tI-\sin tYiK)}}=\frac{w}{\sqrt{w^4+aw^2+b}}$$

となる. 楕円関数とは一般に複素トーラス上の関数をさすので, $\sqrt{4\,次式}$ の形の関数は楕円関数と思ってよいが, 前節までの指数関数との関係を考えやすいヤコビの楕円関数で表わすことを考える. 振幅部分は

$$\mathrm{Amp}{:}e_*^{\frac{t}{i\hbar}\langle \boldsymbol{u}Y,\boldsymbol{u}\rangle_*}:_{iK}=\frac{1}{\sqrt{\det(\cos tI-\sin tYiK)}}$$

であるが YiK の固有値を $i\mu, i\mu^{-1}$, $\rho{=}\frac{1}{2}(\mu{+}\mu^{-1})$ とすると (2.40) 式より

$$\sqrt{(\cos t-i\mu\sin t)(\cos t-i\mu^{-1}\sin t)}=\sqrt{\cos 2t-i\rho\sin 2t}$$
$$=\sqrt{\frac{1-\rho}{2}}e^{-it}\sqrt{\left(e^{4it}-\frac{\rho+1}{\rho-1}\right)}$$

で, 特異点列は実軸に平行に $\pi/2$ 周期的に 1 列並ぶが, 以下では話を見やすくするために特異点列が実軸上に並ぶ場合で考える. 条件より $\left|\frac{\rho+1}{\rho-1}\right|{=}1$, i.e. $\rho\in i\mathbb{R}$ である. $\lambda^2{=}\frac{\rho+1}{\rho-1}$ と置けば上式は

$$\sqrt{\frac{1-\rho}{2}}e^{-it}\sqrt{(e^{2it}+\lambda)(e^{2it}-\lambda)}$$

のように変形できるが, 周期性に注目しているので t を $t'{=}t{-}\tau$ と平行移動して M_τ を定数として $M_\tau e^{-it'}\sqrt{(e^{2it'}+i)(e^{2it'}-i)}$ の形にできる. ここで表示パラメータ iK を K' に変えると

$$M_\tau e^{-it'}\sqrt{(e^{2it'}+i\nu)(e^{2it'}-i\nu^{-1})}=M_\tau\sqrt{\cos 2t'+i(\nu-\nu^{-1})},\quad \nu>0$$

とできる. こうすると特異点の一方は単位円の内側, 他方は単位円の外側になるので $t'\in[0,\pi]$ で符号変化は起きず π 周期的になっている. 上式はさらに

$$M_\tau\sqrt{1+i(\nu-\nu^{-1})-2\sin^2 t'}=M'_\tau\sqrt{1-\frac{2}{1+i(\nu-\nu^{-1})}\sin^2 t'}$$

と変形される．ここで $k^2=\frac{2}{1+i(\nu-\nu^{-1})}$ と置く．$\nu>0$ は任意だから，まず $|k|<1$ の場合で考える．

ここで第1種楕円積分と呼ばれる

$$u=\int_0^t \frac{dt'}{\sqrt{1-k^2\sin^2 t'}},\ |k|<1,$$

を考える．右辺は t の関数だからこの関数形を $u=g(t)$ と書く．これは実軸をもとにして適宜解析接続で広げる．これの逆関数 $t=g^{-1}(u)$ は 第1章のヤコビの楕円テータ関数の商 (i.e. 有理型関数) になることが分かっていて，この形のものを**ヤコビの楕円関数**と呼ぶ．k は**母数**, $k'=\sqrt{1-k^2}$ は**補母数**と呼ばれる．k が実数のとき実軸上でグラフを書いてみれば逆関数の存在は明らかだが, $\log u$ などを使って $k\in\mathbb{C}$ で考えてこの逆関数を $t=g^{-1}(u)=\mathrm{am}(u)$ と書く．これは常微分方程式

$$\frac{dt}{du}=\sqrt{1-k^2\sin^2 t},\quad t(0)=0$$

の実解析解と思う方が良い．$k=0$ のときは解は線形だが $k\approx 0$ のときは右辺は1**の周囲で振動している関数**である．

この逆関数 $t=g^{-1}(u)=\mathrm{am}(u)$ を使って $:e_*^{\frac{t}{i\hbar}\langle \boldsymbol{u}Y,\boldsymbol{u}\rangle_*}:_K$ を書き直すと周期性が見やすくなる．これは $*$ 指数関数のパラメータを2重周期性を持ったパラメータで見直すということである．

一方 $u=\int_0^t \frac{dt'}{\sqrt{1-k^2\sin^2 t'}}$ で $\sin t'=x'$ と変換すると $dx'=\cos t' dt'=\sqrt{1-x'^2}dt'$ だから $\sin t=x$ として

$$u=\int_0^x \frac{dx'}{\sqrt{(1-x'^2)(1-k^2x'^2)}} \tag{3.3}$$

と u が x の関数としても書かれるので右辺の関数形を $u=f_k(x)$ と書く．逆関数を使って $x=f_k^{-1}(u)$, $t=g^{-1}(u)$ と書いてみれば $x=\sin t$ と置いたのだから, $x=\sin g^{-1}(u)=\sin\mathrm{am}(u)$ となる．$\sin z$ は整関数であることから $\sin t(u)$ $=\sin\mathrm{am}(u)$ は有理型関数である．

以上まとめて次のように記号化する：

$$\begin{aligned} x &= \sin\mathrm{am}\,\mathrm{u} &&= \mathrm{sn}(u,k)\\ \sqrt{1-x^2} &= \cos\mathrm{am}\,\mathrm{u} &&= \mathrm{cn}(u,k)\\ \sqrt{1-k^2x^2} &= \Delta\mathrm{am}\,\mathrm{u} &&= \mathrm{dn}(u,k) \end{aligned} \tag{3.4}$$

これらはヤコビの楕円テータ関数の商として書かれる有理型関数であり, 2 重周期関数である (しばしば k は省略する). 定義だけからわかる簡単な公式は：

$$\mathrm{sn}^2(u){+}\mathrm{cn}^2(u){=}1, \quad \mathrm{dn}^2(u){+}k^2\mathrm{sn}^2(u){=}1,$$

$$\frac{d\,\mathrm{sn}(u)}{du}{=}\mathrm{cn}(u)\mathrm{dn}(u),\ \frac{d\,\mathrm{cn}(u)}{du}{=}{-}\mathrm{sn}(u)\mathrm{dn}(u),\ \frac{d\,\mathrm{dn}(u)}{du}{=}{-}k^2\mathrm{sn}(u)\mathrm{cn}(u)$$

$$\mathrm{sn}(0,k){=}0,\ \mathrm{cn}(0,k){=}1,\ \mathrm{dn}(0,k){=}1,$$

等がある.(様々な公式は数学辞典参照.) また,(3.3) で両辺を k 倍して $kx{=}\tilde{x}$ と変数変換すると

$$ku = kf_k(x){=}\int_0^{\tilde{x}}\frac{d\tilde{x}}{\sqrt{(1{-}\frac{1}{k^2}\tilde{x}^2)(1{-}\tilde{x}^2)}}{=}f_{\frac{1}{k}}(\tilde{x})$$

だから逆関数で書直すと

$$\tilde{x} = f^{-1}_{\frac{1}{k}}(ku), \quad x = f_k^{-1}(u), \quad kx = \tilde{x}$$

だから $f^{-1}_{\frac{1}{k}}(ku) = kf_k^{-1}(u)$ となりこれを使って書直すと

$$\mathrm{sn}(ku,\frac{1}{k}) = k\mathrm{sn}(u,k), \quad \mathrm{cn}(ku,\frac{1}{k}) = \mathrm{dn}(u,k), \quad \mathrm{dn}(ku,\frac{1}{k}) = \mathrm{cn}(u,k). \tag{3.5}$$

という公式も得られるので, $\nu{\approx}1$ の場合にはこの公式で変換して $\mathrm{sn}(u,k)$ を使う.

$:e_*^{\frac{it'}{i\hbar}\langle \boldsymbol{u}Y,\boldsymbol{u}\rangle_*}:_K$ の計算

以下では $\nu{\gg}1$ として話を続ける.

$$:e_*^{\frac{t}{i\hbar}\langle \boldsymbol{u}Y,\boldsymbol{u}\rangle}:_{iK}{=}\frac{1}{\sqrt{\det(\cos tI{-}(\sin t)YiK)}}e^{\frac{1}{i\hbar}\langle \boldsymbol{u}\frac{\sin t}{\cos tI-\sin t\,YiK}Y,\boldsymbol{u}\rangle}.$$

であったが, 変数 t を平行移動して簡単な形にしているので, 指数法則で $t{=}0$ を動かして

$$\frac{1}{\sqrt{1{-}k^2\sin^2 t}}e^{\frac{1}{i\hbar}\langle \boldsymbol{u}\frac{\sin t}{\cos tI-\sin t\,YiK}Y,\boldsymbol{u}\rangle}$$

が書かれれば良い. $t{=}\mathrm{am}(u)$ と置けば上式は

$$\frac{1}{\mathrm{dn}(u)}e^{\frac{1}{i\hbar}\langle \boldsymbol{u}\frac{\mathrm{sn}(u)}{\mathrm{cn}(u)I-\mathrm{sn}(u)\,YiK}Y,\boldsymbol{u}\rangle}$$

と書かれる. 特異点は $\mathrm{dn}(u)$ の 0 点のみで分岐していない.

2 重周期性

楕円関数の周期は普通 K, K' と表されるが K は表示パラメータの記号に使っているので $\mathcal{K}, \mathcal{K}'$ で表わして

$$\mathcal{K}=\int_0^{\pi/2}\frac{dt}{\sqrt{1-k^2\sin^2 t}},\quad \mathcal{K}'=\int_0^{\pi/2}\frac{d\phi}{\sqrt{1-(1-k^2)\sin^2 t}}$$

とすると $\mathrm{am}(\mathcal{K})=\frac{\pi}{2}$ であるが, $\mathrm{am}(\mathcal{K}')$ は K に依存した複素数で $\mathrm{Re}(\mathcal{K}'/\mathcal{K})>0$ である. Jacobi の楕円関数は以下のような 2 重周期性を持っている.

$$\begin{aligned}\mathrm{sn}(u+2m\mathcal{K}+2ni\mathcal{K}')&=(-1)^m\mathrm{sn}(\mathrm{u})\\ \mathrm{cn}(u+2m\mathcal{K}+2ni\mathcal{K}')&=(-1)^{m+n}\mathrm{cn}(\mathrm{u})\\ \mathrm{dn}(u+2m\mathcal{K}+2ni\mathcal{K}')&=(-1)^n\mathrm{dn}(\mathrm{u})\end{aligned}\tag{3.6}$$

である. 一般に $\frac{\pi}{2}\neq\mathcal{K}$ だが,

$$\mathrm{sn}(\mathcal{K})=1,\ \mathrm{cn}(\mathcal{K})=0,\ \mathrm{dn}(\mathcal{K})=\sqrt{1-k^2}$$

であり, $\mathrm{sn}(0)=0$, $\mathrm{cn}(0)=1$, $\mathrm{dn}(0)=1$ だから (3.6) を使って次も分かる :

$$\mathrm{sn}(2\mathcal{K})=0,\ \mathrm{cn}(2\mathcal{K})=1,\ \mathrm{dn}(2\mathcal{K})=1.$$

$:e_*^{t\frac{1}{i\hbar}\langle \boldsymbol{u}Y,\boldsymbol{u}\rangle_*}:_{iK}$ は t を平行移動 $t-t_0$ して単純な形にしているが, 周期性が関心事だから

$$:e_*^{t\frac{1}{i\hbar}\langle \boldsymbol{u}Y,\boldsymbol{u}\rangle_*}:_{iK}\ \frac{1}{\sqrt{1-k\sin^2 t}}e^{\frac{1}{i\hbar}\langle\boldsymbol{u}\frac{\sin t}{\cos tI-YiK\sin t},\boldsymbol{u}\rangle}$$

として計算してかまわない. $t=\mathrm{am}(u)$ と置けば

$$F(u;iK)=\frac{1}{\mathrm{dn}(u)}e^{\frac{1}{i\hbar}\langle\boldsymbol{u}\frac{\mathrm{sn}(u)}{\mathrm{cn}(u)I-YiK\mathrm{sn}(u)},\boldsymbol{u}\rangle}$$

となる. $F(2\mathcal{K};iK)=1=F(0;iK)$, $F(\mathcal{K};iK)=:\varepsilon_{00}:_{iK}$ (極地元) となる. この式は一見 $\varepsilon_{00}^2=1$ を言っていて $:\varepsilon_{00}^2:_{iK}=-1$ に矛盾するように見えるが $F(u;iK)$ のパラメータ u は $*$ 指数関数の指数法則を表わすパラメータではないから $F(2u;iK)\neq F(u;iK)*F(u;iK)$ であるが ε_{00} はトーラスのもうひとつの周期直線にも乗っていることが分かる.

3.2　逆元と解析接続

これまでは積分のときの積分路は直線とか微小円ばかりであった. しかし逆元を得るだけならば積分路は $-\infty$ と 0 を結ぶ (特異点を通過しない) 任意の曲

線で良い. Cauchy の積分定理が使えれば積分路が変わっても同じ逆元を与えるのは当然だが, これらは一般には同じ逆元ではない. 後節で実は分岐特異点の留数は関係しないが, その代り一般には (図 1) のリーマン面の周期積分の分だけずれることが分かる. ある元を積分で定義するときには積分路がどのシート上にあるかを考えておかないと微妙な食違いが起きるので要注意なのである.

まず手始めに典型的逆元の公式から始めよう. 2 次式の指数関数の指数法則から $-\frac{1}{2}<\mathrm{Re}\,z<\frac{1}{2}$ のとき generic な表示で, $\int_{-\infty}^{\infty} e_*^{t(z+\frac{1}{i\hbar}uv)}dt$ は収束し $Hol(\mathbb{C}^2)$ の元を与える (但し $uv{=}{:}u{\circ}v{:}_K-K_{12}$ なので注意). これより generic な表示で

$$\int_{-\infty}^{0} e_*^{t(z+\frac{1}{i\hbar}uv)}dt, \quad \mathrm{Re}\,z>-\frac{1}{2}, \quad -\int_{0}^{\infty} e_*^{t(z+\frac{1}{i\hbar}uv)}dt, \quad \mathrm{Re}\,z<\frac{1}{2}$$

は $z+\frac{1}{i\hbar}uv$ の逆元を与える. これらを $(z+\frac{1}{i\hbar}uv)_{*+}^{-1}$, $(z+\frac{1}{i\hbar}uv)_{*-}^{-1}$ のように記しておく. 一つの元に 2 つの逆元があるのだから当然結合律は破れている.

しかも以下の極限が存在する：

$$\lim_{t\to-\infty} {:}e_*^{t\frac{1}{i\hbar}u*v}{:}_K=\lim_{t\to-\infty} {:}e_*^{t(\frac{1}{i\hbar}u\circ v-\frac{1}{2})}{:}_K={:}\varpi_{00}{:}_K, \quad \lim_{t\to-\infty} {:}e_*^{t\frac{1}{i\hbar}v*u}{:}_K=0$$

$$\lim_{t\to\infty} {:}e_*^{t\frac{1}{i\hbar}v*u}{:}_K=\lim_{t\to\infty} {:}e_*^{t(\frac{1}{i\hbar}u\circ v+\frac{1}{2})}{:}_K={:}\overline{\varpi}_{00}{:}_K, \quad \lim_{t\to\infty} {:}e_*^{t\frac{1}{i\hbar}u*v}{:}_K=0$$

左側の極限はワイル表示では次のようになる：

$${:}\varpi_{00}{:}_0=2e^{-2\frac{1}{i\hbar}uv}, \quad {:}\overline{\varpi}_{00}{:}_0=2e^{2\frac{1}{i\hbar}uv}.$$

これらは真空で ${:}\mathcal{V}{:}_0$ の元である.

命題 3.1 $D{=}\{-\frac{1}{2}<\mathrm{Re}\,z<\frac{1}{2}\}$ とすると 2 つの逆元の差は generic な表示で

$$(z+\frac{1}{i\hbar}u{\circ}v)_{*+}^{-1}-(z+\frac{1}{i\hbar}u{\circ}v)_{*-}^{-1}=\int_{-\infty}^{\infty} e_*^{t(z+\frac{1}{i\hbar}u\circ v)}dt, \tag{3.7}$$

であり, D 上正則である. これを $*$ デルタ関数と呼び $\frac{1}{2\pi i}\delta_*(iz+\frac{1}{\hbar}u{\circ}v)$ と書く.

一方, 変数を $t\to -t$ と変更すると

$$((-z)+\frac{1}{i\hbar}u{\circ}v)_{*-}^{-1}=-\int_{0}^{\infty} e_*^{-t(z-\frac{1}{i\hbar}u\circ v)}dt=-\int_{-\infty}^{0} e_*^{t(z-\frac{1}{i\hbar}u\circ v)}dt.$$

より generic な表示で次が分かる：

$$(z-\frac{1}{i\hbar}u{\circ}v)^{-1}_{*-}=-((-z)+\frac{1}{i\hbar}u{\circ}v)^{-1}_{*-}. \tag{3.8}$$

注意. $\alpha>0$ の場合 $\alpha\big((\alpha(z\pm\frac{1}{i\hbar}u{\circ}v)_{*\pm})^{-1}\big)=(z\pm\frac{1}{i\hbar}u{\circ}v)^{-1}_{*\pm}$ だが, $\alpha<0$ だと $\alpha\big((\alpha(z\pm\frac{1}{i\hbar}u{\circ}v)_{*\pm})^{-1}\big)=(z\pm\frac{1}{i\hbar}u{\circ}v)^{-1}_{*\mp}$ となり, (3.8) は $(z+\frac{1}{i\hbar}u{\circ}v)^{-1}_{*+}$ の正則領域と同じである:

命題 3.2 次の積分

$$\int_{-\infty}^{0} e_*^{t(z+\frac{1}{i\hbar}u\circ v)} \quad と \quad \int_{-\infty}^{0} e_*^{t(z-\frac{1}{i\hbar}u\circ v)}$$

は $\mathrm{Re}\,z>-\frac{1}{2}$ のとき収束. 後で分かるが $z{=}-\frac{1}{2}$ は特異点である.

閉曲線 C に沿う積分 $\int_C e_*^{\zeta(z+\frac{1}{i\hbar}u\circ v)}d\zeta$ は $(z+\frac{1}{i\hbar}u{\circ}v)*\int_C e_*^{\zeta(z+\frac{1}{i\hbar}u\circ v)}d\zeta=0$ を満たすのだから逆元と言っても結合代数の中で考える逆元の性質は期待できない.

普通の分数では $\frac{1}{X}=\frac{c}{cX}$ だから,

$$(z\pm\frac{1}{i\hbar}u{\circ}v)^{-1}_{*\pm}=C(C(z\pm\frac{1}{i\hbar}u{\circ}v))^{-1}_{*\pm}$$

が任意の $C{\neq}0$ で成立しそうに見える. しかしこれは $e_*^{e^{i\theta}t(z\pm\frac{1}{\hbar}\frac{1}{i\hbar}u\circ v)}$ の特異点列に阻まれて $C{=}re^{i\theta}$, $r{>}0$, で $|\theta|$ が十分小さいときしか成立しない.

(3.1) 式で 積分路を少し回転し

$$I(\theta)=\int_{-\infty}^{0} e_*^{e^{i\theta}t(z\pm\frac{1}{\hbar}\langle \boldsymbol{u}A,\boldsymbol{u}\rangle)}d(e^{i\theta}t).$$

を考える. これは (3.1) 式と指数法則で振幅部分の $t{<}0$ での減少度を見ると $\mathrm{Re}\,e^{i\theta}(z{+}1){>}0$, で, $te^{i\theta}$, $t{<}0$, が特異点を通過しない場合に収束するが, 部分積分で $\partial_\theta I(\theta){=}0$ となることが分かる：

$$ie^{i\theta}\int_{-\infty}^{0} e_*^{e^{i\theta}t(z\pm\frac{1}{\hbar}\langle \boldsymbol{u}A,\boldsymbol{u}\rangle)}dt+e^{i\theta}\int_{-\infty}^{0} ie^{i\theta}t(z\pm\frac{1}{\hbar}\langle \boldsymbol{u}A,\boldsymbol{u}\rangle)e_*^{e^{i\theta}t(z\pm\frac{1}{\hbar}\langle \boldsymbol{u}A,\boldsymbol{u}\rangle)}dt$$

積分記号の中は

$$e^{i\theta}(z\pm\frac{1}{\hbar}\langle \boldsymbol{u}A,\boldsymbol{u}\rangle)*e_*^{e^{i\theta}t(z\pm\frac{1}{\hbar}\langle \boldsymbol{u}A,\boldsymbol{u}\rangle)}=\frac{d}{dt}e_*^{e^{i\theta}t(z\pm\frac{1}{\hbar}\langle \boldsymbol{u}A,\boldsymbol{u}\rangle)}$$

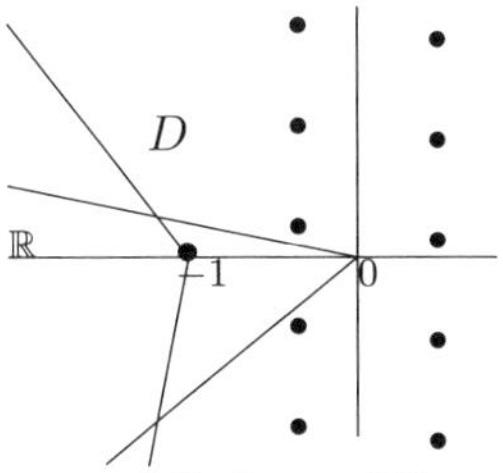

虚軸に沿って周期的

だが, 上の第 2 項目を部分積分すると 1 項目と打消しあって消え 0 となる. したがって $(z\pm\frac{1}{\hbar}\langle\boldsymbol{u}A,\boldsymbol{u}\rangle)_{*\pm}^{-1}$ は左図の overhang した右側の角領域 D 上で正則となる.

次に $z=-1$ は $(z\pm\frac{1}{\hbar}\langle\boldsymbol{u}A,\boldsymbol{u}\rangle)_{*\pm}^{-1}$ (複合同順) の特異点であることを確認しよう. これには逆元を定義する積分が発散することを示すのであるが, $:e_*^{\frac{t}{\hbar}\langle\boldsymbol{u}A,\boldsymbol{u}\rangle}:_K$ の公式から

$$\lim_{t\to-\infty}:e_*^{t(-1+\frac{1}{\hbar}\langle\boldsymbol{u}A,\boldsymbol{u}\rangle)}:_K=\lim_{t\to-\infty}\frac{2e^{-t}}{\sqrt{\det(e^{-t}I+ie^{-t}AK)}}e^{\frac{1}{\hbar}\langle\boldsymbol{u}\frac{-e^{-t}}{e^{-t}I+ie^{-1}AK}A,\boldsymbol{u}\rangle}$$
$$=\frac{2}{\sqrt{I+iAK}}e^{\frac{1}{\hbar}\langle\boldsymbol{u}\frac{-1}{I+iAK}A,\boldsymbol{u}\rangle}\neq0$$

となって $\int_{-\infty}^{0}e_*^{t(-1+\frac{1}{\hbar}\langle\boldsymbol{u}A,\boldsymbol{u}\rangle)}dt$ は generic な表示で発散する. 同様に

$$\lim_{t\to\infty}:e_*^{t(1-\frac{1}{\hbar}\langle\boldsymbol{u}A,\boldsymbol{u}\rangle)}:_K=\frac{2}{\sqrt{I-iAK}}e^{\frac{1}{\hbar}\langle\boldsymbol{u}\frac{1}{I-iAK}A,\boldsymbol{u}\rangle}\neq0$$

なので $\int_0^{\infty}e_*^{t(1-\frac{1}{\hbar}\langle\boldsymbol{u}A,\boldsymbol{u}\rangle)}dt$ も発散する.

解析接続

ここでは generic な表示で $(z\pm\frac{1}{i\hbar}u{\circ}v)_{*\pm}^{-1}$ の解析接続を考察する. ($(z\pm\frac{1}{i\hbar}2u{\circ}v)^{-1}$ でないので注意) 基本となるのはこれまでも何度も使ってきた**玉突補題** (bumping lemma) である.

玉突補題とは $u*(v*u)=(u*v)*u$ のような結合律と非可換性を組合わせて変数をずらすことを言う. ここでは $(u{\circ}v)*v=v*(u{\circ}v-i\hbar)$ を使う.

(2.44) の半逆元と玉突補題を使って次がわかる : (定理 2.2 参照)

$$v*(z+\frac{1}{i\hbar}u{\circ}v)*v^{\circ}=z+1+\frac{1}{i\hbar}u{\circ}v,\quad v^{\circ}*(z+\frac{1}{i\hbar}u{\circ}v)*v=(1-\varpi_{00})*(z-1+\frac{1}{i\hbar}u{\circ}v).$$

$$u*(z+\frac{1}{i\hbar}u{\circ}v)*u^{\bullet}=z-1+\frac{1}{i\hbar}u{\circ}v,\quad u^{\bullet}*(z+\frac{1}{i\hbar}u{\circ}v)*u=(1-\overline{\varpi}_{00})*(z+1+\frac{1}{i\hbar}u{\circ}v).$$

一方 $s,t\in\mathbb{R}$ として微分方程式で考えて $e_*^{t(\frac{1}{i\hbar}u*v+s)}*\varpi_{00}=e^{ts}$ であり玉突補題で $e_*^{t\frac{1}{i\hbar}v*u}*u^k=u^k*e_*^{t(\frac{1}{i\hbar}u*v+k)}$ だからこれを使って次が得られる:

$$(v^{\circ})_*^n*\varpi_{00}=\frac{1}{n!}(\frac{1}{i\hbar}u)_*^n*\varpi_{00},\quad(u^{\bullet})_*^n*\overline{\varpi}_{00}=\frac{1}{n!}(\frac{1}{i\hbar}v)_*^n*\overline{\varpi}_{00}\tag{3.9}$$

まず $\int_{-\infty}^{0}\int_{-\infty}^{0} e^{t\frac{1}{2}+sz}u{*}e_*^{(t+s)\frac{1}{i\hbar}u\circ v}dtds$ が重積分可能だから次の計算式を下のほうから上に向かって読んで確認しよう：

$$
\begin{aligned}
v^\circ{*}(z+\frac{1}{i\hbar}u{\circ}v)_{*+}^{-1}&=\Big(u{*}\int_{-\infty}^{0}e_*^{t(\frac{1}{i\hbar}u\circ v+\frac{1}{2})}dt\Big){*}\int_{-\infty}^{0}e_*^{s(z+\frac{1}{i\hbar}u\circ v)}ds\\
&=u{*}\int_{-\infty}^{0}\int_{-\infty}^{0}e_*^{t(\frac{1}{i\hbar}u\circ v+\frac{1}{2})}{*}e_*^{s(z+\frac{1}{i\hbar}u\circ v)}dtds\\
&=\int_{-\infty}^{0}\int_{-\infty}^{0}e^{t\frac{1}{2}+sz}u{*}e_*^{(t+s)\frac{1}{i\hbar}u\circ v}dtds
\end{aligned}
$$

玉突補題で $=\int_{-\infty}^{0}\int_{-\infty}^{0} e^{t\frac{1}{2}+sz-(t+s)}e_*^{(t+s)\frac{1}{i\hbar}u\circ v}{*}udtds$ となるからここで $(z-1+\frac{1}{i\hbar}u{\circ}v)_{*+}^{-1}$ がすでに定義できているとし，$v^\circ{*}(z+\frac{1}{i\hbar}u{\circ}v)_{*+}^{-1}{*}v$ を計算すると

$$
\begin{aligned}
与式&=\int_{-\infty}^{0}\int_{-\infty}^{0}e^{-t\frac{1}{2}+s(z-1)}e_*^{(t+s)\frac{1}{i\hbar}u\circ v}{*}(u{*}v)dtds\\
&=\int_{-\infty}^{0}(u{*}v){*}e_*^{t\frac{1}{i\hbar}u*v}dt{*}\int_{-\infty}^{0}e_*^{s(z-1+\frac{1}{i\hbar}u\circ v)}ds\\
&=(1-\varpi_{00}){*}(z-1+\frac{1}{i\hbar}u{\circ}v)_{*+}^{-1}.
\end{aligned}
$$

つまり両辺がすでに定義されている場合には

$$(v^\circ{*}(z+\frac{1}{i\hbar}u{\circ}v)_{*+}^{-1}){*}v=(1-\varpi_{00}){*}(z-1+\frac{1}{i\hbar}u{\circ}v)_{*+}^{-1}$$

が成立する．ところが $(\frac{1}{i\hbar}u{\circ}v){*}\varpi_{00}=(\frac{1}{i\hbar}u{*}v+\frac{1}{2}){*}\varpi_{00}=\frac{1}{2}\varpi_{00}$ だから原点から出る実解析的な曲線で，特異点からでているスリットと交わらないものの上では微分方程式で積を定義して $e_*^{z(\frac{1}{i\hbar}u*v+\frac{1}{2})}{*}\varpi_{00}=e^{z\frac{1}{2}}\varpi_{00}$ として良い．また逆元を作るときの積分路は 0 と $-\infty$ をこのような曲線で結ぶだけで良いので，結局

$$\int_{-\infty}^{0}e_*^{t(z-1+\frac{1}{i\hbar}u\circ v)}dt{*}\varpi_{00}=\int_{-\infty}^{0}e^{t(z-\frac{1}{2})}dt{*}\varpi_{00}=(z-\frac{1}{2})^{-1}\varpi_{00},$$

であり，これより

$$\varpi_{00}{*}(z-1+\frac{1}{i\hbar}u{\circ}v)_{*+}^{-1}=(z-1+\frac{1}{i\hbar}u{\circ}v)_{*+}^{-1}{*}\varpi_{00}=(z-\frac{1}{2})^{-1}\varpi_{00},$$

が分かる．つまり，両辺が積分で定義されておれば

$$\big(v^\circ{*}(z+\frac{1}{i\hbar}u{\circ}v)_{*+}^{-1}\big){*}v+(z-\frac{1}{2})^{-1}\varpi_{00}=\big(z-1+\frac{1}{i\hbar}u{\circ}v\big)_{*+}^{-1}. \tag{3.10}$$

ここで $(z-\frac{1}{2})^{-1}\varpi_{00}$ はいつも定義できること，全ての元は多項式，及び $\int_{-\infty}^{0} e_*^{t(a+\frac{1}{i\hbar}u\circ v)}dt$ の形の元でできていて結合律は問題なく成立するので (3.10) の左辺の第 1 項はややこしい ( ) を取払って $v^\circ*(z+\frac{1}{i\hbar}u\circ v)_{*+}^{-1}*v$ のように書いて良い．すると (3.10) の左辺は右辺が積分で定義できていてもいなくても $z-1+\frac{1}{i\hbar}u\circ v=v^\circ*(z+\frac{1}{i\hbar}u\circ v)*v$ の逆元となっていることが $v*v^\circ=1$ と結合律を使った計算で分かるので (3.10) が解析接続の公式を与える．

これを繰返して，$\forall \mathrm{Re}\, z>-(n+\frac{1}{2})$ に対して

$$
\begin{aligned}
&\Big(z+\frac{1}{i\hbar}u\circ v\Big)_{*+}^{-1}\\
&\quad=\sum_{k=0}^{n-1}(z+k+\frac{1}{2})^{-1}(v^\circ)^k*\varpi_{00}*v^k+(v^\circ)^n*\Big(z+n+\frac{1}{i\hbar}u\circ v\Big)_{*+}^{-1}*v^n,\\
&\Big(z-\frac{1}{i\hbar}u\circ v\Big)_{*-}^{-1}\\
&\quad=-\sum_{k=0}^{n-1}(z+k+\frac{1}{2})^{-1}(u^\bullet)^k*\varpi_{00}*u^k-(u^\bullet)^n*\Big(z+n-\frac{1}{i\hbar}u\circ v\Big)_{*-}^{-1}*u^n.
\end{aligned}
\tag{3.11}
$$

定理 3.1 generic な表示のもとで，逆元 $(z+\frac{1}{i\hbar}u\circ v)_{*+}^{-1}$, $(z-\frac{1}{i\hbar}u\circ v)_{*-}^{-1}$ は z に関して $Hol(\mathbb{C}^2)$ 値の $\mathbb{C}\setminus\{-(\mathbb{N}+\frac{1}{2})\}$ 上の単純な極のみ持つ正則関数である．

これより $\mathbb{C}\setminus\{-(\mathbb{N}+\frac{1}{2})\}$ 上では $(z+\frac{1}{i\hbar}u\circ v)*(z+\frac{1}{i\hbar}u\circ v)_{*+}^{-1}=1$ だが式の計算の中では $\{-(\mathbb{N}+\frac{1}{2})\}$ は除ける特異点として無視して良い．逆元 $(z+\frac{1}{i\hbar}u\circ v)_{*+}^{-1}$ の特異点 z_0 というのは $(z_0+\frac{1}{i\hbar}u\circ v)_{*+}^{-1}$ が存在しない場所のことだが $z_0=-n-\frac{1}{2}$ なので

$$:(-n-\tfrac{1}{2}+\tfrac{1}{i\hbar}u\circ v):_K*_\Lambda f=0$$

が解 $Cu^n*\varpi_{00}$(これは u,v の整関数) を持ってしまい，Hilbert 空間上の作用素としての定義を云々する以前に固有値と固有関数が出てきている．

(3.9) 式と真空表現 (2.56)，定理 2.11 での行列要素 $:E_{k,l}:_K$, $:\overline{E}_{k,l}:_K$ を使って

$$
\begin{aligned}
\Big(z+\frac{1}{i\hbar}u\circ v\Big)_{*+}^{-1}&=\sum_{k=0}^{n}(z+k+\frac{1}{2})^{-1}E_{k,k}+(v^\circ)^n*\Big(z+n+\frac{1}{i\hbar}u\circ v\Big)_{*+}^{-1}*v^n,\\
\Big(z-\frac{1}{i\hbar}u\circ v\Big)_{*-}^{-1}&=-\sum_{k=0}^{n}(z+k+\frac{1}{2})^{-1}\overline{E}_{k,k}-(u^\bullet)^n*\Big(z+n-\frac{1}{i\hbar}u\circ v\Big)_{*-}^{-1}*u^n.
\end{aligned}
$$

のように書いても良い．

3.2.1　特異点での留数

逆元の特異点 z_0 における留数は z_0 を中心とする小さい円 C_{z_0} を使って $\frac{1}{2\pi i}\int_{C_{z_0}}(z+\frac{1}{i\hbar}u{\circ}v)^{-1}_{*\pm}dz$ で計算される. $z{=}z_0$ を固定した時十分大きな n に対して $(v^{\circ})^n{*}\big(z{+}n{+}\frac{1}{i\hbar}u{\circ}v\big)^{-1}_{*+}{*}v^n$ は z_0 の近傍で正則だから,

$$(v^{\circ})^n{*}\int_{C_{z_0}}(z{+}n{+}\frac{1}{i\hbar}u{\circ}v)^{-1}_{*\pm}dz{*}v^n = 0.$$

となる. 解析接続の公式 (3.11) は次をあたえる：

定理 3.2 generic な表示のもとで

$$\mathrm{Res}((z{+}\tfrac{1}{i\hbar}u{\circ}v)^{-1}_{*+}, -(n{+}\tfrac{1}{2})){=}E_{n,n}(K)$$

$$\mathrm{Res}((z{+}\tfrac{1}{i\hbar}u{\circ}v)^{-1}_{*-}, n{+}\tfrac{1}{2}){=}\overline{E}_{n,n}(K)$$

上のことから $\frac{1}{i\hbar}u{\circ}v$ はあたかも $-(\mathbb{N}{+}\frac{1}{2})$ とか $(\mathbb{N}{+}\frac{1}{2})$ の上を動く "不定元" のように見えるのだが, もしこの描像が正しいのなら generic な表示の下で $\sin_*\pi(\frac{1}{2}{+}\frac{1}{i\hbar}u{\circ}v) = \cos_*\pi\frac{1}{i\hbar}u{\circ}v{=}0$ でなければならないだろう. しかし実際は

$$\cos_*\pi\frac{1}{i\hbar}u{\circ}v = \frac{1}{2}(e_*^{\pi i\frac{1}{i\hbar}u\circ v}{+}e_*^{-\pi i\frac{1}{i\hbar}u\circ v}) = \frac{1}{2}(\varepsilon_{00}{+}\varepsilon_{00}^{-1}).$$

である. $:\varepsilon_{00}^2:_K{=}{-1}$ となる表示では描像は正しいが, $:\varepsilon_{00}^2:_K{=}1$ となる表示もある. 但し $\sin_*\pi(z{+}\frac{1}{i\hbar}u{\circ}v)$ は次式で定義している:

$$\sin_*\pi(z{+}\frac{1}{i\hbar}u{\circ}v){=}\frac{1}{2}\int_{-\pi}^{\pi}(z{+}\frac{1}{i\hbar}u{\circ}v){*}e_*^{is(z+\frac{1}{i\hbar}u\circ v)}ds. \tag{3.12}$$

つまり $\frac{1}{i\hbar}u{\circ}v$ を離散描像で見た時には表示によって $(\mathbb{N}{+}\frac{1}{2})$ とか $-(\mathbb{N}{+}\frac{1}{2})$ とか $\mathbb{Z}$ とかに見えるのである. 微積分の代数には物理の様々な場面で使われる計算がごちゃまぜに入っているから上のことは**表示を与えないと物理的意味を特定することはできない**といっているようにも思える.

$\lim_{n\to\infty}(v^{\circ})^n{*}\big(z{+}n{+}\frac{1}{i\hbar}u{\circ}v\big)^{-1}_{*+}{*}v^n{=}0$ は一般には成立しないが表示 K を変更, あるいは K を一定にしてもとの A を変更すると

$$\sum_{k=0}^{\infty}(z{+}k{+}\frac{1}{2})^{-1}E_{k,k}(K)$$

が $Hol(\mathbb{C}^2)$ の元として収束する場合がある. 命題 2.14 より

命題 3.3 $:e_*^{t\frac{1}{i\hbar}u*v}:_K$ の特異点列が虚軸の右側に 2 列ある場合は $\mathrm{Re}\,t\le 0$ で
$$:e_*^{t\frac{1}{i\hbar}u\circ v}:_K=\sum_{n=0}^{\infty}e^{t(n+\frac{1}{2})}E_{n,n}(K)$$
は $Hol(\mathbb{C}^2)$ の元として収束する．e^{tz} を積し $\frac{d}{dt}\Big|_{t=0}$ をとれば左半平面上で
$$:z+\frac{1}{i\hbar}u\circ v:_K=\sum_{n=0}^{\infty}(z+n+\frac{1}{2})E_{n,n}(K)$$
か収束することが分かり，これより同じ領域で
$$\sum_{n=0}^{\infty}(z+n+\frac{1}{2})^{-1}E_{n,n}(K)$$
も $Hol(\mathbb{C}^2)$ の元とし収束する．特異点列が虚軸の左側ならば右半平面上で
$$\sum_{n=0}^{\infty}(z-n-\frac{1}{2})^{-1}\overline{E}_{n,n}(K)$$
が $Hol(\mathbb{C}^2)$ の元として収束する．$\frac{1}{i\hbar}u\circ v$ については自然な表現空間と固有値があらかじめ決まってしまうのである．

逆元同志の積

逆元同志の積はレゾルベント解析と呼ばれる手段で簡単に求まる場合がある．原理は次のような分数の計算である：
$$\frac{1}{(a+X)(b+X)}=\frac{1}{b-a}\left(\frac{1}{a+X}-\frac{1}{b+X}\right) \tag{3.13}$$
例えば
$$\begin{aligned}(z^2-(\frac{1}{i\hbar}u\circ v)^2)^{-1}_{(\pm)*}&=\frac{1}{2z}\Big((z-\frac{1}{i\hbar}u\circ v)^{-1}_{*-}+(z+\frac{1}{i\hbar}u\circ v)^{-1}_{*+}\Big),\\ (z+(\frac{1}{i\hbar}u\circ v))^{-2}_{*\pm}&=-\frac{d}{dz}(z+(\frac{1}{i\hbar}u\circ v))^{-1}_{*\pm}.\end{aligned}$$
2 番目のものは $(z+\frac{1}{i\hbar}u\circ v)*: Hol(\mathbb{C}^2)\to Hol(\mathbb{C}^2)$ の連続性等を使って次のように計算する：
$$\begin{aligned}(z+\frac{1}{i\hbar}u\circ v)*\frac{d}{dz}\int_{-\infty}^{0}e_*^{t(z+\frac{1}{i\hbar}u\circ v)}dt&=\int_{-\infty}^{0}(z+\frac{1}{i\hbar}u\circ v)*\frac{d}{dz}e_*^{t(z+\frac{1}{i\hbar}u\circ v)}dt\\ &=\frac{d}{dz}\int_{-\infty}^{0}(z+\frac{1}{i\hbar}u\circ v)*e_*^{t(z+\frac{1}{i\hbar}u\circ v)}dt-\int_{-\infty}^{0}e_*^{t(z+\frac{1}{i\hbar}u\circ v)}dt\\ &=-(z+(\frac{1}{i\hbar}u\circ v))^{-1}_{*+}\end{aligned}$$

$\delta_*(z+\frac{1}{\hbar}u{\circ}v)$ の解析接続

1 の $*$Fourier 変換として $*$delta 関数を

$$\delta_*(z+\frac{1}{\hbar}u{\circ}v) = \int_{\mathbb{R}} e_*^{-it(z+\frac{1}{\hbar}u\circ v)}dt, \ \ |\mathrm{Im}z| < \frac{1}{2}.$$

と定義する. するとこれまでのことから

$$\delta_*(z+\frac{1}{\hbar}u{\circ}v) = i(-iz+\frac{1}{i\hbar}u{\circ}v)_{*+}^{-1} - i(-iz+\frac{1}{i\hbar}u{\circ}v)_{*-}^{-1}.$$

は 領域 $|\mathrm{Im}z| < \frac{1}{2}$ で正則. しかし定理3.1 より:

定理 3.3 $\delta_*(z+\frac{1}{\hbar}u{\circ}v)$ は generic な K 表示で $z{\in}\mathbb{C}\backslash i(\mathbb{Z}+\frac{1}{2})$ 上の $Hol(\mathbb{C}^2)$ 値で単純な極のみの正則関数に解析接続される. $\delta_*(z+\frac{1}{\hbar}u{\circ}v)$ の $-i(n+\frac{1}{2})$, $i(n+\frac{1}{2})$ における留数は $E_{n,n}$, $\overline{E}_{n,n}$ である.

次の式は容易:

$$(z+\frac{1}{\hbar}u{\circ}v){*}\delta_*(z+\frac{1}{\hbar}u{\circ}v){=}0 \quad (|\mathrm{Im}z|{<}\frac{1}{2}). \tag{3.14}$$

定理2.8 より $e_*^{t(\alpha+\frac{1}{\hbar}u\circ v)}{*}\delta_*(\alpha+\frac{1}{\hbar}u{\circ}v)$ は固定された表示の下では t に関しては対数微分値は 0 で, $\mathbb{C}\backslash$(離散集合) 上の**定値２価** $(\pm\delta_*(\alpha+\frac{1}{\hbar}u{\circ}v))$ 関数となる.

留数だけに注目すると

$$\delta_*(z+\frac{1}{\hbar}u{\circ}v) = \sum_{n=0}^{\infty}(z{-}i(n{+}\frac{1}{2})^{-1}E_{n,n} + \sum_{n=0}^{\infty}(z{+}i(n{+}\frac{1}{2})^{-1}\overline{E}_{n,n},$$

と書いても良さそうに見えるが, 特異点列が虚軸の片側にはあるので上の右辺を収束させる表示 K は存在しない.

$*\delta$ 関数どうしの積

§3.2.1, (3.13) で分かるようにに複合独立で

$$\frac{1}{b-a}\{(a+\frac{1}{i\hbar}u{\circ}v)_{*\pm}^{-1} - (b+\frac{1}{i\hbar}u{\circ}v)_{*\pm}^{-1}\} \quad (\text{複合独立})$$

はそれぞれ $(a+\frac{1}{i\hbar}u{\circ}v){*}(b+\frac{1}{i\hbar}u{\circ}v)$ の逆元であるから $*$ 積は上の (3.13) 公式で定義する. すると容易に次が分かる：$a \neq b$, $a, b \notin i(\mathbb{Z}+\frac{1}{2})$ のとき

$$\delta_*(a+\frac{1}{\hbar}u{\circ}v){*}\delta_*(b+\frac{1}{\hbar}u{\circ}v) = 0. \tag{3.15}$$

$\delta_*(z+\frac{1}{\hbar}u{\circ}v){*}\delta_*(z+\frac{1}{\hbar}u{\circ}v)$ は発散するが, これは超関数的に $x, x' \in \mathbb{R}$ の時に

$$\delta_*(x+z+\frac{1}{\hbar}u{\circ}v){*}\delta_*(x'+z+\frac{1}{\hbar}u{\circ}v) = \delta(x-x')\delta_*(x+z+\frac{1}{\hbar}u{\circ}v) \qquad (3.16)$$

と書いて良い.

定理3.3 で $E_{0,0}{=}\varpi_{00}$, $\overline{E}_{0,0}{=}\overline{\varpi}_{00}$ だから ϖ_{00} と $\overline{\varpi}_{00}$ はそれぞれ $z{=}{-}i\frac{1}{2}$, $z{=}i\frac{1}{2}$ での $\delta_*(z+\frac{1}{\hbar}u{\circ}v)$ の留数として求められる:

$$2\pi i\varpi_{00}{=}\int_C \delta_*(z+\frac{1}{\hbar}u{\circ}v)dz, \quad 2\pi i\overline{\varpi}_{00}{=}\int_{C'} \delta_*(z'+\frac{1}{\hbar}u{\circ}v)dz'$$

C, C' は半径 $\frac{1}{4}$, 中心 $-i\frac{1}{2}$, $i\frac{1}{2}$ の微小円である. $C{\cap}C'{=}\emptyset$ として良い. すると (3.16) より次がわかる：

$$-4\pi^2\varpi_{00}{*}\overline{\varpi}_{00} = \iint_{C\times C'} \delta_*(z+\frac{1}{\hbar}u{\circ}v){*}\delta_*(z'+\frac{1}{\hbar}u{\circ}v)dzdz' = 0.$$

同様, $E_{k,k}$, $\overline{E}_{l,l}$ を留数として求めるときの積分路が分離していることより:

命題 3.4 $\forall k, \ell$ で, $E_{k,k}{*}\overline{E}_{l,l}{=}0{=}\overline{E}_{l,l}{*}E_{k,k}$ である.

3.2.2 $\frac{1}{\sqrt{\frac{1}{i\hbar}u{*}v+\alpha}}$ と解析接続

全く同様の計算が $\frac{1}{\sqrt{\frac{1}{i\hbar}u{*}v+\alpha}}$ でやれるのでここではそれを見ておこう. この計算は即座に必要になるものではないが後章で使われるものだからここで掲げておく.

普通の Weyl 代数のときにも $e_*^{t\frac{1}{i\hbar}u\circ v}$ が $e^{-\frac{1}{2}|t|}$ の減少度であること, 及び $\frac{1}{i\hbar}u{*}v{=}\frac{1}{i\hbar}u{\circ}v{-}\frac{1}{2}$ に注意すれば Laplace 変換の公式の応用として $\sqrt{u{*}v{+}c}^{\,-1}$, $c{>}0$ が次で定義される:

$$:\frac{1}{\sqrt{u{*}v{+}c}}:_{iK}{=}\frac{1}{\sqrt{\pi i\hbar}}\int_0^\infty \frac{1}{\sqrt{t}}:e_*^{-t(\frac{1}{i\hbar}u*v+c)}:_{iK}dt.$$

beta 関数 B の公式 (cf.(2.93)) を使うと $:(\frac{1}{\sqrt{u{*}v{+}c}})^2:_{iK}{=}:(u{*}v{+}c)_{*+}^{-1}:_{iK}$ が分かる. 前と同じ (2.44) を使う解析接続によって $\mathbb{C}\backslash\{-\mathbb{N}_0-\frac{1}{2}\}$ にまで拡張されることを見よう. この様な計算は大体常識どうりに実行できるのだが積分路と特異点から出ているスリットとの関係に注意して見ておく必要がある. ま

ず $\int_0^\infty\int_0^\infty e^{-t\frac{1}{2}-sc}u{*}\frac{1}{\sqrt{s}}e_*^{(t+s)\frac{1}{i\hbar}u\circ v}dtds$ が重積分可能だから次の計算式を下のほうから上に向かって読んで確認しよう：

$$\begin{aligned}v^\circ{*}\frac{1}{\sqrt{c+\frac{1}{i\hbar}u\circ v}}&=\Big(u{*}\int_0^\infty e_*^{-t(\frac{1}{i\hbar}u\circ v+\frac{1}{2})}dt\Big){*}\frac{1}{\sqrt{\pi i\hbar}}\int_0^\infty\frac{1}{\sqrt{s}}e_*^{-s(c+\frac{1}{i\hbar}u\circ v)}ds\\&=\frac{1}{\sqrt{\pi i\hbar}}u{*}\int_0^\infty\int_0^\infty e_*^{-t(\frac{1}{i\hbar}u\circ v+\frac{1}{2})}{*}\frac{1}{\sqrt{s}}e_*^{-s(c+\frac{1}{i\hbar}u\circ v)}dtds\\&=\frac{1}{\sqrt{\pi i\hbar}}\int_0^\infty\int_0^\infty\frac{1}{\sqrt{s}}e^{-t\frac{1}{2}-sc}u{*}e_*^{-(t+s)\frac{1}{i\hbar}u\circ v}dtds\end{aligned}$$

積分記号内での玉突補題で $=\int_0^\infty\int_0^\infty e^{-t\frac{1}{2}-sc-(t+s)}\frac{1}{\sqrt{s}}e_*^{-(t+s)\frac{1}{i\hbar}u\circ v}{*}udtds$ となるからここで $\frac{1}{\sqrt{c-1+\frac{1}{i\hbar}u\circ v}}$ がすでに定義できているとして $v^\circ{*}\frac{1}{\sqrt{c+\frac{1}{i\hbar}u\circ v}}{*}v$ を見ると ${*}v$ は積分記号の中に入れられるからこれには結合律が成立し

$$\begin{aligned}\text{与式}&=\int_0^\infty\int_0^\infty e^{-t\frac{1}{2}-s(c-1)}\frac{1}{\sqrt{s}}e_*^{-(t+s)\frac{1}{i\hbar}u\circ v}{*}(u{*}v)dtds\\&=\int_0^\infty\frac{1}{\sqrt{s}}e_*^{-s(c-1+\frac{1}{i\hbar}u\circ v)}ds{*}\int_0^\infty(u{*}v){*}e_*^{-t\frac{1}{i\hbar}u{*}v}dt\\&=\frac{1}{\sqrt{c-1+\frac{1}{i\hbar}u\circ v}}{*}(1-\varpi_{00}).\end{aligned}$$

つまり両辺がすでに定義されている場合には

$$v^\circ{*}\frac{1}{\sqrt{c+\frac{1}{i\hbar}u\circ v}}{*}v=\frac{1}{\sqrt{c-1+\frac{1}{i\hbar}u\circ v}}{*}(1-\varpi_{00})$$

が成立する．ところが $(\frac{1}{i\hbar}u\circ v){*}\varpi_{00}=(\frac{1}{i\hbar}u{*}v+\frac{1}{2}){*}\varpi_{00}=\frac{1}{2}\varpi_{00}$ だから 0 と ∞ を結ぶスリットと交わらない実解析的な曲線上で微分方程式を使って積を定義すれば $e_*^{-t(c-1+\frac{1}{i\hbar}u\circ v)}{*}\varpi_{00}=e^{-t(c-\frac{1}{2})}\varpi_{00}$ となる．この積分路で

$$\int_0^\infty\frac{1}{\sqrt{t}}e_*^{-t(c-1+\frac{1}{i\hbar}u\circ v)}{*}\varpi_{00}=\int_0^\infty\frac{1}{\sqrt{t}}e^{-t(c-\frac{1}{2})}\varpi_{00}dt$$

となる．右辺の積分路は実軸上でないかもしれないのだが Cauchy の積分定理で実軸上の積分に直せるので $=\frac{1}{\sqrt{c-\frac{1}{2}}}\varpi_{00}$ となる．つまり，両辺が積分で定義されておれば

$$v^\circ{*}\frac{1}{\sqrt{c+\frac{1}{i\hbar}u\circ v}}{*}v+\frac{1}{\sqrt{c-\frac{1}{2}}}\varpi_{00}=\frac{1}{\sqrt{c-1+\frac{1}{i\hbar}u\circ v}}.\tag{3.17}$$

ここで $\frac{1}{\sqrt{z-\frac{1}{2}}}\varpi_{00}$ はいつも定義できることに注意し, $v{*}\varpi_{00}{=}0{=}\varpi_{00}{*}v^{\circ}$ に注意すれば (3.17) の左辺は右辺が積分で定義できていてもいなくても 2 乗すれば

$$v^{\circ}{*}\frac{1}{c+\frac{1}{i\hbar}u{\circ}v}{*}v+\frac{1}{c-\frac{1}{2}}\varpi_{00}=\frac{1}{c-1+\frac{1}{i\hbar}u{\circ}v}.$$

となることが分かるので, これが解析接続の公式を与えることがわかる.

このこと, 特に $\sqrt{v{*}u}^{-1}$ が定義されていることを使って次節で Weyl 微積分代数の中に §1.8.1 で述べたのとは違う, 制御子が可逆元となる μ 制御代数を構成する. しかし類似のものが色々な閉曲線に沿う積分に現れるので, そちらを見る為の準備もついでにおこなうう.

注意. 上では積分路はスリットを横切らないものに限定しているが後の §,3.3.2 の第 2 留数消滅定理を使うとスリットを偶数回横切るものなら同様に定義できることが分かるのだが, 結果には (図 1) のトーラスの周期積分の整数倍だけの差が出ることがある.

3.2.3 可逆制御子

前節で定義した $(v{*}u)_{*+}^{-1}$ と $\sqrt{v{*}u}^{-1}$ を使って Weyl 微積分代数の中に 制御子が可逆元となる μ 制御代数を構成する. このようなものを可逆制御子と呼ぶが第 2 部で擬微分作用素を使って作るものは全部このタイプである. この場合は制御子の固有値が分かっていることが大切である.

まず, $z{=}\frac{1}{\sqrt{v{*}u}}{*}v$, $w{=}u{*}\frac{1}{\sqrt{v{*}u}}$ と置き, $\mu{=}\frac{1}{v{*}u}$ と置く. Weyl 微積分代数では $v{*}u$ も $u{*}v$ も可逆だが違う逆元である. で $z{*}w{=}1$ だが,$w{*}z$ は積分による $(v{*}u)_{*+}^{-1}$ の定義に戻ってから玉突補題を使うと $w{*}z{=}1{-}\varpi_{00}$ となる. $v{*}\varpi_{00}{=}0{=}\varpi_{00}{*}u$ は分かっている. §1.2 での半逆元代数の取扱いより $z{*}\varpi_{00}$ ${=}0{=}\varpi_{00}{*}w$ となり $w^k{*}\varpi_{00}{*}z^{\ell}$ は (k,ℓ) 行列要素である. 定義に遡ってみれば次のことが分かる:

命題 3.5 ε_{00} は μ とも $\sqrt{\mu}$ とも可換であり, z, w と反交換する.

$\mathcal{M}_0{=}\{w^k{*}\varpi_{00}{*}z^{\ell}; k,\ell\in\mathbb{N}_0\}$ と置く. $\mathcal{M}_0'$ は有限階数行列環とする.
$[u, v{*}u]{=}-i\hbar u$, $[v, v{*}u]{=}i\hbar v$ より

$$[\mu, w]{=}-i\hbar\mu{*}w{*}\mu,\quad [\mu, z]{=}i\hbar\mu{*}z{*}\mu,\quad [z,w]{=}\varpi_{00}.$$

$$u{*}(v{*}u)_{*+}^{-1}{=}v^{\circ}{=}u{*}\mu,\quad (v{*}u)_{*+}^{-1}{*}v{=}u^{\bullet}{=}\mu{*}v\quad \text{(これらは order } -1\text{)}$$

となり, $v*[u,v^\circ]=i\hbar v^\circ$ だから左から v° を積して $\varpi_{00}*u=0=\varpi_{00}*v^\circ$ を使うと $[u,v^\circ]=-i\hbar v^{\circ 2}$ であり, 同様に $[v,u^\bullet]= i\hbar u^{\bullet 2}$ となる. 次も容易に分かる：

$$\mu^{-1}*\varpi_{00}=i\hbar\varpi_{00}=\varpi_{00}*\mu^{-1},\quad \mu*\varpi_{00}=\tfrac{1}{i\hbar}\varpi_{00}=\varpi_{00}*\mu$$

階数 ∞ の行列も許すと $\mathbb{C}\{z,w]$ まで行列表示されて

$$w^\ell=\sum_{k\geq 0}w^{k+\ell}*\varpi_{00}*z^k,\quad z^\ell=\sum_{k\geq 0}w^k*\varpi_{00}*z^{k+\ell}. \tag{3.18}$$

$\mathrm{ad}(\mu^{-1})$ は簡単で

$$[\mu^{-1},z^n]=i\hbar nz^n,\quad [\mu^{-1},w^n]=-i\hbar nw^n, \tag{3.19}$$

である. $[\mu*\mu^{-1},a]=0$ を崩して次も分かる:

$$[\mu,z^n]=-i\hbar\mu*nz^n*\mu,\quad [\mu,w^n]=i\hbar\mu*nw^n*\mu \tag{3.20}$$

となる.

z,w,μ で生成される代数を $\widetilde{\mathcal{V}}$ とする. $\mu^{-1}=v*u$ は使われていないことに注意する. (感覚的には 0 階以下の元全体.)

$$B=\mathbb{C}[z]\oplus w*\mathbb{C}[w] \tag{3.21}$$

とすると $\widetilde{\mathcal{V}}=B\oplus\mu*\widetilde{\mathcal{V}}$ は明らかであろう.

このことから

$$[\mu^{-1},\widetilde{\mathcal{V}}]\subset\widetilde{\mathcal{V}},\quad [\mu,\widetilde{\mathcal{V}}]\subset\mu*\widetilde{\mathcal{V}}*\mu \tag{3.22}$$

も分かる. これより $\mu*\widetilde{\mathcal{V}}=\widetilde{\mathcal{V}}*\mu$ も分かる. 容易に次が分かる：

命題 3.6 $\mu^{-1}*\mathcal{M}'_0=\mathcal{M}'_0$, $\mu*\mathcal{M}'_0=\mathcal{M}'_0$. これより $\widetilde{\mathcal{V}}^{-\infty}=\bigcap_n\mu^n*\widetilde{\mathcal{V}}\supset\mathcal{M}'_0$ で, $\widetilde{\mathcal{V}}^{-\infty}$ も $\mathcal{M}'_0$ も $\widetilde{\mathcal{V}}$ の両側イデアルである. (しかし $\widetilde{\mathcal{V}}^{-\infty}=\mathcal{M}'_0$ までは結論できない.)

次はほぼ明らかであろう：

命題 3.7 $(\widetilde{\mathcal{V}},B,\mu,*)$ は μ 制御代数である.

証明. 第1章で掲げてある公準 $(\mathbf{A}.1)\sim(\mathbf{A}.4)$ をほとんど同じやり方でチェックするだけだが, まず定義を再録しておく：

(A.0) $\mathcal{A}$ は位相結合代数.

(A.1) 制御子と称する $\widetilde{\mathcal{V}}$ の元 μ があって, $[\mu,\widetilde{\mathcal{V}}]\subset\mu{*}\widetilde{\mathcal{V}}{*}\mu$.

(A.2) $[\widetilde{\mathcal{V}},\widetilde{\mathcal{V}}]\subset\mu{*}\widetilde{\mathcal{V}}$.

(A.3) $\mu\widetilde{\mathcal{V}}$ は閉部分空間であり, その補空間 B が存在して $\widetilde{\mathcal{V}}{=}B\oplus\mu{*}\widetilde{\mathcal{V}}$.

(A.4) $\mu{*}:\widetilde{\mathcal{V}}\to\mu{*}\widetilde{\mathcal{V}}$ は線形連続同型写像.

ずるいやりかただが μ 制御代数では位相空間としての整合性をあまり重視していないので (**A**.0) は他の全部が終わってから最後にそうなるように位相を定義する (証明は書いていないが生成元と基本関係式は与えてあるので, 可能であることは分かっている.).

B は mod $\widetilde{\mathcal{V}}^{-\infty}$ で可換なので $[\widetilde{\mathcal{V}},\widetilde{\mathcal{V}}]\subset\mu{*}\widetilde{\mathcal{V}}$ は明らか. $\widetilde{\mathcal{V}}{=}B\oplus\mu{*}\widetilde{\mathcal{V}}$ を "入れ子" 式に何度も使うと $\widetilde{\mathcal{V}}$ は

$$\widetilde{\mathcal{V}}{=}B\oplus\mu{*}B\oplus\cdots\oplus\mu^{n}{*}B\oplus\mu^{n+1}{*}\widetilde{\mathcal{V}} \tag{3.23}$$

のように展開されているから右辺を $V(n)$ のように書いてここには線形空間としての直積位相を入れる. すると $V(n{+}1)$ から $V(n)$ への恒等写像は連続となるから $\widetilde{\mathcal{V}}$ の点列 $\{x_k\}_k$ が x に収束するということを全ての $V(n)$ 内で x に収束することと定義し, これを $\varprojlim V(n)$ と表わす. これで (**A**.3) が分かる. μ には逆元があるのだから (**A**.4) も分かる. 可逆 Weyl 代数では μ^{-1} があるので ${*}\mu$ も線形連続同型写像となり外側代数が現れない. □

次のように置く：

$$\widetilde{\mathcal{V}}_0=\widetilde{\mathcal{V}}/\mathcal{M}_0',\quad \widetilde{B}_0=(B\oplus\mathcal{M}_0')/\mathcal{M}_0' \tag{3.24}$$

すると $(\widetilde{\mathcal{V}}_0,\widetilde{B}_0,\mu,*)$ も μ 制御代数になるが z と w は mod$\mathcal{M}_0'$ では互いに逆元だから μ 制御代数としては 1 次元の可換代数 $\widetilde{B}_0{\cong}\mathbb{C}[z,z^{-1}]$ の上の μ 制御代数 i.e.§1 での言葉遣いでは 1 次元の量子化された接触代数であり, 形式的 μ 制御代数としては $\widetilde{B}_0[\mu]$ に特性微分が定義されているものとなる.

特性ベクトル場と Liouville 括弧積

一般の μ 制御代数では $\mu^{-1}{*}[\mathcal{A},\mathcal{A}]$ から $(B,\cdot)$ に Poisson 括弧積と称する歪対称双微分 $\{\,,\,\}$ と特性ベクトル場 ξ_0 が定義されているのだが, この場合は $\widetilde{B}_0$ が 1 次元空間上の可換関数環で **1 次元接触代数**となっている. ((1.75) 式の付近参照.) 従って Poisson 括弧積が現れない Liouville 括弧積で Lie 環となる.

特性微分は $\mathrm{ad}(\mu^{-1}):\mathcal{A}{\to}\mathcal{A}$ が $(B,\cdot)$ に定義する微分 (ベクトル場) ξ_0 で, 定義から直接計算して $[\mu^{-1},z]{=}i\hbar z$, $[\mu^{-1},w]{=}{-}i\hbar w$ だから $\xi_0{=}z\partial_z{-}w\partial_w{=}2z\partial_z$ である. (μ 自身は $(2i\hbar(z\partial_z{+}\frac{1}{2}))^{-1}$ のようになっている.)

第 1 章ではこの積を $a{\cdot}b$ のように書いているが, ここでは $z{*}w{=}1$ だから $*$ 積がそのまま可換積になっていて, $(B,\cdot){=}(B,*)$ である. $w{=}z^{-1}$ なので 1 次元で考えていることになり, $(B,\cdot)$ は Laurent 多項式 $\mathbb{C}[z,z^{-1}]$ の空間とみて自然に位相線形空間として考えられるが, $z{=}e^{i\hbar\theta}$, $w{=}e^{-i\hbar\theta}$ としたときには $\xi_0{=}2\partial_\theta$ である. S^1 上の複素数値 C^∞ 関数に C^∞ 位相を入れて完備化すると $C^\infty(S^1)$ となる. これは次のような Fourier 級数全体である:

$$\{\sum a_n e^{in\theta};\sum(1{+}n^2)^k|a_n|^2<\infty,\ \forall k{\in}\mathbb{N}\}$$

S^1 の変数で書けば次のようになる：

$$[\mu^{-1},f(\theta)]{=}2f'(\theta),\quad [\mu,f(\theta)]{=}-\mu{*}f'(\theta){*}\mu$$

Liouville 括弧積は Poisson 括弧積がないので $\{f,g\}_c{=}f{\cdot}\xi_0(g){-}g{\cdot}\xi_0(g)$ で, これで Lie 環となる. これは S^1 上の複素係数の接ベクトル場の全体 $\boldsymbol{\Gamma}(T_{S^1})$ に $[f\partial_\theta,g\partial_\theta]{=}(fg'{-}gf')\partial_\theta$ で括弧積の入ったものである:

$$\boldsymbol{\Gamma}(T_{S^1}){=}C^\infty(S^1)\partial_\theta:\quad [f(\theta)\partial_\theta,g(\theta)\partial_\theta]{=}(fg'{-}gf')\partial_\theta.$$

S^1 上で C^∞ 位相で見ているときには問題ないが, (多項式でない) 一般の Laurent 級数同志の積は発散することがあるので $fg'{-}gf'$ を考えるときには注意しておかねばならない.

一方 $[\mu^{-1}{*}\widetilde{\mathcal{V}}_0,\mu^{-1}{*}\widetilde{\mathcal{V}}_0]\subset\mu^{-1}{*}\widetilde{\mathcal{V}}_0$ なので $\mu^{-1}{*}\widetilde{\mathcal{V}}_0$ も Lie 環となるが, これを**量子化された Jacobi Lie 環**と呼んでいた. ところが

$$[\mu^{-1}{*}\widetilde{\mathcal{V}},\widetilde{\mathcal{V}}]_*{\subset}\widetilde{\mathcal{V}},\quad [\mu^{-1}{*}\widetilde{\mathcal{V}},\mu{*}\widetilde{\mathcal{V}}]_*{\subset}\mu{*}\widetilde{\mathcal{V}}$$

なので $\mu^{-1}{*}\widetilde{\mathcal{V}}$ の元は $\mathrm{ad}(\mu^{-1}{*}f)$ の形で自然に $(B,\cdot){=}\widetilde{\mathcal{V}}/\mu{*}\widetilde{\mathcal{V}}$ に微分 (ベクトル場) として作用する. 従って $\mu^{-1}{*}\widetilde{\mathcal{V}}$ は Lie 環 $\boldsymbol{\Gamma}(T_{S^1})$ の拡大 Lie 環と見なせるのだが, 上の例では $\mathrm{mod}\widetilde{\mathcal{V}}^{-\infty}$ では古典的なものから何も変化せず量子効果は何も現れない. つまり形式的な変形量子化の立場からみると Jacobi Lie 環はそのままですでに量子化されているとも言えるが, これでは量子論とは言えない.

これは $\widetilde{B}_0{\cong}\mathbb{C}[z,z^{-1}]$ で考えるから起こることなので非可換な B のままで扱うことを考えたい. B の非可換な部分は $[z,w]{=}\varpi_{00}$ だがこれは $\widetilde{\mathcal{V}}^{-\infty}$ の元な

ので形式的 μ 制御代数の範囲では何も見えてこない. そこでここから何か古典的計算の中で見えるような不変量 (例えば何か付随している多様体の位相不変量) を取出すことを考える. 最も簡単なものは行列式をとる準同型写像 $\det : \mathcal{M}'_0 \to \mathbb{C}$ のようなものだろうが, $\widetilde{\mathcal{V}}$ まで広げて定義するために群としての準同型を諦め, $\det e^X = e^{\mathrm{tr} X}$ を考慮して Lie 代数としての準同型 $\mathrm{tr} : \widetilde{\mathcal{V}} \to \mathbb{C}$ で代用することにする.

$f, g \in \widetilde{B}_0$ に対し

$$[\mu^{-1}*f, \mu^{-1}*g] = \mu^{-1}*([\mu^{-1}, g]*f - [\mu^{-1}, f]*g) + \mu^{-1}*\{f, g\} + \pi_2^-(f, g) + \cdots$$

であるが, $B_0 = C^\infty(T_M^*)$ の場合には

$$[\mu^{-1}*f, \mu^{-1}*g] = \mu^{-1}*\{f, g\}_c + \pi_2^-(f, g) + \cdots,$$

だが, $\widetilde{B}_0 = C^\infty(S^1)$ の場合には Poisson 括弧積はないから $[f, g] = \mu^2 * \pi_2^-(f, g)$ であり, $\{f, g\}_c = g'f - f'g$ となるから

$$[\mu^{-1}*f, \mu^{-1}*g] = \mu^{-1}*(g'f - f'g) + \pi_2^-(f, g) + \cdots,$$

となり, $\pi_k^{-1} = 0\ (k \geq 2)$ の場合には古典的なものから何も変化せず量子効果は何も現れないのだが, μ^{-1}, μ^0 の項に注目して $\pi_2^- \neq 0$ の場合をみると

$$\begin{aligned}&[\mu^{-1}*f, [\mu^{-1}*g, \mu^{-1}*h] \\ &\quad = \mu^{-1}*\{f, \{g, h\}_c\}_c + \pi_2^-(f, \{g, h\}_c) + [\mu^{-1}, \pi_2^-(g, h)]*f + \cdots,\end{aligned}$$

なので, $[\mu^{-1}, \pi_2^-(g, h)] = \xi_0(\pi_2^-(g, h)) + \cdots$ より, $\xi_0(\pi_2^-(g, h)) = 0$ のもとで

$$\textstyle\sum_{f,g,h} \pi_2^-(f, \{g, h\}_c) = 0 \quad \text{(これは Lie 環としての 2 cocycle 条件)}$$

を満たすので, π_2^- を使い, $\pi_k^{-1} = 0\ (k \geq 3)$ と置けば Jacobi Lie 環の非自明な拡大が得られることがわかる. ところが μ 制御代数では $f, g \in \widetilde{B}_0$ に対して μ 冪展開 $f*g = \pi_0(f, g) + \mu*\pi_1(f, g) + \mu^2\pi_2(f, g) + \cdots$ として $*$ 積をきめているのだから, $\pi_2^- \neq 0$ は $(\widetilde{B}_0, *)$ を非可換代数に作り替えることを意味する.

この部分を非可換な B のままで扱うことで実現したいのである.

Jacobi Lie 環の拡大

まず, 次のような Lie 環としての完全列と結合代数としての完全列を考える :

$$0\to\mathcal{M}_0'\to\mu^{-1}*\widetilde{\mathcal{V}}\to\mu^{-1}*\widetilde{\mathcal{V}}/\mathcal{M}_0'\to 0,\qquad 0\to\mathcal{M}_0'\to B\to\widetilde{B}_0\to 0$$

しかし2番目のものは初めのものの一部分だから独立に扱うことはできない.
次に $\mathcal{I}_1=[\mathcal{M}_0',\mathcal{M}_0']$, $\mathcal{I}_k=[\mathcal{M}_0',\mathcal{I}_{k-1}]$ と定義すると $\mathcal{I}_k$ は $\widetilde{\mathcal{V}}$ の Lie イデアルだから次のような Lie 環としての完全列が得られる：

$$0\to\mathcal{M}_0'/\mathcal{I}_k\to\mu^{-1}*\widetilde{\mathcal{V}}/\mathcal{I}_k\to\mu^{-1}*\widetilde{\mathcal{V}}/\mathcal{M}_0'\to 0,\qquad 0\to\mathcal{M}_0'/\mathcal{I}_k\to B/\mathcal{I}_k\to\widetilde{B}_0\to 0$$

最初のもので Jacobi Lie 環 $\mu^{-1}*\widetilde{\mathcal{V}}/\mathcal{M}_0'$ の拡大となっているのだが, $k=1$ のときは (線形写像 $X\to\mathrm{tr}X$ を考えれば) $\mathcal{M}_0'/\mathcal{I}_1\cong\mathbb{C}$ が分かるから中心拡大である. この中心拡大を **Virasoro Lie** 環, その包絡環 (普遍展開環とも言う) を Virasoro 代数と呼ぶ.

ここで, 2番目の完全列は可換 Lie 環の拡大であることに注意する.
$0\to\mathbb{C}\to B/\mathcal{I}_1\to\widetilde{B}_0\to 0$ はトレースを取る写像による可換 Lie 環の中心拡大でこれを **Heisenberg Lie** 環と呼ぶ. トレースを取る写像は (1.63) 式でも分かるように留数を取る写像に置換えられる.

さらにこれの包絡環を自由ボゾン (free Boson) 代数と呼ぶ.　自由ボゾン代数では $\pi_2^-(b,b')\in\mathbb{C}$ となっているが, 非自明な拡大を得るだけなら $\mathcal{I}_k$, $k\geq 1$ で同じことをやるだけでよい.

Jacobi Lie 環の中心拡大

Lie 環の拡大については一般にコホモロジー論というのがあるが中心拡大 (central extension) について簡単に述べよう.

Lie 環 $\mathfrak{g}$ の中心拡大は Chevalley 2 コサイクルと呼ばれる歪対称双線形写像 $\omega:\mathfrak{g}\times\mathfrak{g}\to\mathbb{C}$ で $d\omega=0$, i.e. $\sum_{cyclic}\omega(X,[Y,Z])=0$, (2 cocycle) となるもので与えられ, 拡大された Lie 環の構造は $\tilde{\mathfrak{g}}_\omega=\mathfrak{g}\oplus\mathbb{C}$ に次の括弧積

$$[|X+a,Y+b|]=[X,Y]+\omega(X,Y)$$

で定義される. この場合任意の線形写像 $\eta:\mathfrak{g}\to\mathbb{C}$ に対し, 2 coboundary $d\eta(X,Y)$ は $d\eta(X,Y)=\eta([X,Y])$ と定義されるが, $\omega'-\omega=d\eta$ だと $\tilde{\mathfrak{g}}_{\omega'}$ と $\tilde{\mathfrak{g}}_\omega$ は同形になる.

$d^2\eta=0$ は Jacobi の恒等式で自明だから中心拡大は Chevalley 2 コホモロジー群 $H^2(\mathfrak{g})$ で分類される.

実は, $\mathfrak{g}=\boldsymbol{\Gamma}(T_{S^1})$ については [3], [9] により $H^2(\boldsymbol{\Gamma}(T_{S^1})$ が1次元で, 基底は

$$\alpha(f,g)=\int_{S^1}(f'g''-f''g')dt \tag{3.25}$$

であることが知られている. つまり C を定数として $\boldsymbol{\Gamma}(T_{S^1})\oplus\mathbb{C}$ に次の括弧積

$$[|f\partial_\theta+a, g\partial_\theta+b|]=(fg'-gf')\partial_\theta+C\alpha(f,g)$$

で Lie 環の構造が入るのである. この Lie 環は共形場理論では Virasoro Lie 環と呼ばれている.

これを書いてみると $m,n\in\mathbb{Z}$ として次のようになる:

$$\alpha(e^{im\theta},e^{in\theta})=\int_{S^1} i(mn^2-nm^2)e^{i(m+n)\theta}d\theta=2im^3\delta_{m+n,0}$$

一方 $\eta:\boldsymbol{\Gamma}(T_{S^1})\to\mathbb{C};\ \eta(f)=\int_S^1 f(\theta)d\theta$ とすると $d\eta(f,g)=\int_{S^1}(fg'-gf')d\theta$ は coboundary だが

$$d\eta(e^{im\theta},e^{in\theta})=\int_{S^1} i(m-n)e^{i(m+n)\theta}d\theta=2im\delta_{m+n,0}$$

で, このようなものは $\boldsymbol{\Gamma}(T_{S^1})$ の中心拡大のときには無視してかまわないのだが, 自由ボゾン代数のときの 2 cocycle になっているのでこれのスカラー倍で調整して標準的な基底として

$$\alpha(e^{im\theta},e^{in\theta})=\frac{1}{12}n(n^2-1)\delta_{n+m,0} \tag{3.26}$$

が取られている.

また, $d\eta(f,g)=\int_{S^1}(fg'-gf')d\theta$ は f,g が Laurent 多項式 $\mathbb{C}[z,z^{-1}]$ の元の場合には $d\eta(f,g)=\mathrm{Res}\{f,g\}_c=2\mathrm{Res}fg'$ となって留数をとる写像と一致する.((1.63) 式参照.)

前の方の記号に戻して書けば Jacobi Lie 環の中心拡大はまず Lie 環 $\{f,g\}_c$ の中心拡大を

$$\{f+c,g+c'\}'_c=(\xi_0(g)*f-\xi_0(f)*g+\alpha(f,g)),\quad \alpha(f,g)\in\mathcal{M}'_0$$

と定義しておいて

$$[\mu^{-1}*f,\mu^{-1}*g]=\mu^{-1}*\{f,g\}'_c=\mu^{-1}*\bigl(\xi_0(g)*f-\xi_0(f)*g+\alpha(f,g)\bigr)$$

となる. これで Jacobi Lie 環の中心拡大が $\mu^{-1}*\widetilde{\mathcal{V}}$ で与えられていることがわかる.

自由ボゾン (free Boson) 代数の生成元と関係式

$\mathrm{mod}[\mathcal{M}'_0,\mathcal{M}'_0]$ の計算では $[z^m,w^n]=m\delta_{m+n,0}$ だが $*$ 積に対しては微分としての等式

$$\mathrm{tr}[z^{m+m'},z^n]=\mathrm{tr}[z^m,z^n]*z^{m'}+z^m*\mathrm{tr}[z^{m'},z^n]$$

は満たしていないからこの関係式から $*$ 積で包絡環を書くことはできない．そのため, $*$ 積の構造は一旦忘れて, k 毎に $\hat{u}_k{=}z^k$, $\hat{u}_{-k}{=}z^{-k}$ と置く．そしてこれを $[\hat{u}_m, \hat{u}_n]{=}m\delta_{m+n,0}$ という括弧積を持った Lie 環と見て包絡環を作らねばならない．これを**自由ボゾン代数**と呼び $(\widetilde{\mathcal{B}};\bullet)$ と書いておく．

$B_0{=}B\oplus\mathcal{M}'_0/\mathcal{M}'_0$ は可換環だが Laurent 多項式全体の代数 $\mathbb{C}[z,z^{-1}]$ と思える．

$[\mu^{-1}{*}B, \mu^{-1}{*}B]{\subset}\mu^{-1}{*}B$ だからこれは Liouville 括弧積で作る Lie 環で複素 1 次元接触 Lie 環 $\mathbb{C}[z,z^{-1}]z\partial_z$ と同型である．この Lie 環を **Witt Lie 環**と呼ぶ.

これより Lie 環としての完全列

$$0\to\mathcal{M}'_0/[\mathcal{M}'_0,\mathcal{M}'_0]{\to}\mu^{-1}{*}\mathcal{V}/[\mathcal{M}'_0,\mathcal{M}'_0]{\to}\mu^{-1}{*}\mathcal{V}/\mathcal{M}'_0\to 0 \tag{3.27}$$

が Lie 環 $\mathbb{C}[z^{-1},z]z\partial_z$ の中心拡大である.

中心拡大 (2)

自由ボゾン代数の生成元は $\{\hat{u}_m, m{\in}\mathbb{Z}\}$ で, 基本交換関係は次で与えられる:

$$[|\hat{u}_m,\hat{u}_n|]_{\bullet}{=}m\delta_{m+n,0},\quad ([|a,b|]_{\bullet}{=}a{\bullet}b{-}b{\bullet}a). \tag{3.28}$$

これは各 $\hat{u}_n, \hat{u}_{-n}$ で独立した Weyl 代数 $W_2^{(n)}$ を生成し $k{\neq}\ell$ ならば $W_2^{(k)}$ の元と $W_2^{(\ell)}$ の元とは可換としたものであるが $(\hat{u}_n,\hat{u}_{-n})\to(\sqrt{n}\hat{u}_1,\sqrt{n}\hat{u}_{-1})$ で $W_2^{(n)}$ は $W_2^{(1)}$ と同型になっている．全部合わせると無限個の生成元を持つ Weyl 代数, i.e, Weyl 代数の無限個のテンソル積

$$\bigotimes_{n=1}^{\infty}W_2^{(n)}{=}W_2^{(1)}{\otimes}W_2^{(2)}{\otimes}W_2^{(3)}{\otimes}\cdots$$

である．Weyl 代数が**共形同型**を伴って無限個あるように見える.

この代数 $(\widetilde{\mathcal{B}};\bullet)$ で Virasoro 代数がどのように書かれるかを考える．$\widetilde{\mathcal{B}}$ の元は (3.28) の関係式で $\hat{u}_{-k}$ を左へ左へと追いやる計算 (正規順序表示) で整頓すれば $C{\in}\mathbb{C}$ として一意的に $C\boldsymbol{u}_{\bullet}^{\alpha,\beta}{=}C\hat{u}_{-m}^{\alpha_m}{\bullet}\cdots{\bullet}\hat{u}_{-1}^{\alpha_1}{\bullet}\hat{u}_1^{\beta_1}{\bullet}\cdots{\bullet}\hat{u}_n^{\beta_n}$, の形の元の線形結合で書かれる．$(\widetilde{\mathcal{B}};\bullet)$ から $\mathbb{C}[z^{-1},z]$ の上へ自然な準同型写像 π が次で定義される:

$$\pi(\boldsymbol{u}^{\alpha,\beta}){=}z^{\beta_n+\cdots+\beta_1-\alpha_1-\cdots-\alpha_m}. \tag{3.29}$$

π の核 $\mathrm{Ker}\,\pi$ は $[|\widetilde{\mathcal{B}},\widetilde{\mathcal{B}}|]$ で生成されるイデアル $\mathcal{I}$ である.

$$0 \to \mathcal{I} \to (\widetilde{\mathcal{B}};\bullet) \to \mathbb{C}[z^{-1},z] \to 0$$

Lie 環 $\widetilde{\mathcal{V}}/[\mathcal{M}_0',\mathcal{M}_0']$ の具体的生成元は分かっているのだが, 実はどんな 2 次式 $Q(\hat{\boldsymbol{u}}){\in}\widetilde{\mathcal{B}}$ でも $\mathrm{ad}_\bullet(Q(\hat{\boldsymbol{u}}))=[|Q(\hat{\boldsymbol{u}}),\ |]_\bullet$ は $(\widetilde{\mathcal{B}};\bullet)$ に微分として作用するのだが, $Q(\hat{\boldsymbol{u}})$ が有限和の 2 次式か無限和の 2 次式かで性質が異なる:

命題 3.8 $Q(\hat{\boldsymbol{u}})$ が有限和ならば $\mathrm{ad}_\bullet(Q(\boldsymbol{u}))$ は $\mathbb{C}[z^{-1},z]$ には 0 として働く.

証明. (3.28) を見ると $Q(\boldsymbol{u})$ には有限個の $W_2^{(k_1)},\cdots,W_2^{(k_m)}$ の元しか使われていないので, ほとんどの $f{\in}\widetilde{\mathcal{B}}$ で $\mathrm{ad}_\bullet(Q(\boldsymbol{u}))(f)=0$ となる. すると $\forall z^n$ についても $\pi(f)=z^n$ となる f で $\mathrm{ad}_\bullet(Q(\boldsymbol{u}))(f)=0$ となるものがあるので $\mathbb{C}[z^{-1},z]$ には 0 としてのみ働く. □

一方無限和の 2 次式 $\tilde{Q}$ による $\mathrm{ad}_\bullet(\tilde{Q})$ は $(\widetilde{\mathcal{B}};\bullet)$ に非自明に作用する. 例えば

$$L_0=-\tfrac{1}{2}\textstyle\sum_{k\in\mathbb{Z}}\hat{u}_{-k}\circ\hat{u}_k \quad (\circ \text{ は対称積})$$

と置くと, 次のような計算公式に注意して

$$[|\hat{u}_k\bullet\hat{u}_{-k},\hat{u}_m|]=k\delta_{k+m}\hat{u}_{-k}+\hat{u}_k(-k\delta_{-k+m})$$

$\mathrm{ad}_\bullet(L_0)(\hat{u}_m)=m\,\hat{u}_m,\forall m{\in}\mathbb{Z}$ が分かる. つまり $\mathrm{ad}_\bullet(L_0)$: $\widetilde{\mathcal{B}}{\to}\widetilde{\mathcal{B}}$ は $z\partial_z$ に対応する微分である. 同様に $\forall n\in\mathbb{Z}$ に対して,

$$L_n=-\frac{1}{2}\sum_{k\in\mathbb{Z}}\hat{u}_{n-k}\circ\hat{u}_k, \tag{3.30}$$

と置けば $\forall m{\in}\mathbb{Z}$ で $\mathrm{ad}_\bullet(L_n)(\hat{u}_m)=m\hat{u}_{m+n}$ がわかり, $\mathrm{ad}_\bullet(L_n)$, $n{\in}\mathbb{Z}$ は $z^{n+1}\partial_z$ に対応する $(\widetilde{\mathcal{B}};\bullet)$ の微分となる. 次の式は容易:

$$\mathrm{ad}_\bullet(L_m)\mathrm{ad}_\bullet(L_n)-\mathrm{ad}_\bullet(L_n)\mathrm{ad}_\bullet(L_m)=(m-n)\mathrm{ad}_\bullet(L_{m+n}) \tag{3.31}$$

i.e. $\{\mathrm{ad}_\bullet(L_n);n{\in}\mathbb{Z}\}$ は Lie 環 $\mathbb{C}[z,z^{-1}]\partial_z$ の同形表現になっているのである.

ところが $\mathrm{ad}_\bullet(\ )$ をやめて生身で交換子 $[|L_m,L_n|]_\bullet=L_m\bullet L_n-L_n\bullet L_m$ を計算してみると: $n{+}m{\neq}0$ の所では (3.31) 式に対応した $[|L_m,L_n|]_\bullet=(m-n)L_{m+n}$ がでてくるが, $n{+}m{=}0$ の所では下の式で $k{=}\ell$ の所だけ残るから

$$\begin{aligned}
&[|L_n,L_{-n}|]_\bullet=L_n\bullet L_{-n}-L_{-n}\bullet L_n\\
&=\frac{1}{4}\sum_{k,\ell}(\hat{u}_{-k}\circ\hat{u}_{k+n})\bullet(\hat{u}_{-(\ell+n)}\circ\hat{u}_\ell)-\frac{1}{4}\sum_{k,\ell}(\hat{u}_{-(\ell+n)}\circ\hat{u}_\ell)\bullet(\hat{u}_{-k}\circ\hat{u}_{k+n})\\
&=2nL_0-\frac{1}{2}\sum_{k=1}^{n-1}(n-k)[|\hat{u}_{-k},\hat{u}_k|]_\bullet=2nL_0+\frac{1}{12}(n-1)n(n+1).
\end{aligned}$$

となって定数項が現れ, 中心拡大であることが分かる.

註釈. こうして1次元の複素接触代数の量子化はVirasoro Lie環で, これは自由ボゾン代数 $(\widetilde{\mathcal{B}};\bullet)$ の $\bullet$ 2次式で作るLie代数だということになるわけだが $\bullet$ 積と元々の $*$ 積との関係は希薄なのでこれを時間変数の量子化と見てよいかどうかはなお疑問が残る所である.

半逆元の制御子

上の計算では制御子 μ としては $(z\partial_z+\frac{1}{2})^{-1}$ のようなものが使われ, 可逆制御子となっているので丁度 §1.7.2 の場合で考えていることになる. これを §1.8.1 で考えたような半逆元しか持たない制御子に変えたらどうなるであろうか？ このような制御子をつくるには $z\partial_z 1{=}0$ であることを考えて $z\partial_z$ が作用する空間をLaurent多項式の空間 $\mathbb{C}[z,z^{-1}]$ より広く, これに $\log z$ を添加した代数 $\mathbb{C}[z,z^{-1}][\log z]$ を考え, ここに作用する演算子の代数で考える.

$$z\partial_z(\log z)^m{=}m(\log z)^{m-1}, \quad z\partial_z z^n{=}nz^n$$

$z\partial_z(\log z){=}1$ に注意すれば $(z\partial_z)^{-1}(1){=}\log z$ とできるから, $\mathbb{C}[z,z^{-1}][\log z]$ 上では $(z\partial_z)^{-1}$ が定義できるからこれを制御子 μ として採用する. しかし $z\partial_z 1{=}0$ であるから $z\partial_z$ を μ の逆元とすることはできないので $\mu^\bullet{=}z\partial_z$ とする. すると $\mu f{=}1$ となる f は存在せず, 容易に $\mu^\bullet\mu{=}I$ で, $\mu\mu^\bullet{=}I{-}\varpi$ となる. 但し $I:\mathbb{C}[z,z^{-1}][\log z]\to\mathbb{C}[z,z^{-1}][\log z]$ は恒等写像, $\varpi:\mathbb{C}[z,z^{-1}][\log z]\to\mathbb{C}1$, $\varpi(f){=}f(1)$ は射影作用素である. $(I{-}\varpi)^2_*{=}I{-}\varpi$, $\mu^\bullet{*}\varpi{=}0{=}\varpi{*}\mu$ は容易にわかる. 特に $\mu^k{*}\varpi{*}\mu^{\bullet\ell}$ は (k,ℓ) 行列要素である.

まず §,1.1 の冒頭での記号に合わせて

$$Df{=}z\partial_z f, \quad S(f){=}\int_1^z \frac{1}{t}f(t)dt, \quad P(f){=}\log x f$$

と置けば容易に

$$DS{=}I, \quad SD{=}I{-}\varpi, \quad DP{-}DP{=}I, \quad [P,S]{=}S^2$$

が分かる. 最後のものは $\Phi(t){=}\int_1^t \frac{1}{t'}f(t')dt'$ と置けば $t\partial_t\Phi(t){=}f(t)$ となるから部分積分すれば分かる. Weyl微積分代数との対応では

$$(\frac{1}{i\hbar}v, u, e^{\pm ku}){\Longleftrightarrow}(D, \log z, z^{\pm k})$$

である. 従って可換代数 $\mathbb{C}[z,z^{-1}][\log z]$ の生成元は $\log z$ のみである.

すると P と $\mu{=}S$ で生成される代数は $\mathcal{A}$ は $B{=}\mathbb{C}[\log z]$ として §,1.1 で扱った μ 制御代数となる. また, $\mu^{\bullet}{=}D$ と置けば $[\mu^{\bullet}\mu, z^m]{=}0$ だから, $\mu^{\bullet}[\mu, z^m]{=}-mz^m\mu$ より $(1{-}\varpi)[\mu, z^m]{=}-m\mu z^m\mu$ となるが ϖ が 1 への射影作用素なので $\varpi[\mu, z^m]{=}{-}\varpi z^m\mu{=}\varpi\mu{=}0$ となり結局 $[\mu, z^m]{=}-m\mu z^m\mu$ が分かる. $\mathbb{C}[z,z^{-1}][\log z]$ は可換代数だがこれより次もわかる：

命題 3.9 $\mathbb{C}[z,z^{-1}][\log z]$ と $\mu{=}S$ で生成される代数 $\widetilde{\mathcal{A}}$ は $\widetilde{B}{=}\mathbb{C}[z,z^{-1}][\log z]$ として μ 制御代数となる.

ここまでの積はすべて可換代数に働く演算子としての積だから Weyl 順序表示による積 $*_J$, i.e.$K{=}0$ 表示による積であるが, 代数の元の表示は可換代数でも §1.3 でやったようにパラメータ τ を使って色々に変えられる. すると Jacobi の theta 関数のときのように : $\sum_{n\in\mathbb{Z}} z^n{:}_\tau$ のようなものが無理なく $\widetilde{\mathcal{A}}$ の中に入りこんでくるので $:\widetilde{\mathcal{A}}^{-\infty}{:}_\tau{=}\bigcap_n \mu^n{*_\tau}\widetilde{\mathcal{A}}$ は $\neq\{0\}$ と予想でき, そうなると $:\widetilde{\mathcal{A}}^{-\infty}\varpi{:}_\tau{=}{:}\Omega{:}_\tau$ は $:\Omega\mu{:}_\tau{=}0$ という §1.8.1 で扱った集合になる.

3.3 閉曲線に沿う積分

前節のものは制御子 μ を $(v{*}u)^{-1}_{*+}$ として $*$ 積から構成したものだが同じようなものは $*$ 指数関数の他の様々な閉曲線に沿う積分からも現れる. この節ではそれがどのようにして現れるかをみておこう.

閉曲線と言ったが $*$ 指数関数には周期性がありおまけに 2 重分岐特異点があり 2 枚のシートを使って一価追跡を行うのでどこで考えている閉曲線かを明示していないと結果が不透明になるのでその辺を区別する為に少し考えておこう. 下の図は $:e_*^{z\frac{i}{i\hbar}2u\circ v}{:}_K$ の特異点と slit の位置を示したもので $\pm i\infty$ は分岐している 0 点である. 2 列の π 周期的に並んでいる特異点列に挟まれた実軸に平行な部分は π 周期的であり, 他の実軸に平行な直線については slit を越すときにシートを乗換える. これは同じシート上では π 周期的ということだと理解できる. これに対し §2.6 にある図は $:e_*^{z\frac{i}{i\hbar}2u*v}{:}_K$ のもので, $\pm i\infty$ が分岐せず, その代りに $\ominus$ シートにも $\pm\infty_{\ominus}$ が現れるものである. いずれにせよ閉曲線というときには上のような図上での閉曲線 $C{=}(z(t); z(0){=}z(1))$ (但し $z(0), z(1)$ は同じシート上) のものを指すが, 周期性も考慮して $z(0){\neq}z(1)$ でも $:e_*^{z(0)\frac{i}{i\hbar}2u\circ v}{:}_K{=}{:}e_*^{z(1)\frac{i}{i\hbar}2u\circ v}{:}_K$ とか $:e_*^{z(0)\frac{i}{i\hbar}2u*v}{:}_K{=}\;{:}e_*^{z(1)\frac{i}{i\hbar}2u*v}{:}_K$ の場合も閉曲線と呼ぶ.

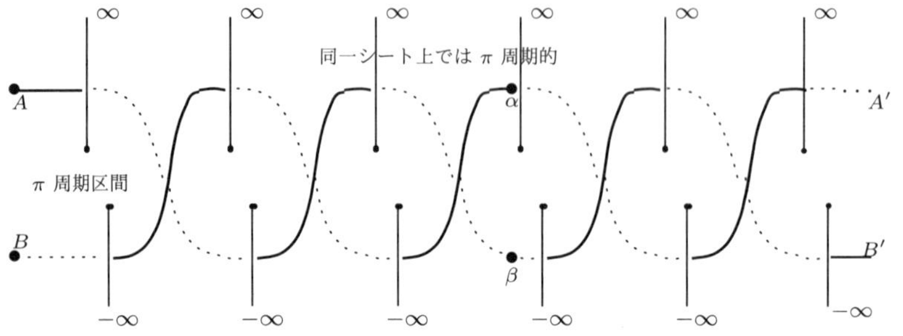

従って上の図でも左端の A,B と中頃の α,β は 3π 周期性を使って繋いで考えれば 1 本の絡みあった閉曲線 (クローバー結び糸) ができている．また右端の B', A' は B', A' を同じシートの上で上下に動かして 6π の周期性で重ねられる位置に移動すれば絡みあった 2 本の閉曲線 (2 重螺旋) と見なせる．しかしこの閉曲線を (図 1) のトーラスの上に描くのはかなり面倒である．どのような閉曲線に物理的意味があるかなどは数学の感知する所でないから詳細には踏込まないが, 基礎的な所はまとめておこう．

周期積分としての真空

逆元をつくる積分は実軸上でとる必要はなく $-\infty$ と 0_+ を結ぶ特異点を通過しない区分的に滑らかな曲線 Γ で積分しても良いのだから, 0_+ を始点とする特異点を通過しない任意の閉曲線 C をとりそれと $\pm\infty$ を結ぶ曲線を考えれば色々な逆元と互いの差が定義される．まず C として (図 1) のトーラス面の周期を考える．前章では真空を $\lim_{t\to\pm\infty}$ で定義し,

$$\lim_{t\to-\infty}{:}e_*^{2t\frac{1}{i\hbar}u*v}{:}_K=\lim_{t\to-\infty}{:}e_*^{t(\frac{1}{i\hbar}2u\circ v-1)}{:}_K={:}\varpi_{00}{:}_K$$
$$\lim_{t\to\infty}{:}e_*^{2t\frac{1}{i\hbar}v*u}{:}_K=\lim_{t\to\infty}{:}e_*^{t(\frac{1}{i\hbar}2u\circ v+1)}{:}_K={:}\overline{\varpi}_{00}{:}_K$$

等と定義していたが, そこで ${:}e_*^{(s+i\sigma)\frac{1}{i\hbar}2u*v}{:}_K$ を $s{\ll}0$, or $s{\gg}0$ で考えると, s は命題 2.7 で現れる周期性区間 $[a,b]$ の外側となり, $2u{*}v{=}2u{\circ}v{-}i\hbar$ だから ${:}e_*^{(s+i\sigma)\frac{1}{i\hbar}2u*v}{:}_K$ は σ に関して π-周期的となる．そこで, 1 周期分の積分 (周期積分)

$$\tfrac{1}{\pi}\int_0^{\pi}{:}e_*^{(s+i\sigma)\frac{1}{i\hbar}2u*v}{:}_K\,d\sigma,\quad |s|\gg 0$$

を考えると, $\varpi_{00}, \overline{\varpi}_{00}$ は周期積分の極限として

$$\varpi_{00}=\lim_{s\to-\infty}\frac{1}{\pi}\int_0^{\pi}{:}e_*^{(s+i\sigma)\frac{1}{i\hbar}2u*v}{:}_K\,d\sigma, \quad \overline{\varpi}_{00}=\lim_{s\to\infty}\frac{1}{\pi}\int_0^{\pi}{:}e_*^{(s+i\sigma)\frac{1}{i\hbar}2v*u}{:}_K\,d\sigma,$$

で与えられる. 実際は極限をとる必要はなく閉区間 $[a,b]$ の外側 $s<a,\ s>b$ では被積分関数の正則性と Cauchy の積分定理により s の値に無関係になる. 例えば下図で $(-\infty,0)\to(s,0)\to(s,\pi i)\to(-\infty,\pi i)\to(-\infty,0)$ と一周積分

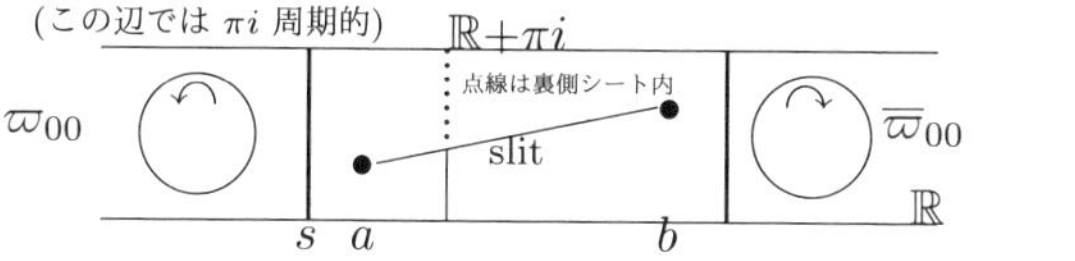

すると積分路の内側に特異点がないことと, πi-周期的なので上下の積分は打ち消しあうことから分かる. すると次も分かる:

$$\frac{1}{i\hbar}2u*v*\int_0^{\pi}{:}e_*^{(s+i\sigma)\frac{1}{i\hbar}2u*v}{:}_K\,d\sigma=\int_0^{\pi}{:}\frac{d}{d\sigma}e_*^{(s+i\sigma)\frac{1}{i\hbar}2u*v}{:}_K\,d\sigma=0 \qquad (3.32)$$

一方, 下の結合律が成立しているとすると

$$(\varpi_{00}*\frac{1}{i\hbar}\tilde{u}{\circ}\tilde{v})*\overline{\varpi}_{00} = \varpi_{00}*(\frac{1}{i\hbar}\tilde{u}{\circ}\tilde{v}*\overline{\varpi}_{00}).$$

このことからも $\frac{1}{2}\varpi_{00}*\overline{\varpi}_{00}=-\frac{1}{2}\varpi_{00}*\overline{\varpi}_{00}=0$ でなければならないことが分かる.

演習問題. 真空の積分表示を利用して真空の冪等性及び $\varpi_{00}*\overline{\varpi}_{00}=0$ を証明せよ.

一方, §1.2 節での半逆元からも真空が現れる. これを**半逆元真空**と呼んでいたが, 半逆元真空 $\widetilde{\varpi}$ の方は $1-\widetilde{\varpi}=\prod_k(1-\varpi_k)$ のようにして $*$ 積でいくらでも広げることができるので前章で述べた真空の性質のいくつかは失われる.

一方 $\varpi_{00}+\overline{\varpi}_{00}$ は冪等元で $(1-\varpi_{00})*(1-\overline{\varpi}_{00})=1-(\varpi_{00}+\overline{\varpi}_{00})$ であるが半逆元真空ではない. しかも次も成立する：

$$\frac{1}{i\hbar}u{\circ}v*(\varpi_{00}+\overline{\varpi}_{00})=\frac{1}{2}(\varpi_{00}-\overline{\varpi}_{00}), \quad (\varpi_{00}-\overline{\varpi}_{00})^2=(\varpi_{00}+\overline{\varpi}_{00})$$

上は s が $[a,b]$ の外側にあるときであるが, $a=b$ の場合もあるのでこの場合を詳しく見ておこう. これが起こるのは群もどき $SU^{(\frac{1}{2})}(2)$ が出てくる場面で, Minkowski 空間 $L^{1+3}(K^\dagger)$ の空間部分 $E^3=\mathbb{R}i\tilde{S}^2$ を初期方向とする正規化された $*$ 指数関数の iK 表示 $(\det K=1)$ での計算からであった. その指数関数を ${:}e_*^{t\frac{1}{i\hbar}\langle \boldsymbol{u}M,\boldsymbol{u}\rangle_*}{:}_{iK}$ とする. 正規化されているから $\det M=1$ である. ここで

は例外なしに π-交代周期的であり, $\varepsilon_{00}^2{=}{-}1$ となるが, **特異点列が実軸に平行に $\pi/2$ 周期的に 1 列並ぶ.** ε_{00} はいろんな所に, いろんな形で現れるので適宜いろんな添字を付けて扱っているが, $:\varepsilon_{00}^2:_{iK}{=}{-}1$ は安定している. しかし特異点列が実軸上にでるときには $\frac{\pi}{2}$ の手前に特異点が出るのでここの迂回のしかたで符号の変化 (シートの乗換え) が起こって ε_{00} が決まらない. このようなときに実軸の周りで何が起こるかを以下で考える. π 交代周期的だから $\cos t$ を**積して** π 周期に変えて実軸の少し上 $s>0$ で周期積分

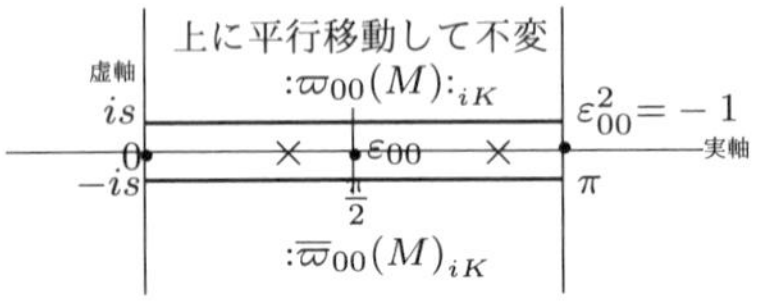

$$\frac{1}{\pi}\int_0^{\pi}:\cos(t{+}is)e_*^{(t+is)(\frac{1}{i\hbar}\langle \boldsymbol{u}M,\boldsymbol{u}\rangle_*)}:_{iK}dt$$

を作ると, Cauchy の積分定理で積分路を $s{\to}\infty$ としても変わらず極限を取って調べると真空 $\varpi_{00}(M)$ が定義されていることが分かる.

同様 $\cos t$ **を積して** π 周期に変え, 実軸の少し下 $s{<}0$ で周期積分

$$\frac{1}{\pi}\int_0^{\pi}\cos(t{-}is){:}e_*^{(t-is)(\frac{1}{i\hbar}\langle \boldsymbol{u}M,\boldsymbol{u}\rangle_*)}:_{iK}dt \tag{3.33}$$

を作ると, Cauchy の積分定理で積分路を $s{\to}-\infty$ としても変わらないことがわかり極限を取って調べると共役真空 $\overline{\varpi}_{00}(M)$ が定義されていることが分かる. $\varpi_{00}(M)$ も $\overline{\varpi}_{00}(M)$ も真空で, ともに $:\mathcal{V}:_{iK}$ の元だが, 定義からはかなり離れた所に位置するような印象だが, これでみると実軸を挟んで隣合わせに位置していると言える. 周期性を変えるために $\cos t$ を積しているがこのようなことは iK 表示を剛体 K 表示に変えた時にも起こることに注意する.

擬真空

周期積分で現れる真空によく似たものに**擬真空**がある. M を $\det M{=}1$ の複素対称行列とする. §2.3.1, 定理 2.5 での指数関数 $e_*^{t\frac{1}{i\hbar}\langle \boldsymbol{u}M,\boldsymbol{u}\rangle_*}$ は iK 表示で考えられているが, ここでは特異点列が実軸に平行に $\pi/2$ 周期的に 1 列並ぶ. 特に M が Minkowski 空間 $L^{1+3}(K^\dagger)$ の空間部分 $E^3{=}\mathbb{R}i\tilde{S}^2$ を初期方向とする正規化された $*$ 指数関数には特異点列が実軸上に並ぶものがある.

この場合表示パラメータを iK から少し変えて K' とすると, 特異点の位

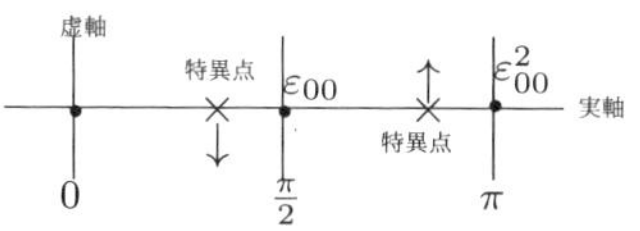

置を図のように実軸を挟むように動かすことができる. 特異点列は実軸を挟んで π 周期的に 2 列できるわけで, 命題 2.7 により指数関数の周期が変わり π 周期的になり, 周期性区間 $[a,b]$ が現れ $:\varepsilon_{00}^2:_{K'}=1$ となる. $I_\circ(K')=[a,b]$ を K' 表示のときの周期性区間とする. $\varpi_*(0)$ の存在区間でもある.

その指数関数を $:e_*^{t\frac{1}{i\hbar}\langle \boldsymbol{u}M,\boldsymbol{u}\rangle_*}:_{K'}$ とし, 周期積分 (変数変換による 2 つ目の = に注意)

$$:\varpi_*(0):_{K'}=\frac{1}{\pi}\int_0^\pi :e_*^{t\frac{1}{i\hbar}\langle \boldsymbol{u}M,\boldsymbol{u}\rangle_*}:_{K'}dt=\frac{1}{\pi}\int_0^\pi :e_*^{-t\frac{1}{i\hbar}\langle \boldsymbol{u}M,\boldsymbol{u}\rangle_*}:_{K'}dt$$

を取れば, これは $\langle \boldsymbol{u}M,\boldsymbol{u}\rangle_* * \varpi_*(0)=0$ を満たす. M は沢山あるが以下では標準形で代表させて考える. 特に $a<0<b$ だと

命題 3.10 $\varpi_*(0)*\varpi_*(0)=\varpi_*(0)$ (冪等元) であり, $(u{\circ}v)*\varpi_*(0)=0=\varpi_*(0)*(u{\circ}v)$ である. $\varpi_*(0)=\overline{\varpi}_*(0)$ に注意する. これを**擬真空**と呼んでおく.

証明. $s=0$ とし, $dt{\wedge}dt'=dt{\wedge}d(t+t')$ に注意し, 重積分の変数変換で

$$\int_0^\pi\int_0^\pi e_*^{i(t+t')\frac{1}{i\hbar}2u\circ v}dtdt'=\int_0^\pi\int_0^\pi dt\, e_*^{i\sigma\frac{1}{i\hbar}2u\circ v}d\sigma$$

である. 次のは $\int_0^\pi \frac{d}{dt}e_*^{it\frac{1}{i\hbar}2u\circ v}dt=0$ より分かる (後方の定理 3.11 参照). 複素共役は $\bar{u}=u$, $\bar{v}=v$, $\bar{i}=-i$ で反自己同型だから $\pi\overline{\varpi}_*(0)=\int_0^\pi e_*^{-t\frac{1}{i\hbar}u\circ v}dt$ だが, $t\to -t$ と変換すると $\int_{-\pi}^0 e_*^{t\frac{1}{i\hbar}u\circ v}dt$ となり, 周期性より $\varpi_*(0)=\overline{\varpi}_*(0)$ が分かる. □

真空と擬真空の違いは真空が Weyl 代数の生成元の一つを消してしまうのに対し擬真空が消すのは非退化 2 次式だということである.

3.3.1 特異点周りの積分と Laurent 展開

逆元を作る時の積分路を $-\infty$ と 0 を結ぶ曲線 L とする. これも逆元を与えるが, もとの定義での逆元との差は一般にトーラス面内の閉曲線 C に沿う積分 $\int_C :e_*^{z(\alpha+\frac{1}{i\hbar}u\circ v)}:_K dz$ となる. C がトーラス面内の領域 D の境界になっていて $C=\partial D$ の場合には D 内にある全ての特異点が外側に見えるように積分路を C' に変えれば Cauchy の積分定理で $\int_{C'} :e_*^{z(\alpha+\frac{1}{i\hbar}u\circ v)}:_K dz=0$ となるので結局各特異点 σ を中心とする無限小円での積分が分かれば良いが, 特異点は generic には 2 重分岐特異点なのでもとの変数で見るときには σ の周りを 2 周する積分で考える. ところが, この積分と 2 重分岐特異点での留数積分とは微妙に違っているのでそれを区別しておかねばならない.

特異点での Laurent 展開

iK 表示は正規順序表示 K_0 を含んでいるが, (2.18) とか (2.33) を見ると $:e_*^{\pm t2u\circ v}:_{K_0}=e^{\pm t}e^{\frac{1}{i\hbar}(e^{\pm 2t}-1)uv}$ だから $z=e^t$ と置き z の関数としてみると $ze^{\frac{1}{i\hbar}(e^{z^2}-1)uv}$ とか $\frac{1}{z}e^{\frac{1}{i\hbar}(e^{\frac{1}{z^2}}-1)uv}$ とかのように正奇数冪, 負奇数冪のみで展開されるかなり特殊な形の関数であるが表示 iK を変えると変化する.

まず手始めに (2.12) 式から

$$:e_*^{t(\frac{1}{i\hbar}(au^2+bv^2+2cu\circ v)+\lambda)}:_0=\frac{e^{\lambda t}}{\cosh t}e^{\frac{1}{i\hbar}(\tanh t)(au^2+bv^2+2cuv)},\quad ab{-}c^2{=}1$$

の特異点 $t_0=\frac{2n+1}{2}\pi i$ に於ける Laurent 級数を求めてみよう. これは generic には 2 列ある特異点列が合体して 1 列になっていて特異点は分岐していないが $\cosh(t-\frac{2n+1}{2}\pi i)=(-1)^n\sinh t$ なので, $x=(-1)^n\sinh t$ を特異点の周りの独立変数とみて x に関する Laurent 級数を求める. $t-t_0=\mathrm{arcsinh}x$ だから

$$\begin{aligned}:e_*^{t(\frac{1}{i\hbar}(au^2+bv^2+2cu\circ v)+\lambda)}:_0&=(-1)^n\frac{e^{\lambda t}}{x}e^{\frac{1}{i\hbar}\frac{\sqrt{1+x^2}}{x}(au^2+bv^2+2cuv)}\\&=(-1)^n\frac{e^{\lambda t}}{x}e^{\frac{1}{i\hbar}\sqrt{\frac{1}{x^2}+1}(au^2+bv^2+2cuv)}\end{aligned}\tag{3.34}$$

となり $e^{\lambda t}$ を除けば x について負冪に展開されているが

$$e^{\lambda t}=e^{\lambda t_0}e^{\lambda\log(x(1+\sqrt{1+\frac{1}{x^2}}))}=e^{\lambda t_0}(x(1+\sqrt{1+\frac{1}{x^2}}))^{\lambda}$$

となるので $\lambda=m$ のときには全体は x について $m-1$ 次以下に展開されていることがわかる. m が整数でない場合にも変数を変えればこのようなことは起こり得る. またこの式だけでは n が奇数か偶数かを除けば式の形が同じだからどの特異点の周りでの Laurent 級数か区別ができないが, これを区別するには Laurent 級数は使っている座標系に依存するものだから特異点毎に使う正則局所座標系を設定しておいてその座標系による Laurent 級数を考えておけばよい.

特異点列が1列の場合の Laurent 分母展開

$*$ 2次式の指数関数が原点以外の所に特異点を持っていること自体奇妙なことだが, もう少し広い範囲で計算して見よう. $A=\begin{bmatrix}0&1\\1&0\end{bmatrix}$ とし, K を $\begin{bmatrix}\alpha&\gamma\\\gamma&\beta\end{bmatrix}$ と置けば, (2.32) の ♠ は詳しく書くと

$$\Big(\frac{1}{\sqrt{(\cosh t-\gamma\sinh t)^2-\alpha\beta\sinh^2 t}},\ \frac{\sinh t\begin{bmatrix}\beta\sinh t&\cosh t-\gamma\sinh t\\\cosh t-\gamma\sinh t&\alpha\sinh t\end{bmatrix}}{(\cosh t-\gamma\sinh t)^2-\alpha\beta\sinh^2 t}\Big)$$

となる. ここで $\beta{=}0$ とすると

$$:e_*^{t(\frac{1}{i\hbar}2u\circ v+\lambda)}:_K=\Big(\frac{e^{\lambda t}}{\cosh t-\gamma\sinh t},\begin{bmatrix}0 & \frac{\sinh t}{\cosh t-\gamma\sinh t}\\ \frac{\sinh t}{\cosh t-\gamma\sinh t} & \alpha(\frac{\sinh t}{\cosh t-\gamma\sinh t})^2\end{bmatrix}\Big)$$

となるから $x{=}\cosh t{-}\gamma\sinh t$ と置いて, x を特異点 $\sigma{=}a{+}it_a$ or $b{+}it_b$ の近傍での局所座標関数とみなし, この逆関数を $t{=}\phi_\sigma(x)$ とする. x で展開すると $e^{\lambda t}$ を除いた各成分は $\frac{1}{x}e^{a\pm\frac{1}{i\hbar}\sqrt{b+\frac{c}{x^2}}}$, $\frac{1}{x}e^{\lambda(a\pm\frac{1}{i\hbar}\sqrt{b\pm\frac{c}{x^2}})^2}$ の形に展開できるから x の負冪のみで展開されることが分かる. $\pm$ の符号は逆関数を $t{=}\phi_\sigma(x)$ を作るときに区別されている. $e^{\lambda t}$ の部分は

$$e^{(t-t_0)\lambda}=\Big(\frac{x}{1-\gamma}(1\pm\sqrt{1+\frac{\gamma^2-1}{x^2}})\Big)^\lambda$$

なのでやはり $\lambda{=}m$ のとき m 次以下に展開され, 全体も x について $m{-}1$ 次以下に展開される.

$\gamma{=}0$, $\alpha\beta{=}-1$ の場合の Laurent 分母展開

これは $K=iI$ のような特殊な表示パラメータだが, これが分岐特異点の場合の標準形となる.

以下では $:e_*^{t(\frac{1}{i\hbar}2u\circ v+\lambda)}:_K$ のように λ のついているもので考える. すると簡略化した書き方では

$$\Big(\frac{e^{\lambda t}}{\sqrt{\cosh^2 t+\sinh^2 t}},\ \frac{\sinh t\begin{bmatrix}\beta\sinh t & \cosh t\\ \cosh t & \alpha\sinh t\end{bmatrix}}{\cosh^2 t+\sinh^2 t}\Big)$$

だが特異点が分岐しているのでまず $x^2{=}\cosh^2 t{+}\sinh^2 t{=}\cosh 2t$ と置き, 周期的に分布しているどの特異点 σ で扱うかをきめてその近くで $x^2{=}\cosh 2t$ の逆関数を $t{=}\psi_\sigma(x^2)$ とする. 但し $t_0{=}\psi_\sigma(0)$ とすると $\cosh 2t_0{=}0$ である. 容易に $\sinh^2 t{=}\frac{1}{2}(x^2{-}1)$, $2\cosh t\sinh t{=}\sinh 2t{=}\sqrt{1{-}x^2}$ となるから上の式は

$$\Big(\frac{1}{x}\big(x^2\pm\sqrt{x^4-1}\big)^{\frac{\lambda}{2}},\begin{bmatrix}\frac{\beta}{2}(1-\frac{1}{x^2}) & \sqrt{1-\frac{1}{x^4}}\\ \sqrt{1-\frac{1}{x^4}} & \frac{\alpha}{2}(1-\frac{1}{x^2})\end{bmatrix}\Big)$$

となって各項は $\lambda{=}0$ の時は x の奇数負冪で展開されていることがわかる. さらに $\lambda{=}m$ のときには

$$\frac{1}{x}\big(x^2\pm\sqrt{x^4-1}\big)^{\frac{m}{2}}=x^{m-1}\Big(1\pm\sqrt{1-\frac{1}{x^4}}\Big)^{m/2}$$

となって各項は x の奇数冪で展開されるが, x^{-2m-1} は $m \to \infty$ まであるが, 正冪のところは x^{m-1} までしか現れないことがわかる.

ここまでの展開は全て指数関数の振幅部分の分母に現れる変数を独立変数として使った展開であるがその特徴は λ が整数のとき展開の次数は上に有限となっている. このような Laurent 展開を**分母展開**と呼び, 上のようになることを **Laurent 分母展開が上に有限**と呼ぶ.

ここまでは表示パラメータを特殊なものにして考えているが, 上のものが孤立特異点が分岐するような表示 K の場合の標準形だと考える. generic な表示には相互変換を使って変更できる.

$$(\cosh t{-}\gamma\sinh t)^2{-}\alpha\beta\sinh^2 t{=}x^2$$

と置き指定した特異点の近傍で逆関数 $t{=}\psi_\sigma(x^2)$, $t_\sigma{=}\psi(0)$ をとり x で展開するのだが, 例えば iI 表示で $:e_*^{t(\frac{1}{i\hbar}2u\circ v)}:_{iI} = \sum_{k=0}^{\infty}\frac{1}{x^{2k+1}}a_{2k+1}(u,v)$ のように展開されているとすると相互変換 I_{iI}^{K} は2次式の指数関数には定義できているから Laurent 展開してから項別に変換してやれば $\sum_{k=0}^{\infty}\frac{1}{x^{2k+1}}I_{iI}^{K}(a_{2k+1}(u,v))$ のように変わるだけなので次が分かる：

定理 3.4 λ が整数のとき generic な K について $:e_*^{(\sigma+\psi_\sigma(x^2))(\frac{1}{i\hbar}u\circ v+\lambda)}:_K$ の Laurent 分母展開は上に有限である. $\lambda{=}0$ の場合は奇数負冪のみで展開される.

これは2次式の指数関数の極めて特徴的な性質であるが使っている座標系は特異点の近傍でしか有効でないから遠くの方での値は不明となるし, 2つの特異点を同時に扱うということも難しい. 次節でこれを改良する.

3.3.2　第2留数消滅定理

前節のものは特異点に応じてその周りで好都合な局所正則座標系をとりそれに関して Laurent 展開していてこの Laurent 分母展開は $t=\sigma{+}s^2$ と置いて s^2 で展開するのとは明らかに違うものである.

σ を $:e_*^{t\frac{1}{i\hbar}u\circ v}:_K$ の孤立分岐特異点 $a{+}it_a$ or $b{+}it_b$ のどれか一つとする. σ の近傍 D の2重被覆 $\tilde{D}$ を作り, この上の1価関数として表示して $:e_*^{(\sigma+s^2)(\alpha+\frac{1}{i\hbar}u\circ v)}:_K$ の s の関数としての Laurent 展開を考える.

Generic な K 表示で §3.2 の (2.47) と (2.48) の間の式で具体的に見ると $*$

指数関数 $e_*^{z(\frac{1}{i\hbar}u\circ v+\lambda)}$ は

$$:e_*^{z(\frac{1}{i\hbar}u\circ v+\lambda)}:_K = \frac{e^{\lambda z}}{\sqrt{g(z)}}e^{\frac{1}{i\hbar}H(z,u,v)} \tag{3.35}$$

で特異点の位置は λ には関係せず, $g(z)$, $H(z,u,v)$ は孤立特異点 σ の近傍上の正則関数 $h(z)$, $a(z,u,v)$, $b(z,u,v)$ を使って

$$g(z)=(z-\sigma)h(z), \quad h(\sigma)\neq 0, (z\text{ に関しては単根のみだったから})$$
$$H(z,u,v)=\frac{a(z,u,v)}{z-\sigma}+b(z,u,v), \ (\text{単純極のみだったから})$$

の形で $H(z,u,v)$ は (u,v) に関しては整関数で $H(z,0,0)=0$, $a(\sigma,u,v)\neq 0$, $b(\sigma,u,v)\neq\infty$ と書かれる. 表示パラメータによって $:\frac{1}{i\hbar}u\circ v+\lambda:_K=\frac{1}{i\hbar}uv+\lambda'(K)$ のように定数項が変化するので振幅部分の分子の λz もそれに応じて変わるように思うかもしれないがその必要はない. (命題 2.5 の付近参照.)

変数の置き方が $x=\sin t$ とは違うが $z=\sigma+s^2$ と置くと $s=0$ での $H(z,u,v)$ の Laurent 級数は s の偶数次の項だけで展開され, $\frac{1}{\sqrt{g(z)}}$ の Laurent 級数は $h(\sigma)\neq 0$ だから奇数次の項だけで

$$\frac{1}{\sqrt{g(z)}}=\frac{1}{s}(h_0+h_1s^2+h_2s^4+\cdots),\ h_0\neq 0,$$

のように展開される.

従って $:e_*^{(\sigma+s^2)\frac{1}{i\hbar}u\circ v}:_K$ の特異点 σ での Laurent 級数は s に関して**偶数次の項無し**で次のように書かれる：

$$:e_*^{(\sigma+s^2)(\frac{1}{i\hbar}u\circ v+\alpha)}:_K=\cdots+\frac{a_{-(2k+1)}(\alpha,K)}{s^{2k+1}}+\cdots+\frac{a_{-1}(\alpha,K)}{s}$$
$$+a_1(\alpha,K)s+\cdots+a_{2k+1}(\alpha,K)s^{2k+1}+\cdots$$

$\tilde{C}$ を中心 0 の微小円とすると

$$\begin{aligned}a_{2k-1}(\alpha,K)&=\mathrm{Res}_{s=0}(:s^{-2k}e_*^{(\sigma+s^2)(\frac{1}{i\hbar}u\circ v+\alpha)}:_K)\\&=\frac{1}{2\pi i}\int_{\tilde{C}}s^{-2k}:e_*^{(\sigma+s^2)(\frac{1}{i\hbar}u\circ v+\alpha)}:_K ds.\end{aligned} \tag{3.36}$$

これをもとの変数で書けば, C^2 を特異点を 2 周する円として

$$a_{2k-1}(\alpha,K)=\int_{C^2}\frac{1}{2}\Big(\frac{1}{\sqrt{z-\sigma}}\Big)^{k+\frac{1}{2}}:e_*^{z(\frac{1}{i\hbar}u\circ v+\alpha)}:_K dz \tag{3.37}$$

となり, 特に留数は $k{=}0$ として次のようになる：

$$a_{-1}(\alpha,K){=}\int_{C^2}\frac{1}{2\sqrt{z{-}\sigma}}{:}e_*^{z(\frac{1}{i\hbar}u\circ v+\alpha)}{:}_K dz=\int_{C}\frac{1}{\sqrt{z{-}\sigma}}{:}e_*^{z(\frac{1}{i\hbar}u\circ v+\alpha)}{:}_K dz.$$

((1.58) 式の直前の注意参照) 留数を得る為には $\frac{dz}{\sqrt{z-\sigma}}$ で積分しなければならないことに注意する.

特異点は孤立特異点なので Laurent 級数は次のような特徴がある：

定理 3.5 ${:}e_*^{(\sigma+s^2)\frac{1}{i\hbar}u\circ v}{:}_K$ Laurent 級数には s の奇数冪しか現れない. また s の関数として $\mathbb{C}$ 上で正則な $f_1(s;u,v)$ と, s^{-1} の関数として $\mathbb{C}$ 上で正則な $f_2(s^{-1};u,v)$ の和 $f_1(s,u,v){+}f_2(s^{-1},u,v)$ として一意的に書かれる ([12] p.85). 特に収束する級数だから $\lim_{k\to\pm\infty}a_{2k-1}(\alpha,K){=}0$ も分かる.

Laurent 分母展開と s^2 との関係

前節での Laurent 分母展開のときに使っている独立変数 x^2 と上で使っている s^2 との関係は (3.35) 式より

$$x^2{=}g(z)=(z{-}\sigma)h(z){=}s^2h(\sigma{+}s^2),\quad h(\sigma)\neq 0,$$
$$H(z,u,v)=\frac{a(z,u,v)}{s^2}{+}b(\sigma{+}s^2,u,v),$$

である. $h(\sigma{+}s^2)$ を s^2 の関数とみて $f(s^2)$ と書け $s^2{=}0$ を中心とする微小閉円盤 D_ε 上で正則で $f(s^2)\neq 0$ であり逆数 $\frac{1}{f(s^2)}{=}I(s^2)$ も D_ε 上で正則である. $s^2{=}\varepsilon e^{i\theta}$ とし, $I(s^2){=}\sum a_n\varepsilon^n e^{in\theta}$ と表わしておき, 新たに D_{ε^2} 上で正則な関数を $L(s^2){=}L(\varepsilon e^{i\theta}){=}\sum a_n\varepsilon^{2n}e^{-in\theta}$ と定義する. すると $L(s^{-2}){=}I(s^2)$ は明らかで

$$\frac{1}{x^2}{=}\frac{1}{s^2}\frac{1}{f(s^2)}{=}\frac{1}{s^2}I(s^2){=}\frac{1}{s^2}L(\frac{1}{s^2}),\quad L(0){\neq}0$$

と書かれる. これは一種の鏡像の原理である. これより

$$\frac{1}{x}{=}\frac{1}{s}(L(\frac{1}{s^2}))^{1/2},\quad x{=}s(L(\frac{1}{s^2}))^{-1/2} \tag{3.38}$$

となり第1式は s の奇数負冪, 第2式は初項 cs を除いて s の奇数負冪に Laurent 展開される.

定理 3.4 は x についての Laurent 展開が上に有限というものであったが, 項別に (3.38) を代入してやれば次が分かる：

定理 3.6 $:e_*^{(\sigma+s^2)(\frac{1}{i\hbar}u\circ v+\lambda)}:_K$ Laurent 級数には s の奇数冪しか現れず，しかも λ が整数 m のときには $m-1$ 次以下の奇数冪に展開される．特に $\lambda=0$ の場合には奇数負冪のみ現れる．

註釈. 上では使う局所座標系を固定しているので，m が整数でない場合には全ての奇数冪が現れるように思われるがよくわからない．

3.3.3 Laurent 係数への演算子

2 重分岐特異点 σ を $a+it_a$ または $b+it_b$ とする．$:e_*^{(\sigma+s^2)(\frac{1}{i\hbar}u\circ v+\lambda)}:_K$ の s についての Laurent 級数を特異点 σ での Laurent 級数と呼ぶ．使う変数が指定されていることに注意する．

分岐真性特異点 σ に於ける Laurent 係数の全体を $\Sigma_\sigma(\lambda,K)$ と書く．定理3.6 より $\Sigma_\sigma(m,K)=\{a_{2k-1}(\sigma,m,K);k<m\}$ である．$a_{2m-1}(\sigma,m,K)$ を $\Sigma_\sigma(m,K)$ の**最高次**と呼ぶ．

$$\Sigma_\sigma(\mathbb{C},K)=\{a_{2k-1}(\sigma,\lambda,K);k\in\mathbb{Z},\lambda\in\mathbb{C}\} \tag{3.39}$$

と置く．特に $\lambda\in\mathbb{Z}$ の場合 $\Sigma_\sigma(\mathbb{Z},K)$ が面白い．

次は分岐特異点 σ における Laurent 級数の基本的性質である:

定理 3.7 generic な表示 K で $:e_*^{(\sigma+s^2)(\lambda+\frac{1}{i\hbar}u\circ v)}:_K$ の Laurent 展開には奇数冪しか現れず，s^{2k-1} の係数 $a_{2k-1}(\sigma,\lambda,K)$ は $\Lambda=K+J$ として次を満たす：

$$\begin{aligned}
&(\partial_\lambda-\sigma)a_{2k-1}(\sigma,\lambda,K)=a_{2k-3}(\sigma,\lambda,K),\\
&:(\lambda+\frac{1}{i\hbar}u\circ v):_K*_\Lambda a_{2k-1}(\sigma,\lambda,K)=-(k+\frac{1}{2})a_{2k+1}(\sigma,\lambda,K)\\
&u*_\Lambda a_{2k-1}(\sigma,\lambda,K)=a_{2k-1}(\sigma,\lambda-1,K)*_\Lambda u\\
&v*_\Lambda a_{2k-1}(\sigma,\lambda,K)=a_{2k-1}(\sigma,\lambda+1,K)*_\Lambda v,\quad (\Lambda=K+J)
\end{aligned} \tag{3.40}$$

証明. 始めのものは ∂_λ を積分の中に入れれば分かる．2 番目は $\Lambda=K+J$ とした $*_\Lambda$ 積公式 (§2.1) での計算で $\frac{1}{2s}\frac{d}{ds}e_*^{(\sigma+s^2)(\lambda+\frac{1}{i\hbar}u\circ v)}$ を計算し部分積分で

$$\begin{aligned}
2\pi i:(\lambda+\frac{1}{i\hbar}u\circ v):_K*_\Lambda a_{2k-1}(\sigma,\lambda,K)&=\int_{\tilde{C}}\frac{1}{2}s^{-2k-1}:\frac{d}{ds}e_*^{(\sigma+s^2)(\lambda+\frac{1}{i\hbar}u\circ v)}:_K ds\\
&=-\frac{2k+1}{2}\int_{\tilde{C}}s^{-2(k+1)}:e_*^{(\sigma+s^2)(\lambda+\frac{1}{i\hbar}u\circ v)}:_K ds\\
&=-2\pi i\frac{2k+1}{2}a_{2k+1}(\sigma,\lambda,K).
\end{aligned}$$

後の2つは玉突補題による. □

積に関しては $*_\Lambda$ 積 $(\Lambda{=}K{+}J)$ で扱わねばならないものであったが, すべて $\frac{1}{i\hbar}u{\circ}v$ と可換, i.e.

$$[:\frac{1}{i\hbar}u{\circ}v:_K, a_{2k-1}(\sigma,\lambda,K)]_\Lambda{=}0. \tag{3.41}$$

である.

上の関係式より容易に $a_{2k-1}(\sigma,\lambda_0,K){=}0$ ならば上の第2式より $k{+}\frac{1}{2}$ は0にならないから $\forall l{\ge}k$ で $a_{2l-1}(\sigma,\lambda_0,K){=}0$ であり. これより特異点が極ではない, つまり孤立真性特異点であることが分かる.

さらに $a_{2k-1}(\sigma,\lambda_0,K){\neq}0$ ならば $\partial_\lambda{-}\sigma$ を使って $\forall l{<}k$ で $a_{2l-1}(\sigma,\lambda_0,K){\neq}0$ でなければならないことも分かる.

ところが, ある λ_0 で $a_{2k+1}(\sigma,\lambda_0,K)$ が0であっても

$$(\partial_\lambda{-}\sigma)a_{2k+1}(\sigma,\lambda,K)\big|_{\lambda_0}{=}a_{2k-1}(\sigma,\lambda_0,K)\neq 0$$

は起こり得る. これは $\partial_\lambda(f(\lambda)|_{\lambda=\lambda_0}){\neq}(\partial_\lambda f(\lambda))|_{\lambda=\lambda_0}$ だから当然である.

ところがその場合に第2式を使うと

$$:(\lambda_0{+}\tfrac{1}{i\hbar}u{\circ}v):_K *_\Lambda a_{2k-1}(\sigma,\lambda_0,K){=}0$$

とならねばならない.

このようなLaurent展開を持つ場合を**Laurent展開が上に有限**と呼んでいた, このような例は1変数の時は(1.58)で与えられているが, 定理3.4によっても $\lambda{\in}\mathbb{Z}$ の場合が当てはまる. 定理3.7より $\forall\lambda\in\mathbb{Z}$ のとき $:e_*^{(\sigma+s^2)(\lambda+\frac{1}{i\hbar}u\circ v)}:_K$ のLaurent展開が上に有限である.

命題 3.11 Laurent展開が上に有限でなければ $\forall k\in\mathbb{Z}$ で $a_{2k-1}(\sigma,\lambda,K){\neq}0$ である.

次のことは明らかであろう:

命題 3.12 $f(z)$ が上に有限なLaurent展開を持つ関数ならば $f(\frac{1}{z})$ は高々極を持つ関数である.

相互変換は2次式の指数関数には定義できているからLaurent展開してから項別に変換してやれば次が分かる：

命題 3.13 $:e_*^{(\sigma+s^2)(\frac{1}{i\hbar}u\circ v+\lambda)}:_K$ のLaurent展開が上に有限ならば他の表示に関してもLaurent展開が上に有限である.

演算子 $\partial_\lambda - \sigma$ についてのコメント

$$X=\partial_\lambda-\sigma, \quad Y=:(\lambda+\tfrac{1}{i\hbar}u\circ v):_K *_\Lambda,$$

と置く. X は線形作用素として扱われるから $X(0)=0$ とするのが普通だろうが上で述べたようなことがある. X を演算子の記号のように扱う時には λ を変数として扱い, $a_{2k+1}(\sigma,\lambda_0,K)$ は $a_{2k+1}(\sigma,\lambda_0,K)=a_{2k+1}(\sigma,\lambda,K)|_{\lambda=\lambda_0}$ のように考え X は $(Xa_{2k+1}(\sigma,\lambda,K))|_{\lambda=\lambda_0}$ のようにして扱う. X を $\Sigma_\sigma(\mathbb{Z},K)$ の作用させるときも一旦 $\Sigma_\sigma(\mathbb{C},K)$ に広げてから $|_{\lambda\in\mathbb{Z}}$ とするのであるが, これを無理して $\Sigma_\sigma(\mathbb{Z},K)$ に作用する演算子として書くと $X(0)=a\neq 0$ のように書かれる一見奇妙に見える式が出てくる. この場合 X の取扱いは二通りに別れる：

A) $a_{2k+1}=0$ であっても $Xa_{2k+1}=a_{2k-1}$ とする i.e. $X(0)=a_{2k-1}$ とする.

B) $a_{2k+1}=0$ ならば $X(0)=0$ とするが, これは $a_{2k-1}=0$ は意味しない.

3.3.4 生成される μ 制御代数

以下では $\Sigma_\sigma(\mathbb{Z},K)$ のみ扱う. $\Sigma_\sigma(\mathbb{Z},K)$ に自然に働く演算子を X,Y の他に

$$R(a_{2k-1}(\sigma,\lambda,K))=\frac{1}{i\hbar}u*_\Lambda a_{2k-1}(\sigma,\lambda,K)*_\Lambda v,$$
$$L(a_{2k-1}(\sigma,\lambda,K))=\frac{1}{i\hbar}v*_\Lambda a_{2k-1}(\sigma,\lambda,K)*_\Lambda u$$

とすれば Y と組合わせて容易に

$$R(a_{2k-1}(\sigma,\lambda,K))=-(k+\frac{1}{2})a_{2k+1}(\sigma,\lambda-1,K)-(\lambda-\frac{1}{2})a_{2k-1}(\sigma,\lambda-1,K)$$
$$L(a_{2k-1}(\sigma,\lambda,K))=-(k+\frac{1}{2})a_{2k+1}(\sigma,\lambda+1,K)-(\lambda+\frac{1}{2})a_{2k-1}(\sigma,\lambda+1,K)$$

がわかる.

命題 3.14 $\Sigma_\sigma(\mathbb{Z},K)$ は特異点 σ での留数 $a_{-1}(\sigma,0,K)$ から上の演算で生成される.

A) の場合

以下では演算子の積も $*$ を付けて書くことにする. A) を採用すると $(X*Y-Y*X)a_{2k-1}(\sigma,\lambda,K)=-a_{2k-1}(\sigma,\lambda,K)$ が分かるので演算子としては

$[Y,X]_*=I$ であり, Weyl 代数が生成されているが, $X{*}Y a_{2k-1}=-(k+\frac{1}{2})a_{2k-1}$ とか, $\frac{1}{2}(X{*}Y+Y{*}X)a_{2k-1}=-ka_{2k-1}$ でもあるから何か別の関係式も一見ありそうに見えるのだが, Weyl 代数は実は単純環で, イデアルは 0 のみだから, これは Weyl 代数と同形で, これが $\Sigma_\sigma(\mathbb{Z},K)$ で張られる線形空間上の線形写像として表現されているだけなのだが, $X{*}Y$ も $Y{*}X$ も正負の半整数の固有値を持っている.

$\frac{1}{2}(X{*}Y+Y{*}X)a_{2k-1}=-ka_{2k-1}$ でもあり, $\forall k\in\mathbb{Z}$ に対し $a_{2k-1}=X_*^k a_{-1}$ であり, $\frac{1}{2}(X{*}Y+Y{*}X){*}X_*^k a_{-1}=-kX_*^k a_{-1}$ となる. $X{*}Y a_{2k-1}=(k+\frac{1}{2})a_{2k-1}$, $\forall k\in\mathbb{Z}$, だから $(X{*}Y)^{-1}$, $\sqrt{X{*}Y}^{-1}$ も定義できる. 前節と同様に

$$\mu=(X{*}Y)_*^{-1},\quad z=\frac{1}{\sqrt{X{*}Y}}{*}X=\sqrt{\mu}{*}X,\quad w=Y{*}\frac{1}{\sqrt{X{*}Y}}=Y{*}\sqrt{\mu},$$

とすれば $z{*}w=1=w{*}z$ となり可逆ワイル代数の時と全く同じことになる. しかしこれでは §1.7 でみたように状況は全く古典的である.

B) の場合

$a_{2m-1}(\sigma,m,K)\neq 0$ であり $a_{2k-1}(\sigma,m,K)=0$, $k>m$ だから B) の約束により $X(a_{2m+1}(\sigma,m,K))=0$ となるが, これは $a_{2m-1}(\sigma,m,K)=0$ は意味しない. つまり $Y(a)=0$ となる a は $X{*}Y(a)=0$ でもとに戻れない. そこで Y を少し変えて

$$Y^\bullet(a_{2k-1}(\sigma,m,K))=\frac{1}{k+\frac{1}{2}}Y(a_{2k+1}(\sigma,m,K))=a_{2k+1}(\sigma,m,K)$$

と置けば $Y^\bullet$ が X の半逆元となることが分かる. 詳しくは

$$X{*}Y^\bullet(a_{2k-1}(\sigma,m,K))=a_{2k-1}(\sigma,m,K), k\leq m, X{*}Y^\bullet(a_{2m-1}(\sigma,m,K))=0,$$

$$Y^\bullet{*}X(a_{2k-1}(\sigma,m,K))=a_{2k-1}(\sigma,m,K),\quad \text{i.e.}Y^\bullet{*}X=I$$

だが

$$X{*}Y^\bullet=I-\delta_0,\quad \delta_0=\text{最高次への射影}$$

となる. 従って $Y^\bullet{*}\delta_0=0=\delta_0{*}X$ 等となり半逆元真空が得られる. $X^k{*}\delta_0{*}Y^{\bullet\ell}$ は (k,ℓ) 行列要素である. $\{a_{2k-1}(\sigma,m,K);k\leq m\}$ を表現空間として行列表現を作っているが, できてしまえば代りに $\{X^k{*}\delta_0;k\geq 0\}$ を表現空間としてしまって良い. δ_0 は Weyl 代数での ϖ_{00} に相当する.

これで §3.2.3 の状況に戻ったことになる. ここから先はこの非可換性を取込むように中心拡大を作るのである. ポイントはトレース写像を使う次の完全列である:

$$0 \to \mathcal{M}_0'/[\mathcal{M}_0', \mathcal{M}_0'] \to (B+\mathcal{M}_0')/[\mathcal{M}_0', \mathcal{M}_0'] \to (B+\mathcal{M}_0')/\mathcal{M}_0' \to 0$$

ここから先は (3.27) 式の所からと同じ状況となりトレース写像を使って中心拡大が作られる. しかしこのように見てくると, $\Sigma_\sigma(\mathbb{Z}, K)$ に作用する演算子の代数には特異点 σ の特徴は何も現れていないことがわかる.

3.3.5 留数を拾う積分

しかし分岐特異点での留数を求める計算も閉曲線に沿う積分には違いないから擬真空のような冪等性は期待できないとしても特異点の性質を代表する何かを持っているはずである.

σ は $a+it_a$, or $b+it_b$ とする. σ は 2 重分岐特異点なので $:e_*^{(\sigma+s^2)(\frac{1}{i\hbar}u\circ v+\lambda)}:_K$ の s についての Laurent 級数が特異点 σ での Laurent 級数である. §3.3.1 で見たようにこれは偶数次の項無しで書かれ, s^{2k-1} の係数は次式で与えられていた

$$\begin{aligned} a_{2k-1}(\sigma, \lambda, K) &= \mathrm{Res}_{s=0}(:s^{-2k}e_*^{(\sigma+s^2)(\frac{1}{i\hbar}u\circ v+\lambda)}:_K) \\ &= \frac{1}{2\pi i}\int_{\tilde{C}} s^{-2k}:e_*^{(\sigma+s^2)(\frac{1}{i\hbar}u\circ v+\lambda)}:_K ds. \end{aligned} \tag{3.42}$$

$\tilde{C}$ はリーマン面内の中心 0 の微小円とする. $a_{2k-1}(\sigma, \lambda, K)$ は (λ, u, v) については整関数である. (3.42) をもとの変数に戻して書くと

$$a_{2k-1}(\sigma, \lambda, K) = \frac{1}{2\pi i}\int_{C^2}\Big(\frac{1}{\sqrt{\zeta-\sigma}}\Big)^{2k+1}\frac{1}{2}:e_*^{\zeta(\frac{1}{i\hbar}u\circ v+\lambda)}:_K d\zeta \tag{3.43}$$

となるが, C^2 は単に特異点を 2 周する円として取れば良いので形式的には C で 1 周した積分のようになる. 特に留数は次で与えられる：

$$a_{-1}(\sigma, \lambda, K) = \frac{1}{2\pi i}\int_{C^2}\frac{1}{2}\frac{1}{\sqrt{\zeta-\sigma}}:e_*^{\zeta(\frac{1}{i\hbar}u\circ v+\lambda)}:_K d\zeta.$$

留数の出る積分同志の積

まず擬真空 $\varpi_*(0)$ と (3.48) 式の $a_{2k-1}(\sigma, \lambda, C, K)$ との積を見よう.

$$\int_{C^2}\partial_z\Big(\Big(\frac{1}{\sqrt{z-\sigma}}\Big)^{2k-1}:e_*^{z(\frac{1}{i\hbar}u\circ v)}*\varpi_*(0)\Big)dz:_K = 0$$

だから微分して $\frac{1}{i\hbar}u\circ v*\varpi_*(0)=0$ を使うと次が分かる：

$$(k-\frac{1}{2})a_{2k+1}(\sigma, \lambda, C, K)*_\Lambda:\varpi_*(0):_K = \lambda a_{2k-1}(\sigma, \lambda, C, K)*_\Lambda:\varpi_*(0):_K \tag{3.44}$$

両辺に $(k-\frac{1}{2})^{-1}$ を積し, k をずらしながら逐次この式を使って $k\to -\infty$ とすると定理3.5より次も分かる：

$$a_{2k+1}(\sigma,\lambda,C,K)*_{\Lambda}{:}\varpi_*(0){:}_K{=}0 \tag{3.45}$$

一方これは次からも分かる：

$$\int_C e_*^{(\sigma+s^2)(\frac{1}{i\hbar}u\circ v+\lambda)}*\varpi_*(0)ds=\int_C e^{(\sigma+s^2)\lambda}ds=0.$$

上のような計算を留数の出る積分でやるとどうなるかを見よう. σ,σ' を $e_*^{z(\frac{1}{i\hbar}u\circ v)}$ の特異点とし, $\sigma+\sigma'$ は特異点でないものとする. すると σ, σ' 中心の微小円 C_σ, $C_{\sigma'}$ があり $C_\sigma\times C_{\sigma'}$ 上にも $e_*^{(z+z')(\frac{1}{i\hbar}u\circ v)}$ の特異点はないものとして良いし, $z+z'$ も0とならないとしてよい.

すると次の重積分

$$\iint_{C_\sigma\times C_{\sigma'}}\frac{1}{\sqrt{z-\sigma}}\frac{1}{\sqrt{z'-\sigma'}}e_*^{(z+z')\frac{1}{i\hbar}u\circ v}dzdz'$$

は定義できるから $z+z'=\zeta$ と置き変数変換すると

$$与式=\iint_{C_\sigma\times C'_{\sigma'}}\frac{1}{\sqrt{z-\sigma}}\frac{1}{\sqrt{\zeta-(\sigma+\sigma')-(z-\sigma)}}e_*^{\zeta\frac{1}{i\hbar}u\circ v}dzd\zeta$$

として ζ をとめて z で積分するのだが

$$\sqrt{\zeta-(\sigma+\sigma')-(z-\sigma)}=\sqrt{\zeta-(\sigma+\sigma')}\sqrt{1-\frac{z-\sigma}{\zeta-(\sigma+\sigma')}}$$

で $\zeta-(\sigma+\sigma')\neq 0$ としてよいから $z=\sigma+s^2$, $dz=2sds$ と置いて積分 $\int_{C_\sigma}ds$ を計算すると

$$\int_{C_\sigma}\frac{1}{\sqrt{1-\frac{s^2}{\zeta-(\sigma+\sigma')}}}ds=0$$

となる.

このことは次のよう公式からも証明できる: $e_*^{(z+z')(\frac{1}{i\hbar}u\circ v)}$ が $C_\sigma\times C'_{\sigma'}$ 上で連続だから重積分

$$\iint_{C_\sigma\times C_{\sigma'}}(\frac{1}{\sqrt{z-\sigma}})^{2k-1}(\frac{1}{\sqrt{z'-\sigma'}})^{2\ell-1}e_*^{(z+z')(\frac{1}{i\hbar}u\circ v+\lambda)}dzdz'$$

ができ, $\frac{1}{i\hbar}u{\circ}v*$ の連続性でこれは積分の中に入れられる. そこで下の $C_\sigma{\times}C_{\sigma'}$ 上の重積分を 2 通りに累次積分する:

$$\iint(\frac{1}{\sqrt{z{-}\sigma}})^{2k-1}e_*^{z(\frac{1}{i\hbar}u\circ v+\lambda)}*\Big(\frac{1}{i\hbar}u{\circ}v\Big)*(\frac{1}{\sqrt{z'{-}\sigma'}})^{2\ell-1}e_*^{z'(\frac{1}{i\hbar}u\circ v+\lambda)}dzdz'$$

$:(\frac{1}{i\hbar}u{\circ}v):_K*_\Lambda a_{2\ell-1}(\sigma',\lambda,K){=}-(\ell{+}\frac{1}{2})a_{2\ell+1}(\sigma',\lambda,K)$ だから次が分かる:

$$\begin{aligned}(k+\frac{1}{2})a_{2k+1}(\sigma,\lambda,K)*_\Lambda a_{2\ell-1}(\sigma',\lambda,K)&\\ ={}&(\ell+\frac{1}{2})a_{2k-1}(\sigma,\lambda,K)*_\Lambda a_{2\ell+1}(\sigma',\lambda,K)\end{aligned}\tag{3.46}$$

k をずらしながら逐次この式を使って変形し極限移行する. 例えば

$$\begin{aligned}&-\frac{1}{2}a_{-1}a_{2l-1}{=}(l{+}\frac{1}{2})a_{-3}a_{2l+1}, &&-\frac{3}{2}a_{-3}a_{2l+1}{=}(l{+}\frac{3}{2})a_{-5}a_{2l+3},\\ &-\frac{5}{2}a_{-5}a_{2l+3}{=}(l{+}\frac{5}{2})a_{-7}a_{2l+5}, &&-\frac{7}{2}a_{-7}a_{2l+5}{=}(l{+}\frac{7}{2})a_{-9}a_{2l+7},\cdots\end{aligned}$$

$\lim_{(k,l)\to(-\infty,\infty}a_{2k-1}a_{2l-1}{=}0$ なので $a_{-1}(\sigma,\lambda,K)a_{2l-1}(\sigma,\lambda,K){=}0$ を得る. 他の場合も同様である.

一方, 命題 1.10 で述べたように積分路 $\tilde{C}$ を無限小の円とし, これを本当に動かすと特異点からはずれるという理由で奇妙な不連続性が現れる, i.e. $\forall k\geq 0$ で, $t{\neq}0$ に対して $:e_*^{t(\lambda+\frac{1}{i\hbar}u\circ v)}:_K*_\Lambda a_{2k-1}(\lambda,\sigma)=0$ となる. このため例えば $:\varpi_{00}:_K*_\Lambda a_{2k-1}(\lambda,\sigma)=0$ である.

ところがすぐ後で分かるように一つの特異点に注目している限り C はいくら大きく取ってもかまわないのである. 但し C は $\oplus$ シート内の連結閉領域 D の区分的に滑らかな境界 $\partial D{=}C$ とする. そこで特異点 σ を固定し, 積分

$$\frac{1}{4\pi i}\int_{C^2}(\frac{1}{\sqrt{\zeta{-}\sigma}})^{2k+1}e_*^{\zeta(\lambda+\frac{1}{i\hbar}u\circ v)}d\zeta\tag{3.47}$$

を考える. この書方だと σ から出る slit にさえ注意しておれば (他の分岐特異点が C^2 の内側にあったとしても影響がなくなり) 特異点からかなり離れた C^2 上での積分も考えられることを以下で示す. 左図のような場合を考える. σ' が C の内側にある別の分岐特異点とする. σ' を中心に微小円 Σ^2 をとり積分路 C^2 と往復路で結んで σ' が外側になるよ

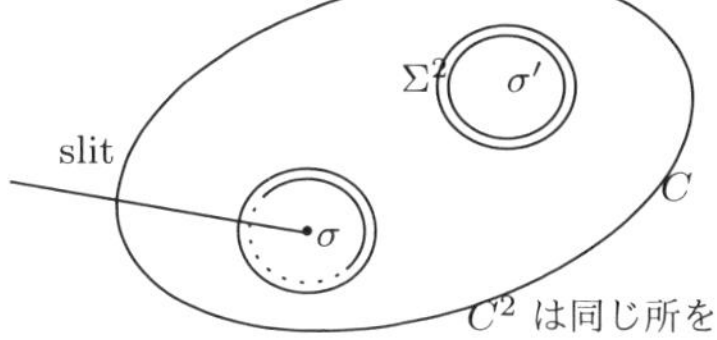

C^2 は同じ所を 2 周する

うに変更したものとΣ^2上の積分を別々に計算する．σ'の近傍では$:e_*^{\zeta(\lambda+\frac{1}{i\hbar}u\circ v)}:_K$の Laurent 級は$\sqrt{\zeta-\sigma'}$の奇数冪のみで下のような形

$$\cdots+\frac{a_{-3}}{\sqrt{\zeta-\sigma'}^3}+\frac{a_{-1}}{\sqrt{\zeta-\sigma'}}+a_1\sqrt{\zeta-\sigma'}+\cdots$$

で与えられる．$s^2=\zeta-\sigma'$と置けば$\sqrt{\zeta-\sigma}=\sqrt{s^2+\sigma'-\sigma}$なので (3.47) の形の積分を$\Sigma^2$上で行えば$\sigma'-\sigma\neq 0$より$\frac{1}{\sqrt{s^2+\sigma'-\sigma}}$の$s=0$の所の Taylor 展開には$s$の奇数冪は現れず，項別積分で

$$\cdots+\int_{\Sigma^2}\frac{a_{-3}}{s^3}\frac{sds}{\sqrt{s^2+\sigma'-\sigma}}+\int_{\Sigma^2}\frac{a_{-1}}{s}\frac{sds}{\sqrt{s^2+\sigma'-\sigma}}+\int_{\Sigma^2}a_1 s\frac{sds}{\sqrt{s^2+\sigma'-\sigma}}+\cdots=0$$

となることが分かる．つまり (3.43), (3.47) の積分ではC^2がσ'の周りを回ったかどうかなどは無関係になり，指定された特異点σを何周したかだけが問題になるのである．少々曖昧な表現だが次のようにまとめておく：

定理 3.8 (各特異点の独立性) 孤立分岐特異点の Laurent 級数を求める (3.47) のような積分では$C=\partial D$がいくら大きくても他の分岐特異点の影響は無い．

第1章では孤立真性特異点での Laurent 展開は Laurent 多項式を “test functions” とした言わば**1点のみに台をもつ形式的超関数**として行われていて，孤立真性特異点は自分の無限小近傍にしか関与しないように見える，と述べている．これは上で述べたことに矛盾するように見えるかもしれないが，よく考えると他の分岐特異点の影響は無いという点で同じ内容のことを述べていることがわかる．

Cが2枚のシートにまたがる単純閉曲線で$C\neq\partial D$の場合はC^2が特異点σの周りを回っていなくてもリーマン面の周期積分となり積分が$\neq 0$となることもある．この場合にはσでの Laurent 級数とは関係がないが，同じ記号を濫用して任意の表示で

$$a_{2k-1}(\sigma,\lambda,C,K)=\frac{1}{4\pi i}\int_{C^2}\Big(\frac{1}{\sqrt{\zeta-\sigma}}\Big)^{2k-1}:e_*^{\zeta(\lambda+\frac{1}{i\hbar}u\circ v)}d\zeta:_K \tag{3.48}$$

と置く．部分積分で次が分かる：

定理 3.9 閉曲線Cが内部にσを含んでいてもいなくても：

$$:(\lambda+\tfrac{1}{i\hbar}u\circ v)*\int_{C^2}\big(\tfrac{1}{\sqrt{\zeta-\sigma}}\big)^{2k-1}e_*^{\zeta(\lambda+\frac{1}{i\hbar}u\circ v)}d\zeta:_K=-(k+\tfrac{1}{2})a_{2k+1}(\sigma,\lambda,C,K)$$

$$(\partial_\lambda-\sigma)a_{2k-1}(\sigma,\lambda,C,K)=a_{2k-3}(\sigma,\lambda,C,K)$$

である．

注意. 閉曲線 C が内部に σ を含んでいなくても積分が $\neq 0$ は起こり得ると思われる.

3.4 留数, 第 2 留数

それにしても逆元の計算とか行列表現には分岐特異点での留数が全く現れず, これらが何ら積極的役割を持っていないように見えるのはいかにも奇妙である.

少し手前に遡り, $\mathbb{C}$ 内の C と C' での 1 周積分の差 $\int_{C-C'} :e_*^{z(\frac{1}{i\hbar}u\circ v+\lambda)}:_K dz$ 等を考えるとき, まず計算すべきものは特異点 σ の周りを微小半径で 2 周する $\int_{C^2} :e_*^{z(\frac{1}{i\hbar}u\circ v+\lambda)}:_K dz$ である.

$z{=}\sigma{+}s^2$ とおけば上の積分は $\tilde{C}$ を σ 中心の 2 重被覆面での微小円として

$$\frac{1}{2\pi i}\int_{\tilde{C}} :f_*(\sigma{+}s^2, \lambda, u, v):_K ds^2 \tag{3.49}$$

である. これは $:f_*(\sigma{+}s^2, \lambda, u, v):_K$ の Laurent 展開に s^{-2} の項があれば $ds^2{=}2sds$ なので留数にあたるものが出てくる積分なのでこれを σ での**第 2 留数**と呼ぶことにする. もとの変数で書けば $\int_{C^2} :e_*^{z(\frac{1}{i\hbar}u\circ v+\alpha}:_K dz$ のように C を 2 度まわるだけの積分である. ところが

$$\int_{\tilde{C}} :e_*^{(\sigma+s^2)(\frac{1}{i\hbar}u\circ v+\alpha)}:_K d(s^2) = 2\int_{\tilde{C}} :e_*^{(\sigma+s^2)(\frac{1}{i\hbar}u\circ v+\alpha)}:_K sds$$

だから, (ds でなく sds なので) 上で見たように被積分関数の展開の中には偶数冪しか現れないことになり第 2 留数は $e_*^{z(\lambda+\frac{1}{i\hbar}u\circ v)}$ の場合には現れない. まとめると次の定理となる：

(第 2 留数消滅定理)

定理 3.10 $\ominus$ シートを使わない $\mathbb{C}$ 内の任意の閉曲線 C 上の積分で $\int_C :e_*^{z(\frac{1}{i\hbar}u\circ v+\lambda)}:_K dz{=}0$ である. これは同じ C を 2 度回る C^2 でも同様である.

これは $:e_*^{z(\frac{1}{i\hbar}u\circ v+\lambda)}:_K$ は特異点を持っているのに Cauchy の積分定理からみるとあたかも正則関数のように振舞うと言っているわけである. すると分岐特異点 $\bullet$ の周りを 2 周する閉曲線では積分は 0 となる. これを 2 重被覆面

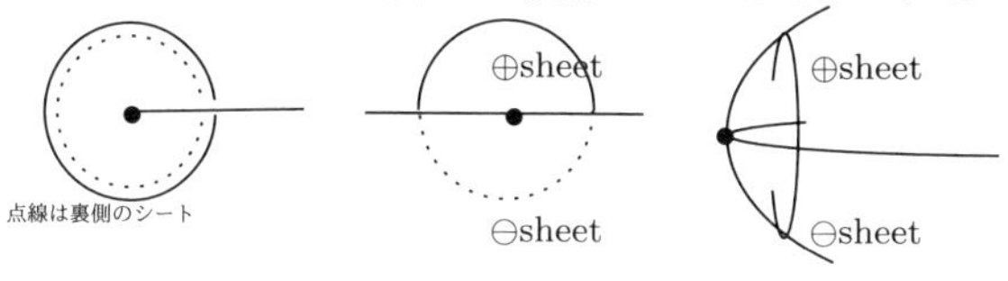

の方に開き出すと, リーマン面の上で1周していることになる. さらにこれをトーラス面上で見やすい形で描いてみると特異点●を1周している右端の絵になることが分かる. ●は特異点なのに積分には影響しないのである.

迂回線積分

a を孤立2重分岐特異点とする関数 $f(z)=:e_*^{z\frac{1}{i\hbar}\langle \boldsymbol{u}A,\boldsymbol{u}\rangle}:_{iK}$ を a を通過する径路 γ に沿って線積分 $\int_\gamma f(z)dz$ を特異点からでている slit を偶数回横切る径路で定義する. 偶数回にするのは同じシート上での積分にするためである. 第2留数消滅定理により迂回のしかたで留数分の差が出るということはない. また Cauchy の積分定理より径路の迂回の半径にも関係しないから, この積分は確定する.

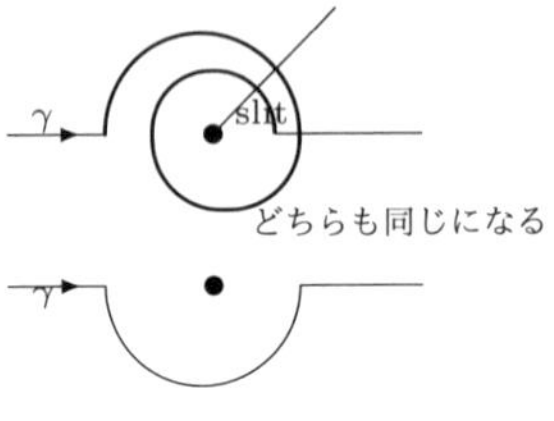

これは一般的なことなので次のように纏めておく：

命題 3.15 孤立分岐特異点, または分岐0点でその点での Laurent 展開に奇数冪しか現れないような $f(z)$ については迂回線積分で定義すれば積分路上の特異点の有無は全く気にしなくてよい.

$\pm\infty$ の近傍での取扱い

$e_*^{z\frac{1}{i\hbar}u\circ v}$ は§2.4.2で見たように $z=\log w$ と置き w の関数と見ると $-\infty$ で2重分岐する0点で $\sqrt{w}$ のように見え, $\partial_w\sqrt{w}=\frac{1}{2\sqrt{w}}$ だから $w=0$ も特異点として扱はねばならないように見えるかもしれないが, $w=0$ の近傍で2重被覆を作り, $w=\zeta^2$ の関数と見てしまうと ζ の正則関数として扱える. $z=\infty$ の近傍は $z=-\log w$ と置き同様に扱う. 局所座標変換が無限多価関数だが局所的には正則なので問題はない. ところが $e_*^{z\frac{1}{i\hbar}u*v}$ は $z=\log w$ と置き w の関数と見ると $w=0$ は分岐しないが0点ではない. $\oplus$ シートのものと $\ominus$ シートのものとは別々に扱う必要がある. 記号がないので $e_{*\oplus}^{z\frac{1}{i\hbar}u*v}$ とか $e_{*\ominus}^{z\frac{1}{i\hbar}u*v}$ 等と書いてしまうのだが, $e_{*\ominus}^{z\frac{1}{i\hbar}u*v}=-e_{*\oplus}^{z\frac{1}{i\hbar}u*v}$ ではあるが $e_{*\ominus}^{z\frac{1}{i\hbar}u*v}+e_{*\oplus}^{z\frac{1}{i\hbar}u*v}=0$ と書くのは同じ場所で加法を行っているわけでないので移項して書くのは良くない. 微積分学の記号法は高校生にも矛盾なく教えられるように完璧に出来ていると誤解されているが多価関数の扱いになると全く整合性に欠けるのである. ではどうすれば良いか, 答えは対象毎に細かい記号法を創設しなければならないということである.

周期積分の場合

一方, 任意の閉曲線で $(\alpha+\frac{1}{i\hbar}u{\circ}v)*\int_C e_*^{z(\lambda+\frac{1}{i\hbar}u\circ v)}dz=0$ が成立するのだが, C に沿う積分が $\neq 0$ となる場合をみると, $e_*^{z(0)(\alpha+\frac{1}{i\hbar}u\circ v)}=e_*^{z(1)(\lambda+\frac{1}{i\hbar}u\circ v)}$ ではあるが $z(0)\neq z(1)$ の場合とか, $z(0)=z(1)$ でも C が 2 枚のシートにまたがる曲線でリーマン面の中の領域 D の境界 ∂D になっていない場合. つまり積分が周期積分になっているような場合である. 下図の閉曲線 C で積分

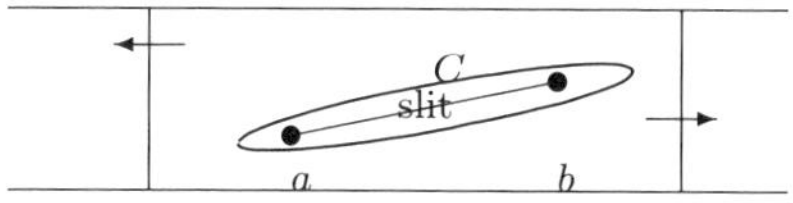

$\frac{1}{\pi i}\int_C :e_*^{z\frac{1}{i\hbar}u*v}:_K dz$ を考える. 周期性が変わるので slit は図のように設置される. $a<0<b$ である必要はないので表示 K は generic で良い. $2\pi i$ 周期性で上下の平行線に沿う積分は打消し合う.

すると両側の $2\pi i$ 周期積分はそれぞれ $-\infty,\infty$ へ極限を取って計算するが $\frac{1}{i\hbar}u*v=\frac{1}{i\hbar}u{\circ}v-\frac{1}{2}$ のせいで増大度 $e^{\mp\frac{1}{2}s}$ の出入りが影響する. これのリーマン面上の図は大きいので下方に掲げた (図 2) であるが C はそこでは slit の上側を回っている. 右端の 0 はここの周期積分は ∞ で消えてしまうことを表す. 特異点の影響を受けないで $\frac{1}{\pi i}\int_C :e_*^{z\frac{1}{i\hbar}u*v}:_K dz=\varpi_{00}$ となることが分かるが, C を slit の下側に移動するときにも特異点の留数は現れない. 上では

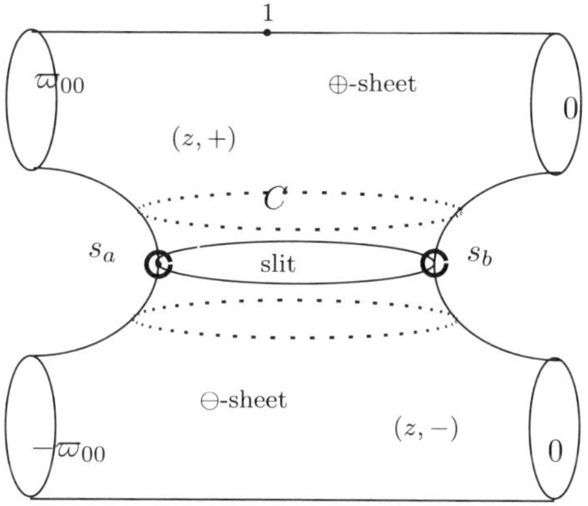

(図 2)

$2\cosh\frac{1}{2}z$ を積しておくと左右対称にできる.

$:e_*^{z\frac{1}{i\hbar}u*v}:_K$ で考えているが, これの代りに $\frac{1}{\pi i}\int_C :2\cosh\frac{1}{2}ze_*^{z\frac{1}{i\hbar}u\circ v}:_K dz$ で考えれば左側に ϖ_{00}, 右側に $\overline{\varpi}_{00}$ が出て左右対称になるようにもできる.

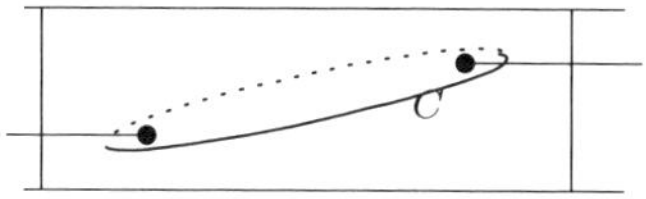

一方 $\lambda=0$ で, 左図のような閉曲線 C で $L=\int_C dz$ とし, $\frac{1}{L}\int_C :e_*^{z(\frac{1}{i\hbar}u\circ v)}:_{K'}dz$ を考える. slit は左図のようになる. 表示は周期性区間が現れる K' とする.

1 周積分で (3.2) 式の所の (図 1) のリーマン面上の (1 径数群とは無縁の) トーラ

スのもう一つの周期積分が現れるが, 定理3.10を使うとこの周期積分にも分岐特異点 $\bullet$ の留数は全く現れないことが分かる. つまり, (3.2) 式の所の (図1) のリーマン面内では周期積分路は $\bullet$ を超えて自由に動かせる.

ところが $\lambda=0$ のときは (3.2) 式 $:e_*^{z\frac{1}{i\hbar}u\circ v}:_K$ は両側に急減少だったから $z=\pm\infty$ は0点であり $t=-\infty$ の所では $w=e^t$, $t=\infty$ の所では $w'=e^{-t}$ で Taylor 展開できることが分かるので $\pm\infty$ を超えても動かせる.

積分路を (図1) のトーラスの一番外側の $\pm\infty$ を通過する円周に変えると

$$2\int_{-\infty}^{\infty}:e_*^{t(\frac{1}{i\hbar}u\circ v)}:_{K'}dt=:2\delta_*(\frac{1}{\hbar}u\circ v):_{K'} \tag{3.50}$$

が現れるが $\ominus$ シートでの積分は向きが逆になるのと πi 交代周期性で上下の

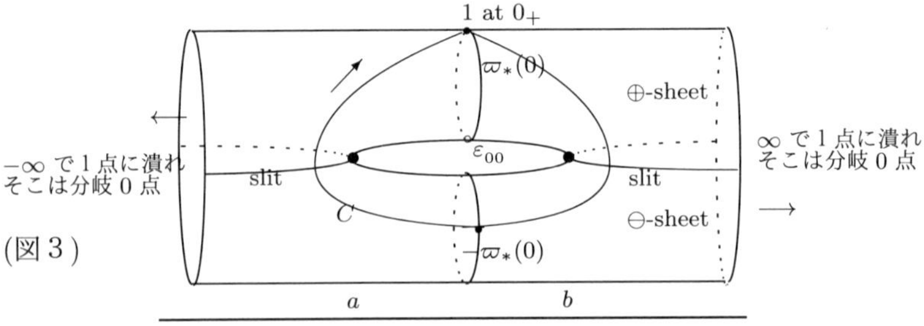

(図3)

平行線は打消すどころか2倍される. これをもう少し分かりやすく見るために左図のような閉曲線 C_0 を考える. (図1) のトーラスで考えれば一つのスリットをまたぐ閉曲線での積分はトーラス上の正則関数に対する Cauchy の積分定理により消えるので上の C に沿う1周積分と同じになる. C_0 もトーラスの基本周期である. 実軸に沿っては両側に $e^{-|s|}$ で急減少なので上の図の縦方向の積分をそれぞれ $\pm\infty$ へ押しやると消える. しかし C とか C_0 のパラメータは指数関数のパラメータでないし, $\mathbb{R}$ もトーラスの2重周期性を示す $\mathbb{C}$ 上の周期平行4辺形のパラメータとは違うものだからこのことが $*$ 指数関数の取扱いを難しくしている. (§3.1節参照) ((図3) の2つの $\bullet$ が合体すると分岐が消えて留数が出る計算になることがある. (3.34) 式がそれであるがここではそれは考えない.)

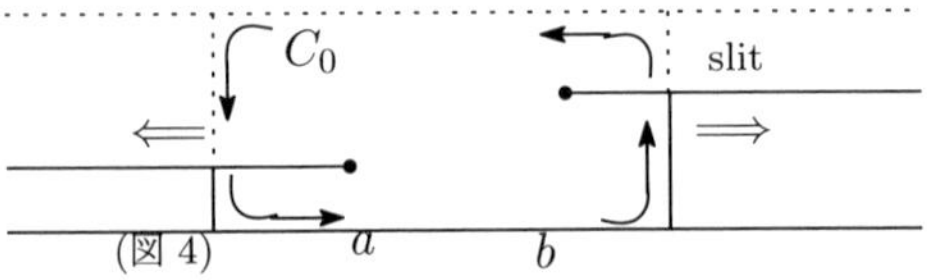

(図4)

3.5 真空表現 vs. 擬真空表現

擬真空は剛体球面の iK 表示を K' に少し変えた π 周期性のある $*$ 指数関数の周期積分 $\varpi_*(0)=\frac{1}{\pi}\int_0^\pi e_*^{it(\frac{2}{i\hbar}u\circ v)}dt$ として現れる. $:e_*^{(s+it)\frac{1}{i\hbar}2u\circ v}:_{_{K'}}$ は命題2.7 より, $s<a$ とか $s>b$ では t に関して π-交代周期的なので 1 周期積分は消える : i.e. $\int_0^{2\pi}:e_*^{(s+it)\frac{1}{i\hbar}2u\circ v}:_{_{K'}}dt=0$, $s\notin[a,b]$, ところが, $a<s<b$ では π-周期的なので slit の位置を図のように変えると, 1 周期積分

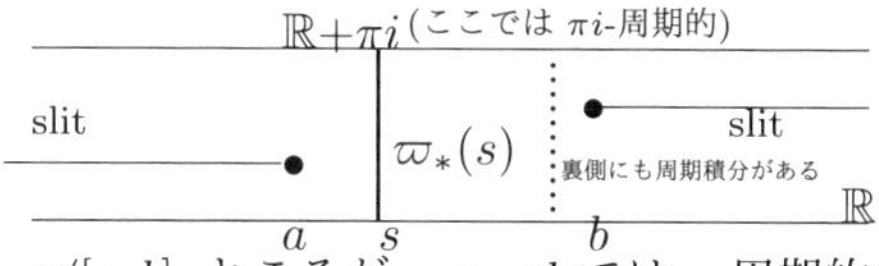

$$:\varpi_*(s):_{_{K'}}=\frac{1}{\pi}\int_0^\pi :e_*^{(s+it)\frac{1}{i\hbar}2u\circ v}:_{_{K'}}dt \tag{3.51}$$

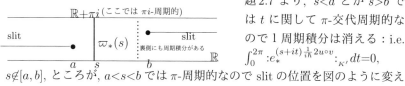

が考えられ, これも Cauchy の積分定理により $a<s<b$ である限り s の値に無関係になる.

$$\frac{1}{i\hbar}2(u\circ v)*\int_0^\pi e_*^{(s+it)\frac{1}{i\hbar}2u\circ v}dt=\int_0^\pi \frac{d}{dt}e_*^{(s+it)\frac{1}{i\hbar}2u\circ v}dt=0$$

だから $(u\circ v)*\varpi_*(s)=0$ である.

真空は $SL_{\mathbb{C}}^{(\frac{1}{2})}(2)$ の縁に貼付いている冪等元なのに対し, 擬真空は $SL_{\mathbb{C}}^{(\frac{1}{2})}(2)$ の中の S^1 部分群の 1 周積分として定義されている冪等元である. $SL(2,\mathbb{C})$ は単連結だから $SL(2,\mathbb{C})$ の S^1 部分群ではこのようなものは現れない.

形から $\neq 0$ は当然と思えるが, 具体的には振幅部分に注目してそこを完全楕円積分の形にまで変形できることを確認する必要がある.(§3.1 参照.).

$e_*^{t\frac{1}{i\hbar}u\circ v}$ は $\mathbb{R}$ 上急減少なので $\frac{1}{i\hbar}\int_{-\infty}^0 e_*^{s\frac{1}{i\hbar}u\circ v}ds$, $-\frac{1}{i\hbar}\int_0^\infty e_*^{s\frac{1}{i\hbar}u\circ v}ds$ はともに $u\circ v$ の逆元を与える. これを $(u\circ v)_{*+}^{-1}$, $(u\circ v)_{*-}^{-1}$ とする. 当然 $(u\circ v)_{*+}^{-1}+c\varpi_*(0)$ 等も $u\circ v$ の逆元だから $u\circ v$ の逆元は $(u\circ v)_{*\pm}^{-1}$ のようなものだけでない.

これらを使って行列要素を作るのだが, 少し準備が要る. これは本質的に Fourier 級数展開だから数学的には目新しいものではない.

まず $u\circ v=\frac{1}{2}(u*v+v*u)$ として, 玉突補題 $u*f_*(v*u)=f_*(u*v)*u$ で次の公式が得られる :

$$\begin{aligned}(\frac{1}{i\hbar}u\circ v+\alpha)*u^n&=u^n*(\frac{1}{i\hbar}u\circ v+\alpha+n)\\(\frac{1}{i\hbar}u\circ v+\alpha)*v^n&=v^n*(\frac{1}{i\hbar}u\circ v+\alpha-n)\end{aligned} \tag{3.52}$$

擬真空では $(u\circ v)*\varpi_*(0)=\frac{1}{\pi}\int_0^{\pi}\frac{d}{dt}e_*^{t\frac{1}{\hbar}u\circ v}dt=0$ となるから次が得られる：

$$\begin{aligned}(\frac{1}{i\hbar}u\circ v+\alpha)*u^n*\varpi_*(0)&=(\alpha+n)u^n*\varpi_*(0),\\(\frac{1}{i\hbar}u\circ v+\alpha)*v^n*\varpi_*(0)&=(\alpha-n)v^n*\varpi_*(0).\end{aligned}\tag{3.53}$$

従って, 擬真空での表現空間 (状態空間とも言う) は $(\mathbb{R}[u]\oplus v*\mathbb{R}[v])*\varpi_*(0)$ のようになって前のほうの真空表現のときとは違って可換環にはなっていないが, (3.52), (3.53) 式より $\frac{1}{\hbar}u\circ v$ の固有値が $\mathbb{Z}$ であることが分かる. また (3.53) 式は $\varpi_*(0)$ でなくても一般に $\frac{1}{i\hbar}u\circ v*\varpi_C=0$ となるような ϖ_C に対して成立することに注意しておく.

$$v*(v*u)*u=v*(u\circ v+\frac{1}{2}i\hbar)*u=v*u*(u\circ v+\frac{3}{2}i\hbar)=(u\circ v+\frac{1}{2}i\hbar)*(u\circ v+\frac{3}{2}i\hbar)$$

だからこれを繰り返して

$$\begin{aligned}\frac{1}{(i\hbar)^n}v^n*u^n&=(\frac{1}{i\hbar}u\circ v+\frac{1}{2})*(\frac{1}{i\hbar}u\circ v+\frac{3}{2})*\cdots*(\frac{1}{i\hbar}u\circ v+\frac{2n-1}{2})\\\frac{1}{(i\hbar)^n}u^n*v^n&=(\frac{1}{i\hbar}u\circ v-\frac{1}{2})*(\frac{1}{i\hbar}u\circ v-\frac{3}{2})*\cdots*(\frac{1}{i\hbar}u\circ v-\frac{2n-1}{2})\end{aligned}$$

となる. 以下では計算に次のようなシフト階乗関数の記号を用いる：

$$\begin{aligned}(a)_n&=a(a+1)\cdots(a+n-1),\ (a)_0=1,\\(a)_{-n}&=(a-n)_n=(a-1)(a-2)\cdots(a-n).\end{aligned}$$

すると上の記号では, $(1)_n=n!$, $(1)_{-n}=0\,(n>0)$ で, 怖い記号だが次が分かる:

$$\begin{aligned}(\frac{1}{i\hbar})^n v^n*u^n*\varpi_*(0)&=(1/2)_n\varpi_*(0)\\(\frac{1}{i\hbar})^n u^n*v^n*\varpi_*(0)&=(1/2)_{-n}\varpi_*(0)\end{aligned}\tag{3.54}$$

$$(\frac{1}{i\hbar})^n v^n*u^n*\varpi_{00}=(1)_n\varpi_{00}=n!\varpi_{00}\tag{3.55}$$

つまり, $\frac{1}{2}$ だけずれているおかげで公式に意味有りげな対称性が出ている.

一方裏側のシートでも周期積分ができるが, こちらは 0_- からの積分だから値は $-\varpi_*(0)$ で冪等元にはなっていない. ところが図のように 0_+ と裏側にある周期曲線上の点を曲線 L で結んで 0_+ を始終点とする閉曲線に変えて周期積分を作ると値は $\varpi_*(0)$ になり冪等元になることに注意する. これを示すには一般の閉曲線での積分も扱っておく必要がある. このとき L が特異点 $\bullet$ とか $-\infty$ を超えた時に特異点の留数の影響を受けないことを第2留数消滅定理で確認しておかねばならない.

3.5.1 閉曲線に沿う積分と冪等性定理

極地元 ε_{00} は $e_*^{\pi\frac{1}{i\hbar}u\circ v}$ とも書かれるが $\frac{1}{i\hbar}u{\circ}v{*}\varpi_*(0)=0$ であるから $\varepsilon_{00}{*}\varpi_*(0)$ を定義するときには注意しなければならない. $e_*^{t\frac{1}{i\hbar}u\circ v}{*}\varpi_*(0)$ を微分方程式で定義する場合には $e_*^{t\frac{1}{i\hbar}u\circ v}$ が $\ominus$ シートの回りこんでいるかどうか, 特に $\varepsilon_{00}^2=-1$ となるのは $\ominus$ シートに入込んでいるときであることに注意する. 定値 2 価関数というものを認めていないとどうしてもこの部分が矛盾に見えてしまう.

指数関数 $:e_*^{z(\alpha+\frac{1}{i\hbar}u\circ v)}:_K$ で z を複素平面内で $C=\{z(t); t{\in}[0,1]\}$ のように動かしたとき特異点を迂回して通過して, $:e_*^{z(0)(\alpha+\frac{1}{i\hbar}u\circ v)}:_K=:e_*^{z(1)(\alpha+\frac{1}{i\hbar}u\circ v)}:_K$ となるものを**リーマン面内の, 特異点を迂回する閉曲線**と呼ぶ. C が特異点のまわりを一周する $z(0)=z(1)$ の場合もある. 但し, $\ominus$ シートでの閉曲線に沿う積分になってしまうのを避けるため常に 0_+ と C を特異点を通過しない曲線でつなぎ, 0_+ から出て 0_+ に終わる閉曲線にして考える. このように修正したものを 0_+ を始終点とする (リーマン面内の, 特異点を迂回通過する) 閉曲線と呼ぶ. generic な表示で

$$\int_C :e_*^{z(\alpha+\frac{1}{i\hbar}u\circ v)}dz:_K=\int_0^1 :e_*^{z(t)(\alpha+\frac{1}{i\hbar}u\circ v)}\frac{dz}{dt}dt:_K$$

は次の式を満たす:

$$:(\alpha+\frac{1}{i\hbar}u{\circ}v)*\int_C e_*^{z(\alpha+\frac{1}{i\hbar}u\circ v)}dz:_K=\int_C :\frac{d}{dz}e_*^{z(\alpha+\frac{1}{i\hbar}u\circ v)}:_K dz=0$$

定理 3.10 より次が言えることに注意する:

命題 3.16 上の閉曲線で $z(0)=z(1)$ だと $\int_C :e_*^{z(\alpha+\frac{1}{i\hbar}u\circ v)}dz:_K=0$ である.

命題 3.10 の閉曲線は 1 径数群のパラメータだが, それ以外にもリーマン面内の閉曲線 C で $\int_C dz=L_0\neq 0$ となるものは沢山ある. このような閉曲線 C で $\varpi_C=\frac{1}{L_0}\int_C e_*^{z\frac{1}{i\hbar}u\circ v}dz$ を作り $\varpi_C\neq 0$ とする. すると §2, 定理 2.8 と同じ証明で次の驚くべき定理が得られる:

冪等性定理

定理 3.11 $e_*^{z\frac{1}{i\hbar}u\circ v}{*}\varpi_C$ は z に関して $\mathbb{C}\backslash$(離散集合) 上で定義された 2 価の定値 $(\pm\varpi_C)$ の関数である. 特に C が 0_+ を始終点とする $e_*^{z\frac{1}{i\hbar}u\circ v}$ の特異点から出る slit と偶数回交わる特異点迂回の閉曲線ならば ϖ_C は冪等元である.

証明. $:\frac{1}{i\hbar}u{\circ}v{*}\varpi_C:_K=0$ だから定理 2.8 と同じことが示せることは明らかだろう．ところが C は 0_+ を始終点とし条件より $e_*^{z\frac{1}{i\hbar}u\circ v}{*}\varpi_C$ は C 上で一定値 ϖ_C となるから，

$$:\varpi_C{*}\varpi_C:_K=\frac{1}{L_0}\int_C :e_*^{z\frac{1}{i\hbar}u\circ v}{*}\varpi_C:_K dz=\frac{1}{L_0}\int_C :\varpi_C:_K dz=:\varpi_C:_K$$

で冪等元となる． □

トーラスの基本周期である 2 つの閉曲線は 2 つ繋いで一つの閉曲線にできる．これで作られる擬真空は $\frac{1}{2}(\varpi_*(0)+\varpi_{C_0})$ であるが，これも冪等元だから

$$\frac{1}{4}(\varpi_*(0)+\varpi_{C_0})^2=\frac{1}{4}(\varpi_*(0)+2\varpi_*(0){*}\varpi_{C_0}+\varpi_{C_0})=\frac{1}{2}(\varpi_*(0)+\varpi_{C_0})$$

となり $2\varpi_*(0){*}\varpi_{C_0}=\varpi_*(0)+\varpi_{C_0}$ となる．これより $(\varpi_*(0)-\varpi_{C_0})^2=0$ も分かるが，$:e_*^{z\frac{1}{i\hbar}2u\circ v}{*}\varpi_C:_K$ が定値 2 価なので

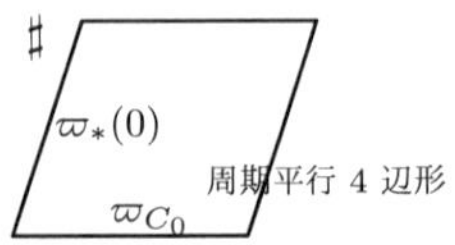

$$:\varpi_*(0){*}\varpi_{C_0}:_K=\frac{1}{\pi}\int_0^{\pi} :e_*^{it\frac{1}{i\hbar}2u\circ v}{*}\varpi_{C_0}dt:_K=:\varpi_{C_0}:_K$$

となり，全く対称的に $=:\varpi_*(0):_K$ となるので，結局次が分かる：

系 3.1 $\varpi_*(0)=\varpi_{C_0}$ である．同様 $\varpi_C=\varpi_*(0)$ である．

これは擬真空というものが標準形をきめてしまえば閉曲線の取方によらないと述べているので特に注目すべきことである．なおトーラスの周期平行 4 辺形 $\sharp$ 上の 1 周積分はこの中にある真性特異点の第 2 留数が 0 なので $:\int_\sharp e_*^{it\frac{1}{i\hbar}u\circ v}dt:_{iK}=0$ である．

註. すると (3.50) 式の $\delta_*(\frac{1}{\hbar}u{\circ}v):_{K'}$ が冪等元のように見えないことが矛盾に見えるが，$:2\delta_*(\frac{1}{\hbar}u{\circ}v):_{K'}=\lim_{\varepsilon\to 0}\frac{1}{L_\varepsilon}\int_{C_\varepsilon} e_*^{z\frac{1}{\hbar}u\circ v}dz$ のようなコンパクトな閉曲線 C_ε 上の積分の極限として定義しておけば冪等元の極限として冪等性を持つことが分かる．定値 2 価関数は非コンパクトな曲線上で積分すると $\frac{\infty}{\infty}$ となるので極限の取方を指定しないと決まらない．

次に $(\varpi_{00}+\overline{\varpi}_{00})$ は冪等元で

$$\begin{aligned}\frac{d}{dz}e_*^{z\frac{1}{i\hbar}u\circ v}{*}(\varpi_{00}+\overline{\varpi}_{00})&=e_*^{z\frac{1}{i\hbar}u\circ v}{*}\frac{1}{2}(\varpi_{00}-\overline{\varpi}_{00}){*}(\varpi_{00}+\overline{\varpi}_{00})\\&=\frac{1}{2}(\varpi_{00}-\overline{\varpi}_{00}){*}e_*^{z\frac{1}{i\hbar}u\circ v}{*}(\varpi_{00}+\overline{\varpi}_{00})\end{aligned}$$

だからこれより

$$e_*^{z\frac{1}{\hbar}u\circ v}*(\varpi_{00}+\overline{\varpi}_{00})=\cosh z(\varpi_{00}+\overline{\varpi}_{00})+\sinh z(\varpi_{00}-\overline{\varpi}_{00})=e^z\varpi_{00}+e^{-z}\overline{\varpi}_{00}$$

これより $\varpi_C*(\varpi_{00}+\overline{\varpi}_{00})=e^{z(1)-z(0)}\varpi_{00}+e^{-z(1)+z(0)}\overline{\varpi}_{00}$ が得られる．(命題3.16 参照.)

3.5.2 擬真空行列表現

(3.53) と, その直下の注意を使うと

$$\begin{aligned}\int_C :u*e_*^{z(\frac{1}{i\hbar}u\circ v+\alpha)}*v:_K dz &= \int_C :(u\circ v-\frac{i\hbar}{2})*e_*^{z(\frac{1}{i\hbar}u\circ v+\alpha-1)}:_K dz\\ &=(i\hbar)(\frac{1}{2}-\alpha)\int_C :e_*^{z(\frac{1}{i\hbar}u\circ v+\alpha-1)}:_K dz\end{aligned}$$

が得られ, これを繰り返して

$$\int_C :u^n*e_*^{z(\frac{1}{i\hbar}u\circ v+\alpha)}*v^n dz:_K=(i\hbar)^n(\frac{1}{2}-\alpha)_n:\int_C e_*^{z(\frac{1}{i\hbar}u\circ v+\alpha-n)}dz:_K,$$

同様に次も分かる：

$$:v^n*\int_C e_*^{z(\frac{1}{i\hbar}u\circ v+\alpha)}:_K dz*u^n:_K=(i\hbar)^n(\frac{1}{2}-\alpha)_{-n}:\int_C e_*^{z(\frac{1}{i\hbar}u\circ v+\alpha+n)}dz:_K.$$

以下では記号を簡便にする為次のような簡略記号を使う:

$$\zeta^k=\begin{cases}u^k, & k\geq 0\\ v^{|k|}, & k<0,\end{cases}\qquad \hat{\zeta}^\ell=\begin{cases}v^\ell, & \ell\geq 0\\ u^{|\ell|}, & \ell<0,\end{cases}$$

この記号では任意の K-表示, $\forall n\in\mathbb{Z}$ で次が得られる：

$$\zeta^n*\int_C e_*^{z(\frac{1}{i\hbar}u\circ v+\alpha)}dz*\hat{\zeta}^n=(\frac{1}{2}-\alpha)_n\int_C e_*^{z(\frac{1}{i\hbar}u\circ v+\alpha-n)}dz \tag{3.56}$$

特に $L_0=\int_C dz$ とし, $\varpi_C=\frac{1}{L_0}\int_C e_*^{z\frac{1}{i\hbar}u\circ v}dz$ とする．ϖ_C を**広義擬真空**と呼んでおくが, $\varpi_C=\varpi_*(0)$ だから広義擬真空と擬真空は同じものである.

次は結合律が与える一見奇妙な補題である：

補題 3.1 ある表示 K で $\int_{C\times C}e_*^{(s+t)\frac{1}{i\hbar}u\circ v}dsdt$ が重積分可能とする．すると $\alpha\neq\beta$ ならばこの表示で $\int_C e_*^{z(\alpha+\frac{1}{i\hbar}u\circ v)}dz*\int_C e_*^{\zeta(\beta+\frac{1}{i\hbar}u\circ v)}d\zeta=0$ である.

証明. 重積分可能なら $\frac{1}{i\hbar}u{\circ}v*$ の連続性よりこれが積分記号の中に入り

$$\begin{aligned}\frac{1}{i\hbar}u{\circ}v*\int_{C\times C}e_*^{(s+t)\frac{1}{i\hbar}u\circ v}dsdt&=\int_{C\times C}\frac{1}{i\hbar}u{\circ}v*e_*^{(s+t)\frac{1}{i\hbar}u\circ v}dsdt\\&=\int_{C\times C}e_*^{s(\alpha+\frac{1}{i\hbar}u\circ v)}*\frac{1}{i\hbar}u{\circ}v*e_*^{t(\beta+\frac{1}{i\hbar}u\circ v)}dsdt\end{aligned}$$

でこれも重積分可能. 重積分可能なら累次積分は順序によらないから結合律定理と指数法則で別々に累次積分して

$$\begin{aligned}&-\alpha\int_C e_*^{s(\alpha+\frac{1}{i\hbar}u\circ v)}ds*\int_C e_*^{t(\beta+\frac{1}{i\hbar}u\circ v)}dt\\&\quad=\int_C e_*^{s(\alpha+\frac{1}{i\hbar}u\circ v)}ds*\frac{1}{i\hbar}u{\circ}v*\int_C e_*^{t(\beta+\frac{1}{i\hbar}u\circ v)}dt\\&\quad\quad=-\beta\int_C e_*^{s(\alpha+\frac{1}{i\hbar}u\circ v)}ds*\int_C e_*^{t(\beta+\frac{1}{i\hbar}u\circ v)}dt.\end{aligned}$$

となる. □

註. $C\times C$ 上に $e_*^{(s+t)\frac{1}{i\hbar}u\circ v}$ が連続であれば $C\times C$ はコンパクトだから一様連続性より重積分可能である. $\varpi_*(0)$ のときのように C が 1 径数部分群のパラメータとなっている場合等はこのことは自明である. $C\times C$ 上に特異点が現れる場合でも §3.3.2 の迂回線積分で考え極限移項すれば問題ない.

(3.53) 式と補題 3.1 より次がわかる：

補題 3.2 $\frac{1}{L_0}\int_C e_*^{z(\frac{1}{i\hbar}u\circ v-n)}dz=\frac{1}{(1/2)_n}\zeta^n*\varpi_{C}*\hat{\zeta}^n$ であり, 特に $n\neq0$ ならば $\varpi_{C}*\zeta^n*\varpi_{C}=0$ である.

広義擬真空行列表現

定理 3.12 $\varpi_C\neq0$ で $\int_{C\times C}e_*^{(s+t)\frac{1}{i\hbar}u\circ v}dsdt$ が重積分可能とする. このとき

$$:D_{k,\ell}(C):_{K}=\frac{1}{\sqrt{(\frac{1}{2})_k(\frac{1}{2})_\ell(i\hbar)^{|k|+|\ell|}}}:\zeta^k*\varpi_C*\hat{\zeta}^\ell:_{K}\tag{3.57}$$

は $\forall k,\ell\in\mathbb{Z}$ につき (k,ℓ)-行列要素である.

証明. 多項式 $P(u,v)$, $Q(u,v)$ で $P(u,v)*\varpi_C*Q(u,v)$ のように擬真空 ϖ_C を挟んだ元は (3.52), (3.56) とか補題 3.2 を使うと次のような形 $\phi(\zeta)*\varpi_C*\psi(\hat{\zeta})$ にまで変形される. 但し ϕ,ψ は u とか v 単独の変数の多項式である. (3.52) 式

を使って変数を移動し, 補題3.1, 補題3.2, (3.56) を使うと, $:\varpi_C * \varpi_C:_K = :\varpi_C:_K$ があるので結果が得られる. □

これを広義擬真空表現と呼ぶ. 行列環としては対角行列からあまり外れない

$$\mathfrak{M}(K) = \Big\{ \sum_{|k-\ell|<\infty} x_{k,\ell} :D_{k,\ell}:_K \,;\, x_{k,\ell} \in \mathbb{C} \Big\} \tag{3.58}$$

とか, 下3角行列からあまり外れない

$$\mathfrak{M}_\Delta(K) = \Big\{ \sum_{k-\ell<\infty} x_{k,\ell} :D_{k,\ell}:_K \,;\, x_{k,\ell} \in \mathbb{C} \Big\} \tag{3.59}$$

を考えておく.

演習問題. $D_{k,l}(K)$, $k,l \in \mathbb{Z}$ を行列要素とし, $\mathfrak{M}_\Delta(K)$ を $X = \sum x_{k,l} D_{k,l}(K)$ に対しある $n(X)$ があって $k-l > n(X)$ ならば $x_{k,l}=0$ となるような下3角行列に近いようなものの全体とする. さらに $\mathfrak{M}' = \sum'_{k,l} x_{k,l} D_{k,l}$ (任意有限和) とする. このとき次を示せ：

(1) $\mathfrak{M}_\Delta(K)$ は結合代数で, $\mathfrak{M}(K)$ は部分代数である.

(2) $\mathfrak{M}'$ は $\mathfrak{M}(K)$ のイデアルだか $\mathfrak{M}_\Delta(K)$ のイデアルではないことを確かめよ.

(3) $\mathfrak{M}' \mathfrak{M}_\Delta(K) \mathfrak{M}' \subset \mathfrak{M}'$ を確かめよ.

(4) $\mathfrak{M}' \mathfrak{M}_\Delta(K)$, $\mathfrak{M}_\Delta(K) \mathfrak{M}'$ の元のトレースは有限であることを確かめよ.

但しここの元であることを強調するときには X_{mat} のように表わすことにする. 積は $*$ のような記号は使わずそのまま書く. これは $\mathbb{Z}\times\mathbb{Z}$ の行列表現であり固有値が負のものも含まれているので物理的意味は分かりにくい.

行列表現

広義擬真空は判別式が -1 の任意の2次式について定義できるが使う $*$ 2次式の種類には依存するが, 周期閉曲線には依存しなくなるからその種類も真空全体 $:\mathcal{V}:_0$ ぐらいのものだが, $iK = iI$ を固定して ϖ_C を作りいつもこれを標準にして相互変換するときめておけば齟齬は起きないから広義擬真空の全体も集合として扱ってよい.

また $\varpi_*(0)$ を作るとき K' を使わず, iK 表示を使い, その代りに周期閉曲線を図のような迂回積分路 C に変更しても命題3.15 により同様の話ができることを注意すれば, 広義擬真空は任意の iK 表示で定義できることが分かる.

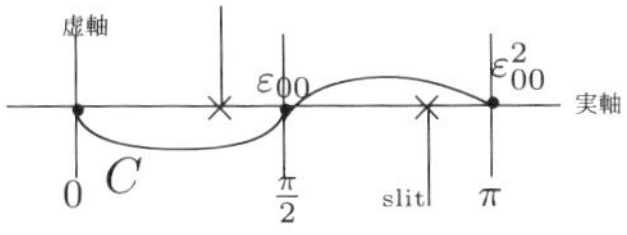

この径路に沿って指数関数を追跡すると π 周期的になるから $\varepsilon_{00}^2=1$ のように見えてしまうかもしれないが, $[0,\frac{\pi}{2}]$ までの径路と, $[\frac{\pi}{2},\pi]$ の径路は指数法則で平行移動したものとは違うから $\varepsilon_{00}*\varepsilon_{00}=1$ を意味するわけではない.

しかも上の積分路を実軸に関して対称に, slit を2度横切るように折返すとトーラスのもうひとつの周期積分路になるが, これを (図1) のトーラス上で描いてみると下の図のようになる. 上の考察によりここからも同じ広義擬真空が現れる. しかしこれらの閉曲線のパラメータは複素トーラスの標準的な直線として取ることはできてもそれは $*$ 指数関数のパラメータではなく, そこからみると周期的に振動している曲線である. 上の考察で広義擬真空が iK 表示でも使えることが分かったので, 以下では C は省略して iK 表示で考える. iK 表示では例外なく $\varepsilon_{00}^2=-1$ なので表示を固定して話ができるメリットがある.

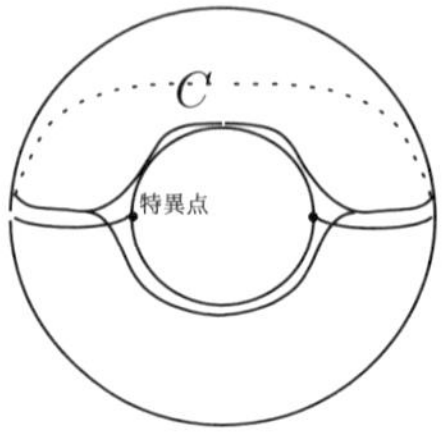

$\mathfrak{M}_\Delta(iK)$ はかなり大きい行列環で u,v 2変数の様々な代数を含んでいる. 代数 $\mathcal{A}$ を $\mathfrak{M}_\Delta(iK)$ の部分代数とする. すると $A\in\mathcal{A}$ は $A=\sum a_{i,j}D_{i,j}(iK)$ のように行列として表され, $D_{\ell,k}(iK)=:D_{\ell,k}:_{iK}$ が全部分かっているのなら $D_{\ell,k}*A*D_{\ell,k}=a_{k,\ell}D_{\ell,k}$ と計算できる. しかし $a_{k,\ell}D_{\ell,k}\in\mathcal{A}$ とは限らない. ε_{00} を使って1の分解で (2.91) 考えたときのように各成分が独立であるとは限らないから A は $a_{i,j}$ の**重ね合わせ**として表示されているだけである.

しかし擬真空 $\varpi_*(0)$ による行列表現では命題3.10により

$$\overline{\zeta^k*\varpi_*(0)*\hat{\zeta}^l}=\zeta^{-l}*\varpi_*(0)*\hat{\zeta}^{-k}$$

なので次が分かる:

命題 3.17 iK が実対称行列ならば $\varpi_*(0)$ による行列表現では積分路が複素共役で変化しないので $:\overline{D_{k,l}}:_{iK}=:D_{-l,-k}:_{iK}$ である.

さらに次のように置く：$((\frac{1}{2})_{k+1}=(\frac{1}{2})_k(\frac{1}{2}+k)$ に注意)

$$
\begin{aligned}
1_{mat}=&\sum_k D_{k,k}(iK) \quad (\text{単位行列})\\
u_{mat}=&\sum_k u{*}D_{k,k}(iK)=\sum_k((k+\frac{1}{2})i\hbar)^{1/2}D_{k+1,k}(iK)\\
v_{mat}=&\sum_k D_{k,k}(iK){*}v=\sum_k((k+\frac{1}{2})i\hbar)^{1/2}D_{k,k+1}(iK)\\
=&\sum_k((k-\frac{1}{2})i\hbar)^{1/2}D_{k+1,k}(iK).
\end{aligned}
$$

容易に $u_{mat}v_{mat}-v_{mat}u_{mat}=-i\hbar 1_{mat}$ が分かるが, 面白いことに上の式から

$$v^{\circ}_{mat}=\textstyle\sum_k((\frac{1}{2}+k)i\hbar)^{-1/2}D_{k+1,k}(iK)\in\mathfrak{M}(iK)$$

とおくと $v_{mat}v^{\circ}_{mat}=v^{\circ}_{mat}v_{mat}=1_{mat}$ が分かる. 同様

$$u^{\bullet}_{mat}=\textstyle\sum_k((\frac{1}{2}+k)i\hbar)^{-1/2}D_{k,k+1}(iK)$$

とおくと $u_{mat}u^{\bullet}_{mat}=u^{\bullet}_{mat}u_{mat}=1_{mat}$ が分かる. 従って $u_{mat}v_{mat}$ も $v_{mat}u_{mat}$ も逆元を持っている. これは広義擬真空の著しい性質である. これらで生成される $\mathfrak{M}(iK)$ の部分代数を**可逆 Weyl 代数**と呼ぶことにする. しかし,

$$(u{\circ}v)_{mat}=\tfrac{1}{2}(u_{mat}v_{mat}+v_{mat}u_{mat})$$

は可逆でない.

前節では行列表現されていることを積極的には使ってないがここでは行列表現を積極的に使って分かることを見ておこう.

$1=\sum_{k\in\mathbb{Z}}D_{k,k+1}(iK)$ とし,

$$z_{mat}=\textstyle\sum_{k\in\mathbb{Z}}D_{k,k+1}(iK),\quad w_{mat}=\sum_{k\in\mathbb{Z}}D_{k+1,k}(iK)$$

と置けば容易に $z_{mat}w_{mat}=1=w_{mat}z_{mat}$ が分かるので式の中では $w^n=z^{-n}$ の記号も使う.

まずこれまでの Weyl 代数の元との関係を見ておこう. $:u:_{iK}=u$, $:v:_{iK}=v$ だから次もわかる:

$$
\begin{aligned}
u=&\sum_k u{*_{\Lambda}}D_{k,k}(iK)=\sum_k((\frac{1}{2}+k)i\hbar)^{1/2}D_{k+1,k}(iK)\\
v=&\sum_k D_{k,k}(iK){*_{\Lambda}}v=\sum_k((\frac{1}{2}+k)i\hbar)^{1/2}D_{k,k+1}(iK)\\
v{*_{\Lambda}}u=&\sum_k((\frac{1}{2}+k)i\hbar)D_{k+1,k+1}(iK)
\end{aligned}
$$

であり容易に $u{*}v - v{*}u = -i\hbar$ が分かるが, $\frac{1}{2}$ があるおかげで, (3.58) で

$$v^{\circ}_{mat} = \sum_k ((\tfrac{1}{2}+k)i\hbar)^{-1/2} D_{k+1,k}(iK) \in \mathfrak{M}(iK)$$

とおくと $vv^{\circ}_{mat} = v^{\circ}_{mat}v = 1$ が分かる. 同様

$$u^{\bullet}_{mat} = \sum_k ((\tfrac{1}{2}+k)i\hbar)^{-1/2} D_{k,k+1}(iK)$$

とおくと $uu^{\bullet}_{mat} = u^{\bullet}_{mat}u = 1$ が分かる. $\sqrt{v{*}u}_{mat}$, $\sqrt{u{*}v}_{mat}$ も $\mathfrak{M}(iK)$ の元で可逆である. しかし, $u{\circ}v$ は 0 固有値があるので $(u{\circ}v)^{-1}_{mat}$ は作れない.

$$2i\hbar(v{*}u)^{-1}_{mat} = \sum_{k=-\infty}^{\infty} (k+\frac{1}{2})^{-1} D_{k+1,k+1}(iK) = \sum_{k=-\infty}^{\infty} (k-\frac{1}{2})^{-1} D_{k,k}(iK)$$

であるが, これは $(v{*}u)^{-1}_{*+}$ とか $(u{*}v)^{-1}_{*-}$ とは違う元である. $\sqrt{2i\hbar}(v{*}u)^{-1/2}_{mat}$ を使うと $z_{mat} = u{*}\sqrt{2i\hbar}(v{*}u)^{-1/2}_{mat}$, $w_{mat} = \sqrt{2i\hbar}(v{*}u)^{-1/2}_{mat}{*}v$ となる. これらは対角行列だが Laurent 行列ではない.

$\mathcal{A}$ を μ, z_{mat}, w_{mat} で生成される $\mathfrak{M}(iK)$ の部分環とし, $B = \mathbb{C}[z, z^{-1}]$ とする. 実は $\mathcal{A}$ は $\mu = (v{*}u)^{-1}_{mat}$ を制御子とする μ 制御代数になっているのだが, 証明は前節と同じで ϖ_{00} が出てこないから $\widetilde{\mathcal{V}}_0$ と同じものになっている.

しかし, そうすると今度は前節で述べたように $\mu^{-1}{*}\widetilde{\mathcal{V}}_0$ は古典的な 1 次元接触代数でしかないから量子論とは無関係になってしまう.

行列表現を使うと古典的なものになるので, 逆に “古典化” をしているような印象になる.

正冪部分への射影

量子化の手続きは非可換中心拡大することだと思って次のように置く.

$$\hat{z}_{mat} = \sum_{k=0}^{\infty} D_{k,k+1},\ \hat{w}_{mat} = \sum_{k=0}^{\infty} D_{k+1,k}$$

$$\hat{\mu}^{\bullet}_{mat} = \sum_{k=0}^{\infty} (n+\tfrac{1}{2})^{-1} D_{n,n}(iK),\ \hat{\mu}_{mat} = \sum_{k=0}^{\infty} (n+\tfrac{1}{2}) D_{n,n}(iK),$$

すると $\hat{\mu}_{mat}\hat{\mu}^{\bullet}_{mat} = 1 = \hat{\mu}^{\bullet}_{mat}\hat{\mu}_{mat}$ だが可換性は消えて $[\hat{z}_{mat}, \hat{w}_{mat}] = D_{0,0}(iK)$ となる.

これで §3.2.3 の状況に戻ったことになる. ここから先はこの非可換性を取込むように中心拡大を作るのである. ポイントはトレース写像を使う次の完全列である:

$$0 \to \mathcal{M}'_0/[\mathcal{M}'_0, \mathcal{M}'_0] \to (B+\mathcal{M}'_0)/[\mathcal{M}'_0, \mathcal{M}'_0] \to (B+\mathcal{M}'_0)/\mathcal{M}'_0 \to 0$$

ここでは Laurent 多項式から Laurent 行列を作りその全体を $B+\mathcal{M}'_0/\mathcal{M}'_0 = \widetilde{B}_0$ と同一視しているのだが §3.2.3 では $[z, w] = \varpi_{00}$ だったのでトレース写像の

ときには ϖ_{00} を 1 としているのに対しここでは $D_{0,0}(iK)$ を 1 としてトレース写像を作って $\mathbb{C}$ の元を得ている.

トレース写像は $\sum' x_k E_{k,k}$, $\sum' x_k D_{k,k}(iK)$ に対し $\sum' x_k$ を対応させているので $*$ 指数関数の振幅部分のみを取出す写像に対応しているのだがこれがどういうものの不変量なのかは不明である

留数写像

完全列 $0\to\mathbb{C}\to B/\mathcal{I}_1\to\widetilde{B}_0\to 0$ はトレースを取る写像で作られているが, 目的は Lie 環 $(\widetilde{B}_0, \{\,,\,\}_c)$ の中心拡大

$$(\widetilde{B}_0 \oplus \mathbb{C}, [|\,,\,|]):\ [|f+a, g+b|]=\{f,g\}_c+\alpha(f,g),$$

を得ることだからトレース写像は以下でみるように留数写像 $f\to\mathrm{Res}f\in\mathbb{C}$ で代用できる. しかし一般の Laurent 級数どうしの積は定義できないので, ここでは Laurent 級数を $f\in C^\infty(S^1)$ の Fourier 級数としておく. Liouville 括弧積はここでは $\{f,g\}_c=fg'-gf'$ だが, Jacobi の恒等式 $\sum_{f,g,h}\{f,\{g,h\}_c\}_c=0$ が成立している.

§1.7.2 を思出すと留数写像の, Liouville 括弧積 $\{\,,\,\}_c$ に関する 2 coboundary $d\mathrm{Res}(f,g)=\mathrm{Res}\{f,g\}_c$, i.e.

$$d\mathrm{Res}(f,g)=\mathrm{Res}(\{f,g\}_c)=\mathrm{Res}(fg'-gf')=2\mathrm{Res}(fg') \quad \text{cf.}(1.63)$$

が $\sum \mathrm{Res}\{f,\{g,h\}_c\}_c=0$ となって Lie 環 $(\widetilde{B}_0, \{\,,\,\}_c)$ の (中心拡大を作るときの) 2 cocycle になっていることが分かる.

$\widetilde{B}_0$ の元は Laurent 多項式 $f(z_{mat}, z_{mat}^{-1})$ だが $z_{mat}=\sum_{k\in\mathbb{Z}} D_{k,k+1}(iK)$ は u,v での $Hol(\mathbb{C}^2)$ の元であるが $\mathrm{Res}(\{f,g\}_c)$ はそのまま考えられる. しかし値は $\mathbb{C}$ ではない. Heisenberg Lie 環は $[|f+\mathrm{Res}f, g+\mathrm{Res}g|]=[|f,g|]=\mathrm{Res}\{f,g\}_c$ であり, これの包絡環が自由ボゾン代数 $(\widetilde{\mathcal{B}};\bullet)$ である.

古典的な Liouville 括弧積で作る Lie 環の中心拡大は

$$[|f{*}\mu^{-1}, g{*}\mu^{-1}|]=\{f,g\}_c{*}\mu^{-1}+\mathrm{Res}\{f,g\}_c$$

である. $\mathrm{Res}\{f,g\}_c$ が $[|\,,\,|]$ に関して cocycle 条件をみたすことは明らかだろう. この Lie 環を $(\widetilde{\mathcal{B}};\bullet)$ の $\bullet$ 2 次式の交換子積として表示したものが Virasoro Lie 環である.

3.5.3 Fourier 級数展開, Laurent 展開

上のものは $\mathfrak{M}(iK)$ の元としての話だから一般にはもとの Weyl 代数の元にはなっていない. しかし元によってはそれが分かることもある.

話を $\varpi_*(0)$ の場合に戻すと generic には虚軸上に特異点はないとしてよいだろうから, 剛体 K-表示で $e_*^{it\frac{1}{i\hbar}u\circ v}$ が例外点でないとき, または周期性区間 $[a,b]$(命題 2.7 参照) が 0 を内点に含む K' 表示の場合には $:e_*^{it\frac{1}{i\hbar}u\circ v}:_{K'}$ は $S^1(\frac{1}{2})$ から $Hol(\mathbb{C}^2)$ への実解析的写像となる. $:e_*^{it(\frac{1}{i\hbar}u\circ v)}:_{K'}$ は $e^{2\text{ 次式}+1\text{ 次式}}$ の線形包程度の関数空間に入っているからその空間を F とし F から $\mathbb{C}$ への任意の連続線形写像 λ をとり, $\lambda(:e_*^{it(\frac{1}{i\hbar}u\circ v)}:_{K'})$ に対して普通の Fourier 級数展開を適用する. F が双対の双対でもとに戻るような空間 (i.e.$F^{**}{=}F$, 反射的 (reflexive) 空間) であること (正確にはソボレフ鎖を用いる) を見ておけば, Fourier 級数展開の定理はこの場合にも適用され, 次が分かる:($\frac{1}{i\hbar}2u\circ v$) でなく $\frac{1}{i\hbar}u\circ v$) について書かれていることに注意)

定理 3.13 $a{<}s{<}b$ のとき $:e_*^{(s+it)(\frac{1}{i\hbar}u\circ v)}:_{K'} = \sum_{k\in\mathbb{Z}} :D_{k,k}:_{K'}\ e^{ikt}$ は $Hol(\mathbb{C}^2)$ の中で収束する. 特に $a{<}0{<}b$ ならば $s{+}it{=}0$ として $1{=}\sum_{k\in\mathbb{Z}} :D_{k,k}:_{K}'{=}1_{mat}$ となる. 但し $:D_{k,k}:_{K'} = \frac{1}{2\pi}\int_0^{2\pi} :e_*^{it(\frac{1}{i\hbar}u\circ v-k)}:_{K'}dt.$ である.

証明 $:e_*^{(s+it)(\frac{1}{i\hbar}u\circ v)}:_{K'}{=}\sum_{\ell=-\infty}^{\infty} \tilde{D}_\ell\ e^{it\ell}$ と置くと, Fourier 級数展開定理で $\tilde{D}_\ell{=}\frac{1}{2\pi}\int_0^{2\pi} :e_*^{(s+i\tau)(\frac{1}{i\hbar}u\circ v)}e^{-\ell i\tau}:_{K'}d\tau$, $\tilde{D}_\ell{=}(\frac{1}{2})_\ell D_{\ell,\ell}(K'){=}:\zeta^\ell{*}\varpi_*(0){*}\hat{\zeta}^\ell:_{K'}$ となる. これは Fourier 級数としての収束だから $a{<}0{<}b$ のときには $s{+}it{=}0$ として $1{=}1_{mat}$ となる. 単位行列は $Hol(\mathbb{C}^2)$ の元としての 1 なのである. □

ここで C を実軸に限りなく近づけて積分は実軸上で特異点を無限小半円で迂回する径路で行うことにする. Cauchy の積分定理によりこの操作では何も変化しない. 普通はここで各特異点の第 2 留数の半分を拾うのだが今の場合は第 2 留数消滅定理があるので留数は現れない. 命題3.15 の迂回線積分を使って定理 3.13 の Fourier 級数展開をすれば上の定理は iK 表示で $a{=}0{=}b$ の場合にも使えて次が分かる:

$$:e_*^{it(\frac{1}{i\hbar}u\circ v)}:_{iK} = \sum_{k\in\mathbb{Z}} :D_{k,k}:_{iK}e^{ikt} \tag{3.60}$$

系 3.2 実軸上の特異点を無限小半円で迂回する積分で $Hol(\mathbb{C}^2)$ の元として $:e_*^{it(\frac{1}{i\hbar}u\circ v)}:_{iK}{=}\sum_{k\in\mathbb{Z}}:e^{itk}\zeta^k{*}\varpi_*(0){*}\hat{\zeta}^k:_{iK}$ が成立する.

これは対角行列だが Laurent 行列ではない.

iK を実対称行列とすれは $:e_*^{it(\frac{1}{i\hbar}u\circ v)}:_{iK} = \sum_{k\in\mathbb{Z}}:D_{k,k}:_{iK}(\cos kt+i\sin kt)$ だから

$$:e_*^{it(\frac{1}{i\hbar}u\circ v)}:_{iK} = \sum_{n\in\mathbb{N}_0}:(D_{n,n}+D_{-n,-n}):_{iK}\cos nt + \sum_{n\in\mathbb{N}}:(D_{n,n}-D_{-n,-n}):_{iK}\, i\sin nt$$

逆元 / 逆行列

定理 3.13 の系 3.2 の式を項別微分すれば

$$:(z+\frac{1}{i\hbar}u\circ v):_{iK}=\sum_{n\in\mathbb{Z}}(z+n)D_{n,n}(iK)=(z+\frac{1}{i\hbar}u\circ v)_{mat}$$

なので $\mathfrak{M}(iK)$ の元として逆元が定義される:

$$(z+\frac{1}{i\hbar}u\circ v)_{mat}^{-1}=\sum_{k\in\mathbb{Z}}(z+n)^{-1}D_{n,n}(iK),\quad n\notin\mathbb{Z} \tag{3.61}$$

右辺の特異点 / 留数等は明白である.

一方, iK 表示であっても虚軸に沿っての減少度は変わらないからこれまでどうり $:(z+\frac{1}{i\hbar}u\circ v)_{*+}^{-1}:_{iK}$, $:(z+\frac{1}{i\hbar}u\circ v)_{*-}^{-1}:_{iK}$ が積分で定義されそれぞれ解析接続されている. $Hol(\mathbb{C}^2)$ の元としての逆元ではあるが, $\mathfrak{M}(iK)$ の元ではない.

Taylor 展開による行列表現

まず $u*v = u\circ v-\frac{1}{2}i\hbar$ に注意して $f_{iK}(w) = :e_*^{\log w\frac{1}{i\hbar}u*v}:_{iK}$ と置き, w に関する Taylor 展開と (2.57) 式, 定理 2.11 で

$$\frac{1}{n!}f_{iK}^{(n)}(0)=\frac{1}{n!(i\hbar)^n}:u^n*\varpi_{00}*v^n:_{iK}. \tag{3.62}$$

がわかり, これが (n,n) 行列要素 $E_{n,n}(iK)$ であった (§ 2.4.2 参照). つまり収束半径内 $s<e^a(<1)$ の所では

$$:e_*^{\log w\frac{1}{i\hbar}u*v}:_{iK} = \sum_{n\geq 0}E_{n,n}(iK)w^n, (w^0=1).$$

$$:e_*^{(s+it)(z+\frac{1}{i\hbar}u\circ v-\frac{1}{2})}:_{iK}=\sum_{n\geq 0}E_{n,n}(iK)e^{(s+it)(z+n)}, \tag{3.63}$$

$$E_{n,n}(iK)=\frac{1}{n!}\frac{d^n}{d\tau^n}\Big|_{\tau=0}:e_*^{\log\tau\frac{1}{i\hbar}u*v}:_{iK} \tag{3.64}$$

となる. 一方 $\int_0^{2\pi}e^{int}dt=2\pi\delta_{n,0}$ だから $E_{k,k}(iK)$ は $\forall s<a$ では 周期積分

$$E_{k,k}(iK)=\frac{1}{2\pi}\int_0^{2\pi}:e_*^{(s+it)\frac{1}{i\hbar}u*v}e^{-(s+it)k}:_{iK}dt \tag{3.65}$$

で与えられる. 同様に $b<s$ のところでは

$$:e_*^{(s+it)\frac{1}{i\hbar}v*u}:_{iK}=\sum_{n\geq 0}\overline{E}_{n,n}(iK)e^{-(s+it)n} \tag{3.66}$$

である. これは $w'=\frac{1}{w}$ と置き $w'=0$ の所での Taylor 展開でも得られている：

$$\overline{E}_{k,k}(iK)=\frac{1}{2\pi}\int_0^{2\pi}:e_*^{(s+it)\frac{1}{i\hbar}v*u}e^{(s+it)n}:_{iK}dt \tag{3.67}$$

である. 上ではこれらを基にして逆元とそれの解析接続を求めた.

§3.3.2 ($\pm\infty$ の近傍の取扱い) の項参照. 定理 3.5

$\frac{1}{i\hbar}u\circ v=\frac{1}{i\hbar}u*v+\frac{1}{2}$ を使って定理 3.13 の中の式から左辺の $e^{(s+it)\frac{1}{2}}$ を右辺へ移動して, まとめて $E_{k,k}(iK)$, $\overline{E}_{k,k}(iK)$, $D_{n,n}(iK)$ が同じ場面に登場するように書くと $:e_*^{(s+it)(z+\frac{1}{2i\hbar}u*v)}:_{iK}$ は次のように行列表示されることが分かる:

命題 3.18 下の式はそれぞれの区間で $Hol(\mathbb{C}^2)$ の元として収束していて

$$:e_*^{(s+it)(z+\frac{1}{i\hbar}u*v)}:_{iK}=\begin{cases}\sum_{k=0}^{\infty}E_{k,k}(iK)e^{(s+it)(z+k)}, & s<a\\ \sum_{n=-\infty}^{\infty}D_{n,n}(iK)e^{(s+it)(z+n-\frac{1}{2})}, & a\leq s\leq b\\ \sum_{k=0}^{\infty}\overline{E}_{k,k}(iK)e^{-(s+it)(z+k)}, & b<s\end{cases}$$

である. $E_{0,0}=\varpi_{00}$, $\overline{E}_{0,0}=\overline{\varpi}_{00}$, $D_{0,0}=\varpi_*(0)=\overline{D}_{0,0}$ である.

命題 3.4 より $E_{k,k}(iK)*_{\Lambda}\overline{E}_{\ell,\ell}(iK)=0=\overline{E}_{\ell,\ell}(iK)*_{\Lambda}E_{k,k}(iK)$ であったが, 次も分かる：

命題 3.19 任意の iK 表示で $\varpi_{00}*\overline{\varpi}_{00}=0=\overline{\varpi}_{00}*\varpi_{00}$ であり次が成立する：

$$\varpi_{00}*\varpi_*(0)=0=\varpi_*(0)*\varpi_{00}, \qquad \overline{\varpi}_{00}*\varpi_*(0)=0=\varpi_*(0)*\overline{\varpi}_{00}$$

証明. 次の式に注意する：$\varpi_{00}{*}e_*^{is\frac{1}{i\hbar}u\circ v}=\lim_{t\to-\infty}e_*^{(t+is)(\frac{1}{i\hbar}u\circ v-\frac{1}{2})}e^{\frac{is}{2}}=e^{\frac{is}{2}}\varpi_{00}$. 両辺を積分すると：$\int_0^{4\pi}\varpi_{00}{*}e_*^{is\frac{1}{i\hbar}u\circ v}ds=\int_0^{4\pi}e^{\frac{is}{2}}\varpi_{00}ds=0$ が分かる. 他も同様である. □

このことから $\varpi_{00}+\varpi_*(0)$ とか $\varpi_{00}+\overline{\varpi}_{00}$ のようなものも冪等元であること

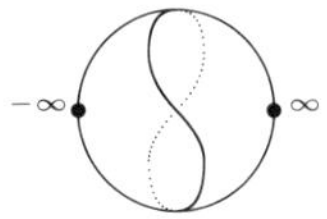

が分かる. 真空表現, 擬真空表現と言っても実体は Laurent 展開で iK 表示による行列表現には第 2 留数が現れないことからトーラスの 2 重周期性は現れず $\sum_{n\in\mathbb{Z}}a_n(u,v)z^n$ のように $Hol(\mathbb{C}^2)$ 値の形式的両側冪級数 $\in Hol(\mathbb{C}^2)[[z,z^{-1}]]$ のように見え, $\pm\infty$ とその中間だけが関わっているように見える.

E 展開と D 展開の間を繋ぐものは周期性区間の境目に位置する特異点の所での Laurent 展開の係数の筈だが周期性が変化するので具体的な公式はかなり厄介である (次節参照).

Laurent 級数と真空表現, 擬真空表現行列との関係

定理3.13 を周期性区間が 0 を含んでいて特異点が $\sigma{=}a{+}it_a$, $\sigma'{=}b{+}it_b$ となっている所で使うと

$$:e_*^{it\frac{1}{i\hbar}u\circ v}:_{K'}=\sum_{n=-\infty}^{\infty}D_{n,n}(K')e^{itn},\ a{<}0{<}b \tag{3.68}$$

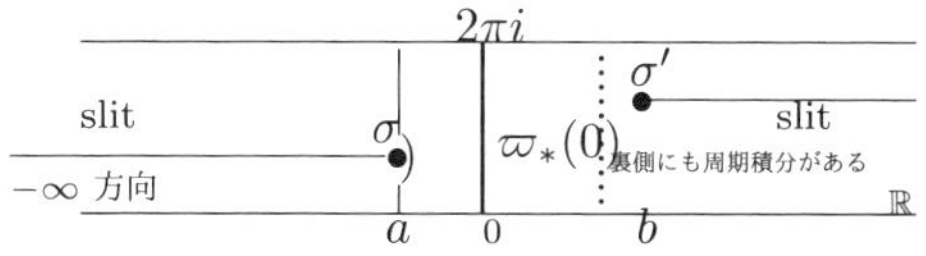

となるが, 指数関数の特異点の位置は (図は 90° 回転して書かれているが) 左図のようになる. 定理3.8 で, 特異点 σ のみに注目して σ の周りを反時計回りに長方形で回る閉曲線 $C;=\{-\infty\to a\to a{+}2\pi i\to-\infty\}$ で積分

$$a_{2k-1}(\sigma,K')=\frac{1}{4\pi i}\int_{C^2}\Bigl(\frac{1}{\sqrt{it-\sigma}}\Bigr)^{2k+1}:e_*^{it\frac{1}{i\hbar}u\circ v}:_{K'}dt$$

を考えるが, (描かれていない) 左端の下向きの積分は左向きに極限を取れば消える §3.3.2 ($\pm\infty$ の近傍の取扱い) の項参照. ことに注意する. この積分を細かく

分けて計算する．まず迂回線積分と定理3.13で

$$\frac{1}{2\pi}\int_0^{2\pi}(\frac{1}{\sqrt{t-\sigma}})^{2k+1}{:}e_*^{it\frac{1}{i\hbar}u\circ v}{:}_{K'}dt$$
$$=\sum_{n\in\mathbb{Z}}\frac{1}{2\pi}\int_0^{2\pi}(\frac{1}{\sqrt{t-\sigma}})^{2k+1}e^{int}dtD_{n,n}(K')$$

$$(\frac{1}{\sqrt{t-\sigma}})^{2k-1}=(\frac{1}{\sqrt{t}})^{2k-1}(1-\frac{\sigma}{t})^{-2k}\frac{1}{\sqrt{1-\frac{\sigma}{t}}}=\frac{1}{\sqrt{t}}H_k(\frac{1}{t})$$

と置けば $t=s^2$ と変換して

$$与式=\sum_n\frac{1}{2\pi}\int_0^{2\pi}\frac{1}{\sqrt{t}}H_k(t^{-1})e^{int}dtD_{n,n}(K')$$
$$=\sum_n\frac{1}{\sqrt{2\pi}}\int_0^{2\pi}H_k(s^{-2})e^{ins^2}dsD_{n,n}(K')=\sum_n H_k^n(\sigma)D_{n,n}(K')$$

となる．$H_k^n(\sigma)\in\mathbb{C}$ である．

次に ${:}e_*^{(s+2\pi i)\frac{1}{i\hbar}u\circ v}{:}_{K'}={:}e_*^{s\frac{1}{i\hbar}u\circ v}{:}_{K'}$ に注意して

$$\frac{1}{2\pi}\int_{-\infty}^a\{(\frac{1}{\sqrt{s-\sigma}})^{2k+1}-(\frac{1}{\sqrt{s+2\pi i-\sigma}})^{2k+1}\}{:}e_*^{s(\frac{1}{i\hbar}u\circ v)}{:}_{K'}ds$$

を計算する．ここで $e_*^{s(\frac{1}{i\hbar}u\circ v)}=e_*^{s(\frac{1}{i\hbar}u*v+\frac{1}{2})}=e^{\frac{1}{2}s}e_*^{s(\frac{1}{i\hbar}u*v)}$ と置き命題2.14を使うと $s<a$ で

$$e_*^{s(\frac{1}{i\hbar}u*v)}=\sum_{n\in\mathbb{N}_0}e^{s(n+\frac{1}{2})}E_{n,n}$$

となるから

$$与式=\sum_{n\in\mathbb{N}_0}\frac{1}{2\pi}\int_{-\infty}^a\{(\frac{1}{\sqrt{s-\sigma}})^{2k+1}-(\frac{1}{\sqrt{s+2\pi i-\sigma}})^{2k+1}\}e^{s(n+\frac{1}{2})}dsE_{n,n}(K')$$
$$=\sum_{n\in\mathbb{N}_0}\frac{1}{2\pi}\int_{-\infty}^0\{(\frac{1}{\sqrt{s+a-\sigma}})^{2k+1}-(\frac{1}{\sqrt{s+a+2\pi i-\sigma}})^{2k+1}\}e^{s(n+\frac{1}{2})}dsE_{n,n}(K')$$

これをLaplace変換の公式で計算して $=\sum_{n=0}^\infty G_k^n(\sigma)E_{n,n}(K')$ と書けば2つを組合わせて $G_k^n(\sigma), H_k^n(\sigma)\in\mathbb{C}$ として次のような関係式が得られる：

$$a_{2k-1}(\sigma,K')+\sum_{n=0}^\infty G_k^n(\sigma)E_{n,n}(K')=\sum_{n=-\infty}^\infty H_k^n(\sigma)D_{n,n}(K'). \tag{3.69}$$

自然な拡張

(A) ここまでの計算には $e^{\lambda z}$ が入っていないが, Re$\lambda>-\frac{1}{2}$ の下で同じ計算で

$$a_{2k-1}(\sigma,\lambda,K')+\sum_{n=0}^{\infty}G_k^n(\sigma,\lambda)E_{n,n}(K')=\sum_{n=-\infty}^{\infty}H_k^n(\sigma,\lambda)D_{n,n}(K'),\quad(3.70)$$

という関係式が得られる. $G_k^n(\sigma,\lambda),H_k^n(\sigma,\lambda){\in}\mathbb{C}$ である. Re$\lambda>-\frac{1}{2}$ の条件は Laplace 変換のとき必要になる.

(B) 上では周期性区間 $[a,b]$ が 0 を含む場合に K' 表示で扱っているが $a{=}0{=}b$ の場合にも迂回線積分を使うと上の関係式はそのまま iK で成立し

$$a_{2k-1}(\sigma,\lambda,iK)+\sum_{n=0}^{\infty}G_k^n(\sigma,\lambda)E_{n,n}(iK)=\sum_{n=-\infty}^{\infty}H_k^n(\sigma,\lambda)D_{n,n}(iK),\quad(3.71)$$

という関係式が得られる. $G_k^n(\sigma,\lambda),H_k^n(\sigma,\lambda){\in}\mathbb{C}$ である.

3.6 行列表現

定理 2.11 の公式で容易に

$$Y{*}E_{k,l}(K){=}(\lambda{+}k{+}\frac{1}{2})E_{k,l}(K)$$

である. また一般に $\frac{1}{i\hbar}u{\circ}v{*}\varpi_C{=}0$ なので $\frac{1}{i\hbar}u{\circ}v{=}\frac{1}{i\hbar}u{*}v{+}\frac{1}{2}{=}\frac{1}{i\hbar}v{*}u{-}\frac{1}{2}$, 及び $[\frac{1}{i\hbar}u{\circ}v,\zeta^k]{=}k\zeta^k$, $k\in\mathbb{Z}$, に注意すれば ϖ_C による行列表現 $D_{k,l}(C,K)$ で

$$Y{*}D_{k,l}(C,K){=}(\lambda{+}k{+}\frac{k}{|k|}\frac{1}{2})D_{k,l}(C,K)$$

が分かる.

$\mathbb{C}[z,z^{-1}]$ は Laurent 多項式の空間だが $z{=}e^{i\theta}$ として Fourier 多項式の空間とみなせる. 完備化すれば $C^\infty(S^1)$ で, $C^\infty(S^1)\partial_\theta$ としてみれば S^1 上の複素ベクトル場のなす Lie 環だが $\mu^{-1}{=}\partial_\theta{+}c$, $c\neq0$, のようにして 1 階の可逆微分作用素とみている. これは擬真空表現のときには自然に見えるのだが, ∂_θ に関しては原点以外に "点" を持たない局所環とみているということでもある.

他の拡張

ここで中心拡大を含む一般の拡大についてコメントしておく．$\mathcal{M}'$ を $\mathfrak{M}(iK)$ の中の階数有限の元全体とする．これは $\mathfrak{M}(iK)$ の両側イデアルである．

$\mathfrak{g}{=}\mu^{-1}{*}B$ は $\mathfrak{M}(iK)$ の部分 Lie 環になっているが，$\rho:\mathfrak{g}{\to}\mathcal{M}'$ を Lie 環の表現 i.e. $\rho[X,Y]{=}\,[\rho X,\rho Y]_{mat}$ とし，

$$d\rho(X,Y){=}[X,\rho Y]{-}[Y,\rho X]{+}\rho[X,Y]$$

と置けば $\mathfrak{g}'{=}\{X{+}\rho X;\,X\in\mathfrak{g}\}$ は $\mathfrak{g}$ と同型の Lie 環になっていて

$$[X{+}\rho X,Y{+}\rho Y]{=}[X,Y]{+}d\rho(X,Y)$$

である．一方歪対称双線形写像 $\alpha:\mathfrak{g}{\times}\mathfrak{g}{\to}\mathcal{M}'$ が2コサイクル条件

$$\textstyle\sum_{XYZ}([\rho X,\alpha(Y,Z)]{+}\alpha([X,Y],Z))=0$$

を満たせば $\tilde{\mathfrak{g}}{=}\mathfrak{g}\oplus\mathcal{M}'$ とし，て括弧積 $[\,,\,]'$ を

$$[X{+}x,Y{+}y]'{=}[X,Y]{+}\alpha(X,Y){+}[\rho X,y]{-}[\rho Y,x]{+}[x,y],\ x,y{\in}\mathcal{M}'$$

と定義すれば $\tilde{\mathfrak{g}}$ は $\mathfrak{g}$ の拡大 Lie 環となる．

$\tilde{\mathfrak{g}}$ の中で $\{X\in\mathfrak{g}\}$ で生成される部分 Lie 環 $\mathfrak{g}'$ を作れば $\mathfrak{g}'\supset\mathfrak{g}$ で $\mathfrak{g}$ の拡大 Lie 環が得られる．$\mathfrak{g}$ の補空間を $\mathfrak{C}$ として，$\mathfrak{g}'{=}\mathfrak{g}\oplus\mathfrak{C}$ となる．

このように $\mathcal{A}^{-\infty}$ の所まで使う変形は§1.8.1 で注意したように古典的構造の変形には属さないものだから量子論の本質に触れている可能性はある．中心拡大でなければならない理由は見つからない．

補題 3.3 任意の $n\in\mathbb{Z}$ で $\mu^n{*}\mathcal{M}'{=}\mathcal{M}'$．これより $\mathcal{A}^{-\infty}{=}\bigcap_n\mu^n{*}\mathcal{A}{\neq}\{0\}$ がわかる．$\mathcal{A}{=}B\oplus\mu{*}\mathcal{A}$ は明らかであろう．

証明. 定理3.12 で $D_{k,l}{=}C_{kl}\zeta^k{*}\varpi_C{*}\hat{\zeta}^l$ だが，$(u{*}v{-}\frac{i\hbar}{2}){*}\varpi_C{=}0$ なので $\mu^{-1}{*}D_{k,l}$ ${=}i\hbar(\frac{1}{2}{-}k)D_{k,l}$ となり，$\forall k{\geq}0$ で $\mu^{-n}{*}D_{k,l}{=}i\hbar(\frac{1}{2}{-}k)^nD_{k,l}$ となり，$\forall k{<}0$ では $\mu^{-n}{*}D_{k,l}{=}i\hbar(\frac{1}{2}{+}k)^nD_{k,l}$ となる．□

$*$ 指数関数 $:e_*^{z(\lambda+\frac{1}{i\hbar}u\circ v)}:_K$ は変な関数である．K は表示の為のパラメータだから K を取払った $e_*^{z(\lambda+\frac{1}{i\hbar}u\circ v)}$ が本質的な部分のように思われがちだが，この関数の特徴を最も良く表わすと思われる特異点 σ が K 次第でどこにでも動き，σ に於ける Laurent 展開係数の全体 $\Sigma_\sigma(m,K)$ は何か独立した系のように見えていた．

3.7 代数の元の重ね合わせ表示

ある結合代数 $\mathcal{A}$ が $\mathfrak{M}(iK)$ とか $\mathfrak{M}(K')$ の部分代数だとすれば $\forall a\in\mathcal{A}$ は $\sum_{k,\ell}a_{k,\ell}D_{k,\ell}$ と書かれるが $a_{k,\ell}D_{k,\ell}\in\mathcal{A}$ とは限らない．どの位行列環に近くなるか見ておこう．

$\mathcal{A}\ni e_*^{it(\frac{1}{i\hbar}u\circ v)}$ としよう．$:e_*^{it(\frac{1}{i\hbar}u\circ v)}:_K$ が π 周期的となる K, 特に剛体 K-表示で $:e_*^{it(\frac{1}{i\hbar}u\circ v)}:_K$ が例外点を含まぬときには定理3.13 でこれは $t{\in}\mathbb{R}$ では $Hol(\mathbb{C}^2)$ の元であり

$$:e_*^{it(\frac{1}{i\hbar}u\circ v)}:_K=\sum\nolimits_{n=-\infty}^{\infty}D_{n,n}(K)e^{int},\qquad :\varpi_*(0):_K=D_{0,0}(K)$$

となる．特に $:\varepsilon_{00}:_K=\sum\nolimits_{n=-\infty}^{\infty}(-1)^nD_{n,n}(K)$, $:\varepsilon_{00}^2:_K=1$ となる．$:\varepsilon_{00}:_K$ を対角行列で表現すると

$$diag\{\cdots-1,1,-1,1,-1,\cdots\}$$

となる．ε_{00} の符号が定まらなかったのが行列表現できると気にならなくなるから不思議なものだが, $:\varepsilon_{00}^2:_K=1$ は確定しているので，§2.6.3 で 1 の分解は

$$\hat{\mathbf{1}}=\frac{1}{2}(1+\varepsilon_{00})=\sum_n D_{2n,2n}(K),$$
$$\check{\mathbf{1}}=\frac{1}{2}(1-\varepsilon_{00})=\sum_n D_{2n+1,2n+1}(K),$$

となり表現空間が偶数次 E_{ev} と奇数次 E_{od} に分裂していて, $:\varepsilon_{00}{*}\hat{\mathbf{1}}:_K$, $:\varepsilon_{00}{*}\check{\mathbf{1}}:_K$ は 1_{mat}, -1_{mat} に表現されている．これを E_{ev}, E_{od} にのみ注目して

$$1=\begin{bmatrix}\hat{\mathbf{1}}&0\\0&\check{\mathbf{1}}\end{bmatrix},\quad \varepsilon_{00}=\begin{bmatrix}\hat{\mathbf{1}}&0\\0&-\check{\mathbf{1}}\end{bmatrix},\quad :\varpi_*(0):_K=\begin{bmatrix}\hat{\mathbf{1}}D_{0,0}(K)&0\\0&0\end{bmatrix}$$

と表わす．ε_{00} を $:\varepsilon_{00}:_K=\hat{\mathbf{1}}+(-\check{\mathbf{1}})$ として重ね合わせの状態と理解していた．

表現空間の入れ替え

擬真空表現を使うと一見 1 の分解の $\hat{\mathbf{1}}$ と $\check{\mathbf{1}}$ を入れ替えているように見える写像が作られる．表現空間を入れ替える写像を次で定義する:

$$\Phi=\sum_n D_{2n+1,2n}(K):E_{ev}\to E_{od},$$
$$\Psi=\sum_n D_{2n,2n+1}(K):E_{od}\to E_{ev}. \tag{3.72}$$

$\Phi*\hat{\mathbf{1}}=\check{\mathbf{1}}*\Phi=\Phi$, $\Psi*\hat{\mathbf{1}}=\check{\mathbf{1}}*\Psi=\Psi$ であり, $\Psi*\Phi=\hat{\mathbf{1}}$, $\Phi*\Psi=\check{\mathbf{1}}$, $\Phi*\Phi=0=\Psi*\Psi$ となるから, $(\Phi+\Psi)^2=1$ である. これらは 2×2 行列要素である. この 2×2 行列環を $M_2(\mathbb{C})$ と書いておく. $\rho_3=\varepsilon_{00}$ として

$$\rho_1=\begin{bmatrix}0 & \Psi\\ \Phi & 0\end{bmatrix},\ \rho_2=\begin{bmatrix}0 & -i\Psi\\ i\Phi & 0\end{bmatrix},\ \rho_3=\begin{bmatrix}\hat{\mathbf{1}} & 0\\ 0 & -\check{\mathbf{1}}\end{bmatrix}$$

と置くと, これらはPauli行列と同じ交換関係

$$\rho_i^2=1,\ \rho_1\rho_2=i\rho_3,\ \rho_2\rho_3=i\rho_1,\ \rho_3\rho_1=i\rho_2$$

を満たす. これより $\rho_i\rho_j=-\rho_j\rho_i$ も分かる.

これより Φ, Ψ が $\mathcal{A}$ の中に入っておれば行列分解の各成分も $\mathcal{A}$ の元となる. これを使って (2.92) 式では $(\mathbb{G}\boxplus\mathbb{G}')\check{\mathbf{1}}$ で $SU(2)$ が $(\mathbb{G}\boxplus\mathbb{G}')\hat{\mathbf{1}}$ で $SO(3)$ と同型なものが取出せることは分かる.

しかし, Φ, Ψ が $\mathcal{A}$ の元だとしてしまうのは兎一匹料理するのに牛刀を持込んだような印象だから, やはりPauli行列を手で持込んだような印象は避けられない. もう少し別の方法で $\hat{\mathbf{1}}$ と $\check{\mathbf{1}}$ を入替える方法を考えてみよう.

3.7.1　半逆元真空による行列表現

次に上の $\mathbb{G}$, $\mathbb{G}'$ の場合には使えないが $:\varepsilon_{00}^2:_{iK}=-1$ の場合にこれまでに出てきている半逆元 $\tilde{v}^\circ$ を使うものを見ておこう. これは iK 表示で出てくる後節の代数に対して適用できる1の分解である.

前の方で $1, \tilde{u}, \tilde{v}, \tilde{v}^\circ$ で生成される結合代数をワイル微積分代数と呼んでいた. 基本関係式は $[\tilde{u},\tilde{v}]=-i\hbar$, $[\tilde{u},\tilde{v}^\circ]=i\hbar\tilde{v}^{\circ2}$ のほかに $\tilde{v}*\tilde{v}^\circ=1$ だけだが, ここではこれまでの経緯から,

$$(v*u)^{-1}_{*+}=\frac{1}{i\hbar}\int_{-\infty}^{0}e_*^{t\frac{1}{i\hbar}v*u}dt,\quad v^\circ=u*(v*u)^{-1}_{*+},\quad [\tilde{v},\tilde{v}^\circ]=\varpi_{00}$$

とし, これらで生成される代数を $\mathcal{A}$ と書くことにする. すると玉突補題で

$$e_*^{t\frac{1}{i\hbar}u\circ v}*\varpi_{00}=e^{\frac{t}{2}}e_*^{t\frac{1}{i\hbar}(\tilde{u}*\tilde{v})}*\varpi_{00}=e^{\frac{t}{2}}\varpi_{00}$$

となる. 1の分解を $\hat{\mathbf{1}}=\frac{1}{2}(1+i\varepsilon_{00})$, $\check{\mathbf{1}}=\frac{1}{2}(1-i\varepsilon_{00})$ とすると $\hat{\mathbf{1}},\check{\mathbf{1}}$ は偶元とは可換だが, 奇元との積で $\tilde{u}*\hat{\mathbf{1}}=\check{\mathbf{1}}*\tilde{u}$ のように互いに入替わる. また

$$\varepsilon_{00}*\varpi_{00}=e_*^{\frac{\pi i}{i\hbar}(\tilde{u}*\tilde{v}+\frac{i\hbar}{2})}*\varpi_{00}=i\varpi_{00}$$

なので次がわかる：

$$\check{\mathbf{1}}*\varpi_{00}=\varpi_{00}*\check{\mathbf{1}}=\varpi_{00},\quad \hat{\mathbf{1}}*\varpi_{00}=\varpi_{00}*\hat{\mathbf{1}}=0 \tag{3.73}$$

特に $\mathcal{A}\hat{\mathbf{1}}*\varpi_{00}=0$ なのだが, これを $1*\varpi_{00}=(\hat{\mathbf{1}}\boxplus\check{\mathbf{1}})*\widetilde{\varpi}_{00}=\check{\mathbf{1}}*\varpi_{00}=\varpi_{00}$ のように書くと, **真空表現では** ε_{00} **が** i **に見える状態だけが生残っている**と読める. これは好都合に見えるが真空表現では共役複素数が現れず, エルミート性のある元が扱えないことになると思われる.

定理 2.11 で任意の表示で $E_{m,n}(K)=\mathbf{e}_m*\varpi_{00}*\mathbf{e}_n^\dagger$ は (m,n) 行列要素である. これをもとに目一杯大きい行列環 $\mathfrak{N}(K)=\{\sum_{|k-\ell|<\infty}x_{k,\ell}E_{k,\ell}(K)\}$ を考えておけば大概の代数 $\mathcal{A}$ は $\mathfrak{N}(K)$ の部分環となるから $a=\sum_{m,n}a_{m,n}E_{m,n}(K)$ と書かれ, $E_{n,m}*a*E_{n,m}=a_{m,n}E_{n,m}$ だから $E_{k,\ell}(K)$ が全部分かっていれば成分は取出せるのだが $a_{m,n}\in\mathcal{A}$ とは限らない. どの辺までが $\mathcal{A}$ の元として取出せるか考えよう.

まず v と $v^\circ=v*(u*v)_{*+}^{-1}$ を使って次のように定義する:

$$\begin{aligned}\phi&=\tilde{v}^\circ*\check{\mathbf{1}}=\tilde{v}^\circ*\frac{1}{2}(1-i\varepsilon_{00})=\hat{\mathbf{1}}*\tilde{v}^\circ\\ \psi&=\check{\mathbf{1}}*\tilde{v}=\frac{1}{2}(1-i\varepsilon_{00})*\tilde{v}=\tilde{v}*\hat{\mathbf{1}}.\end{aligned}\tag{3.74}$$

$\hat{\mathbf{1}}*\check{\mathbf{1}}=0$ より $\phi^2=0=\psi^2$ であり, $\hat{\mathbf{1}}$, $\check{\mathbf{1}}$ は冪等元だから $\psi*\phi=\check{\mathbf{1}}$ は容易に得られる. 一方, (3.73) より $\phi*\psi=\hat{\mathbf{1}}$ もわかり, $\phi*\psi+\psi*\phi=1$ となる. 特に $\phi*\psi$, $\psi*\phi$, ϕ, ψ は 2×2 行列要素 $\begin{bmatrix}\phi*\psi & \phi\\ \psi & \psi*\phi\end{bmatrix}$ である. ϕ, ψ は $(\phi-\psi)^2=-1$,

$$\varepsilon_{00}*\phi=-\phi*\varepsilon_{00},\quad \varepsilon_{00}*\psi=-\psi*\varepsilon_{00}\tag{3.75}$$

であり, $\varepsilon_{00}^2=-1$ だから, (3.75) と合わせて

$$\{\boldsymbol{i},\boldsymbol{j},\boldsymbol{k}\}=\{\varepsilon_{00},\,\phi-\psi,\,\varepsilon_{00}*(\phi-\psi)\}$$

と置いて $\mathbb{R}$ 上で 4 元数体と同形な体を生成しているが 4 元数体そのものではない. しかしここでは係数体を $\mathbb{C}$ としているので生成されるのは 2×2 行列環 $M_2(\mathbb{C})$ と同形な代数である. 従ってこれらの元が $\mathcal{A}$ に組込んであれば

$$a=\begin{bmatrix}\hat{\mathbf{1}}*a*\hat{\mathbf{1}} & \hat{\mathbf{1}}*a*\check{\mathbf{1}}\\ \check{\mathbf{1}}*a*\hat{\mathbf{1}} & \check{\mathbf{1}}*a*\check{\mathbf{1}}\end{bmatrix}\tag{3.76}$$

の各成分は独立に取出せることになる. $\mathcal{A}$ の元はすべて

$$\tilde{v}=\begin{bmatrix}0 & \hat{\mathbf{1}}*\tilde{v}*\check{\mathbf{1}}\\ \check{\mathbf{1}}*\tilde{v}*\hat{\mathbf{1}} & 0\end{bmatrix},\quad \tilde{v}^\circ=\begin{bmatrix}0 & \hat{\mathbf{1}}*\tilde{v}^\circ*\check{\mathbf{1}}\\ \check{\mathbf{1}}*\tilde{v}^\circ*\hat{\mathbf{1}} & 0\end{bmatrix}$$

$$\varpi_{00}=\begin{bmatrix}0 & 0\\ 0 & \check{\mathbf{1}}*\varpi_{00}*\check{\mathbf{1}}\end{bmatrix},\quad \varepsilon_{00}=\begin{bmatrix}-i\hat{\mathbf{1}} & 0\\ 0 & i\check{\mathbf{1}}\end{bmatrix},\quad \phi=\begin{bmatrix}0 & \hat{\mathbf{1}}*\phi*\check{\mathbf{1}}\\ 0 & 0\end{bmatrix},\quad \psi=\begin{bmatrix}0 & 0\\ \check{\mathbf{1}}*\psi*\hat{\mathbf{1}} & 0\end{bmatrix}$$

のように 2×2 行列で表現されている.

1 の分解とは言ったが $\hat{\mathbf{1}}, \check{\mathbf{1}}$ は $\mathcal{A}$ の center の元ではないので $\mathcal{A}$ は 4 つに分解される. $\mathcal{A}{=}(\hat{\mathbf{1}}{+}\check{\mathbf{1}}){*}\mathcal{A}{*}(\hat{\mathbf{1}}{+}\check{\mathbf{1}})$ を展開して

$$\mathcal{A}_+^+ = \hat{\mathbf{1}}{*}\mathcal{A}{*}\hat{\mathbf{1}}, \quad \mathcal{A}_-^+ = \hat{\mathbf{1}}{*}\mathcal{A}{*}\check{\mathbf{1}}, \quad \mathcal{A}_+^- = \check{\mathbf{1}}{*}\mathcal{A}{*}\hat{\mathbf{1}}, \quad \mathcal{A}_-^- = \check{\mathbf{1}}{*}\mathcal{A}{*}\check{\mathbf{1}}$$

と置く. すると, $\mathcal{A}_+^+, \mathcal{A}_-^-$ は $*$-積で閉じており $\hat{\mathbf{1}}, \check{\mathbf{1}}$ はそれぞれ $\mathcal{A}_+^+, \mathcal{A}_-^-$ 上の乗法単位元である. つまり $\hat{\mathbf{1}}, \check{\mathbf{1}}$ は $\mathcal{A}_+^+, \mathcal{A}_-^-$ の中では 1 と同じ役目をし, $i\varepsilon_{00}$ は $\mathcal{A}_+^+, \mathcal{A}_-^-$ の中では 1, −1 と同じ役目をする. さらに $\mathcal{A}_+^+{+}\mathcal{A}_-^+$ は (左から $\mathcal{A}_+^+$ が作用する) 左 $\mathcal{A}_+^+$-加群であり, $\mathcal{A}_+^-{+}\mathcal{A}_-^-$ は左 $\mathcal{A}_-^-$-加群である. また (3.74) より

$$\mathcal{A}_-^+{=}\mathcal{A}_-^+{*}\check{\mathbf{1}}{*}\tilde{v}{*}\tilde{v}^\circ \subset \mathcal{A}_-^+{*}\tilde{v}{*}\hat{\mathbf{1}}{*}\tilde{v}^\circ{*}\check{\mathbf{1}} \subset \mathcal{A}_+^+{*}(\tilde{v}^\circ{*}\check{\mathbf{1}}) \subset \mathcal{A}_-^+$$

だから, $\mathcal{A}_-^+{=}\mathcal{A}_+^+{*}(\tilde{v}^\circ{*}\check{\mathbf{1}})$ となり, 同様に $\mathcal{A}_+^-{=}\mathcal{A}_-^-{*}(\tilde{v}^\circ{*}\check{\mathbf{1}})$ もわかる. $\mathcal{A}_+^+{+}\mathcal{A}_-^-$ に属する元を偶元, $\mathcal{A}_-^+{+}\mathcal{A}_+^-$ に属する元を奇元と呼ぶ. $\mathcal{A}$ は自然に行列

$$\mathcal{A}{=}\begin{bmatrix}\mathcal{A}_+^+ & \mathcal{A}_-^+\\ \mathcal{A}_+^- & \mathcal{A}_-^-\end{bmatrix}$$

のように表示される. 積の計算は行列と思って計算したものと同じである.

$$\begin{bmatrix}0 & \hat{\mathbf{1}}{*}\phi{*}\check{\mathbf{1}}\\ \check{\mathbf{1}}{*}\psi{*}\hat{\mathbf{1}} & 0\end{bmatrix}\begin{bmatrix}0 & \hat{\mathbf{1}}{*}\phi{*}\check{\mathbf{1}}\\ \check{\mathbf{1}}{*}\psi{*}\hat{\mathbf{1}} & 0\end{bmatrix}{=}\begin{bmatrix}\hat{\mathbf{1}} & 0\\ 0 & \check{\mathbf{1}}\end{bmatrix}$$

だからこれによる随伴写像で以下のような同形対応が得られる：

$$\begin{bmatrix}0 & \hat{\mathbf{1}}{*}\phi{*}\check{\mathbf{1}}\\ \check{\mathbf{1}}{*}\psi{*}\hat{\mathbf{1}} & 0\end{bmatrix}\begin{bmatrix}\mathcal{A}_+^+ & \mathcal{A}_-^+\\ \mathcal{A}_+^- & \mathcal{A}_-^-\end{bmatrix}\begin{bmatrix}0 & \hat{\mathbf{1}}{*}\phi{*}\check{\mathbf{1}}\\ \check{\mathbf{1}}{*}\psi{*}\hat{\mathbf{1}} & 0\end{bmatrix}{=}\begin{bmatrix}\tilde{v}^\circ{*}\mathcal{A}_-^-{*}\tilde{v} & \tilde{v}^\circ{*}\mathcal{A}_+^-{*}\tilde{v}^\circ\\ \tilde{v}{*}\mathcal{A}_-^+{*}\tilde{v} & \tilde{v}{*}\mathcal{A}_+^+{*}\tilde{v}^\circ\end{bmatrix}$$

上は ε_{00} の不定性を使って $\mathcal{A}$ を 2×2 の行列環 $M_2(\mathcal{A}')$ にしているが, このとき $e_2^2{=}\varepsilon_{00}$ となる元を使うと $\mathcal{A}$ を 4×4 の行列環と見ることも可能になる. さらに, $\mathcal{A}$ を 2×2 と見た時各成分に現れる代数が $\mathcal{A}$ と同型となる場合もある. これは $\mathcal{A}{=}M_2(\mathbb{C})\otimes\mathcal{A}$ ということでこのような構造が現れるとたちまち

$$\mathcal{A}{=}M_2(\mathbb{C})\otimes M_2(\mathbb{C})\otimes\cdots\underset{n}{\otimes} M_2(\mathbb{C})\otimes\mathcal{A}$$

のような構造が逐次代入で現れる. $\overbrace{M_2(\mathbb{C})\otimes\cdots\otimes M_2(\mathbb{C})}$ は $2^n{\times}2^n$ の行列環である.

3.8　表示連動の微分方程式

$\mathfrak{S}_\sigma(\lambda,K)$ は (3.1) を満たす集団であるが, この集団は微分方程式 (3.77) を満たすという特徴がある. Laurent 級数は奇数次だけで

$$\sum_{k=-\infty}^{\prime} a_{2k-1}(\lambda,K,u,v)s^{2k-1}$$

のように負冪側に無限, 正冪側に有限となっている. しかし $a_{2k-1}(\lambda,K,u,v)$ は K 表示されている元であることに注意する. もともとの定義を思い出せば $[u{\circ}v, e_*^{\zeta(\lambda+\frac{1}{i\hbar}u\circ v)}]_*{=}0$ であり $:u{\circ}v:_{_K}=uv+i\hbar K_{12}$ なのだから, 定理 2.9 での計算で次のことが分かる：

命題 3.20 $[uv, a_{2k-1}(\lambda,K,u,v)]_{*_\Lambda}{=}0$ である.

この式は簡単そうに見えるが $*_{_\Lambda}$ 積の公式を正確に思出しておかないとまごつく. (3.41) 式は簡単に見えるが $K{=}\begin{bmatrix}\delta & c\\ c & \delta'\end{bmatrix}$ とすると $\Lambda{=}\begin{bmatrix}\delta & c{-}1\\ c{+}1 & \delta'\end{bmatrix}$ であり, 左辺は

$$[\frac{1}{i\hbar}u{\circ}v, f]_{*_\Lambda}{=}\Big(\big(u\partial_u{-}v\partial_v\big){+}\frac{i\hbar}{2}\big(\delta\partial_u^2{-}\delta'\partial_v^2\big)\Big)f. \tag{3.77}$$

という偏微分作用素である. $f(u,v), g(u,v)$ が (3.77) を満たせば, 　$f(u,v){*_{_\Lambda}}g(u,v)$ も (3.77) を満たすから, (3.77) の解全体 $(\mathcal{C},*_{_\Lambda})$ は何らかの代数になっていて, $:e_*^{z\frac{1}{i\hbar}2u\circ v}:_{_K}{\in}\mathcal{C}$ であるが, これが Laurent 展開係数にも及ぶのでまずその辺を考えよう.

真性分岐特異点の留数の独立性

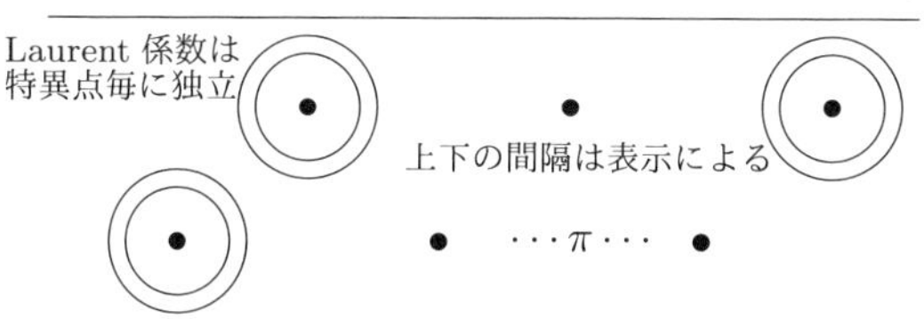

普通の複素解析の常識では閉曲線に沿う 1 周積分はその内側の特異点全部の留数を拾うものであるが, 孤立分岐特異点は個性が強く, 印 σ を付けた特異点にしか影響されないで (3.39) は何か独立した系のように見える. σ は表示 K によって動くから $\sigma(K)$ と書いておいたほうが良いのだが, これがあたか

も金属内を飛回る**自由電子**のように広い C^2 内のどこにでも移動できるのである.

特に重要なのは λ は特異点毎に独立した変数として扱えるということであるが, 命題2.7 でも分かるように特異点は表示によって自由に動かせることも明らかである.

3.8.1　擬共変微分

$:e_*^{z(\lambda+\frac{1}{i\hbar}u\circ v)}:_K$ の孤立分岐特異点 σ に於ける Laurent 展開係数

$$a_{2k-1}(\sigma,u,v;K)=\int_{C^2}:s^{-2k}e_*^{(\sigma+s^2)(\lambda+\frac{1}{i\hbar}u\circ v)}:_K ds,$$

はもし K を固定し σ を独立変数のように扱ってよければ $\Lambda{=}K{+}J$ として次を満たす：

$$\partial_\sigma a_{2k-1}(\sigma,u,v;K)=:(\lambda+\frac{1}{i\hbar}u{\circ}v):_K *_\Lambda a_{2k-1}(\sigma,u,v;K).$$

しかし K を固定したまま σ を動かすことは出来ないから特異点 σ と表示パラメータを連動させて扱うことにする.

特異点の位置

まず K によって特異点がどう出るのか見ておこう. $\Delta{=}e^t{+}e^{-t}{-}c(e^t{-}e^{-t})$ と置くと $:e_*^{t\frac{1}{i\hbar}2u\circ v}:_K$ は次で与えられていた：

$$:e_*^{t\frac{1}{i\hbar}2u\circ v}:_K=\frac{2}{\sqrt{\Delta^2-(e^t-e^{-t})^2\delta\delta'}}e^{\frac{1}{i\hbar}\frac{e^t-e^{-t}}{\Delta^2-(e^t-e^{-t})^2\delta\delta'}\Big((e^t-e^{-t})(\delta'u^2+\delta v^2)+2\Delta uv\Big)}$$

$\mu{=}c{-}\sqrt{\delta\delta'}$, $\nu{=}c{+}\sqrt{\delta\delta'}$ と置いて振幅部分の $\sqrt{\ }$ の中を因数分解すると

$$(e^t(1-\mu)+e^{-t}(1+\mu))(e^t(1-\nu)+e^{-t}(1+\nu))$$

となり, 孤立分岐特異点の仮定から $\mu{\neq}\nu$ としなければならないから, $\delta\delta'{\neq}0$ であり, これの一方 e.g. μ, を選び $\sigma{=}\frac{1}{2}\log(\frac{\mu+1}{\mu-1})$ とする. 逆に σ をきめてから $K{=}K(\sigma)$ を選ぶこともできる. e.g. $\mu{=}c{-}\sqrt{\delta\delta'}{=}\frac{e^{2\sigma}+1}{e^{2\sigma}-1}$ だから $c{=}\mu{+}\sqrt{\delta\delta'}$ とする. つまり他の $*$ 指数関数のデータから逆に表示 K を指定することもできる. ちなみにいつも気にしている ε_{00} は

$$:\varepsilon_{00}:_K=\frac{1}{\sqrt{c^2-\delta\delta'}}e^{\frac{1}{i\hbar}\frac{1}{c^2-\delta\delta'}\big(\delta'u^2+\delta v^2-2cuv\big)}$$

である.

K と σ とを連動させ, **擬共変微分**を $f(\sigma,u,v;K(\sigma))=:f(\sigma,u,v):_{K(\sigma)}$ に対し

$$\frac{\nabla}{d\sigma}f(\sigma,u,v;K(\sigma))=\partial_\sigma f(\sigma,u,v;K(\sigma))-\frac{i\hbar}{4}\dot{K}(\sigma)(f)$$
$$=\partial_z{:}f(z,u,v){:}_{K(\sigma)} \tag{3.78}$$

と定義する. 但し $\frac{i\hbar}{4}\dot{K}(\sigma)(f)$ は無限小相互変換で $(u,v)=(u^1,u^2)$ として

$$\frac{i\hbar}{4}\dot{K}(f)=\frac{i\hbar}{4}\sum_{ij}\frac{dK^{ij}(\sigma)}{d\sigma}\partial_{u^i}\partial_{u^j}f$$

である. 具体的には $\dot{a}=\frac{d}{d\sigma}a(\sigma)$ として

$$\frac{i\hbar}{4}\dot{K}=\frac{i\hbar}{4}(\dot{\delta}(\sigma)\partial_u^2+2\dot{c}(\sigma)\partial_u\partial_v+\dot{\delta}'(\sigma)\partial_v^2). \tag{3.79}$$

共変微分のような式記号を使っているが, これは σ を独立変数とみた微分のことである.

註釈. 共変微分とは各点の周りに自己中心的座標系を設定してその座標系による普通の微分のことだから, 上のものを共変微分と呼んでもかまわないだろう.

計算は $\frac{\nabla}{\partial\sigma}f(\sigma,K(\sigma))=\partial_z f(z,K(\sigma))\big|_{z=\sigma}$ のように $K(\sigma)$ は止めて微分するだけで,

$$\frac{\nabla}{\partial\sigma}\int_{C^2}{:}s^{-2k}e_*^{(\sigma+s^2)(\lambda+\frac{1}{i\hbar}u\circ v)}{:}_{K(\sigma)}ds$$
$$=\frac{d}{dt}\Big|_{t=0}\int_{C^2}{:}s^{-2k}e_*^{(\sigma+t+s^2)(\lambda+\frac{1}{i\hbar}u\circ v)}{:}_{K(\sigma)}ds$$
$$={:}(\lambda+\frac{1}{i\hbar}u\circ v)*\int_{C^2}s^{-2k}e_*^{(\sigma+s^2)(\lambda+\frac{1}{i\hbar}u\circ v)}ds{:}_{K(\sigma)}$$

である. 次の式が成立する : ($s\neq 0$ として)

$$\frac{\nabla}{d\sigma}{:}e_*^{(\sigma+s^2)(\lambda+\frac{1}{i\hbar}u\circ v)}{:}_{K(\sigma)}={:}(\lambda+\frac{1}{i\hbar}u\circ v){:}_{K(\sigma)}*_{\Lambda(\sigma)}{:}e_*^{(\sigma+s^2)(\lambda+\frac{1}{i\hbar}u\circ v)}{:}_{K(\sigma)}.$$

右辺は ${:}(\lambda+\frac{1}{i\hbar}u\circ v)*e_*^{(\sigma+s^2)(\lambda+\frac{1}{i\hbar}u\circ v)}{:}_{K(\sigma)}$ のように書いても誤解はないであろう. 積分 $f=\int_\Gamma h(s){:}e_*^{(\sigma+s^2)(\lambda+\frac{1}{i\hbar}u\circ v)}{:}_{K(\sigma)}ds$ が収束するならば この f は

$$\frac{\nabla}{d\sigma}f(\sigma,u,v;K(\sigma))={:}(\lambda+\frac{1}{i\hbar}u\circ v){:}_{K(\sigma)}*_{\Lambda(\sigma)}f(z,u,v;K(\sigma)) \tag{3.80}$$

をみたす. 特に $:e_*^{(\sigma+s^2)(\lambda+\frac{1}{i\hbar}u\circ v)}:_{K(\sigma)}$ の Laurent 展開の係数 $a_{2k-1}(\lambda, K(\sigma))$ もこの式を満たす.

$f{=}f(\sigma,u,v,K(\sigma))$ に対し (3.80) の右辺を $*_{\Lambda(\sigma)}$ 積で計算すると

$$\frac{\nabla}{\partial\sigma}f=\Big((\lambda+c/2+\frac{1}{i\hbar}uv)+((c+1)u+\delta v)\partial_u+(\delta' u+(c-1)v)\partial_v \\ +\frac{i\hbar}{4}\big(\delta(c+1)\partial_u^2+(\delta\delta'+c^2-1)\partial_u\partial_v+\delta'(c-1)\partial_v^2\big)\Big)f.$$

となる. これを**左からの積の式**と呼ぶ. 一方 $a_{2k-1}(\sigma,K)$ は右からの積についても

$$\frac{\nabla}{d\sigma}a_{2k-1}(\sigma,K(\sigma))=a_{2k-1}(\sigma,K(\sigma))*_{\Lambda(\sigma)}:(\lambda+\frac{1}{i\hbar}u\circ v):_{K(\sigma)}.$$

となり, これは $\Lambda(\sigma)=K(\sigma)+J$ に付いている J の為に式が微妙に変わり, 次を満たす : $a_{2k-1}(\sigma,K(\sigma))=g(\sigma,u,v,K(\sigma))$ と書いて

$$\frac{\nabla}{\partial\sigma}g=\Big((\lambda+c/2+\frac{1}{i\hbar}uv)+((c-1)u+\delta v)\partial_u \\ +(\delta' u+(c+1)v)\partial_v+\frac{i\hbar}{4}\big(\delta(c-1)\partial_u^2 \\ +(\delta\delta'+c^2-1)\partial_u\partial_v+\delta'(c+1)\partial_v^2\big)\Big)g.$$

この式を**右からの積の式**と呼んでおく. $\frac{\nabla}{\partial\sigma}f$ と $\frac{\nabla}{\partial\sigma}g$ は記号が同じだが左からの積と, 右からの積とを書くときで中身が違ってくるので混乱しないように注意する. 両者の差は (3.77) 式 $=0$ を満たすので, $a_{2k-1}(\sigma,K(\sigma))$ は

$$[\tfrac{1}{i\hbar}u\circ v, a_{2k-1}(\sigma,K(\sigma))]_{*_{\Lambda(\sigma)}}=0$$

も満たす.

特異点を動かす

特異点というのは与えられるものだという感覚が強いから, これを (言わば人為的に) 動かすというのは奇妙な発想だが, 表示を動かせば特異点も動くことを考えれば納得できるだろう. 表示と連動させ左から or 右からの積の式を使って $f{=}f(\sigma,u,v,K(\sigma))$, $g{=}g(\sigma,u,v,K(\sigma))$, に対して

$$\partial_\sigma f(\sigma,u,v,K(\sigma))=\big(\frac{\nabla}{\partial\sigma}+\frac{i\hbar}{4}\dot{K}(\sigma)\big)f(\sigma,u,v,K(\sigma)) \tag{3.81}$$

$$\partial_\sigma g(\sigma,u,v,K(\sigma))=\big(\frac{\nabla}{\partial\sigma}+\frac{i\hbar}{4}\dot{K}(\sigma)\big)g(\sigma,u,v,K(\sigma)) \tag{3.82}$$

という式を考え, $\dot{K}(\sigma)$ を選ぶことで右辺がどれくらい簡単になるかを考える. 式の形は同じだが左の場合と右の場合とで答えが微妙に異なる. しかし σ が特異点だから

$$c(\sigma)=\frac{e^{\sigma}+e^{-\sigma}}{e^{\sigma}-e^{-\sigma}}+\sqrt{\delta(\sigma)\delta'(\sigma)} \tag{3.83}$$

が要求されている.

3.8.2 優良表示パラメータ

まず左からの積の式 (上の第一の式) で無限小相互変換で 2 階微分項を消すことを考える. 前節の f の式と無限小相互変換の式 (3.79) を見比べて

$$\begin{cases} \frac{d}{d\sigma}\delta(\sigma) & = & -\delta(\sigma)(c(\sigma)+1) \\ \frac{d}{d\sigma}\delta'(\sigma) & = & -\delta'(\sigma)(c(\sigma)-1) \\ \frac{d}{d\sigma}c(\sigma) & = & -\frac{1}{2}\big(\delta(\sigma)\delta'(\sigma)+c^2(\sigma)-1\big) \end{cases}$$

のように $K(\sigma)$ が選べればよい. 右からの積について 2 階微分項を消す為に解くべき式は上で $c\pm1$ を $c\mp1$ に入替えた式である. 従って左と右の積の式で同時に 2 階微分項を消すことはできないので注意する.

表示パラメータの一般解

$x(\sigma)=\int_0^{\sigma}c(s)ds$ と置けば $a,a'\in\mathbb{C}$ で

$$\delta(\sigma)=ae^{-x(\sigma)-\sigma},\quad \delta'(\sigma)=a'e^{-x(\sigma)+\sigma},$$
$$\frac{d^2}{d\sigma^2}x(\sigma)=-\frac{1}{2}aa'e^{-2x(\sigma)}-\frac{1}{2}(\frac{dx}{d\sigma})^2+\frac{1}{2}.$$

となる.

(3.83) 式を書直すと

$$\frac{dx}{d\sigma}=\sqrt{aa'}e^{-x(\sigma)}+\frac{e^{\sigma}+e^{-\sigma}}{e^{\sigma}-e^{-\sigma}} \tag{3.84}$$

だが, この式から $(\frac{dx}{d\sigma})^2$ と $\frac{d^2x}{d\sigma^2}$ を計算し,

$$(\tfrac{e^{\sigma}+e^{-\sigma}}{e^{\sigma}-e^{-\sigma}})^2=\tfrac{4}{(e^{\sigma}-e^{-\sigma})^2}+1,\quad (\tfrac{e^{\sigma}+e^{-\sigma}}{e^{\sigma}-e^{-\sigma}})'=-\tfrac{4}{(e^{\sigma}-e^{-\sigma})^2}$$

に注意して第3式に代入してもう一度 (3.84) 式を使って $\frac{e^\sigma+e^{-\sigma}}{e^\sigma-e^{-\sigma}}$ の部分を置換えると, 第3式が成立していることが分かる. 従って (3.84) を解けばよいことになるが, $y(\sigma)=e^{x(\sigma)}$ とおけば, (3.84) は

$$\frac{dy}{d\sigma}=y(\sigma)\frac{e^\sigma+e^{-\sigma}}{e^\sigma-e^{-\sigma}}+\sqrt{aa'} \tag{3.85}$$

となるので, 定数変化法で簡単に解けて, $\forall\gamma, aa'\in\mathbb{C}$ として

$$y(\sigma)=(e^\sigma-e^{-\sigma})\Big(\gamma+\sqrt{aa'}\int\frac{d\sigma}{e^\sigma-e^{-\sigma}}\Big).$$

となる. 従って左からの積について (2階の微分項を消す) 優良な表示パラメータ $K(\sigma)=\begin{bmatrix}\delta(\sigma) & c(\sigma)\\ c(\sigma) & \delta'(\sigma)\end{bmatrix}$ は $y(t)=e^{x(t)}$ を使って次で与えられる:

$$K(\sigma)=\begin{bmatrix}ae^{-\sigma}y(\sigma)^{-1}, & \frac{d}{d\sigma}\log y(\sigma)\\ \frac{d}{d\sigma}\log y(\sigma) & a'e^{\sigma}y(\sigma)^{-1}\end{bmatrix} \tag{3.86}$$

である. ちなみに右からの積の式のときの優良な表示パラメータは

$$\tilde{K}(\sigma)=\begin{bmatrix}ae^{\sigma}y(\sigma)^{-1}, & \frac{d}{d\sigma}\log y(\sigma)\\ \frac{d}{d\sigma}\log y(\sigma) & a'e^{-\sigma}y(\sigma)^{-1}\end{bmatrix} \tag{3.87}$$

である. よく見て違う場所を確認して欲しい.

定理 3.14 $K(\sigma)$ を (3.86) のように選ぶと (3.81) 式は次のような1階の微分方程式になる:

$$\begin{aligned}\partial_\sigma f(\sigma,u,v,K(\sigma))=\Big(&(\frac{c(\sigma)}{2}+\lambda+\frac{1}{i\hbar}uv)+((c(\sigma)+1)u+\delta(\sigma)v)\partial_u\\ &+(\delta'(\sigma)u+(c(\sigma)-1)v)\partial_v\Big)f(\sigma,u,v,K(\sigma)).\end{aligned}$$

一方 $K(\sigma)$ を (3.86) のように選んだままでは右からの積の式 (3.82) は2階の微分方程式のままであるが, 形はかなり制限され

$$\delta(\sigma)(c(\sigma)-1)=\delta(\sigma)(c(\sigma)+1)-2\delta(\sigma)$$
$$\delta'(\sigma)(c(\sigma)+1)=\delta'(\sigma)(c(\sigma)-1)+2\delta'(\sigma)$$

だから

$$\begin{aligned}\partial_\sigma g(\sigma,u,v,K(\sigma))=\Big(&(\frac{c(\sigma)}{2}+\lambda+\frac{1}{i\hbar}uv)+((c(\sigma)+1)u+\delta(\sigma)v)\partial_u\\ &+(\delta'(\sigma)u+(c(\sigma)-1)v)\partial_v\\ &+\frac{i\hbar}{4}\big(-2\delta(\sigma)\partial_u^2+2\delta'(\sigma)\partial_v^2\big)\Big)g(\sigma,u,v,K(\sigma)).\end{aligned}$$

のようになる.

従って孤立分岐真性特異点の Laurent 展開係数 $a_{2k-1}(\sigma,\lambda,K(\sigma))$ は前定理 3.14 の式だけでなく $g{=}a_{2k-1}(\sigma,\lambda,K(\sigma))\in\mathfrak{S}_\sigma(\lambda,K(\sigma))$ と置いて上の式も満たす.

注意 1. 上のようなことは Lie 群 G ではよく見かける. $\mathfrak{g}$ を Lie 環とし, $H_t{\in}\mathfrak{g}$ としたとき $\partial_t f_t{=}H_t f_t$, $f_t{\in}G$, は左からの積の式で,

$$\partial_t g_t{=}g_t H_t{=}(g_t H_t g_t^{-1})g_t$$

は右からの積の式に対応している. 一般に $g_t H_t g_t^{-1}{\neq}H_t$ である.

このことから何か Lie 群 G の商空間 G/H があってそこに $e_*^{(\sigma+s^2)(\lambda+\xi\circ\eta)}$ が作用しており, Laurent 展開の係数全体が G/H 上の関数環のようになっていると予想される.

微分方程式の一般解

しかし 1 階の微分方程式とは言え, これで Laurent 展開の係数が何か古典的な流れに乗って動いているように見えるだろうか？

定理 3.14 の変数を $\xi=\frac{1}{\sqrt{i\hbar}}u$, $\eta=\frac{1}{\sqrt{i\hbar}}v$ に替え, 1 階微分項を左辺へ移動し

$$L(\sigma)=\begin{bmatrix}c(\sigma){+}1 & \delta'(\sigma)\\ \delta(\sigma) & c(\sigma){-}1\end{bmatrix},$$

と置くと上の微分方程式は次となる：

$$\Big(\partial_\sigma-(\xi,\eta)L(\sigma)\begin{bmatrix}\partial_\xi\\ \partial_\eta\end{bmatrix}\Big)f_\sigma(\xi,\eta,K(\sigma)){=}(\xi\eta{+}\lambda{+}\frac{1}{2}c(\sigma))f_\sigma(\xi,\eta,K(\sigma)). \tag{3.88}$$

これは全く古典微分幾何的な微分方程式だが, $L(\sigma)$ は $\mathfrak{sl}(2,\mathbb{C})$ の元ではないので $*$ 積とは関係ないもののように見えるが, やはり定数変化法で扱える.

まず, $L(\sigma)$ は σ 依存の線形変換だから (横ベクトル表示で) 微分方程式

$$\tfrac{d}{d\sigma}(\xi(\sigma),\eta(\sigma)){=}(\xi(\sigma),\eta(\sigma))L(\sigma),$$

は任意の初期値 $(\xi(0),\eta(0)){=}(\xi,\eta)\in\mathbb{C}^2$ に対し σ のどちら向きにも解けるので可逆線形変換としての解がある. この解を積積分の記号で

$$(\xi,\eta)M(\sigma){=}\ (\xi,\eta)\textstyle\prod_0^\sigma \exp L(\tau)d\tau$$

と書いておく. $\det M(\sigma){\neq}0$ はこれが微分方程式 $\partial_\sigma\det M(\sigma){=}\mathrm{tr}L(\sigma)\det M(\sigma)$, $M(0){=}1$, 満たすことからも確かめられる. そこで (3.88) の解を定数変化法の

考えかたで f を未知関数として $f{=}f_\sigma((\xi,\eta)M(\sigma)^{-1})$ の形で探すと：

$$\frac{d}{d\sigma}f_\sigma((\xi,\eta)M(\sigma)^{-1}){=}(\partial_\sigma f_\sigma)((\xi,\eta)M(\sigma)^{-1}){-}df_\sigma((\xi,\eta)L(\sigma)\begin{bmatrix}\partial_\xi\\ \partial_\eta\end{bmatrix})$$

であり, 微分形式の定義から

$$df\big((\xi,\eta)L(\sigma)\begin{bmatrix}\partial_\xi\\ \partial_\eta\end{bmatrix}\big){=}(\xi,\eta)L(\sigma)\begin{bmatrix}\partial_\xi\\ \partial_\eta\end{bmatrix}$$

だから (3.88) 式より

$$\frac{d}{d\sigma}f_\sigma\big((\xi,\eta)M(t)^{-1}\big){=}(\xi\eta{+}\lambda{+}\frac{c(\sigma)}{2})f_\sigma\big((\xi,\eta)M(\sigma)^{-1}\big) \tag{3.89}$$

とすれば良く, これより $G(\xi,\eta)$ を自由に選べる正則関数として

$$f_\sigma\big((\xi,\eta)M(\sigma)^{-1}\big){=}e^{\sigma(\xi\eta+\lambda)+\frac{1}{2}c(\sigma)}G(\xi,\eta)$$

が微分方程式の一般解となる. ここでは変数 s^2 は使われていないがこれは初期条件から入ってくる. $\phi_\sigma(\xi,\eta){=}(\xi,\eta)M(\sigma)$ を $\mathbb{C}^2$ 上の線形の座標変換と考えて上の式を書換えると

$$f_\sigma(\xi,\eta,K(\sigma)){=}\phi_\sigma^*\big(e^{\sigma(\xi\eta+\lambda)+\frac{1}{2}c(\sigma)}G(\xi,\eta)\big)$$

となる. 一方 $:e_*^{(\sigma+s^2)(\lambda+\xi\circ\eta)}:_{K(\sigma)}$, $\forall s{\neq}0$, も上の (3.89) 式を満たすので

$$:e_*^{(\sigma+s^2)(\lambda+\xi\circ\eta)}:_{K(\sigma)} = \phi_\sigma^*\big(e^{\sigma(\lambda+\xi\eta)+\frac{1}{2}c(\sigma)}G(\xi,\eta)\big). \tag{3.90}$$

であるが, σ をある σ_0 に固定して左辺を $\sum_k s^{2k-1}a_{2k-1}(\sigma_0,\lambda,K(\sigma_0))$ のように展開すれば ϕ_σ^* は線形座標変換なので (3.90) 式より,

$$G_{\sigma_0}(s^2;\xi,\eta){=}e^{-\sigma_0(\lambda+\xi\eta)-\frac{1}{2}c(\sigma_0)}\sum_k s^{2k-1}\phi_\sigma^{-1*}a_{2k-1}(\sigma_0,\lambda,K(\sigma_0))$$

のように求められる. 従って一般の σ の場合には

$$:e_*^{(\sigma+s^2)(\lambda+\xi\circ\eta)}:_{K(\sigma)} = \phi_\sigma^*\big(e^{\sigma(\lambda+\xi\eta)+\frac{1}{2}c(\sigma)}G_{\sigma_0}(s^2;\xi,\eta)\big). \tag{3.91}$$

となって自由に特異点の位置が動かせることが分かる.

関連図書

[1] G.Andrews, R.Askey, R.Roy, SPECIAL FUNCTIONS, Encyclopedia Math, Appl.71, Cambridge,2000. p.119

[2] F.Bayen, M,Flato, C.Fronsdal, A.Lichnerowicz, D.Sternheimer, *Deformation theory and quantization I, II*, Ann. Phys. 111, (1977), 61-151.

[3] I.M.Gelfand, D,B.Fuks: Cohomologies of Lie algebra of tangential vector fields of a smooth manifold I,II, Functional Anal. Appl.3,4. 1969,1970.

[4] 平川浩正: 相対論, 共立出版, 1975.

[5] M. Kontsevitch Deformation quantization of Poisson manifolds, I, qalg/9709040 Lett. Math. Phys. 66 (2003) 157-216.

[6] H.Omori, Y.Maeda, A.Yoshioka, Weyl manifolds and deformation quantization, Adv. Math. 85, (1991), 224-255.

[7] 大森英樹　数学の中の物理学, 東京大学出版会, 2004.

[8] 大森英樹:　幾何学への新しい視点, 遊星社, 2008.

[9] A.Pressley, G.Segal Loop Groups, Oxford Science Publ., 1986.

[10] L.Schwartz：超関数の理論 (岩村訳), 岩波書店, 1959.

[11] 梅村浩: 楕円関数論, 東京大学出版会, 2006.

[12] 高橋礼司: 複素解析, 基礎数学８, 東京大学出版会, 1990.

[13] 内山龍雄: 一般相対性理論, 物理学選書 15, 裳華房, 1986.

[14] 山内恭彦: 量子力学, 新物理学シリーズ 4, 培風館.

索 引

著者紹介：

大森 英樹（おおもり・ひでき）

1938年12月生まれ

東京大学大学院理学系研究科修了

東京理科大学名誉教授

著書

『無限次元リー群論』紀伊國屋書店，1978

『力学的な微分幾何』日本評論社，1989

『一般力学系と場の幾何学』裳華房，1991

『Infinite Dimensional Lie Groups』AMS, 1997

『量子的な微分積分』（共著者 前田吉昭）シュプリンガー・フェアラーク東京，2004

『数学のなかの物理学』東京大学出版会，2004

『幾何学への新しい視点』遊星社，2008

演算子的に見た 微分・積分の代数

表示変形論，導入編

2018年 6月20日　初版1刷発行

著　者　大森英樹

発行者　富田　淳

発行所　株式会社　現代数学社

〒606-8425 京都市左京区鹿ヶ谷西寺ノ前町1

TEL 075 (751) 0727　FAX 075 (744) 0906

http://www.gensu.co.jp/

検印省略

ISBN978-4-7687-0491-2

印刷・製本　亜細亜印刷株式会社